U0212838

人居环境学

——杨公地理学应用揭秘

马 明 钱德胜 著

中国商业出版社

图书在版编目(CIP)数据

人居环境学/马明 钱德胜著. —北京：中国商业出版社，2012. 4

ISBN 978-7-5044-7581-7

Ⅰ. ①人… Ⅱ. ①马… Ⅲ. ①居住环境—研究 Ⅳ. ①X21

中国版本图书馆 CIP数据核字（2012）第021133号

责任编辑 张振学

中国商业出版社出版发行

010-63180647 www.c-cbook.com

（100053 北京广安门内报国寺1号）

新华书店总店北京发行所经销

北京龙跃印务有限公司印刷

*

710×1000毫米 1/16开 20.5印张 293千字

2012年5月第1版 2012年5月第1次印刷

定价：45.00元

* * * *

目　录

上篇　概论及基础运用

下篇 综合应用篇

前　言

我们如何来看待在中国和汉文化圈流传了几千年，而现今又在世界上引起广泛兴趣的风水？

历史上最早给“风水”下定义的是晋代的郭璞，其名著《葬书》中说：“气乘风则散，界水则止。古人聚之使不散，行之使有止，故谓之风水，风水之法，得水为上，藏风次之”。

风水学是集地质地理学，水文地质学，地貌土壤学，宇宙星体学，环境生态学，建筑景观人文学等为一体的综合性、系统性极强的自然科学。

风水是东方人居环境审美的艺术，几千年来根深蒂固地植根于民俗之中，体现出敬天法祖的建筑建墓规划特色。离开了国际文化发展浪潮的眼光，离开了几千年中国建筑文化发展的历史长河，特别是离开了中国发展完备的流派纷呈的建筑及名墓文化系统，是很难看清风水本质的。风水是东方儒、释、道结合的建筑文化。

人生活于天地之间，一时一刻也不能脱离周围的环境。地理环境在地表分布是千差万别的，具有不平衡性。因此，客观上存在着相对较好的、适合于人们生活的，给人们带来幸运和隐藏着吉祥与幸福的环境。也有相对而言比较险恶、危险，给人们生活带来不便，困苦和不吉利的环境，人们本能地要选择建设、创造自己周围吉祥的环境。这就包括了建设创造城市、村落和住宿的宅屋及生基、墓地，选择和建造适合于人们生活的舒适、祥和、吉利的生活空间。人们置身于其中，生活、生产、工作均有方便舒适、安全之感。有了这样的环境才使人们的心灵受到感染与鼓舞，使人们充满美好的情绪与崇高的理想，以此为精神向导，促进事业的成功并带来光明的前途。

福、禄、荣、寿人所向往；艰、难、危、困人所趋避；饥、寒、贫、苦人所难忍。趋利避害之心是人群本能的反应，人皆有之。于是，在中国——这个东方文明发祥地，逐渐形成了依古代社会意识而为人居环境评价系统的“风水”，择其吉而避其凶，营建城市、乡村住宅和生基、坟墓。风水集中反映了中国古代在时间关系之下的空间吉祥认知。

夫地理之道，形势者体也，理气者用也，体无用不灵，用无体不显。然必体立而后用，倘得体而不得用，犹播种不得其时，断无然发之理，得用不得体如瓦砾之场不堪栽种！如要得体用两者相配合以达到利国利民之天人合一效应，必然离不开中华民族几千年的智慧结晶——《易经》。本书旨在传承和发扬中国传统风水文化，它是建立在《易经》的基础上由黄石公、郭景纯、杨筠松、曾文迪、蒋大鸿等先贤所作而传于至今。

研究玄空大卦风水，主要是顺应自然，创造良好的环境而臻于天时、地理、人和诸吉齐备，达到“天人合一”的至善境界。它离不开形、气、星、命、日这几个方面。同时得讲缘、德、智……

对风水学的研究非一人能完善，也非某人之事，这是全社会全人类之事，由于本人才疏学浅，水平有限，还望天下同仁及有缘有识之士多多赐教！

序

堪舆地理，阴阳风水，自古有之。河出图，洛出书，伏羲氏仰观俯察，测河图而画先天八卦，文王则测洛书而画后天八卦。后世诸先贤各有演变，是以伏羲八卦方位图，伏羲八卦次序图，伏羲六十四卦次序图，方位图，其说皆出邵子氏。邵子得自李之才，之才得自穆修长，修长得自华山陈希夷者，所谓先天之学也。而文王八卦次序图、方位图，邵子则曰："此文王八卦，乃人用之位，后天之学！"再溯自汉代孔明、刘歆，以至陈希夷、邵子康节，黄石公、张良、赤松子、郭璞、杨筠松、曾文迪、刘江东、廖禹、赖布衣、蒋大鸿、曾羲山、刘伯温、曾连山诸公，历代以口授相传，从不公开，而成为玄空大卦天机秘诀。先贤偶意撰著青囊经，青囊序、青囊奥语、天玉经、都天宝照经等书，亦为隐秘，其意义极为深奥，有徒有书而不尽言，言不尽意之感。后人注释纷纭，莫衷一是；吾将从师所学之秘诀及多年所学实验之心得详加解释；并将诸家似是而非之玄空学说避之，去伪存真，去粗取精地加以阐释，命其名曰："杨公风水应用揭秘"，敬请有缘有德者读之与其他书比较并加以考察实践，辨其真伪。然杨公玄空大卦变化万千，其能阴阳交媾者，即生生不息，所以格局殊多；有四大格局，天地定位，山泽通气，雷风相薄、水火不相射。有八大格局，乾山乾向水朝乾，乾峰出状元，坤山坤向坤水流，富贵永无休；卯山卯向卯水源，骤富比石崇；午山午向午来堂，大将镇边疆；其于巽艮暨酉子，山向水同此。四大格局与八大格局，称为三元不败之局；其与时师所谈玄空九宫飞星法只发二十年，过期即败有异。有东西父母三般卦格者，江东一卦、江西一卦，南北父母一卦法也。有三元卦格者，天元一卦，人元一卦，地元一卦也。有卦内八卦不出位格，及向水流归一路行格者，同运法，同行法，挨星法，合十法，同路夫妇法也。有零正天心斗杓者，正神宜上山，零神宜下水法也。亦有双山双向水零神法，七星打劫法，城门诀法，翻天倒地法，倒排父母顺排父母法，五行生克制化法。两仪交界，两宫交界杂乱祸侵之趋避法，借库自库法。借库富后贫，自库乐长春。法属虽多，而其理则一，悉为玄空大卦所生者也。上述格局法诀，为一般时师之所无；故杨公云："翻天倒地对不同，其中秘密在玄空。"曾公云："杨公养老看雌雄，天下诸书对不同。"

地理之道，关系国家兴衰发展，人生祸福至钜，为恐时师以鱼目混珠，遗害后世，故作此书，以之呼吁！

内容简介

本书研究的三元玄空大卦，主要是杨公经书的经文加以阐释。旨在帮助人们对真正的玄空大卦得以认识并能很好的运用，使之服务于国家社会，能够真正的达到利己利人的社会效应！本书在以易经理论为基础之前提下，离不开形、气、星、命、日。本人学易和从事风水多年，曾经拜过多派民间大师、国家级以上大师、海内外大师等。并将各派所传加以实践和考察应证，最后有缘认识目前三元玄空大卦派仙师，并得其真传而对风水之大悟，又再通过多次实践和考察，较之他派准确率高得很多！据本人所知，目前社会上的伪书伪派多如牛毛，鱼目混珠不言而喻。因此，此书公之于众，望有德有缘之士珍之惜之，并敬请以此服务于社会。

书中大概课题简述如下：

(1) 三元玄空大卦是杨、曾、蒋等先贤之作，主要用于阴宅、阳宅（大都市、城镇、乡村住宅、机关厂矿）生基等。

(2) 三元玄空大卦有别于其他门派，它是在以峦头为体，理气为用，以河图、洛书、先后天八卦、六十四卦、七政斗杓、天干地支等易理的基础上建立起的一套完整易学风水体系。

(3) 对风水学的认识和派别的简述，强调三元玄空大卦的精髓及入门法窍。

(4) 从易理基础知识开始由浅入深进入玄空大卦、风水学之殿堂。

(5) 详述三元玄空大卦的关键和诀窍阀门。

(6) 详述三元玄空大卦的各种运用方法和如何使用诀窍以及吉凶断验。

(7) 综合应用实例，择日。

本书共分上下两篇，上篇七章，下篇二章。

上篇：对风水学流派的介绍，本书的精髓和入门方法，包括基础知识、诀窍方法、运用法。

下篇：包括综合应用、实例、择日。

上篇　概论及基础运用

第一章　何为风水

风水学又叫做地理学，又名堪舆学。中国人又称风水为阴宅即坟墓，人们所居住之房屋称为阳宅，俗称阴阳宅地理风水。此地理风水在中国人之风俗上已有数千年历史，人们仍然津津乐道，高谈阔论。因阴阳两宅与人们之吉凶祸福，贤愚寿夭，穷通得失有关，而统称为堪舆学。堪者就是抬头看天，属于天文。在天成象，气象之在天。如风雨阴晴，日月星辰明暗等均属于堪的范围，舆者就是地理，在地成形，如山脉起伏，崇拔逶迤。水的淇澳，荣澜纡迴，这些和我们居住的环境都有着密切的关系，就连禽兽鸟巢所居穴处，也知道有所选择，以避风雨，所自先民以来即有之。

堪舆之寄诸哲士黄石公圯上授张良，乃出青囊之秘，于是萧何大起宫阙，号为未央宫，隶至管辂，郭璞渲经立义，微言莫稽，及至杨公杨筠松、曾公曾文迪遗留堪舆学术，方始显著。赖布衣、廖金精诸先前辈亦当时之俊杰。至宋朝陈希夷传卦理五行相生亦是地理学上之雄军，以后吴景鸾、张子微、朱蔡等先贤均晓此术……

可惜有些人只知其然，却不知其所以然。于是乎信其然者，漫无目标去追求，或某山是龙地、某山是虎地、凤地……等。动人听闻之名词，这样就可致富。而不信其然者则曰“外国人不谈地理风水”，但以理推之，外国人所造房屋及坟墓，应是无意中巧合河洛理数之法则。（如当今的比尔·盖茨之豪宅就很符合风水理论之布局）。中国人也不例外，而是所住之房屋或坟墓无意中巧合河洛理数……举不胜举。

简言之：“凡风水学即宇宙学，自然环境学”。

第二章　风水学之流派

中华民族之文化，源远流长，博大精深，尤以群经之首《易经》之易理术数，深奥邃玄，先贤已有足多发明，但他们惜墨如金，传道授业，亦多秘而不宣，习者每从艰涩困难、沙中淘金一般，求得一知半解之学。加之有些书商见识肤浅、妄加臆断，不加深究，代之年湮，致斯道微，且多沦落术士之手，遂使真道被假诀所淹而不显，鱼目混珠，门派因此而林立繁衍！

堪舆地理风水诸家，论峦头不外乎龙、穴、砂、水四事尚属统一，有本可寻，差异只在个人的造诣深浅，及入门与否。但论理气则庞杂百出，不得法门，离之地理基本太远而不知，不管是三合九星，或是三元玄空，翻卦游年等莫不皆是，兹将部分学派例举简述以览。

一、正五行位

甲乙寅卯东方木，丙丁巳午南方火，庚辛申酉西方金，壬癸亥子北方水，戊己中央土，辰戌丑未四隅土。此后天流行之用，非先天生成之体。夹山川先天之气，地理作用，在先天五行，不在后天上立论，俗用此以辨行龙剥换，校其生克不谙阴阳！

二、八卦五行

乾金坤土，艮土兑金，震巽为木，坎水离火此易中法象，以此引入地理中作用。

三、龙气生旺衰死

以四孟支，为阳龙长生之位顺行。以四仲支为阴龙长生之位逆行。如：

长生→淋浴、冠带、临官、帝旺，衰、病、死、墓、绝、胎、养。

例：甲木阳木，长生在亥，顺行淋浴在子，冠带在丑，临冠在寅……养在戌——按支法论去；乙乃阴木，长生在午，逆行淋浴巳……养在未。余仿此，以生旺墓三者主用。三合之作，因以此也。命理派以此用之。

四、三合五行例

以申子辰为水龙，亥卯未为木龙，寅午戌为火龙，巳酉丑为金龙……

五、双山五行例

以三合后一位之干，配三合为夫妇而成局，名曰："双山"。如坤壬乙配申子辰为水龙，乾甲丁配亥卯未为木龙之类。以入首五行，分左右旋，以定八干之气。如乾亥入首，木龙生宫，左旋者为甲木龙，右旋者为乙木龙。左旋者为自墓趋生，从生逆行入墓，其气易衰。左旋者为自旺趋生，从生逆行入旺，其荫悠久。又云此五行专用立向消纳，如艮丙午寅辛戌六向，属火，则以乙丙二干论消纳，谓火墓在戌，八干乙丙，亦墓在戌，故火向乃以乙丙二支收水。

六、墓库例

歌曰：乙丙交而趋戌，辛壬会而聚辰，斗牛纳庚丁之气，金羊收癸甲之灵，说以八干来水，欲去本干墓库方。

七、纳甲卦例

乾纳甲，坎纳癸申子辰，艮纳丙，震纳庚亥卯未，巽纳辛，离纳壬寅午戌，坤纳乙，兑纳丁巳酉丑，谓以此立向。如乾龙则立甲向以纳水，故来水宜甲。

八、净阴净阳例

谓凡阴龙，宜阴向，水宜阴。阳龙宜阳向，水亦宜阳。又谓平洋阳龙立阴向，阴龙立阳向，净阴净阳谓之反吟、伏吟不可用也。其诀乃以震庚亥未，兑丁丑巳艮丙巽辛，十二龙为净阴。以离壬寅戌，坎癸申辰乾甲坤乙，十二龙为净阳。解曰："先天八卦，乾坤坎离"当洛书四正之奇数，故后天以诸卦为阳，兑震艮巽，当洛书四隅之阳数，故后天以诸卦为阴，至于干支，则又各从其纳，以为阴阳也。

九、小玄空例

盗天王玄空而为名者也。歌云："丙丁乙酉辰属火，乾坤卯午星同坐，亥癸艮甲是木神，戌庚丑未土为真，子寅辰巽辛兼巳，申与壬方俱水神。"云："双山为体、玄空为用，双山之龙，忌玄空之向坐，并来水去水泄破，当以双山之向，收玄空之水。"如丙午火向，忌子寅辰巽之水来去为克入，亥癸艮甲之水来去为生大吉。

十、大玄空四经五行例

亦续天王玄空之名。例以乾丙乙子寅辰六山为一龙，属金。艮庚丁卯巳未六山为二龙，属水。巽辛壬午甲戌六山为三龙，属木。坤申癸酉亥丑六山为四龙，属火。谓凡龙向水，止在六位中往来，为清纯。如左旋辰龙，作乾向水，来寅乙则吉，又干为零神，支为正神，行龙宜正神，行水宜零神，若零龙行龙，又宜作零神向。

十一、三卦五行例

以寅至丙八位，为东卦。以申至壬八位为西卦，东为木，西为金。三卦各为一父母，午至坤四位，子至艮四位，为南北共一卦，南火北水，为一父母，谓东西忌见南北，南北忌见东西。凡龙向水，俱不宜出卦，如亥龙为西卦，立丙向，水路不宜犯南北，若此龙此向，后带子癸，见午丁之水则凶矣。

又有一说："歌云：甲寅巽辰入江水，戌申辛水亦同理。艮震巳上原属木，离壬丙乙火为宗，兑丁乾亥金上处，丑癸坤庚未土中。谓此专辨地之大小贵贱，与乘气立向无关，说以五行起四长生之位，以长生位为传送，主丁财。以对宫病方为官国，主官贵，以冠带前一卦，为将，主仓库。以衰前一卦为天柱，主寿命，以墓前一卦为勾陈，主子孙忠孝。谓诸方之沙高耸，则吉，低陷则不足，以胎绝二宫为宗廟，谓水出此则吉，水不出此形局虽好，皆不足取，故俗论水，又有专重宗庙者。

十二、用禄马贵人例

甲禄在寅，乙禄在卯、丙戊禄坐巳……申子辰马居寅，亥卯未马居巳……贵人者甲戊庚牛羊，乙已鼠猴乡……谓如甲龙得寅方高沙为禄星，得丑未方高沙为贵人，申龙得寅方高沙为天马。

十三、咸池桃花水例

以卯酉为阴局，子午为阳局。谓阳忌阴破，阴忌阳破，如子龙得午水来朝，为咸池忌卯酉之水破局

十四、赦文沙水例

以乾艮坤巽为大赦文，甲庚壬丙为小赦文，又有专以丙丁庚为赦文者。

十五、鸿门御水例（又称鸿门水法）

鸿门水法是三合地理的学问，它本身既不是三合水法，也不是三元水法，鸿门水法就是鸿门水法，始创人及使用年代已不可考究。但应用甚广，因在没有罗盘时亦可使用。在三合水法不甚明朗时，在三元水法，卦线不清时，都可用之。在此只作介绍不予推崇。

鸿门水法不是以双山计称，而是分为水、木、火、金四局。乾至丑六山属水，艮至辰六山属木。巽至未六山属火。坤至戌六山属金。左水倒右为阳局，右水倒左为阴局。阳局长生起在四生位（寅、申、巳、亥）顺排。阴局长生起在四正位（子、午、卯、酉）逆推。以向起局。

例如：

子山午向，左水倒右，丙午双山属火，阳局。寅（生阳火）起（长生），（淋浴）到卯，（冠带）到辰，（临官）在巳，（帝旺）在午，这个向便是

（帝旺）水了。

又如：

子山午向，右水倒左，丙午双山属火，阴局，酉（生阴火）起（长生），（淋浴）到申，（冠带）到未。（临官）在午，这个向便是（临官）水了。

这种水法不是用来相普通宅运的，是必须有大地的真水，从高处流向低处，流经宅前才可以用的水法；不用计算三元地理来去水的六十四卦卦气，只要有局向便可使用。除大地外一般使用的有学校、广场、货柜场进出口及医院大堂的进出口等。局向所纳水法以长生、冠带、临官、帝旺、衰水（旺馀水）为吉水。淋浴水吉凶参半；病、死、墓、绝诸水皆凶，胎水养水则育而不发，也没有害，也不为吉。鸿门水法的使用，是突出四正四生的取向，单独取用，则须要在立向上多下功夫，如应注意三元的得失元之向和避煞等，否则顾此失彼。

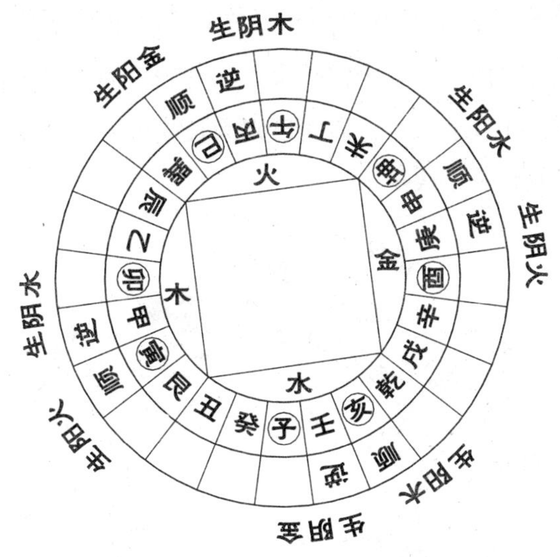

鸿门水法五行长生顺逆图

十六、三合水法

三合水法运用十二长生宫来计算，并将二十四山（天盘缝针）由壬子起分成十二组，称为双山五行。以天干看阴阳顺逆，甲、丙、庚、壬属阳，乙、丁、辛、癸属阴，四维卦属阳。

阳干顺旋：

甲木长生在亥，旺在卯，墓在未；

丙火长生在寅，旺在午，墓在戌；

庚金长生在巳，旺在酉，墓在丑；

壬水长生在申，旺在子，墓在辰。

阴干逆旋：

乙木长生在午，旺在寅，墓在戌。

丁火长生在酉，旺在巳，墓在丑。

辛金长生在子，旺在申，墓在辰。

癸水长生在卯，旺在亥，墓在未。

如立丙午向，丙为阳干，属火局，寅起长生，顺排生，旺墓库十二宫，向丙午则为帝旺水。如立丁未向，丁为阴干，属阴立局，酉起长生，逆排生，旺墓库十二宫，向丁未则为冠带水。如立巽巳向，卦为阳，属金局，巳起长生，顺排生、旺墓十二宫，向巽巳则为长生水。三合水法无须用峦头相配，用双山之阴阳配顺逆挨排。

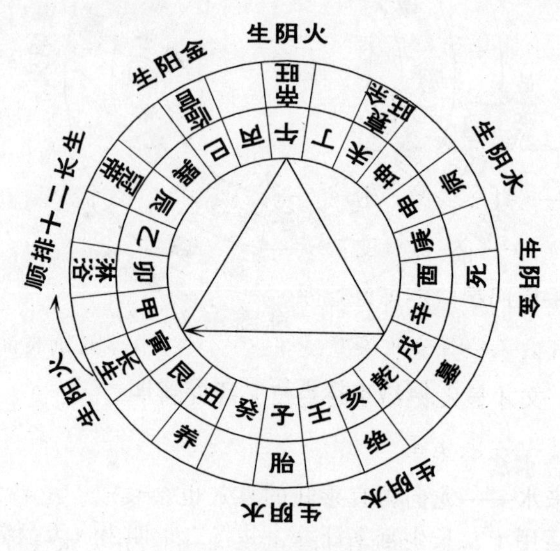

三合水法阳局起例图

三合水派重于水法，凡学风水的人都会了解，吉水要过来曲去，环抱有情才是，有了吉水自然后代吉庆富贵。反之，穿、射、冲、割的无情水，理气形煞的凶水都会使后人衰败。简述如下：

三合水法：四长生五行配双山。

1. 养水，长生水——贪狼星

养生水到堂或是该方来水——显文才，儿孙多富贵，人才昌盛且多忠良之辈，水势大，官高权大，小小环抱亦得福寿。养生水成煞或流破——多绝少年而成孤寡。

2. 淋浴水——文曲星

淋浴来水——犯桃花，好淫乱，血病和家宅多灾，甚至自杀，子方午方来更会破尽田产，而卯酉方来则是好赌而贪花恋酒。若还淋浴水来长生水去，更会犯牢狱之灾。淋浴去水——多主孝义多仁，后人英俊美丽。

3. 冠带水——文昌星

冠带来水——也会风流好赌，后人聪慧，文章显著，博学多才。冠带去水——专损小口男女。

4. 临官水

临官来水——旺官运，后人早年早发官，文才武略，位及人臣。

临官去水——成才后人亦失业，丧病年年，家财尽破。

5. 帝旺水——武曲星

帝旺来水——明喜水神，生气临堂昌祺兴旺，官商极品，丰衣足食，受人敬仰。帝旺去水——由富贵变贫贱，命途多蹇。

6. 衰水——巨门星（亦即旺馀水）

衰水宜来宜去——凡衰水聚堂或来去，只要不穿射割飞而有情，后人都会生聪明子女，文才显发，福厚而寿长，富贵满华堂。

7. 病、死水——廉贞星

病死二方来水——龙向得宜乘旺的墓穴也会衰败，离婚、丢官、凶祸、开刀、病滞、水灾，吵闹和神经病等等，病死二方去水衰滞去清，如意吉祥。

8. 墓库水——破军星

墓库来水——后人萧煞兵劫灾凶。墓库去水——武略扬名，家境富裕，可发横财。

9. 绝胎水——禄存星

绝胎二方来水——后人生养少，胎死腹中，六亲情缘绝，流破会使女子淫乱。绝胎方去水——后人多吉祥。

注：三合水使用较广，流传久远，亦颇有应验之处，但读者请注意水法的双山，占了很宽大的位置。而兼线时不合父母三般卦的原则，在使用时务须小心，在此，包括所介绍的以上及以下流派本人皆不推崇及评论，因本书主要重点在于“玄空大卦风水”。

十七、黄泉水例

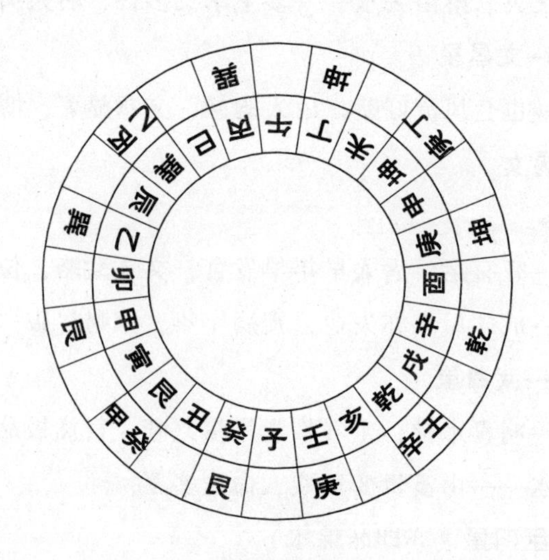

黄泉水图

无论是何水法，总离不开《葬书》的原意（因纳气的道理相同，阳宅、阴宅同时适用）。“朱雀源于生气，派于未盛，朝以大旺，泽于将衰，流于囚谢，以返不绝”其文的演绎是立向一定要注意生气的来源，经过普通的位置，使聚成的旺气在向首，聚在旺馀一带，向库位流走，循环不息。

由于水是动的，是带动生气的体或气体，绝不能在朝向的旺地中有水向外流破，因此风水学上出现了凡水流破旺地都是很坏的局，人们叫它为黄泉水，犯下了会使人退产，婚破败，失地，诉讼或意外受伤。

歌云：“庚丁坤上是黄泉，乙丙须防巽水先，甲癸向水忧见艮，辛壬水路怕当乾。谓此为八干墓位冲杀。”

如：甲癸向，墓于未，未属坤，坤与艮相冲，故艮是黄泉。如上图：是黄泉水的位置，内圈廿四山是向，外圈是黄泉去水口煞方。双山计。

十八、三元水法例（又称水龙翻卦辅星取向，也有称九星水法）

在阳宅方面，应用这种水法来看马路，天桥、电梯，如果走势有如大江大河一样，形成一条水龙的话，是十分好的。

这种水法是应用变爻（指八卦）的方法，将九星的次序中套入来水的宫位中，用风水的原则，决定水的吉凶，来水要吉，去水要凶，其意是水要从吉星的位置流入，最好流经吉星的位置，而向凶星的位置流出（九星次序中一二六八为吉星）例如：

坐子向午，一条天桥由午方伸入经过巽方，向卯方走出去，以水法看，从吉星流入，经过破军，向凶星流出，尚算合乎来水要吉，去水要凶的风水原则，如果不合这个风水原则的话，最好改变屋向或者放弃这个地方，阴宅的碑向也是一样。

注：这种方法要涉及纳甲。

举例：

坐子向午，离卦纳甲为壬寅午戌，因此午向以离卦起辅星翻卦：

变爻口诀：中下、中上、中下、中上。

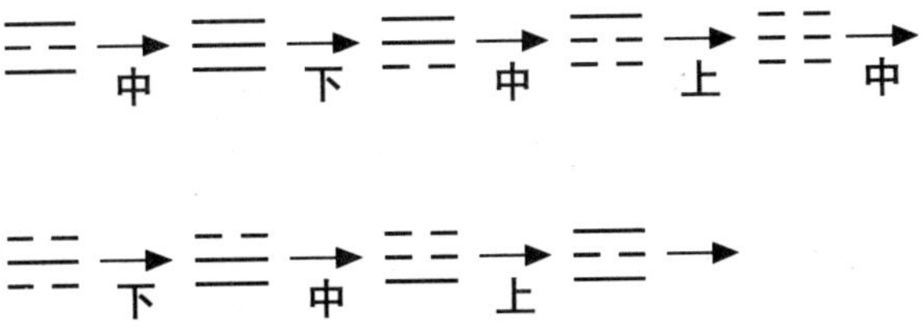

☲ →(中) ☰ →(下) ☴ →(中) ☶ →(上) ☷ →(中)

☵ →(下) ☱ →(中) ☳ →(上) ☲ →

将所翻得的卦配星数（离 8、乾 6、巽 7、艮 5、坤 1、坎 2、兑 3、震

4)，再以纳甲方式布在二十四山内，这样假如所向是天元龙，我们就以左右两宫位的天元龙所布得的星数为何，来水以收一、二、六、八数为吉，去水应从三、四、五、七退走，吉来退走衰凶也。

如图：天桥由午方走向卯方左辅吉星走入，经破军星，走向文曲星凶星。

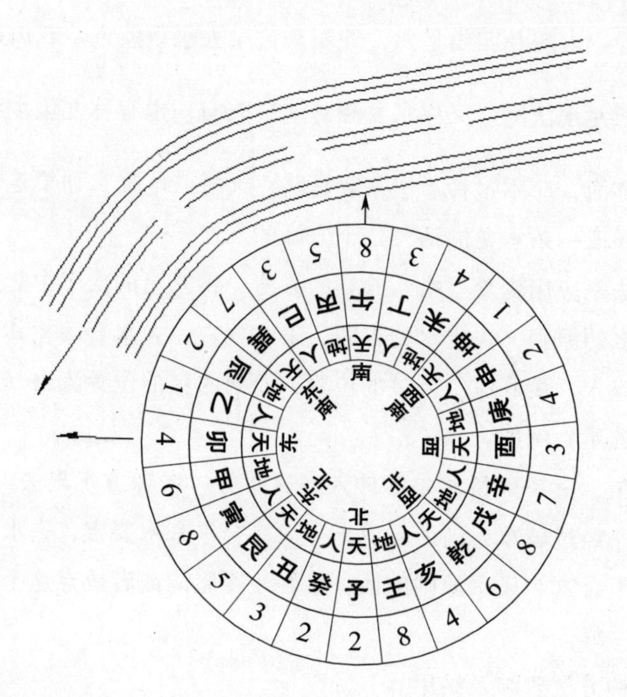

九星断应：

1. 贪狼来去水

吉利，富贵绵长，人丁旺（为循序渐进式增福禄昌。宜弯曲地流来）贪狼去水；

如果不是斜飞倾泻直流，而是弯曲地流去，仍是富贵水，否则，贪狼去水是损人丁及家财倾溢。而且不宜从甲癸申三方流走。

2. 巨门来去水

出聪明后人，文武全才，财富应验很快，来水去水都是一样。但必须理气取吉龙向才会吉利，不然会反过来顽愚穷困。

3. 禄存来去水

禄存水俗叫桃花水，来会使后人淫乱，贪花恋酒。绝不会富贵福禄，但凶位流走便使后人事事如意，发达致富。

4. 文曲来去水

文曲不宜来水，来亦会犯桃花，男子游荡，玩世不恭，女子淫乱而情不专，尤其是破军水来水更甚。但文曲水去水又吉利，如配上贪狼，武曲来水会出盖世文章，人多美丽，英俊。

5. 廉贞来去水

在地理上风水中一般没有中央卦，但寓意中央立极，故实际上是与他星配合而定吉凶，廉贞来水会成大凶兆，去水是大吉祥。特别是配合贪狼星来水则贪狼水的吉祥更加显著；配巨门来水会更加富贵。

6. 武曲来去水

武曲来水及武曲水聚堂都是吉利的水局。配贪狼水会成公侯将相，配合巨门水更会成富商巨贾，配文曲水会出风流才子。去水破局都会破家贫困。

7. 破军来去水

破军来水是大凶兆（有说如七运会衰而不衰）人丁薄弱，官非连场。小水亦出赌徒浪子，若再聚文曲水在堂前，则出淫乱男女，去水局不破则会出文武忠良之才。

8. 辅弼来去水

辅弼来去水本是大吉大利，但必须与其他吉水相助，显发迟慢而久远。得此水者洪福齐天，福寿绵长。辅弼去水而不夹凶水在堂前则亦不见凶。但若夹缠凶水，则以凶水见凶。

十九、山水龙翻卦例

“山水龙翻卦”即是“五鬼运财”。五鬼就是廉贞。“五鬼运财”就是一套纳生气、纳旺气的学问。布了之后使人健康、开启智慧、积极向上，这样便能生财富。“山水龙翻卦”望文生义，就知道是用山龙和水龙各自翻卦。找出山龙的廉贞位和水龙的巨门位。若然符合山龙廉贞有向、水龙巨门见水，那么就是五鬼运财的布局了。

山龙和水龙的卦如何使用？详述如下：

注：先将干支纳入八卦，叫纳甲，口诀如下：乾纳甲，坤纳乙，坎（子）纳癸申子辰、离（午）纳壬寅午戌，艮纳丙，巽纳辛，震（卯）纳庚亥卯未，兑（酉）纳丁巳酉丑。

如：坐辛向乙

坐山是山龙，坐辛，辛纳巽，所以，辛山是巽卦，正向是水龙，向乙。乙纳坤，乙向是坤卦（☷）山龙是水龙的卦就是这样来的。得卦后，将卦中之爻的阴阳，将指定的那一个爻由阳变阴或由阴变阳。

1. 山龙翻卦的口诀是：（上中、下中、上中、下中）。（上中、下中）是指变爻所在的位置，即第一卦（上）爻得第二卦翻（中）爻，得第三卦翻（下）爻，如此类推，其翻八次。现将上例辛山龙纳巽卦，其翻法如下：

☴ →(上) ☵ →(中) ☷ →(下) ☳ →(中) ☱ →(上)

☰ →(中) ☲ →(下) ☶ →(中) ☴

翻得最后一卦还原本卦。就是巽（☴）的翻卦。经先变上爻、中爻……到最后变中爻，就回到原来的巽（☴）卦。得出的结果出现八个卦：☵（坎）☷（坤）☳（震）☱（兑）☰（乾）☲（离）☶（艮）☴（巽）。

这八个卦就是方位，之后配上九星：

(1) 贪狼、(2) 巨门、(3) 禄存、(4) 文曲、(5) 廉贞、(6) 武曲、(7) 破军、(8) 辅弼。

九星的位置是按一定的顺序的，即：☵ (1) ☷ (2) ☳ (3) ☱ (4) ☰ (5) ☲ (6) ☶ (7) ☴ (8)。

那下一步就是运用纳甲，把九星依翻卦的结果纳入二十四山去。

如图：

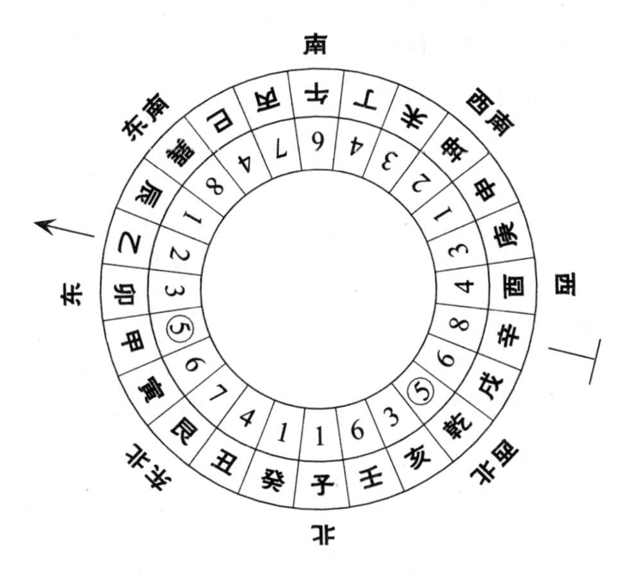

山龙翻卦后找出 5 号廉贞星在乾山和甲山。

九星已经归位（纳入上图二十四山），我们可以看见 5 号廉贞星在乾山和甲山，山龙廉贞有向，意思是阳宅应该在廉贞位开门或开窗纳气。如上图例，山龙是巽辛（☴），就该在乾或甲开门、开窗，就是山龙廉贞有向了。

2. 水龙翻卦口诀是：（中下、中上、中下、中上），中下、中上……是指变爻所在的位置，即第一卦翻（中）爻，得第二卦翻（下）爻，得第三卦翻（中）爻，如此推演，共翻八次。现将上例乙向水龙纳坤，坤卦的翻法如下：

☷ →中 ☵ →下 ☱ →中 ☳ →上 ☲ →中

☰ →下 ☴ →中 ☶ →上 ☷

翻卦最后还原本卦就是坤的翻卦，经先变中爻，下爻……到最后变上爻，就回到原来的坤（☷）卦。其翻得的结果出现八个卦。如下：☵（坎）☱（兑）☳（震）☲（离）☰（乾）☴（巽）☶（艮）☷（坤），接下来又将九星配入卦去，九星的位列是（8）辅弼星、（6）武曲、（7）破军、（5）廉贞、（1）贪狼、（2）巨门、（3）禄存、（4）文曲。然后，运用纳甲把九星纳进二十四山去，看向星的运财主角巨门在哪一宫位，如下图：

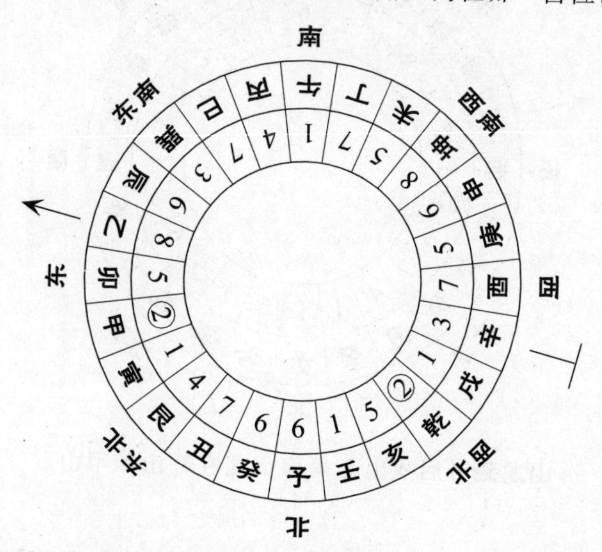

我们从上图可以看出水龙巨门 2 在乾和甲。按［水龙巨门见水］的口诀，那么，我们就要在乾或甲方位开水池、水井。如刚好那方是湖、海或江河，已经天然有水，那么，这个局就自然形成了。

辛山乙向，刚好山龙廉贞和水龙巨门都同在乾和甲，这一局就在乾或甲开门；并且见水就已经成局。

当然其他的山龙和水龙廉贞巨门并不一定同在一山，那么就要分在两个方位开门和见水以达到［山龙廉贞有向，水龙巨门见水］的要求。

注意：布了（五鬼运财），最多只能让它运行十一年，决不能到十二年，否则会由极旺而带来灾祸。如在甲申年布局，这个局在乙未年就要改，切记。

二十、三元宅运（又称八宅大、小、游年）

歌云：“上元男一女中生，中元男四女二分，下元男七女起八，男逆女顺不同行。”飞到年命为福德，五女寄艮五男坤。说以震巽坎离，阴阳二少为东四卦，乾兑艮坤阴阳二老为西四卦，俗称东西命。东四命生人宜住东四宅，西四命生人宜住西四宅。如宅长男命，生于上元卯岁，坎一宫起甲子，逆行，乙丑离九宫，丙寅艮八宫，丁卯兑七宫，为福德宫，属西四命，开门放水，一切等项，皆宜在乾坤艮兑上。若在东四卦上动作则凶。又作八星，一曰生气，即贪狼。二曰天医，即巨门。三曰祸害，即禄存。四曰六煞，即文曲。五曰五鬼，即廉贞。六曰延年，即武曲。七曰绝命，即破军。八曰伏吟，即辅弼。以生气天医延年，含贪巨武为三吉，余星名凶星，又将八星巅错，制为掌诀，八宅各造一局，说云：乾六天五、祸绝延生。坎五天生，延绝祸六。艮六绝祸、生延天五。震延生祸、绝五天六。巽天五六、祸生绝延，离六五绝、延祸生天。坤天延绝，生祸五六。兑生祸延，绝六五天。以八星，从福德宫前一位，顺行排去，如乾为福德一宫，则六煞列坎，天医列艮。挨次一周，伏吟一星存而不用，八宅皆如此推以此名为八宅派，大游年等。其实最简单的口诀是："一祸二绝三生气，上下六煞初二医，二三爻变成五鬼，全变之后延年吉。"此指伏位卦之变爻推论……只要算出本命卦，即伏位即可推之。推算本命卦之方法是：将出生年四个数字连加，得数若超过两位数者再自加一次，按男命被十一减，女命加四的法则，得出一个数目，便是本命卦（伏位）例：

一九九四年，分男和女计算：

男性：

（1）1+9+9+4=23（生年自加）

（2）2+3=5（和自加）

（3）11−5=6（本命卦）

女性：

（1）1+9+9+4=23（生年自加）

（2）2+3=5（和自加）

（3）5+4=9（本命卦）

以上只是常见之流派也，其实还有很多，比如：还有摇鞭断宅法等，它们的内容也并非这么简单，因本书主要是讲玄空大卦，至于紫白九宫飞星，玄空飞星就不再提及。在后面的实例中会涉及以兹比较。

比如就拿《地理辨正》一书即有八派：

1. 地理辨正直解卜章仲山；

2. 地理辨正续解温明远；

3. 地理辨正正疏张心言；

4. 地理辨正翼荣锡勋；

5. 地理辨正补义尹有本；

6. 地理辨正再辨；

7. 地理辨正求真蔡岷山；

8. 地理辨正白话注解谭浩然。

以上诸派除《地理辨正疏》入于堂奥外，其他《地理辨正》直解章派者，其流派有沈氏玄空学，及其同派之申听禅玄空学，续解玄空学温派。尹有本之四十八局，朱小鹤之地理辨正补挨星总图，辨正翼源出辨正小补，而蔡岷山之《辨正求真》谓玄空之挨星每元各不完备，等等不尽详述之，但其所云挨星、均就洛书九宫轮挨之，将中五立极之中五，亦随之变动，则无中心矣。且太乙九宫独立运转，不顾八卦之配合，而其所配合后天卦，其于天地定位，山泽通气，雷风相薄，水火不相射对待之理，亦置而不顾，于易理不合有是理乎！

《地理白话》注解，出之谭氏之手，而谭氏由金书秘奥变来，自成一家。地理辨正求真，其挨星与香港吴师青之地理铁骨秘同源一派。

呜呼地理派别，既如此之多，从此乎？从彼乎？其理一也，焉得分歧，所谓此家云吉，彼家云凶，争气不决将谁从也……地理学之学理，除易理外别无他理也。若要息此许多流派之纷争，杨公早已留下一法“若还不信此经文，但覆古人坟。”如此验证方合科学精神，则何为真，何为假，尽可一目了然。

第三章　杨公玄空大卦之精髓

三元玄空大卦有别于其他学派，他是以峦头为体为主的前提下再谈理气的学派，是以峦头理气择日为一体的学派。在理气方面离不开易理，以河图、洛书、先天八卦、后天八卦、六十四卦、三百八十四爻为基础理论来论及龙山向水的学派。经曰：乾六离九是朝宗，坤二坎一脉合通，天三地八为朋友，天七地四气相从，离九来龙穴定震，巽龙入脉要坤宫，坎水来朝时至兑，源出地八到六宫。后天来龙先天向，生成催照互相融。如图：

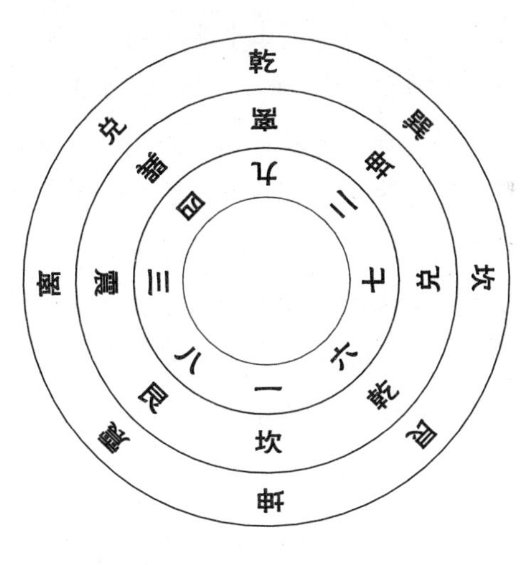

体用兼收图

其宗旨又在于“阴阳雌雄”交媾，经曰：“谁能识得阴阳理，何愁大地不相逢”。又云：“天地定位，山泽通气，雷风相薄，水火不相射”。简言之，玄空大卦的关键核心在于“阴阳”二字，其应用技巧在于“挨星诀，南北父母三般卦，七星打劫，抽爻换象（即些子法）等！”然而玄空飞星派只以飞星之分布论吉凶，论阴宅，只论坐向，不论龙穴砂水；论阳宅，也只论坐向，不理来路去路。可知所论不全面不严谨，失误难免。风水之学，讲究阴阳之消长，阴阳雌雄之配合交媾；讲究卦体血脉纯清，龙穴砂水之生克，卦爻之变化，阳宅也讲究路自何卦来，由何卦去，与门向之生克如何。

二十四山每山有二个卦半，同在一山中，此卦吉彼卦可能凶；此卦凶彼卦可能吉；用此爻吉，用彼爻可能凶；用此爻凶，用彼爻可能吉。飞星只以山向之顺逆，来飞布九曜，而论断吉凶，则必有一半不应验。依星断为吉者，可能凶，甚至大凶。依星断为凶者，可能吉，甚至大吉。

飞星派最忌上山下水之局，因依星论断，上山下水主破财损丁。可事实上许多上山下水之阳宅阴基，却能发富发贵。飞星派的有些大师却百思不得其解，便寻找种种似是而非的理由，牵强附会，自我搪塞。本人就曾经有过同感！其实奥秘诀窍在于玄空大卦。懂得玄空大卦，上山下水若视等闲。只要卦体纯清，用爻适当，纵然飞星上山下水之阴阳二宅，亦可大发特发。而沈竹礽所借得之姜垚《从师随笔》，料是姜垚从师早期之纪录。当时蒋公大鸿先贤尚未向其传授玄空大卦，所以对姜之询问，屡笑而不答，故姜垚当时亦未能窥其堂奥。《沈氏玄空学》附录之《从师随笔》是沈氏向姜垚后人借阅，并整夜抄录。所以未必是善本，沈氏又可能未必真心研究，无论何事一概用飞星去套解，自然谬误难免。其实星虽上山下水，而发富发贵者固多，星曜到山到向而不应验者，则更多，无论上山下水，抑或到山到向，若依玄空大卦原理推断，则一目了然，其原因不在星而在卦！

第四章　杨公玄空大卦从何学起

1. 要学好杨公玄空大卦，正如大师们所说："要有信心，恒心，苦心，要选对门。"风水学文化经过几千年的积累，风水书籍如汗牛充栋，风水理论体系庞杂，其糟粕与精华同在，真学与伪学并存，如果不加以选择，胡乱研习，势必无功而返。建议以下几种书必读：《宅经》、郭璞的《葬经》黄石公、杨公、曾公的《青囊奥语》、《青囊序》、《天玉经》、《都天宝照经》、蒋大鸿先贤的《地理辨正》、《天元五歌》、《天元余义》等。

2. 要从峦头上下功夫，以达龙真穴正的目的。就必须熟玩杨公的《撼龙经》、《疑龙经》。并要理论结合实际，多走多看，多实地考核。杨公云："若还不信此经文，但覆古人坟。"

3. 除必须熟读以上经书外，一定要熟玩《易经》"河图，洛书，先天八卦，后天八卦，六十四卦，三百八十四爻。"否则就无从入门，切记！切记！

4. 要坚持传统风水学之精华，取其有价值的东西。又要将糟粕的东西剔除，也叫取其精华去其糟粕，这是人们所说的扬弃。同时也要根据变化了的实际，丰富和发展传统风水，比如现代城市峦头，在古书堆里就找不到现存的答案。需要我们运用传统风水学的基本原理，运用于现代城市峦头的实际中去，找出具有普遍性、规律性的东西，从而进一步上升到一定的高度去指导现实，为现实服务！

5. 要学好玄空大卦，就要勇于实践，要多去考核古宅旧坟，除此别无他法。在这个问题上，就是对理论与实践的关系的把握。

第五章
三元玄空大卦之理气概论

人们称堪舆为风水，又把葬坟称阴宅，人所居住之房屋（包括大都市，城镇，乡村等）为阳宅，俗称为阴阳宅地理风水。此地理风水在中华民族之风俗上，已有数千年历史，人们仍兴致勃勃。因阴阳两宅与人们之吉凶祸福，穷通得失，贤愚寿夭有关。可惜人们只知其然而不知其所以然。于是信其然者，漫无目标去追求，只知顺口溜：左青龙，右白虎，前朱雀，后玄武。或谓某山是龙地，某山是虎地，凤地，是伏地金狮，金鸡展翅，金狮出林，美女献花，美女晒羞、仙鹅抱蛋，象鼻缠水……动人听闻之名词，这样便可致富致福。（此只是江湖术士的喝形取象来论形势来龙，不知论理气，河洛易理之妙）。而不信其然者，则曰：外国人不谈风水地理而又如何如何，但以理推之，外国人所造之坟，房屋应是无意中巧合河洛理数之法则。中国人也不例外，而是所住之房屋及坟墓，无意中巧合河图洛书者，比比皆是。

所谓三元玄空大卦地理风水，分上中下三元，一二三运为上元，四五六运为中元，七八九运为下元，每元六十年，三元一百八十年。用法以六十四卦为主，凡六十四卦内之一二三四之洛书数，皆为江西卦，上元收龙向，下元收水山。是一二三四之来龙，必立六七八九之坐山，一二三四之向，收六七八九之水口。若六七八九之来龙，则必立一二三四之坐山，六七八九之向，收一二三四之水口。

例如：今下元如立八运之向，水口在三为三八为朋，水口在二则为二八合十，如立六运之向，水口在一，则为一六共宗，水口在四为四六合十，全部合生成，合十之数，若不合生成数或不合十者则应酌用。以上江东卦，江西卦，之两片，即山一片，水一片也。生旺一片，衰死一片是也。经曰："分欲东西两个卦，会者传天下"是也。如值一二三四之江西卦为上元之正神，则以六七八九之江东四卦为零神。如值六七八九江东四卦为下元之正神，则一二三四之江西四卦为零神。简言之，是龙与向用正神，坐山与水用零神。即龙与向，以旺为旺，坐山与水，以衰为旺。经曰："明得零神与正神，指日入青云，不识零神与正神，代代绝除根。"又云："地画八卦谁能会，山与水相对。"

总之：上元来龙，洛数为一二三四，坐山为六七八九，出向为一二三四，水口为六七八九。下元来龙洛数为六七八九，坐山为一二三四，出向为六七八九，水口为一二三四。

注：上元为一二三四运，每运二十年，共计六十年。中元为四五六运，每运二十年，共计六十年。下元为七八九运，每运二十年，共计六十年为三元九运。其中之中元六十年分各半，前三十年称上元，后三十年称下元……

第六章
三元玄空大卦之入门基础及技巧

第一节　理气基础

一、太极

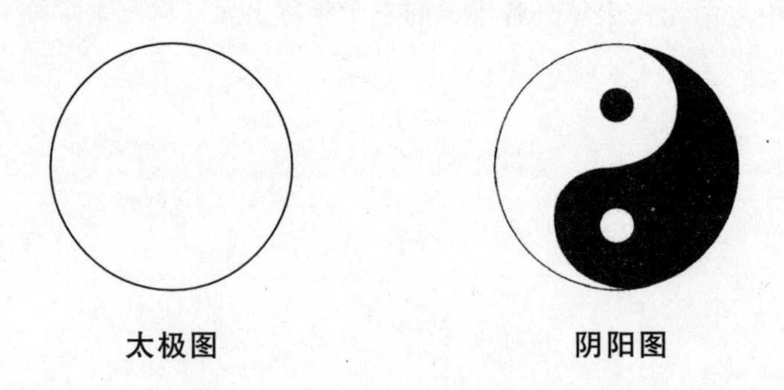

太极图　　　　阴阳图

所谓太极者物之始也，天地万物，有生机者，莫不有此极，失其极，即无物，周子曰：无极而太极，非先有无极而后有太极，无极者乃文词上推而名之，至于有始之时，即有此极之谓，有极而后分阴阳，天地定位、山泽通气，雷风相薄，水火不相射，放之则大而无外，谓玄空，小而无内谓之太极，一始一成无始不能成，无成则无始北辰者天极，地轴者地极，中央者人极，地理以葬乘生气为言亦极，钟灵毓秀，聚精会神，均出于此，既乘生气，而后万物化生，气感及于后人，生气不乘，则精灵不安，遗骸易朽。生气易乘阴阳自然相见，语云：“三年寻龙，十年点穴，即极也。”

二、河图

青囊经曰："天尊地卑，阳奇阴偶，一六共宗，二七同道，三八为朋，四九为友，五十同途，流行终始。"此为地理有书之鼻祖，所谓在天成象，乃星辰之会合，在地成形，乃山川之融结，故研究风水学者，不可不知河图！

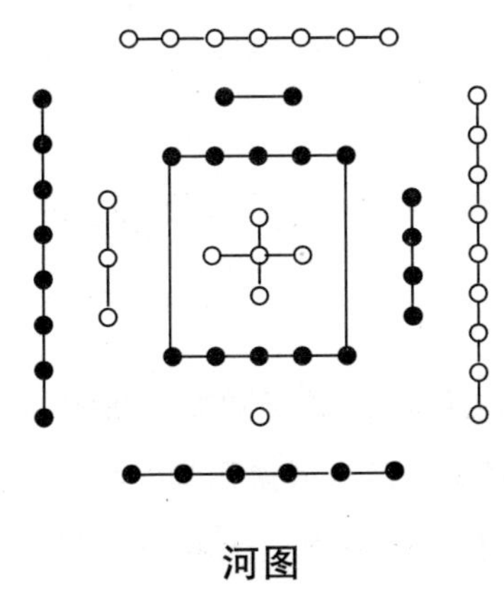

河图

天一生水，地六成之。

地二生火，天七成之。

天三生木，地八成之。

地四生金，天九成之。

天五生土，地十成之。

1. 以上中五加四方之生数 1、2、3、4、而成为四方之成数，6、7、8、9。

1+5=6　2+5=7　3+5=8　4+5=9

6、7、8、9 为显数。

2. 以中五与十各减四方之生数，成数，而得四方之生成数（隐数）。

5−1=4　5−2=3　5−3=2　5−4=1

10−6=4　10−7=3　10−8=2　10−9=1

故成为：

		(3)	7		
		(3)	2		
8	3	5	10	4	9
(2)	(2)	1	(4)	(1)	(1)
		6	(4)		

四方之和：

南方 7+2+3+3=15

西方 4+9+1+1=15

北方 1+6+4+4=15

东方 3+8+2+2=15

各方隐数显数之和均为 15，即所谓参伍而齐一，即所谓五位相得。圣人因河图之象，而精求其义，以奇者属阳为天数；以偶数属阴而为地数。河图圆，圆者气也，天数五，地数五，天数一、三、五、七、九，地数二、四、六、八、十，一二三四五为生数，六七八九十为成数，一生一成，造化之机成矣，北方天一生水，地六成之，水无土不成，故一加五为六，所以一六共宗；南方地二生火，天七成之，火无土不成，故二加五为七，所以云：二七同道；东方天三生木，地八成之，木无土不成，故三加五为八，所以云三八为朋；西方地四生金，天九成之，金无土不成，故四加五为九，所以云四九为友；五十俱为土，同途在中宫，盖五行无土不成，无中央则不能临制四方，冬令为北方之气而属水，水生春令东方木，木生夏令南方火，火生中央及四维之土，而四维之土，以未土为最旺，生秋令西方之金，而重复生冬令北方之水，四气循环，周流不息，此河图之气，所以圆！

春夏为发育之气，秋冬为收藏之气，此所以十二地支追寅为正月，追卯为二月，追辰巳午未申酉戌亥子丑，而至于、三、四、五、六、七、八、九、十、十一、十二月也，此十二地支五行，亦随河图之五行而定之，八干辅于支位，五行亦同隶之，太阳缠丑为冬至，冬至一阳生为温厚之气始，缠戌为春分，为温厚之气盛，太阳缠未至夏至，夏至一阴生，为严凝之气始，缠辰为秋分，为严凝之气盛，所以辰戌丑未为天地四方之气，亦为四方之界，一六共宗，即二十四山之壬子癸戌乾亥；二七同道，即二十四山之未坤申庚酉辛；三八为朋，即二十四山之甲卯乙丑艮寅；四九为友，即二十四山之辰巽巳丙午丁。天地之气一六与四九可通，二七与三八可通，又合五，合十，合十五之深旨，一四合五，四六合十。九六合十五，二三合五，七八合十五，卦气之可通与不可通山水之清纯夹杂，可通与不可通，即于此河图生成之中可知。

圣人据河图之象数，藉仰观俯察，远取近求而卦象立焉。前贤是以河图横列之九四三八于左纵列，以河图纵列之七二一六调整为二七六一于右亦纵列，将两纵列之数规而圆之，则成九四三八之阳仪为乾兑离震，二七六一之阴仪为巽坎艮坤，于是先天八卦而大成矣，而与之洛书之九宫亦符之。

按河图之数，又一九为太阳，四六为太阴，二八为少阴，三七为少阳，按阴中有阳，阳中有阴，阴阳互根而已。一六合为太阳太阴合，为阳水阴水合，位北方司冬令。二七合为少阴少阳合，为阴火阳火相合，位南方司夏令。三八为少阳少阴合，为阳木阴木合，位东方司春令。四九合为太阴太阳合，为阴金阳金相合，位西方司秋令。五十合为天阳地阴合，为阳土阴土相合，位中央司四季令。所谓万物土中生。总水火木金土，两其五行也。两其阴阳。并春夏秋冬四季万物中土生，生死变化，莫不归纳于其中。此即万物所谓一气相比。所谓二五阴阳合，然后气相得，施化行。蒋氏所谓三五而齐一，对待而往来者。此天地阴阳奇偶雌雄生成动静之数，阴阳正配，二老位于西北，二小位于东南，太极生四象。

世俗不察，往往从盘面二十四山干支八卦方位论短长者，未明河图之原理，经云："认金龙（生气之意），一经一纬义不穷，动不动，直待高人施妙用。"亦是以上之意，天地四时之气，一左一右即是一经一纬，金龙为及时当令之气，至刚至柔，生生不息，河图之原理无穷尽，金龙之用法不一，玩此方知运，形与气，四时各有金龙，正所谓高人施妙用。

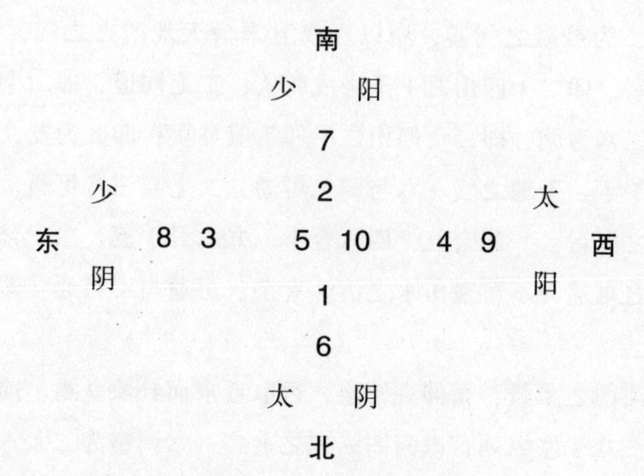

二老（太阴、太阳）位于西北相交相连即相对。

二少（少阴、少阳）位于东南其相交相连即相对。

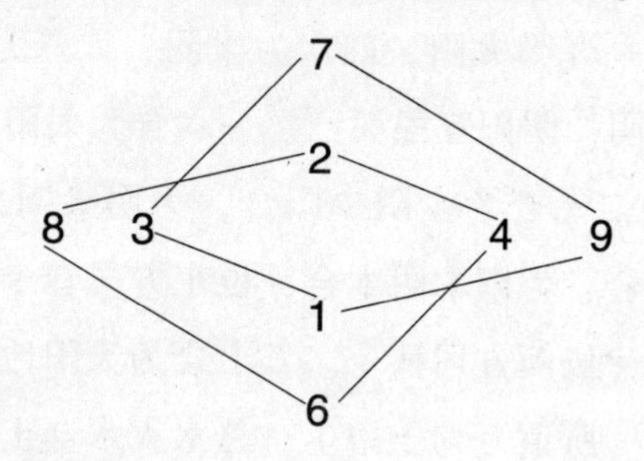

奇偶各自相连则成交。

8+2+4+6=20

1+3+7+9=20

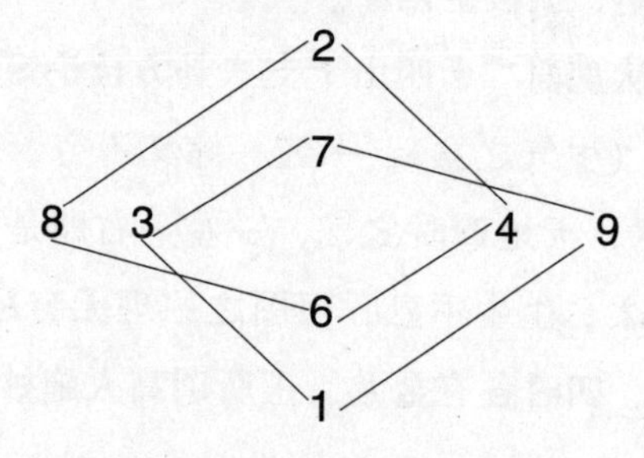

由交叉线则巅倒变位则合十之阴阳奇偶平行相得。

三、洛书

洛书方，方者形，其数对待合十，由河图分布而成，四正一三七九为奇，四偶二四六八为偶，五居中央，纵横十五，为流行之气机，上元一二三四为一片，下元六七八九为一片，阳奇顺布，阴偶逆布，生旺衰死，吉凶消长，以此为定论，用洛书之数，合先天子母公孙之卦为用，数为表，而象为里，是为挨星真诀，蒋公云：洛书大数先天矩，乃为至理名言，地理又以贪巨禄文廉武破辅弼之九星称之，亦爻象之代名词，用不在于后天之卦，而在于先天之一再三索之卦，故可以洛书名之，以北斗之星称之，周易全部包括三才，何常非八而有九，五者妙在媾精之所，易三六画卦，二五均在中爻，故二亦称妙合，五居中而临制其四方，非五之制四方，乃四方之各居中，而能各制其四方。其八方相对而言合十者，妙用在零正生死此零彼正，此生彼死，确为玄空中不易之圭臬，惟其随气流行之零正生死，不在于洛书之呆方位，也不在于入中之顺逆巅倒，飞布之缠何方，落何宫也。总之，天地自然之气，非人力以随便挪移，即定位，即通气，即相笃，即不相射，其生生化化自由不易之位，不易而易，即易易简之道。

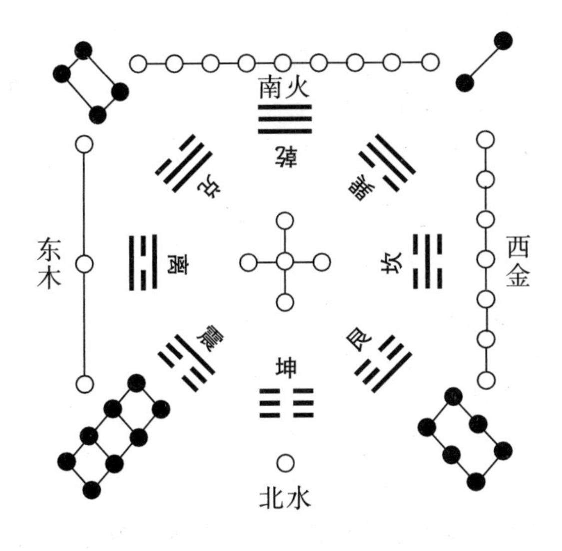

洛书配先天八卦图

载九履一，左三右七，二四为肩，六八为足，五十居中。

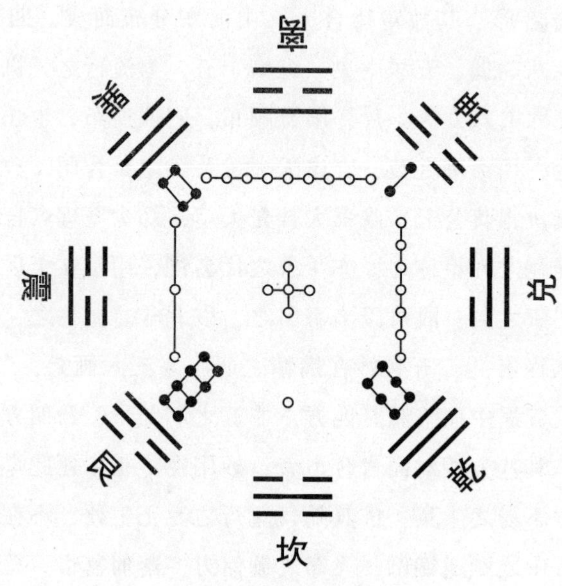

洛书配后天八卦图

洛书之由河图演变图：

由河图之9、4、3、8横列排于左。

由河图之2、7、6、1纵列排于右。

即：

9	2		4	9	2	4	9	2
4	7	规而圆之	3		7 即成	3	5	7
3	6		8	1	6	8	1	6
8	1							

洛书是取法于龟象，从一数到九数排列而成。青囊经曰：中五立极，临制四方，背一面九，三七居旁，二八四六纵横纪纲。此黄石公河图洛书之文。据此以发明地理之运数，为地理有书之祖先，而授赤松子。

河图：一六起于北下、二七居南上，三八居东左，四九居西右，中五立极，由生数统成数。阴生则阳成，阳生则阴成，阴阳二气，相为终始，洛书一六起西北，四九居东南，二七居西南，三八居东北，中五立极，由奇数统偶数，四正之位奇数居之，四维之位偶数居之，阴统于阳，地统于天，天地同流，而定分不易。

天地之理自然发现不同。布其位：载九覆一、左三右七、二四为肩、六八为足，其八方之位适与八方之数均齐，圣人即以八卦隶之。其次序为：坎一、坤二、震三、巽四、中五、乾六、兑七、艮八、离九。此为四正四维不易之定位。

数虽起于一而实用首震，盖成位之后，少阳用事，先天主天后天主日，元子继体，代父为政，易曰：帝出乎震，齐乎巽，相见乎离，致役乎坤，说言乎兑，战乎乾，劳乎坎，成言乎艮。一二三四五六七八九，古今皆以星代之，因周而复始也。（即上中下三元九运循环推移，终而复始自下起元之意）震、巽、离、坤、兑、乾、坎、艮。日月之出没，四时之气，运行迁谢。

洛书四正与中五皆阳数，一七五九三，四维皆阴数，四二六八，以阳数五奇统阴数四偶，而各居其所。此其所谓错综其数也。数始于一居北方，与河图之一亦居北，此乃同理不易之定位。河图洛书一六七二三八四九均未相离，也乃同理不易之定位。河图有参伍而齐一，对待而往来，而洛书亦同此不易之定理。

洛书一定位始北，一六之和为七。故七居西，二七之和为九，故九居南方。九四之和为十三，故三居东方，三八之和为十一，故一居北，一周为右旋向上，天数之往也。四二和是六，故六进于乾。二六和是八，故八进于艮六八和十四，故四进于巽，四八和是十二，故二进于坤，一周为左旋向下，地数之由来。

由此可见，阳气本丽于天，而实兆于地之中，阴气本属于地，而实阴于天之外。乾天之真阳，坤地之真阴，故土肤之际平铺如掌，乃真阴真阳乾坤交媾之所，故阴阳之气无时不在交媾。故水火既济，风雷相薄，山泽通气，天地之化机无不毕露于此。

河图四象左旋相生，对待相克。而洛书则相反，洛书一六老阴水克二七少阳火、二七少阳火克四九老阳金。四九老阳金克三八少阴木，三八少阴木克中五皇极土。中五土克一六老阴水。一六四九对待相生，二七三八对待相生，二老二少阴阳正配，夫妇即定。阴阳两仪两片即分，天地即定，万物育焉。

洛书法天，乾元用九，故坎一乘九，一九还九，坤二乘九，二九十八天。震三乘九，三九二十七天，巽四乘九，四九三十六。乾六乘九，六九五十四，兑七乘九，七九六十三。艮八乘九，八九七十二，离九乘九，九九八十一。其总和为三百六十度也。约之三十六，象三十六天宫，故易文言曰："乾元用九乃见天则"也。

洛书法地，坤道用六，故坎一乘六，一六还六，坤二乘六，二六一十二，震三乘六，三六一十八，巽四乘六，四六二十四，乾六乘六，六六三十六，兑七乘六，七六四十二，艮八乘六，八六四十八，离九乘六，九六五十四，其总和为二百四十，约之二十四，象地二十四气，法二十四山，易文言曰："坤道其顺平，承天而时行"。易谓三五以变，错综其数，三五十五，河图中宫"五"与"十"太极，又谓参天两地之数而倚数。参天两地者五也。故风水学，排山挨水，则中五不可动，动则山飞水走，日月星辰失其位！

四、先天八卦

天地定位，包含三才，自然之雌雄，自然之交媾，万物出焉，万物各具此老少阴阳，化化生生不息。所以日月相配，山水相见，男女相交，皆得此气。数始于一终于九，一二合三，二三合九，九为万物之玄关，所以其对待合九，乃化机化成之妙理。天地定而父母男女，尊鬼高下，刚柔动静，在在而分，天地交而生万物，父母交而生子息，父母子息合为八体，是成八卦，父母老而退休，六子各自为父母，而各掌权衡，聘配三六而三六（坎离）为万物之玄关，万物之父母。一二三四为一片，五六七八为一片，坤巽离兑为上元一片，艮坎震乾为下元一片。阳九阴六，有条不紊，所以云先天为体。易曰：天地定位、山泽通气，雷风相薄，水火不相射，八卦相错，一体一用，一静一动，一阴一阳。而成天地阴阳之造化吉凶消长之枢纽，人为天地相交，而化生者，休养生息，于此旷荡无际之间，实属化机化成之象，故周公相阴阳，杨公看雌雄，而地理之道同矣；地理为人生下来以后与天地形气相感之哲理，其理则不外乎河洛与先后天八卦之妙理，先天八卦序为乾兑离震，阳从左边团团转。巽坎艮坤属阴仪，所谓阴从右路转相逢！三元玄空大卦特重视此。舍此而言玄空大卦，实乃脱节太远！伏羲八卦次序图见下：

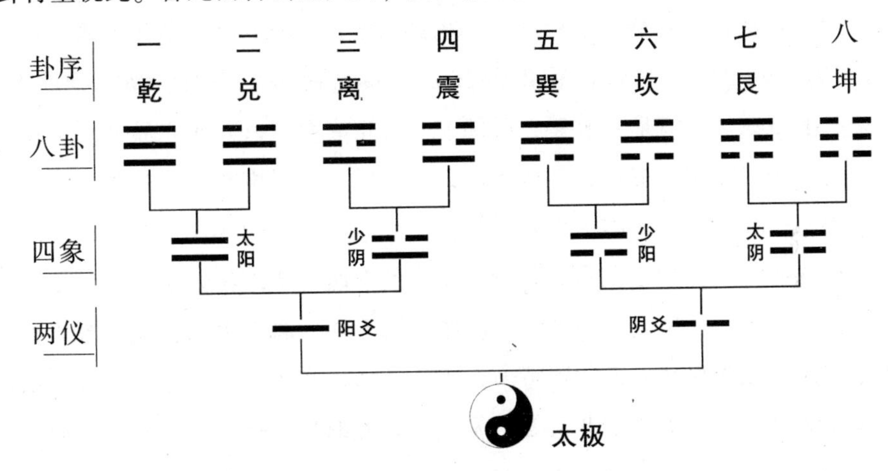

伏羲先天八卦图

五、后天八卦

易曰："帝出乎震，齐乎巽，相见乎离，致役乎坤，说言乎兑，战乎乾，劳乎坎，成言乎艮。为四时流行之气，循环无端。"即河图木火土金水四气流行之气，此后天八卦之五行次序，所以如此摆布。非八卦阴阳，老少之次序，乃八卦五行情性流行之气，八卦之气，人物之感，悉兆于此，有天地定位之气（体），而后有帝出乎震……至成言乎艮之形性，所以云后天，实则有气自成形，有形自有感，乃同时同气相应而成，并无先后之分，先天后天者指形气相感之先后，并非指八卦之先后，方隅惟八，故卦有八，乾坎艮震为阳一片，一二三四为上元一片，六七八九为下元一片，其数之流行次序，非八卦阴阳老少之次序，数始一，故用卦运起于坎一，虚其中五而终于离九，坤顺也，资生万物而承天，故体卦始于坤，而终于乾，先后天上下相须而成用，是为真理。夫河图洛书，相交经纬，非有二数，先后二天，互为根源，非有二致，图书为卦爻之气象，卦爻为图书之体象，河洛与八卦，一而已矣。河图乃阴阳升降之数，则有八方。先天八卦乃阴阳对待之体。有彼此而无定位。后天八卦乃阴阳流行之用，则有定位。

后天八卦方位图

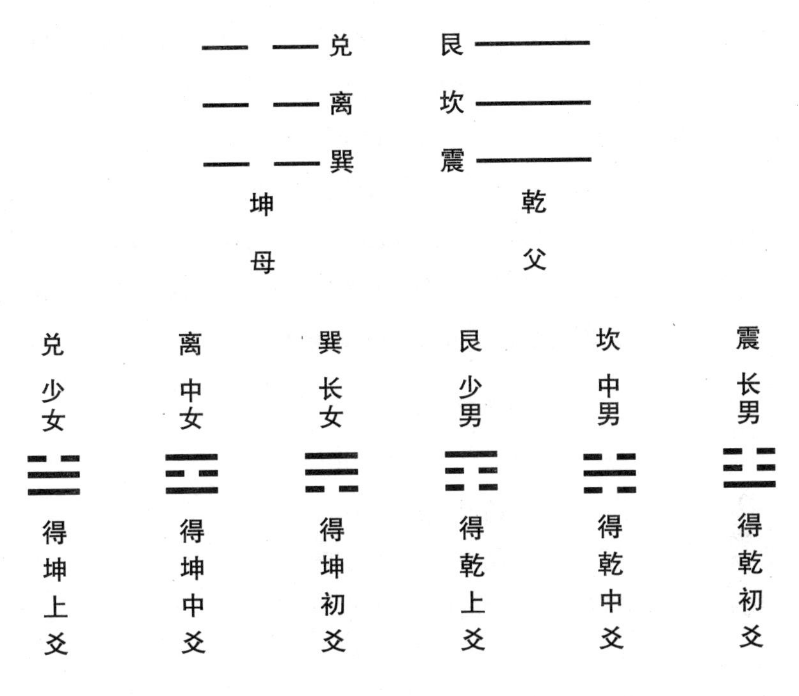

后天八卦次序图

六、八卦取象及六十四卦

《繫辞》云：易有太极，是生两仪，两仪生四象，四象生八卦，见下图：

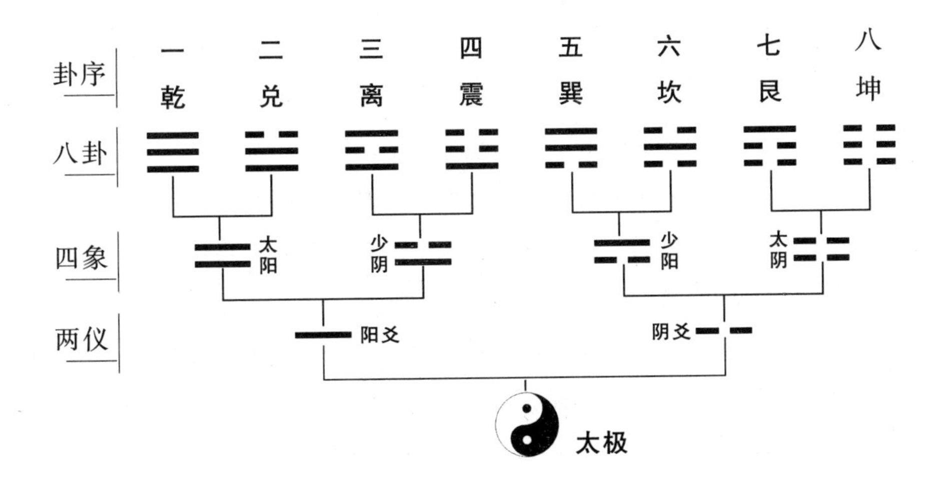

太极万物之本，表示混沌不分的状态。后分出天地（阴阳），阴阳相媾而分出四时，四时变成四象，进而演变成天、地、山、泽、风、雷、火、水八种自然地理环境，这就是八卦。以易理来说，太极之后分出阴阳，以阳爻（⚊）代表阳仪；阴爻（⚋）代表阴仪，于是分出两仪。第三阶段在阳爻上各加阴爻和阳爻，一画阳爻加一画阳爻成（⚌）叫太阳，一画阳爻加一画阴爻成（⚍）叫少阴，一画阴爻加一画阳爻成（⚎）叫少阳，一画阴爻加一画阴爻成（⚏）叫太阴，是为四象。

太阳加阳爻成☰，是为乾卦，卦序为一。

太阳加阴爻成☱，是为兑卦，卦序为二。

少阴加阳爻成☲，是为离卦，卦序为三。

少阴加阴爻成☳，是为震卦，卦序为四。

少阳加阳爻成☴，是为巽卦，卦序为五。

少阳加阴爻成☵，是为坎卦，卦序为六。

太阴加阳爻成☶，是为艮卦，卦序为七。

太阴加阴爻成☷，是为坤卦，卦序为八。

补注：卦象口诀：

乾三连，坤六断，震仰盂，艮覆碗

巽下断，离中虚，坎中满。

八卦就是这样产生的，乾、兑、离、震四原卦是由阳爻衍化出来的，为阳卦；巽、坎、艮、坤四原卦，是由阴爻衍化出来的，为阴卦。

产生了八卦之后，大家可以看到，八个原卦是三画卦，而六十四个成卦是由两个原卦重叠而成的，由此看来，六十四卦是由先天八卦构成，六十四卦是八卦乘八卦的数目。

将八个原卦（乾、兑、离、震、巽、坎、艮、坤）独立起来，每个原卦顺序由乾到兑，兑列离，离到震，震到巽，巽到坎，坎到艮，艮到坤，加原卦上的阴阳相配，相对流行，新配上的三画卦重叠于原本之三画大原卦之上，成六画卦之六十四大成卦，现举乾（原卦）为例，在上面再依卦序排出八个成卦（上三画卦之洛书数就是卦运，在玄空大卦中；是很重要的，也是用来定吉凶的）。

以乾卦为例：

乾为天（䷀）卦运为九。

泽天夬（䷪）卦运为四。

火天大有（䷍）卦运为三。

雷天大壮（䷡）卦运为八。

风天小畜（䷈）卦运为二。

水天需（䷄）卦运为七。

山天大畜（䷙）卦运为六。

地天泰（䷊）卦运为一。

其他七个大原卦，均依此法顺序产生八个成卦，见六十四卦方图。图中最上之数目字是卦序，表下之数目字九四三八二七六一就是玄空大卦的卦运。可是每一个大原卦产生的成卦，在同一卦序内，卦运都是相同的，比如：艮卦原卦产生的成卦为：山天大畜（䷙）、山泽损（䷨）、山火贲（䷕）、山雷颐（䷚）、山风蛊（䷑）、山水蒙（䷃）、艮为山（䷳）、山地剥（䷖）这八个卦其卦运皆为六。表内的卦有方框的都是父母卦，比如：损卦（䷨）和艮卦（䷳）即为父母卦，再比如：离卦原卦产生的成卦为：火天大有（䷍）、火泽睽（䷥）、离为火（䷝）、火雷噬嗑（䷔）、火风鼎（䷱）、火水未济（䷿）、火山旅（䷷）、火地晋（䷢）、此八个卦其卦运皆为三，而其中离卦（䷝）与火水未济卦（䷿）即为父母卦。它在玄空大卦风水上所占的地位十分重要。如图：

八	七	六	五	四	三	二	一	序卦
坤地 ☷	艮山 ☶	坎水 ☵	巽风 ☴	震雷 ☳	离火 ☲	兑泽 ☱	乾天 ☰	上卦 / 下卦
泰	大畜	需	小畜	大壮	大有	泽天夬	乾为天	天 ☰
临	损	节	中孚	归妹	睽	兑为泽	履	泽 ☱
明夷	贲	既济	家人	丰	离火	泽火革	天火同人	火 ☲
复	颐	屯	益	震雷	噬嗑	泽雷随	天雷无妄	雷 ☳
升	蛊	井	巽风	恒	鼎	泽风大过	天风姤	风 ☴
师	蒙	坎水	涣	解	未济	泽水困	天水讼	水 ☵
谦	艮山	蹇	渐	小过	旅	泽山咸	天山遁	山 ☶
坤地	剥	比	观	豫	晋	泽地萃	天地否	地 ☷
一	六	七	二	八	三	四	九	卦运

错卦

错卦是把六画成卦由最初爻至上爻全部更变，由阳变阴，阴变阳而成。卦理上称其错卦为（夫妇卦）。

如图：

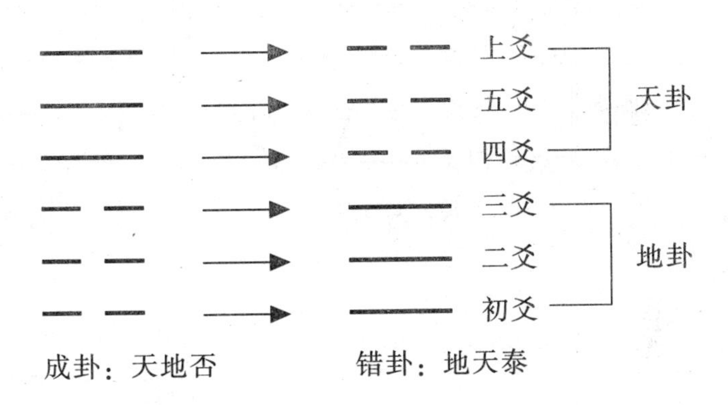

覆卦

覆卦是把成卦中的地卦变成天卦，而天卦变成地卦。它是兄弟卦之一种。

如下：

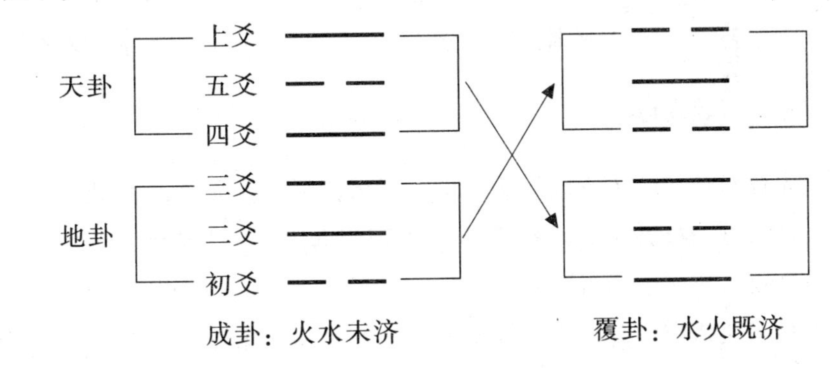

综卦

综卦是把地卦变成天卦后再上下倒置，天卦改变成地卦后，亦上下倒置也是兄弟卦。

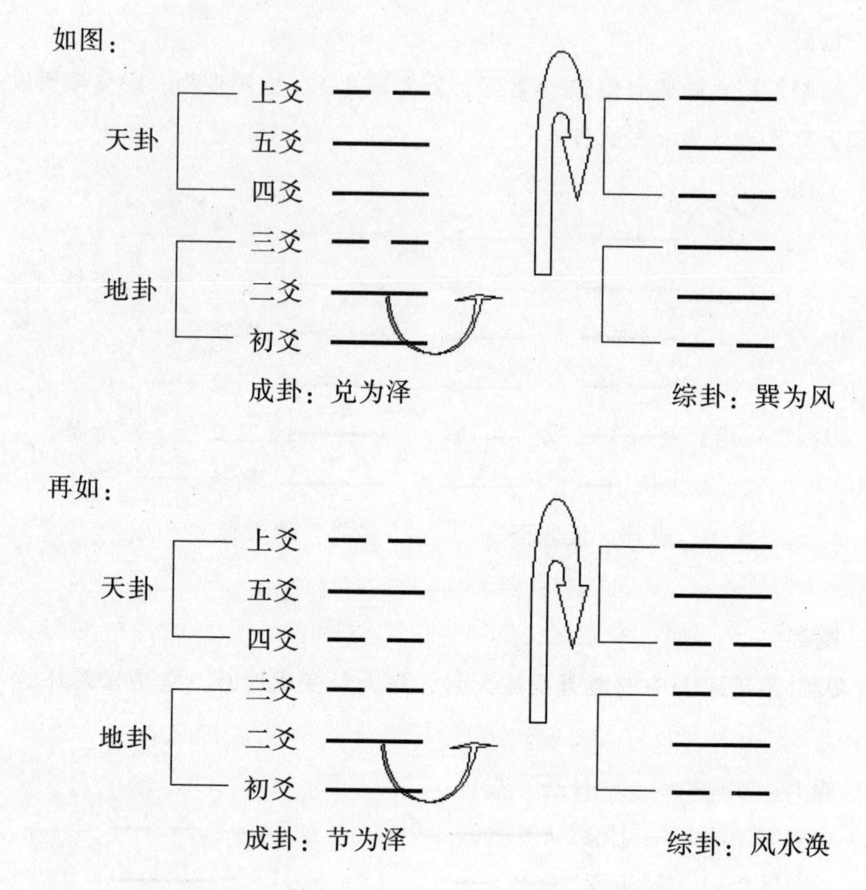

七、三元九运

先贤云："先天查气用于穴中，后天看形用于象外。河图辨阴阳之交媾，洛书查<察>元运之兴衰。"此乃地理之真诀，亦为地理通乎易理，千载不言之秘。故元运不离洛书。洛书九宫一二三四五六七八九。即为气运图。配合后天之震巽离坤兑乾坎艮此四正四维不易之定位。古今推移，周而复始，气运轮流旋转，成始成终。日月之出没。四时之代谢，循环无端，下起元也。又一二三四五六七八九者，即坤巽离兑为河图内一二三四五生数，继以艮坎震乾为河图外之成数。内生数皆阴卦。故女主内。外成数皆阳卦，故男主外。

1. 上元一白司令，乃后天之坎，则先天之坤气（龙），对以先天之乾水。老父治外，老母治内，以开天辟地。一白坎坤主运，坤六断三阴，阴爻数六，故坤数十八。

2. 二黑司令，乃后天之坤，实先天之巽气，对以先天之震，长女主内，长男主外，以雷厉风水。二黑坤巽主运，巽下断，二阳一阴，阳爻数九，阴爻数六，故巽为二十四。

3. 三碧司令，乃后天之震，实先天之离气，对以先天之坎水，中女主内，中男主外，以日经月纬。三碧震离主运，离中虚，二阳一阴，故离数二十四。

4. 四绿司令，乃后天之巽，实先天之兑气，对以先天之艮。少女主内，少男主理外事；以水流山峙。乃兑巽主运，兑上缺，其数二十四。

5. 五黄居中立极，分其运于乾巽两宫，实兑艮交流对催也。四五六本属中元，三元分九运，卦实有八，中五居上下，实两元也。六白则开逆数之始，为阴极阳生之时，自一至四运，天秩天叙，其理顺，妇主内，而夫治外其道阴。如此可证伏羲氏时代为母系社会，只知有母，不知有父，女先于男。

6. 六白司令，乃后天之乾，实乃先天之艮气，对以先天之兑，为山泽通气，六白乾艮主运，艮（☶）覆碗，三阴一阳，因此艮数又为一阳爻 9，二阴爻共 $2\times6=12$，总共艮数为 $9+6+6=21$

7. 七赤司令，乃后天之兑，实先天之坎气，对以先天之离，为水火不相射。七赤兑坎之运，坎（☵）中满，二阴一阳，即 1 阴爻 6+1 阳爻 9+1 阴爻 6 得 $6+9+6$ 等于 21，故坎数为二十一。

8. 八白司令，乃后天艮，实则先天震气，对以先天巽，为雷风相薄。八白艮震主运，震（☳）仰盂，二阴一阳，故震数二十一。

9. 九紫司令，乃后天之离，实先天之乾气（有龙山之意）对以先天坤，为天地定位。九紫离乾主运，乾（☰），三连三阳，阳爻 9，三九二十七数。

如自六运九运，由少及老，其理男主气，而女主水，其道阳。于是又如上元女主内，其道阴，后妃摄政理事，外患不断，辱国丧权。下元男主气，其道阳，先天主天，后天主日，元子继父为数，政治清廉，国权日强，国土日增……

综合九运先天八卦二十四爻，阴爻十二，阳爻十二以参天两地，阴爻数六，阳爻数九，总其和为一百八十三数，为天运一百八十年准则。周而复始，若我国天文历法，夏历定气节，闰年闰月，大小月正朔，均以一百八十年还原。同一干支定于一日，丝毫不苟，地运气数一百八十年，周而复始。若我国地理阴阳哲学，历三元，每元一甲子，每甲子三运，每运二十年，三元九运，统一百八十年，周而复始，吉凶祸福，存亡兴衰，无不合其气节。研究堪舆风水者，不知三元九运之气机所在，则不知零正之巅倒，则飞星派只知起星下卦，则不知地之有无。故学者得此真诀之后，应当识之天机。

天文地理运气图式：

参天=1+2+3+4+5=15 数，河图中宫。

两地 5=（函 1、2、3、4、5）=5 数，洛书数中宫。

阳爻刚=九（老阳）=1+3+5 之参天。

阴爻柔=六（老阴）=2+4 之两地。

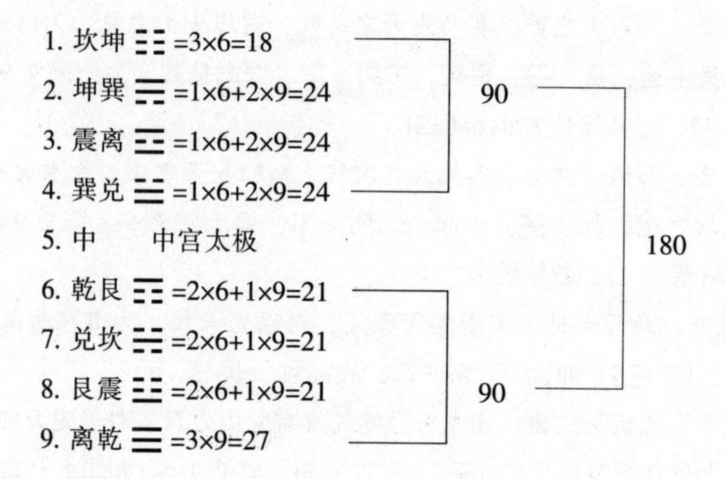

天运 180 年周而复始（如我国历法以 180 年还原）气节闰月及大小月岁朔均还原。

地运 180 年周而复始（如三元地理九运每元三甲子 180 年，每元三运三元九运，每运 20 年，共计 180 年，周而复始。）

三元九运表

上元			中元			下元		
甲子癸未二十年	甲申癸卯二十年	甲辰癸亥二十年	甲子癸未二十年	甲申癸卯二十年	甲辰癸亥二十年	甲子癸未二十年	甲申癸卯二十年	甲辰癸亥二十年
清·同治三年——光绪九年	光绪十年——光绪二十九年	光绪三十年——民国十二年	民国十三年——民国三十二年	公元·一九四四年——公元·一九六三年	公元·一九六四年——公元·一九八三年	公元·一九八四年——公元·二00三年	公元·二00四年——公元·二〇二三年	公元·二〇二四年——公元·二〇四三年
一白	二黑	三碧	四绿	五黄	六白	七赤	八白	九紫
贪狼	巨门	禄存	文曲	廉贞	武曲	破军	左辅	右弼

八、易经罗盘之组成源由

易经罗盘简称为“易盘”，又称为“卦盘”、“蒋公盘”。易盘有外盘与内盘之组合法，其述如下：

1. 外盘（请参看后面 54 页之附图）即用先天八卦乾一、兑二，离三，震四，巽五，坎六，艮七，坤八之数字，全部除去，挨上洛书之数。即乾九、兑四、离三、震八、巽二、坎七、艮六、坤一之数。以八宫每卦为下卦，而再加乾、兑、离、震、巽、坎、艮、坤于每卦之上。排上六十四卦，由午中起乾卦左旋至子中覆卦共计三十二卦。再由午起媾卦右旋至子中坤卦共计三十二卦。合成六十四卦，其所排出之经盘。均得罗盘数字合十又合河图一六，二七，三八，四九生成之数，谓之外盘。

说明：希望读者在学习时将（易盘）摆放于前边读边看易盘，这样就更加明白易懂。

2. 内盘（请参看本书第 55 页附图）取先天八卦，乾、坤、兑、艮、离、坎、震、巽对待之原理。以坤、艮、坎、巽、震、离、兑、乾之顺序。以八宫每卦为上卦。再加坤、艮、坎、巽、震、离、兑、乾于每卦之下。排上六十四卦。由午中起坤卦左旋至子中小畜共计三十二卦。合成六十四卦，其所排出之经盘。均得洛书数字合十，谓之内盘。并且外盘内盘均得洛书数字合十。易经罗盘（即卦盘）由此而来。现将其内外盘组成法表于下：

外	乾	夬	大有	大壮	小畜	需	大畜	泰	履	兑	睽	归妹	中孚	节	损	临	阳仪
内	坤	谦	师	升	复	明夷	临	泰	剥	艮	蒙	蛊	颐	贲	损	大畜	
外	同人	革	离	丰	家人	既济	贲	明夷	无妄	随	噬嗑	震	益	屯	颐	复	
内	比	蹇	坎	井	屯	既济	节	需	观	渐	涣	巽	益	家人	中孚	小畜	
外	坤	剥	比	观	豫	晋	萃	否	谦	艮	蹇	渐	小过	旅	咸	遁	阴仪
内	乾	履	同人	无妄	姤	讼	遁	否	夬	兑	革	随	大过	困	咸	萃	
外	师	蒙	坎	涣	解	未济	困	讼	升	蛊	井	巽	恒	鼎	大过	姤	
内	大有	睽	离	噬嗑	鼎	未济	旅	晋	大壮	归妹	丰	震	恒	解	小过	豫	

乾卦与坤卦：

坤 ☷	艮 ☶	坎 ☵	巽 ☴	震 ☳	离 ☲	兑 ☱	乾 ☰	上卦	外盘
乾 ☰	乾 ☰	乾 ☰	乾 ☰	乾 ☰	乾 ☰	乾 ☰	乾 ☰	下卦	
地天泰 ䷊	山天大畜 ䷙	水天需 ䷄	小畜 ䷈	大壮 ䷡	大有 ䷍	泽天夬 ䷪	乾为天 ䷀	卦名	
一	六	七	二	八	三	四	九	数	
坤 ☷	坤 ☷	坤 ☷	坤 ☷	坤 ☷	坤 ☷	坤 ☷	坤 ☷	上卦	内盘
乾 ☰	兑 ☱	离 ☲	震 ☳	巽 ☴	坎 ☵	艮 ☶	坤 ☷	下卦	
地天泰 ䷊	地泽临 ䷒	明夷 ䷣	地雷复 ䷗	地风升 ䷭	地水师 ䷆	地山谦 ䷎	坤为地 ䷁	卦名	
九	四	三	八	二	七	六	一	数	

外盘下卦乾加内盘上卦坤配成天地否卦为（南卦、母卦）

兑卦与艮卦：

坤 ☷	艮 ☶	坎 ☵	巽 ☴	震 ☳	离 ☲	兑 ☱	乾 ☰	上卦	外盘
兑 ☱	兑 ☱	兑 ☱	兑 ☱	兑 ☱	兑 ☱	兑 ☱	兑 ☱	下卦	
地泽临 ䷒	山泽损 ䷨	水泽节 ䷻	风泽中孚 ䷼	雷泽归妹 ䷵	火泽睽 ䷥	兑为泽 ䷹	天泽履 ䷉	卦名	
一	六	七	二	八	三	四	九	数	
艮 ☶	艮 ☶	艮 ☶	艮 ☶	艮 ☶	艮 ☶	艮 ☶	艮 ☶	上卦	内盘
乾 ☰	兑 ☱	离 ☲	震 ☳	巽 ☴	坎 ☵	艮 ☶	坤 ☷	下卦	
山天大畜 ䷙	山泽损 ䷨	山火贲 ䷕	山雷颐 ䷚	山风蛊 ䷑	山水蒙 ䷃	艮为艮 ䷳	山地剥 ䷖	卦名	
九	四	三	八	二	七	六	一	数	

外盘下卦兑加内盘上卦艮配成泽山咸卦为（南卦、母卦）

离卦与坎卦：

坤 ☷	艮 ☶	坎 ☵	巽 ☴	震 ☳	离 ☲	兑 ☱	乾 ☰	上卦	外盘
离 ☲	离 ☲	离 ☲	离 ☲	离 ☲	离 ☲	离 ☲	离 ☲	下卦	
地火明夷 ䷣	山火贲 ䷕	水火既济 ䷾	风火家人 ䷤	雷火丰 ䷶	离为火 ䷝	泽火革 ䷰	天火同人 ䷌	卦名	
一	六	七	二	八	三	四	九	数	
坎 ☵	坎 ☵	坎 ☵	坎 ☵	坎 ☵	坎 ☵	坎 ☵	坎 ☵	上卦	内盘
乾 ☰	兑 ☱	离 ☲	震 ☳	巽 ☴	坎 ☵	艮 ☶	坤 ☷	下卦	
水天需 ䷄	水泽节 ䷻	水火既济 ䷾	水雷屯 ䷂	水风井 ䷯	坎为坎 ䷜	水山蹇 ䷦	水地比 ䷇	卦名	
九	四	三	八	二	七	六	一	数	

外盘下卦离加内盘上卦坎配成火水未济卦为（南卦、母卦）

震卦与巽卦：

坤	艮	坎	巽	震	离	兑	乾	上卦	外盘
震	震	震	震	震	震	震	震	下卦	
地雷覆	山雷颐	水雷屯	风雷益	震为雷	火雷噬嗑	泽雷随	天雷无妄	卦名	
一	六	七	二	八	三	四	九	数	
巽	巽	巽	巽	巽	巽	巽	巽	上卦	内盘
乾	兑	离	震	巽	坎	艮	坤	下卦	
风天小畜	风泽中孚	风火家人	风雷益	巽为风	风水涣	风山渐	风地观	卦名	
九	四	三	八	二	七	六	一	数	

外盘下卦震加内盘上卦巽配成雷风恒卦为（南卦、母卦）

巽卦与震卦：

坤 ☷	艮 ☶	坎 ☵	巽 ☴	震 ☳	离 ☲	兑 ☱	乾 ☰	上卦	外盘
巽 ☴	巽 ☴	巽 ☴	巽 ☴	巽 ☴	巽 ☴	巽 ☴	巽 ☴	下卦	
地风升 ䷭	山风蛊 ䷑	水风井 ䷯	巽为风 ䷸	雷风恒 ䷟	火风鼎 ䷱	泽风大过 ䷛	天风姤 ䷫	卦名	
一	六	七	二	八	三	四	九	数	
震 ☳	震 ☳	震 ☳	震 ☳	震 ☳	震 ☳	震 ☳	震 ☳	上卦	内盘
乾 ☰	兑 ☱	离 ☲	震 ☳	巽 ☴	坎 ☵	艮 ☶	坤 ☷	下卦	
雷天大壮 ䷡	雷泽归妹 ䷵	雷火丰 ䷶	震为雷 ䷲	雷风恒 ䷟	雷水解 ䷧	雷山小过 ䷽	雷地豫 ䷏	卦名	
九	四	三	八	二	七	六	一	数	

外盘下卦巽加内盘上卦震配成风雷益卦为（南卦、母卦）

坎卦与离卦：

坤	艮	坎	巽	震	离	兑	乾	上卦	外盘
坎	坎	坎	坎	坎	坎	坎	坎	下卦	
地水师	山水蒙	坎为水	风水涣	雷水解	火水未济	泽水困	天水讼	卦名	
一	六	七	二	八	三	四	九	数	
离	离	离	离	离	离	离	离	上卦	内盘
乾	兑	离	震	巽	坎	艮	坤	下卦	
火天大有	火泽睽	离为火	火雷噬嗑	火风鼎	火水未济	火山旅	火地晋	卦名	
九	四	三	八	二	七	六	一	数	

外盘下卦坎加内盘上卦离配成水火既济卦为（南卦、母卦）

艮卦与兑卦：

坤	艮	坎	巽	震	离	兑	乾	上卦	外盘
艮	艮	艮	艮	艮	艮	艮	艮	下卦	
地山谦	艮为山	水山蹇	风山渐	雷山小过	火山旅	泽山咸	天山遁	卦名	
一	六	七	二	八	三	四	九	数	
离	离	离	离	离	离	离	离	上卦	内盘
乾	兑	离	震	巽	坎	艮	坤	下卦	
火天大有	火泽睽	离为火	火雷噬嗑	火风鼎	火水未济	火山旅	火地晋	卦名	
九	四	三	八	二	七	六	一	数	

外盘下卦艮加内盘上卦兑配成山泽损卦为（南卦、母卦）

坤卦与乾卦：

坤 ☷	艮 ☶	坎 ☵	巽 ☴	震 ☳	离 ☲	兑 ☱	乾 ☰	上卦	外盘
坤 ☷	坤 ☷	坤 ☷	坤 ☷	坤 ☷	坤 ☷	坤 ☷	坤 ☷	下卦	
坤为地 ䷁	山地剥 ䷖	水地比 ䷇	风地观 ䷓	雷地豫 ䷏	火地晋 ䷢	泽地萃 ䷬	天地否 ䷋	卦名	
一	六	七	二	八	三	四	九	数	

乾 ☰	乾 ☰	乾 ☰	乾 ☰	乾 ☰	乾 ☰	乾 ☰	乾 ☰	上卦	内盘
乾 ☰	兑 ☱	离 ☲	震 ☳	巽 ☴	坎 ☵	艮 ☶	坤 ☷	下卦	
乾为天 ䷀	天泽履 ䷉	天火同人 ䷌	天雷无妄 ䷘	天风姤 ䷫	天水讼 ䷅	天山遁 ䷠	天地否 ䷋	卦名	
九	四	三	八	二	七	六	一	数	

外盘下卦坤加内盘上卦乾配成地天泰卦为（南卦、母卦）

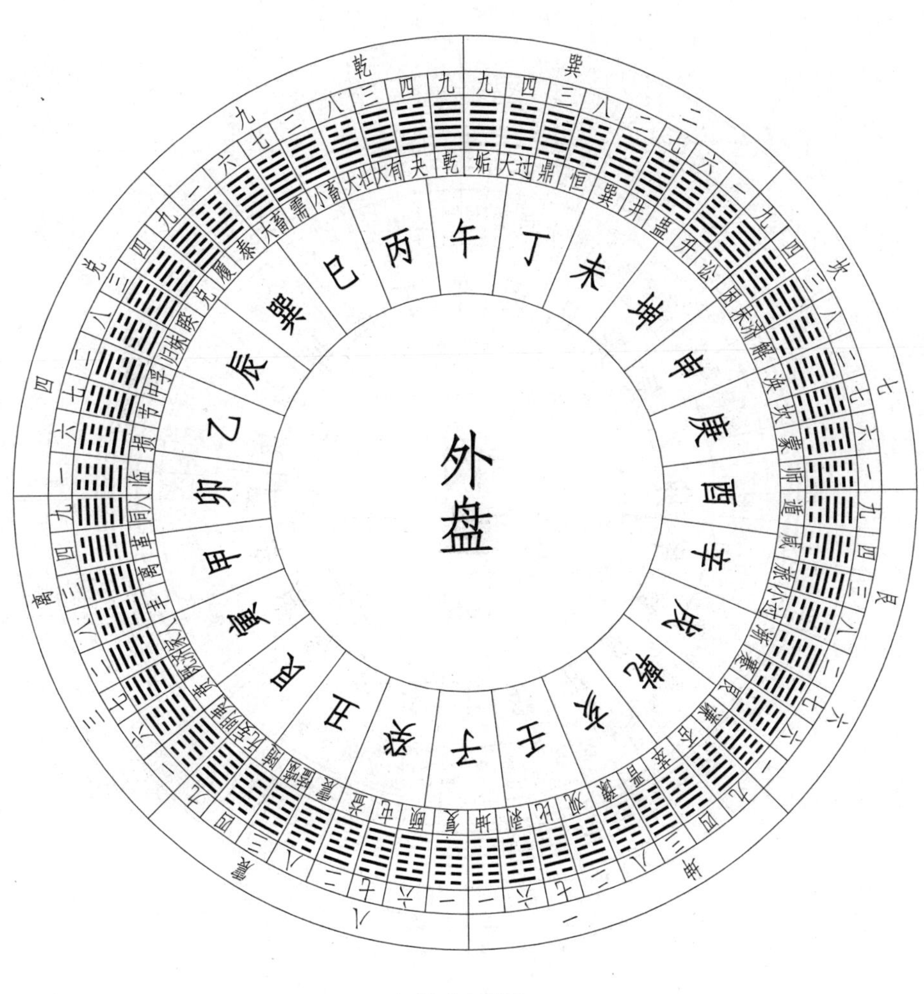
外盘
午
丁
未
坤
申
庚
酉
辛
戌
乾
亥
壬
子
癸
丑
艮
寅
甲
卯
乙
辰
巽
巳
丙
乾
巽
坎
艮
坤
震
离
兑
大畜 需 小畜 大壮 大有 夬 乾 姤 大过 鼎 恒 巽 井 蛊 升 讼 困 未济 解 涣 坎 蒙 师 遁 咸 旅 小过 渐 蹇 艮 谦 否 萃 晋 豫 观 比 剥 坤 复 颐 屯 益 震 噬嗑 随 无妄 明夷 贲 既济 家人 丰 离 革 同人 临 损 节 中孚 归妹 睽 兑 履 泰

外盘圆图

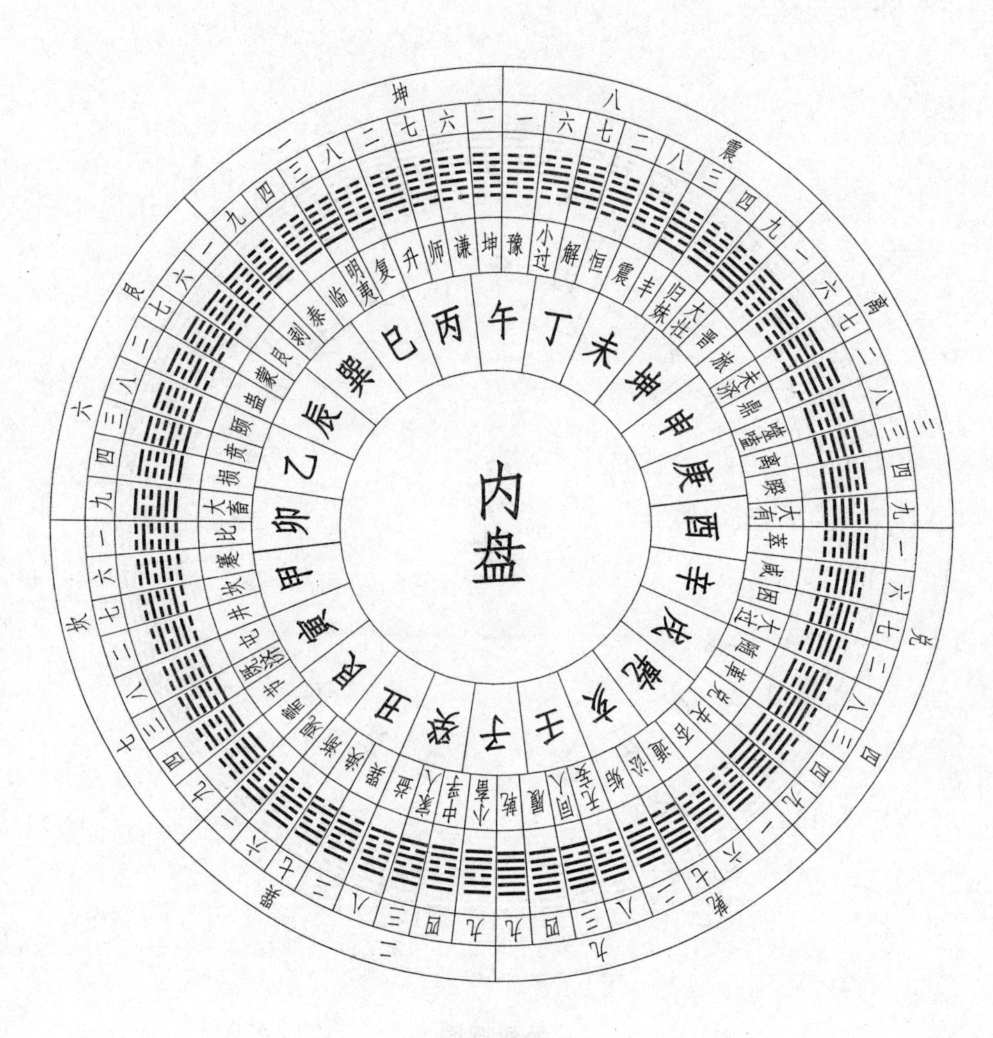

内盘圆图

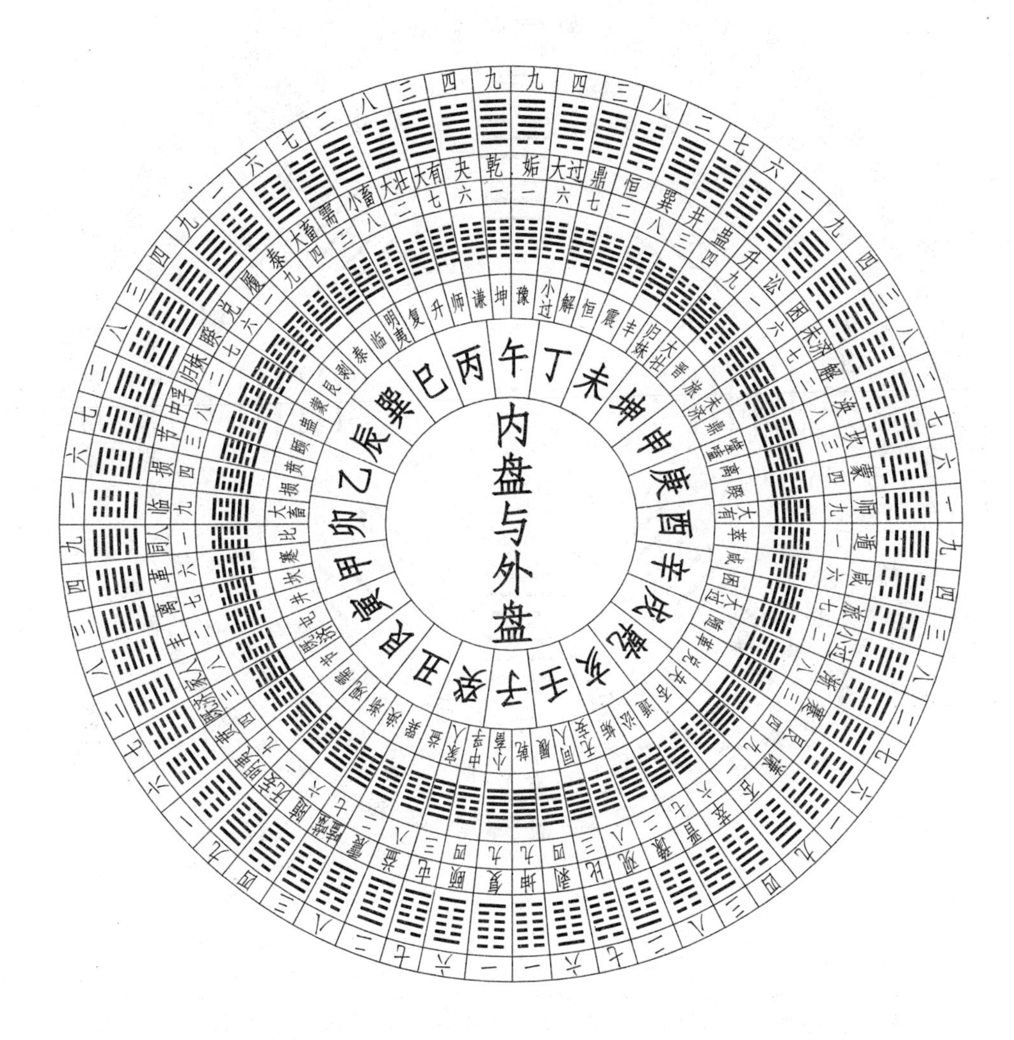

内盘与外盘图

易（卦）盘图式

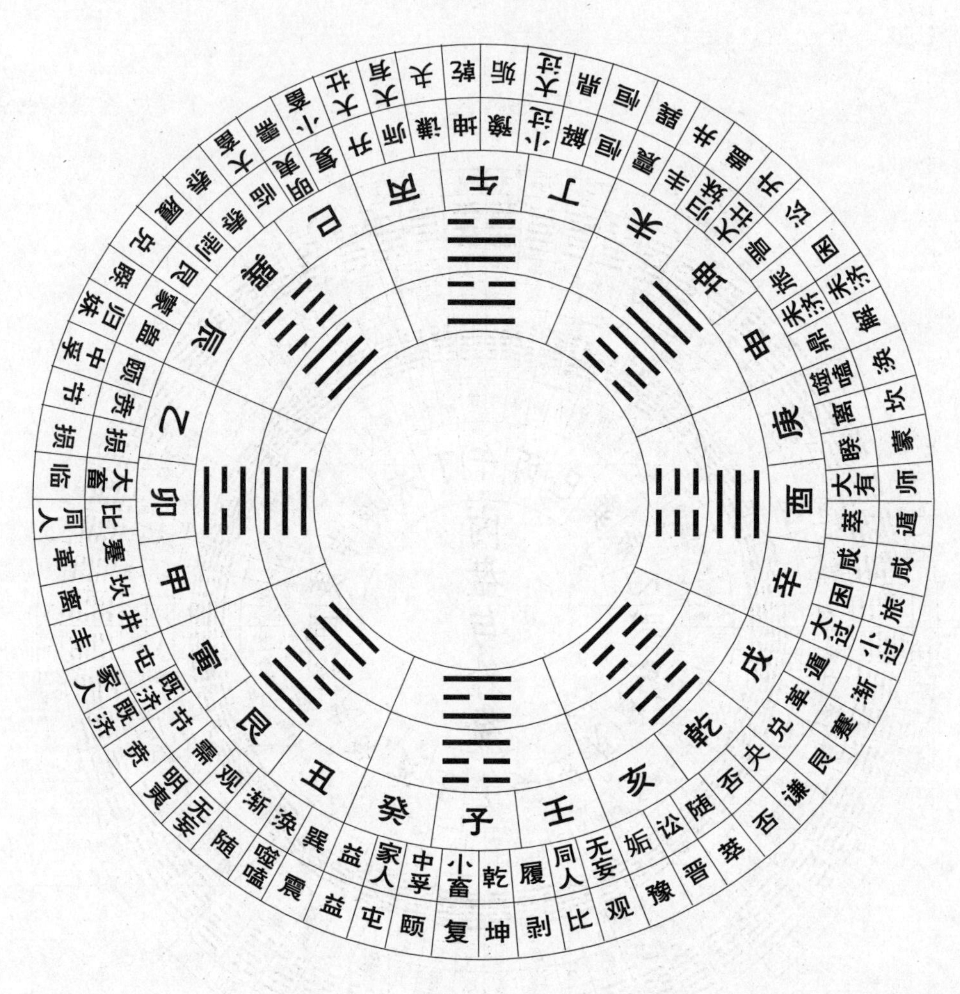

上诀口							
恒泰	媾畜	蛊有	井诀	鼎畜	过需	升壮	巽乾
未损	困节	师妹	涣履	解临	讼中	蒙睽	坎兑
咸既	旅贲	渐同	谦丰	屯家	小夷	渐革	艮离
否益	豫复	比随	剥嗑	萃宅	晋颐	观妄	坤震
九	八	七	六	四	三	二	一

（一）阳顺：

震宫(雷)	离宫(火)	兑(泽)	乾宫(天)	横← 直↓
无妄 9 ䷘	同人 9 ䷌	履 9 ䷉	乾 9 ䷀	乾(离)九
随 4 ䷐	革 4 ䷰	兑 4 ䷹	夬 4 ䷪	兑(巽)四
嗑 3 ䷔	离 3 ䷝	睽 3 ䷥	大有 3 ䷍	离(震)三
震 8 ䷲	丰 8 ䷶	归妹 8 ䷵	大壮 8 ䷡	震(艮)八
益 2 ䷩	家人 2 ䷤	中孚 2 ䷼	小畜 2 ䷈	巽(坤)二
屯 7 ䷂	既济 7 ䷾	节 7 ䷻	需 7 ䷄	坎(兑)七
颐 6 ䷚	贲 6 ䷕	损 6 ䷨	大畜 6 ䷙	艮(乾)六
复 1 ䷗	明夷 1 ䷣	临 1 ䷒	泰 1 ䷊	坤(坎)一

（二）阴逆：

坤宫(地)	艮宫(山)	坎(水)	巽宫(风)	横← 直↓
天地否 9	天山遁 9	天水讼 9	天风姤 9	乾(离)九
萃 4	咸 4	困 4	大过 4	兑(巽)四
晋 3	旅 3	未济 3	鼎 3	离(震)三
豫 8	小过 8	解 8	恒 8	震(艮)八
观 2	渐 2	涣 2	巽 2	巽(坤)二
比 7	蹇 7	坎 7	井 7	坎(兑)七
剥 6	艮 6	蒙 6	蛊 6	艮(乾)六
坤 1	谦 1	师 1	升 1	坤(坎)一

第二节　南北（天地）父母三般卦

一、父卦（北卦）

由外盘与内盘组成法得知：

乾九坤一（九一合十）

兑四艮六（四六合十）

离三坎七（三七合十）

震八巽二（八二合十）

即易经所云："天地定位，山泽通气，雷冈相薄，水火不相射，故堪舆学家取乾、兑、离、震、巽、坎、艮、坤为一运，为贪狼，为北卦为父，为天。"

如下图：

二、母卦（南卦）

由外盘与内盘组成法得知：

否九泰一（九一合十）

咸四损六（四六合十）

未济三既济七（三七合十）

恒八益二（八二合十）

易云：

否泰反类，损咸见义，未济既济，恒益起意，乃堪舆家取否、咸、未济、恒、益、既济、损、泰为九运。为右弼星，为南卦，为母，为地。

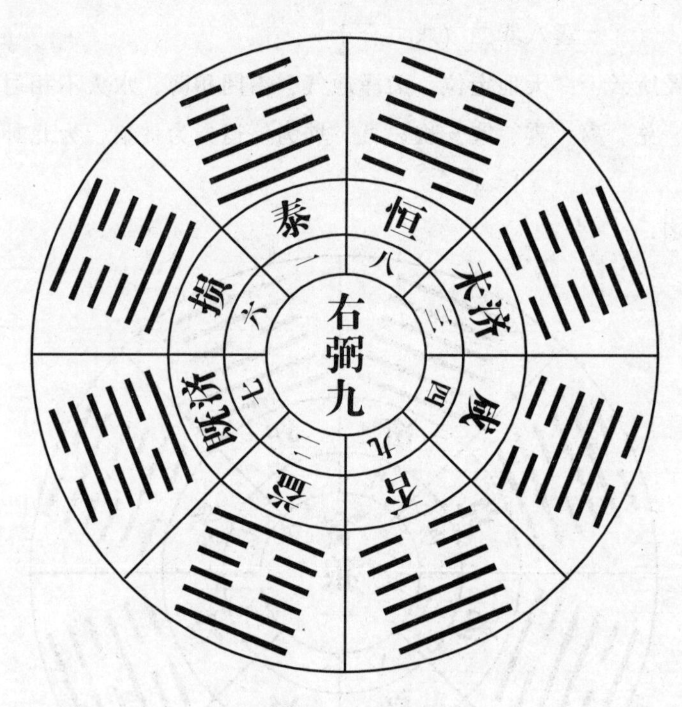

三、江东卦

由父卦（北卦）之内三爻所变出之卦为江东卦。

初爻变出为左辅星，为天元龙。

二爻变出为破军星，为人元龙。

三爻变出为武曲星，为地元龙。

武曲（地元）	破军（人元）	左辅（天元）	贪狼（父）
履	同人	姤	乾九
夬	随	困	兑四
噬嗑	大有	旅	离三
丰	归妹	豫	震八
涣	渐	小畜	巽二
井	比	节	坎七
剥	蛊	贲	艮六
谦	师	复	坤一

天元龙图：

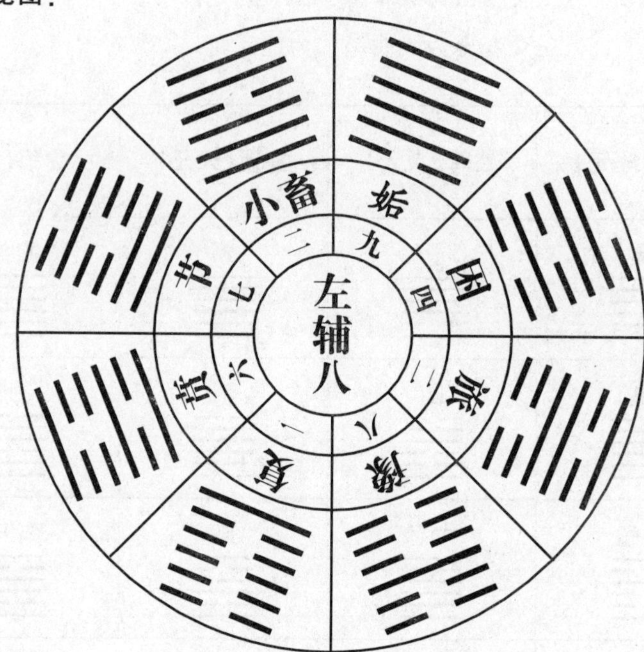

人元龙图：

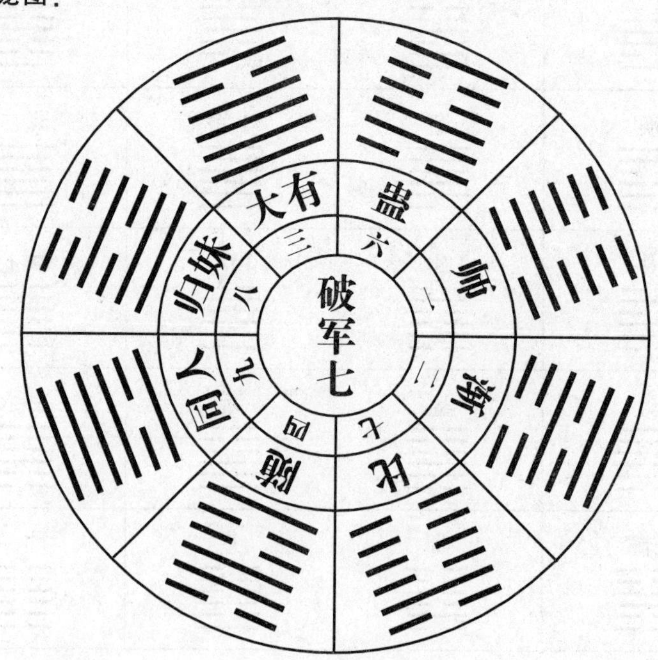

地元龙图：

比如：否（䷋）卦初爻变成（䷘）无妄卦为巨门，为天元龙；二爻变成（䷅）天水讼卦为禄存星，为人元龙；三爻变成（䷠）天山遁卦，为文曲星，为地元龙，余仿此。

四、江西卦

由母卦（南卦）之内三爻所变出之卦为江西卦。

初爻变出为巨门星，为天元龙。

二爻变出为禄存星，为人元龙。

三爻变出为文曲星，为地元龙。

比如：由母卦泰卦（䷊）初爻变成升卦（䷭）为巨门星二为天元龙；二爻变成明夷卦（䷣）为禄存星三为人元龙；三爻变成临卦（䷒）为文曲星四为地元龙，余仿此。

文曲(地元)	禄存(人元)	巨门(天元)	右弼(父)
遁	讼	无妄	否九
萃	大过	革	咸四
鼎	晋	睽	未济三
解	小过	大壮	恒八
家人	中孚	观	益二
屯	需	蹇	既济七
大畜	颐	蒙	损六
临	明夷	升	泰一

天元龙图：

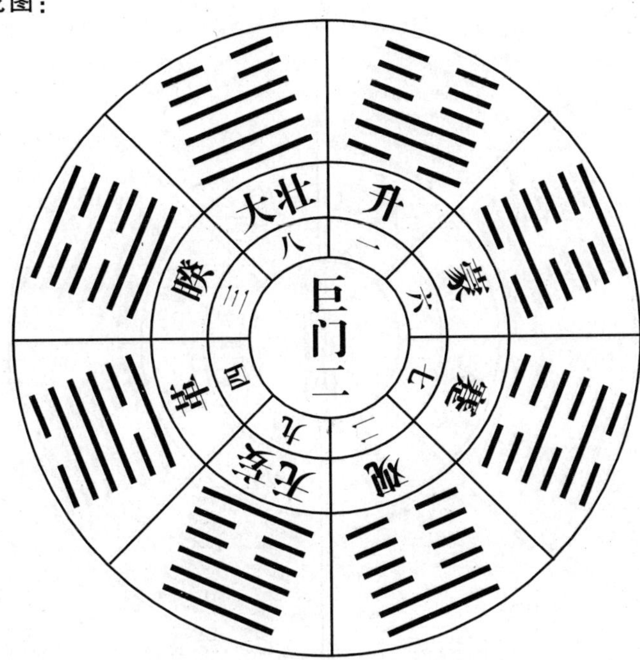

人元龙图：

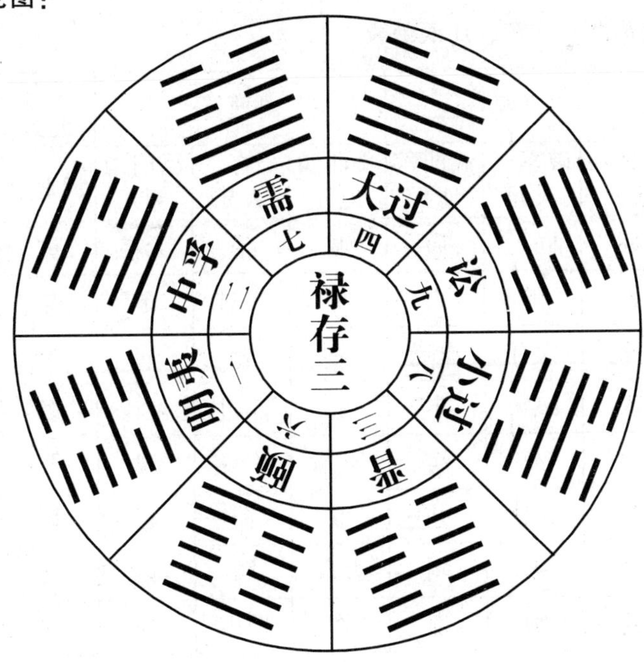

地元龙图：

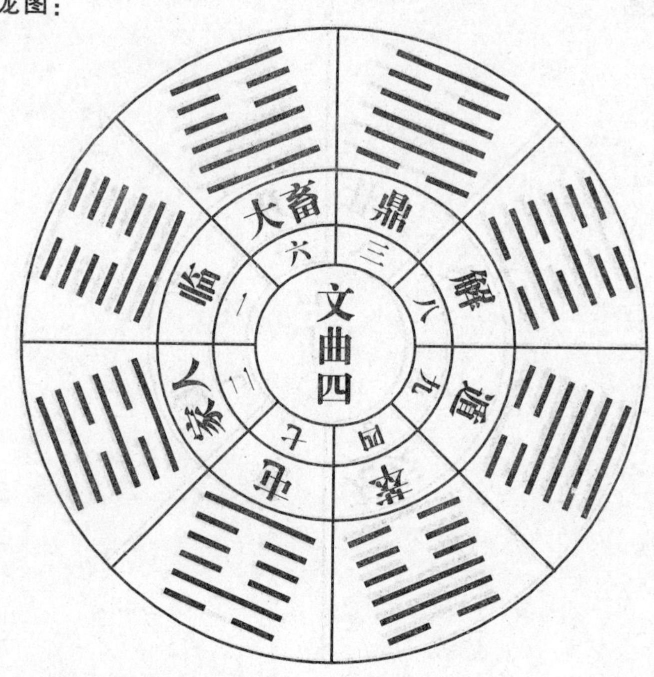

父母（南北）江东、江西卦表：

母卦（南北）	卦东江			卦西江			父卦（北卦）	卦
右弼九	左辅八天元	破军七人元	武曲六地元	文曲四地元	禄存三人元	巨门二天元	贪狼一	星数／洛书数
否	姤	同人	履	遁	讼	无妄	乾	九（阳）
咸	困	随	夬	萃	大过	革	兑	四（阴）
未济	旅	大有	噬嗑	鼎	晋	睽	离	三（阳）
恒	豫	归妹	丰	解	小过	大壮	震	八（阴）
益	小畜	渐	涣	家人	中孚	观	巽	二（阳）
既济	节	比	井	屯	需	蹇	坎	七（阳）
损	贲	蛊	剥	大畜	颐	蒙	艮	六（阴）
泰	复	师	谦	临	明夷	升	坤	一（阴）

五、卦运

前面已详述了三元九运，六十四卦也已叙述，在此所谈之卦运，在玄空大卦学上是至关重要的，前面已多处提到，卦运简言之：即是指六十四卦之上三画之卦的洛书数即是卦运数。如：乾九、兑四、离三、震八、巽二、坎七、艮六、坤一。再如：火泽睽卦（䷥）之上三画为离（☲）其洛书数为三即为卦运，水泽节卦（䷻）之上三画为坎（☵），其洛书数为七即为卦运。余仿此……

六、星运

星运的由来是从江东卦、江西卦、南北父母卦三组卦所代表的数字得来。由父母之三般卦变爻产生了新的一个卦，这个卦再以数字代入作记忆上的运用，一般称九星数字为星运，它并不直接带有吉凶存在，只带动时间上的运行。比如前节的南北父母之江东江西，三般卦表图中的洛书数代表卦运。九星数字即星运。例贪狼一、巨门二、禄存三、文曲四、武曲六、破军七、左辅八、右弼九即是星运，每个星运包括八个卦。如：禄存三所包括之八卦为：讼、大过、晋、小过、中孚、需、颐、明夷此八个卦的星运皆为三；武曲六所包括之八卦为：履、夬、噬嗑、丰、涣、井、剥、谦此八个卦的星运皆为六；左辅八所包括之八卦为：姤、困、旅、豫、小畜、节、贲、复此八个卦的星运皆为八；巨门二所包括之八卦为：无妄、革、睽、大壮、观、蹇、蒙、升此八卦的星运皆为二；文曲四所包括之八卦为：遁、萃、鼎、解、家人、屯、大畜、临此八个卦的星运皆为四；破军七所包括之八卦为同人、随、大有、归妹、渐、比、蛊、师此八个卦的星运皆为七；贪狼一和右弼九仿此。

附：卦、星、数、阴阳之配置图（见下页）。

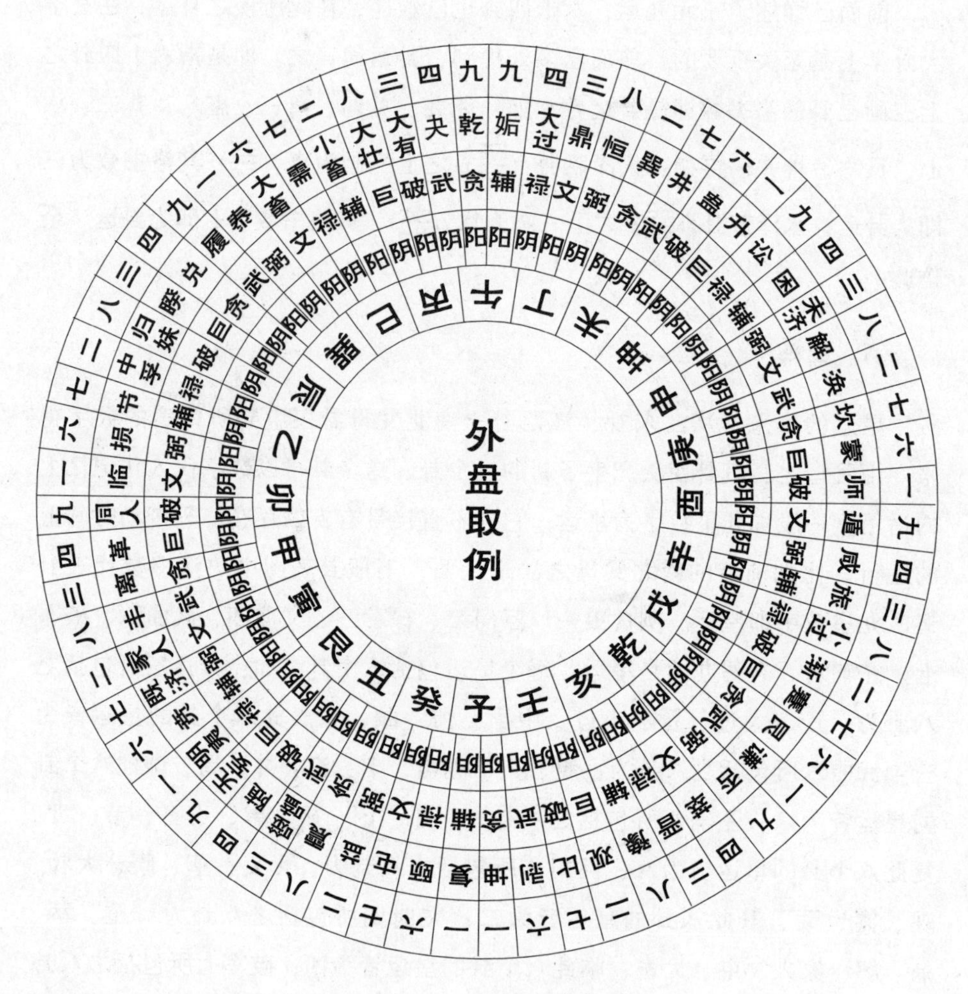

卦、星、数、阴阳之配置图

第三节　通卦

通卦为放水及来气五行，主要用在生入克入之上。如坐山禄存星卦属木。水口贪狼星属水，水生木（此为九星生克法）为生入。如水口是破军属金，则为金克木，（坐山禄存属木）为克入，且合十（指星数合十非洛数合十）极吉。此名为星之卦气可通，向上之星必须克龙或生龙，不宜生出克出，水与坐山亦同，但同时也须兼看河洛数之生克，每卦有六爻，上二爻为天，中二爻为人，下二爻为地，天地不变而人变。天地通水火，三与一通，七与九通，雷风通山泽，六与八通，二与四通。即地理辨正正疏中所说到的“那些子”，为九星相通之法也。下将通卦，倒排与翻卦列表如示。如乾对中孚，兑对需，壮对临，睽对大畜，剥对旅，谦对豫，比对咸，渐对否。即为通卦，所谓通卦，即河洛理数中之第三爻出外也。如乾卦的第三爻与第四爻原为阳爻现变阴爻，即成（䷼）中孚卦，又以反将（䷼）中孚卦之第三爻第四爻由阴变阳。又为（䷀）乾卦，余卦仿此。

又如：比卦与咸卦，将（䷇）比卦的第三爻四爻由阴爻变阳爻即成（䷞）咸卦，反将（䷞）咸卦之第三第四爻由阳爻变成阴爻又得（䷇）比卦，比卦为破军，星数7，咸卦为右弼星，星数为9，故7与9通矣。再如：开卦与解卦，将（䷭）升卦的第三爻四爻由阳变阴、阴变阳即成（䷧）解卦，反将（䷧）解卦之第三爻、四爻由阴变阳，阳变阴又得升卦（䷭）。升为巨门、星数2、解为文曲星、星数4，故2与4通矣。表内右下角是本卦之倒排（即卦反又名上下互易）左下角为本卦之翻卦（即爻反，又名覆卦，反对卦。）

卦通、倒排、（卦反）、翻卦（爻反）表见下页：

一	六	七	二	八	三	四	九	洛星	
坤 ○○	艮 震○	坎 ○○	巽 ○兑	震 ○艮○	离 ○○	兑 巽○	乾 ○○	贪 1	一與三通
八	三	四	九	一	六	七	二	禄 3	
小 过 ○颐	晋 夷夷	大 过 孚孚	讼 需需	夷 晋晋	颐 ○小 过	需 讼讼	孚 大大 过过		
二	七	六	一	九	四	三	八	巨 2	二與四通
观 临升	蹇 解蒙	蒙 屯蹇	升 萃观	妄 大大 畜壮	革 鼎睽	睽 家革	壮 遁妄		
九	四	三	八	二	七	六	一	文 4	
遁 大大 壮畜	萃 升临	鼎 革家	解 蹇屯	家 睽鼎	屯 蒙解	大 畜 妄遁	临 观萃		
四	九	八	三	七	二	一	六	武 6	六與八通
夬 姤履	履 小 畜夬	丰 旅嗑	嗑 贲丰	井 困涣	涣 节井	谦 豫剥	剥 复谦		
七	二	一	六	四	九	八	三	辅 8	
节 涣困	小 畜 履姤	复 剥豫	贲 嗑旅	困 井节	姤 夬小 畜	豫 谦复	旅 丰贲		
三	八	九	四	六	一	二	七	破 7	七與九通
有 同同	妹 随随	同 有有	随 蛊妹	蛊 随渐	师 比比	渐 妹蛊	比 师师		
六	一	二	七	三	八	九	四	弼 9	
损 益咸	泰 否否	益 损恒	既 未未	未 既既	恒 益咸	否 泰泰	咸 损恒		

说明：

在六十四卦中只有五十六个倒排卦。因乾兑离震巽坎艮坤这八个卦是本宫卦，内外两卦皆同，故无倒排。而翻卦（爻反只有五十八个卦。）因乾坤坎离与小过及山雷颐此六个卦象无反对，六十四卦减去六卦只有五十八。

通卦之原理：查星数相通之原理，皆知其然而还不知其所以然。所谓通卦，“合先天后天相见”例：以四运（指洛书数之卦运）是兑（☱）卦主运。

先天之兑，即后天之巽，巽卦是二运值旺，故二与四通，又八运是震卦主运，先天之震，即后天之艮，艮卦象是六运值旺，故六与八通，现已举二与四通，六与八通，为例，然而若细心之人再将此种原则运用到一与三通，七与九通，则立即可以发现其只能解释二与四通及六与八通，对于一与三通和七与九通则无法解释。又有一说，以为通卦者合爻反，二运是巽卦主运，巽之爻反是兑，兑是四运值旺故二与四通，六运是艮卦主运，艮之爻反即震，震八运值旺，故六与八通，若再推其他九运之乾，一运之坤，七运之坎，三运之离则无爻反（乾、坤、坎、离是无爻反的）。将此问其前说“合先天后天相见”为何为通卦之理，则哑口无言，不能自圆其说，在此提醒学者，请研读焦氏易林及陈希夷之河洛理数，一卦变六十四卦之法则，皆会大悟。简言之：“所谓通卦，乃第三爻外出，即前面所讲，第三爻第四爻由阳变阴，阴变阳即是。”如：（䷥）睽卦之第三爻第四爻变（䷙）大畜，睽卦星运为巨门二运大畜卦星运为文曲四运，故二与四可通。再如：（䷖）剥卦之第三爻和第四爻变成为（䷷）旅卦，剥卦星运武曲六，旅卦星运为左辅八、故六与八可通，余仿此。通卦之作用对于以后之挨星法（颠倒挨星）特大，请熟之。再如：升卦（䷭）与解卦（䷧）可通，升之倒卦为萃（䷬），反卦为观（䷓）解之倒卦蹇（䷦），反卦为屯（䷂），升之错卦为无妄（䷘），解之错卦为家人（䷤）……再将以上之每一卦分别演出反卦、倒卦、错卦总共可得 48 个卦，也就是以后的顺子局逆子局……列表示之，六十四卦通卦表见下页：

六十四卦通卦表

弼	破	辅	武	文	巨	禄	贪	星←
九	七	八	六	四	二	三	一	卦↓
损	有	节	夬	临	壮	孚	乾	
泰	妹	小畜	履	大畜	睽	需	兑	
益	同	复	丰	屯	革	颐	离	
既	随	贲	嗑	家	妄	夷	震	
未	蛊	困	井	解	升	讼	巽	
恒	师	姤	涣	鼎	蒙	大过	坎	
否	渐	豫	谦	萃	蹇	晋	艮	
咸	比	旅	剥	遁	观	小过	坤	

第七章　元空大卦之运用技巧

第一节　挨星诀

一、龙合向，向合水图：

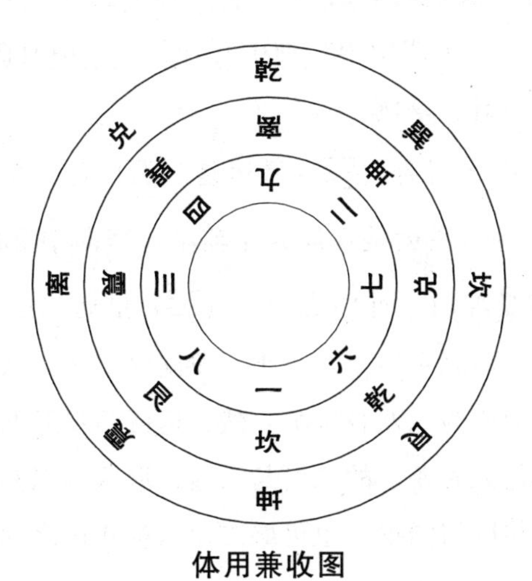

体用兼收图

二、卦运与挨九星诀

元空大卦五行，亦即挨星五行，名异而实同。此五行，原本为洛书九气，而上应北斗主宰天地化育之道，干维元运，万古而不能外。此九星与八宫掌诀九星不同，唐使曾一行、作卦例扰外国，专取贪巨武为三吉，其实非也……挨星即元空大卦依九星（贪、巨、禄、文、廉、武、破、辅、弼）一一挨之。元空，乃杨公看雌雄之法，皆以空虚为真龙，故立其名。指龙分两片，若金龙本在江南，而所望之气脉反在江北，若金龙本在江西，而所望之气脉，反在江东，盖以有形之阴质，求无形之阳气也。故金龙与所望之气有挨星诀存在，挨星之秘有多端，本文所言之挨星诀只是其中之一种也，本书所要叙述披露的几种挨星诀乃是杨公经书中之秘中秘，宝中宝，希望有缘有德者得后惜之，如不是亲人弟子而轻意泄漏，经书所云：恐遭天谴！

六十四卦挨成九运九星后，则一九运为南北八神，为贪狼星和右弼星，二三四运为江西卦为巨门星、禄存星、文曲星，六七八运为江东卦为武曲星、破军星、左辅星。本文所述之挨星奥妙即是：“用九星（贪、巨、禄、文、廉、武、破、辅、弼）九运（即前面讲的星运）一一挨去而合得十。”一与九合得十（贪与弼），二与八合十（巨门与左辅），三与七合十（禄存与破军），四与六合十（文曲与武曲）！如：“坤壬乙巨门从头出，非尽巨门而与巨门为一例”乃指二十四山中，坤中有升卦，壬中有观卦，皆二运巨门，乙中有八运辅星之节卦，举例：

来龙入首为壬山之观卦（䷓）星运是二运巨门，立向为，乙山辛向，乙山中之节（䷻）卦，星运是八运为左辅星；辛向中之旅卦（䷷）星运是八运左辅星，水口是坤山，坤中之升卦（䷭）星运二运巨门星，据龙山水向之配合无不是，龙山之星运二八合十，龙向之星运二八合十，向水之旅卦与升卦也无不是星运皆为二八合十矣！然二运巨门星乃八个卦，八运左辅星也有八个卦，并都是天元龙。故二可与八通，取八运以补二运之偏，因之八运虽非巨门，而可与巨门同推。也可取二运以补八运之偏，则谓之挨星。

坤壬乙巨门从头出

3 睽 四	8 大壮 九	9 姤 二
6 贲 三	5 五	4 困 七
1 复 八	2 观 一	7 蹇 六

非尽巨门而与巨门为一例

7 节 四	2 小畜 九	1 升 二
4 革 三	5 五	6 蒙 七
9 无妄 八	8 豫 一	3 旅 六

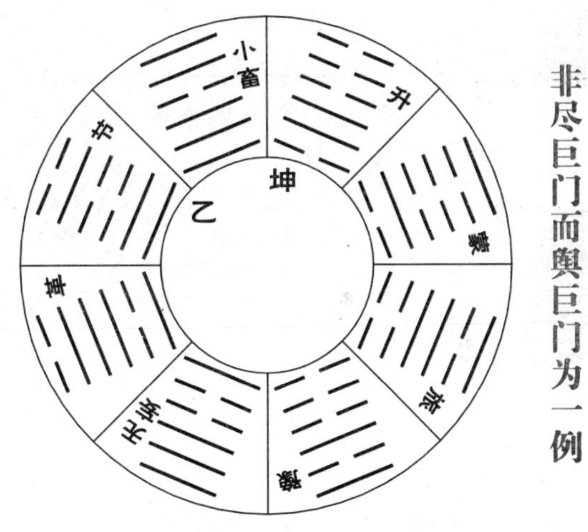

说明：

以上及以后的数字代表洛书数之卦，即阿拉伯数字代表上卦（天卦），大写数字（中文字数）代表下卦（地卦）。

“甲癸申贪狼一路行，非尽贪狼而与贪狼为一例”乃指二十四山之甲中有离，离之星运为一运贪狼。癸中之益，益卦星运为九运右弼星，申中之未济也乃九运弼星也。取一运与九运合挨，星运合得十，则一与九通也。弼星虽非贪狼而可与贪狼一例同推。以此类推，则贪狼运有八个卦，弼星运亦有八个卦。先举例再以图示之。

例如：来龙入首：

甲山离卦（䷝）星运为一运贪狼

立向：癸山丁向（坐益向恒）。癸中之益卦（䷩）星运为九运右弼星。丁中之恒卦（䷟）星运为九运右弼星。

水口：申山中之未济卦。未济（䷿）星运为九运右弼星，据龙山向水之配合皆得。龙山一九贪弼合十，龙向一九合十，龙水一九合十。故曰："甲癸申贪狼一路行。"

如图：

6 损 四	1 泰 九	2 巽 二
3 离 三	5 五	7 坎 七
8 震 八	9 否 一	4 咸 六

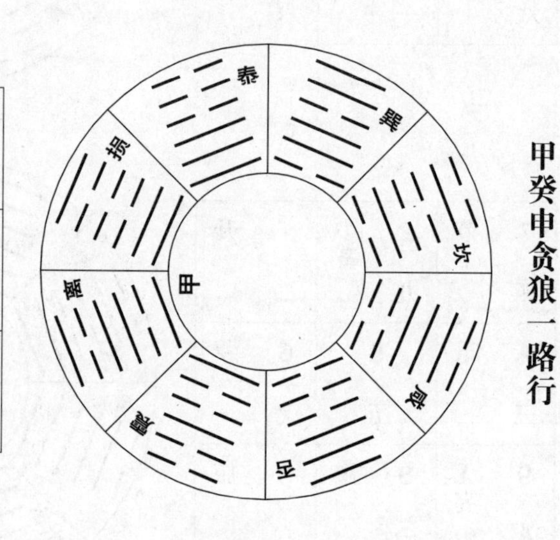

甲癸申贪狼一路行

4 兑 四	9 乾 九	8 恒 二
7 既济 三	5 五	3 未济 七
2 益 八	1 坤 一	6 艮 六

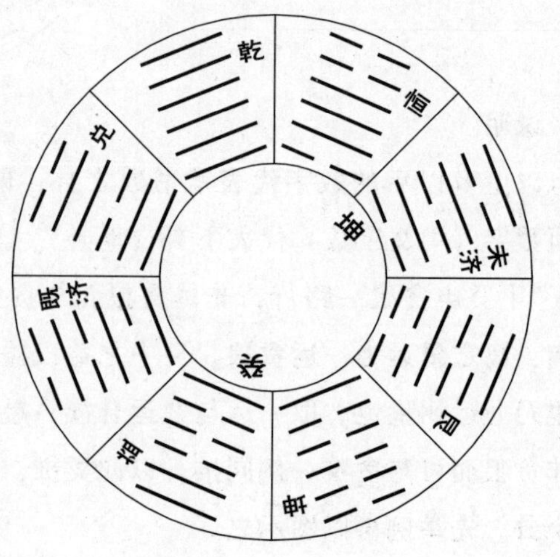

非尽贪狼而與贪狼为一例

“艮丙辛位位是破军，非尽破军而与破军为一例”乃指二十四山中，丙中之大有（䷍）星运七破军星（人元龙），艮中明夷（䷣）星运三禄存星（人元龙），辛中之小过（䷽）星运三禄存（人元龙），三七合十，故三运禄存虽非破军，但一经取用之后，而可与破军同推。以此类推，禄存运有八个卦，破军亦有八个卦，取三运以补七运之偏，又有一说：三运禄存卦初上爻交，七运破军中爻交，如两运合揆则三爻皆交。熟玩前面之卦通，卦反，爻反图表及焦氏易林，陈希夷之河洛理数自一一明了。

8　归妹 四	3　大有 九	4　大过 二
1　明夷 三	5 五	9　讼 七
6　颐 八	7　比 一	2　渐 六

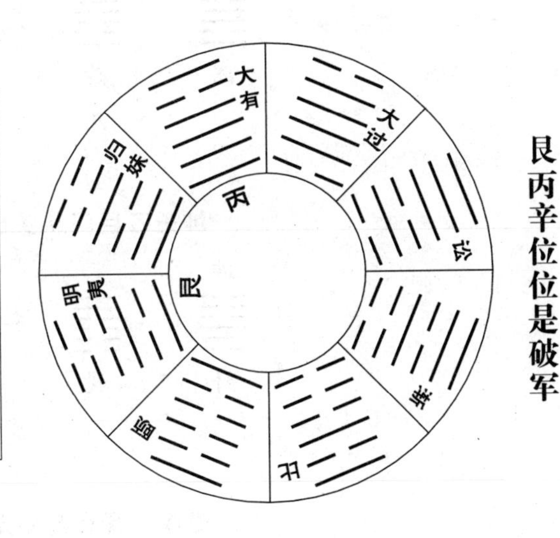

艮丙辛位位是破军

2　中孚 四	7　需 九	6　蛊 二
9　同人 三	5 五	1　师 七
4　随 八	3　晋 一	8　小过 六

非尽破军而舆破军为一例

现将二十四山每举一例并将口诀示之，此及三元地理学之嫡派真传，读者千万勿以得之容易，而掉以轻心。挨星乃地理学之最高秘密，故历代祖师皆不肯轻易泄之，而尽玩文字游戏以至出现了许多伪学伪派。盖挨星为最高之法宝，取当元则有直达之效，取不当运则有先时补救之道，夫地理学理气之妙用舍此则否。

甲癸申贪狼一路行

甲	癸	申
离	益	未济
一	九	九

坤壬乙巨门从头出

坤	壬	乙
升	观	节
二	二	八

丑戌午禄存卦中走

丑	戌	午
随	渐	大过
七	七	三

乾卯未文曲来相会

乾	卯	未
谦	临	井
六	四	六

巽巳亥尽是武曲位

巽	巳	亥
履	大畜	萃
六	四	四

（注：有些书中口诀是“巽辰亥尽是武曲位。”谁是谁非敬请将易盘摆出一一查之。尽皆明白）

艮丙辛位位是破军

艮	丙	辛
明夷	大有	小过
三	七	三

子辰酉挨着左辅走

子	辰	酉
复	睽	蒙
八	二	二

庚丁寅九紫右弼行

庚	丁	寅
坎	恒	既济
一	九	九

九星之中每运皆有八个卦，八八六十四卦，二十四山中每山也并非只有一卦，故还来尽然，其它依照此法可推得。

三、巅倒挨星诀(一家骨肉)

经云："巅巅倒，二十四山有珠宝，顺逆行，二十四山有火炕。""二十四山分五行，知得荣枯死与生，翻天倒地对不同，其中秘密在元空，认龙立穴要分明，在人仔细辨天心，天心既辨穴何难，但把向中放水看，从外生入名为进，定知财宝积如山，从内生出名为退，家内钱财皆废尽，生入克入名为旺，子孙高官尽富贵。"此皆巅倒挨星诀（即一家骨肉）之精华所在。

玄空大卦之妙，只"翻天倒地对不同"七字。二十四山有六十四卦，即分定九星九运，则荣枯生死，宜有一定，及其入用，有用于此时则吉，用于彼时则凶者，时之对不同者，其一也，有用之此处则吉，用之彼处则凶者，物之对不同者，又其一也，此其秘理之理，非"传心"不可。

天心乃奥语所云第七奥之天心，乃三元九运，乃天心正卦，另有辨法焉，非时师所谓之天心十道，若如时师所云之峦头之天心十道路，何用仔细寻，天心辨则穴中正气已定，而挠其权者，在向中所放之水，从外生入，从内生出，此言穴中所向之气，我居于衰败，而受外来生旺之气，所谓从外生入。若我居生旺，而受外来衰败之气，似乎我反生之，故云：从内生出。此言穴中所向之气，穴中既有生入之气，而水又能在衰败之方，则水来克我，适如生我，内外之气，一生一克，皆成生旺，两美相合，诸福毕臻，所以高官富贵，有异于常，此中，正有对不同之意存在。奥妙之处，须待口传而后可通。

巅倒乃卦反爻反之义，顺逆乃顺挨逆挨之义，巅倒顺逆。皆言阴阳交媾之妙，二十四山分定六十四卦后，阴阳不一，吉凶无定，合生旺而巅倒逆挨者吉，逢衰败而顺挨者则凶（后面所讲的倒排父母之诀之意也在此，在此先提示一下），山山卦卦有珠宝，山山卦卦皆火炕，毫厘千里，间不容发，非真得青囊之秘，何以能辨之！

先天六十四卦，分定元运则有九，以奇偶阴阳分，一三七九运为阳之一片，二四六八为阴之一片，阳之一片与阴之一片，其数各为二十数，和之则为四十，乃四象之卦数也。故每运八卦巅之倒之。则阳之一片，一运可变成三运，三运卦可变成一运卦，七运卦可变成九运，九运可变成七运；阴之一片，二运可变成四运，四运可变成二运，六运可变成八运八运可变成六运，亦即一运即三运，二即四，四即二，六即八，八即六，七即九，九即七。故太阴与少阴通，太阳与少阳通，即上元一片二与四通，一与三通，下元六与八通，七与九通，通则有直达之机，有补救之道，千古所秘之一窍，乃此一窍，若此窍一通，则金丹大道何惧不成！

依卦数言，卦六十四，而运有九，每运卦有八，取一运与三运通，以补一运之不足，其挨星有：

2 四 中孚 三运	9 九 乾 一运	4 二 大过 三运
3 三 离 一运	5 五	7 七 坎 一运
6 八 颐 三运	1 一 坤 一运	8 六 小过 三运

4 四 兑 一运	7 九 需 三运	2 二 巽 一运
1 三 明夷 三运	5 五	9 七 讼 三运
8 八 震 一运	3 一 晋 三运	6 六 艮 一运

二运与四通，以四运补二运之偏，其挨星有二：

1 四 ䷒ 临 四运	8 九 ䷡ 大壮 二运	3 二 ䷱ 鼎 四运
4 三 ䷰ 革 二运	5 五	6 七 ䷃ 蒙 二运
7 八 ䷂ 屯 四运	2 一 ䷓ 观 二运	9 六 ䷠ 遁 四运

3 四 ䷥ 睽 二运	6 九 ䷙ 大畜 四运	1 二 ䷭ 升 二运
2 三 ䷤ 家人 四运	5 五	8 七 ䷧ 解 四运
9 八 ䷘ 无妄 二运	4 一 ䷬ 萃 四运	7 六 ䷦ 蹇 二运

取六运与八运通，以八运补六运之不足，则挨星有：

7 四 节 八运	4 九 夬 六运	9 二 姤 八运
8 三 丰 六运	5 五	2 七 涣 六运
1 八 复 八运	6 一 剥 六运	3 六 旅 八运

9 四 履 六运	2 九 小畜 八运	7 二 井 六运
6 三 贲 八运	5 五	4 七 困 八运
3 八 噬嗑 六运	8 一 豫 八运	1 六 谦 六运

取七运与九运通，以九运补七运之偏，则挨星有：

6 损 四 九运	3 大有 九 七运	8 恒 二 九运
9 同人 三 七运	5 五	1 师 七 七运
2 益 八 九运	7 比 一 七运	4 咸 六 九运

8 归妹 四 七运	1 泰 九 九运	6 蛊 二 七运
7 既济 三 九运	5 五	3 未济 七 九运
4 随 八 七运	9 否 一 九运	2 渐 六 七运

以上八个挨星图，中五皆不动，动则卦理巅倒阴阳差错，中五不动而万物方能因感而生，阴阴合和。（这与沈竹礽之玄空九宫飞星之中五可动相反）。

挨星之妙，实妙不可言，以上之图即含有真象数真爻数，以及真卦数于其中，象数为二十，为四十。七十二，六十，一百二十……爻数者为三十六，为五十四，九十，为三百六十……卦数者为五，为十，为十五……等不尽言，望学者得诀而悟。

四、三般大卦挨星诀

三般大卦，前已经说明，二十四山有六十四卦，六十四卦，本八卦所生，而又分八卦。其所言江东者，指罗经之指针东边乾卦所生之子息，江西者，指罗经指针西边否卦之所生子息，盖卦以乾坤为老父母，震巽坎离艮兑为六子，故为少父母，以乾代表诸父母，以否卦代表江西卦之诸父。乾所代表之江东卦诸卦之父母为兑离震巽坎艮坤与乾卦本身，和之为八，因乾在南，故曰：江南八神，否卦所代表之诸少父母者，乃泰损既恒未益咸否八卦，因否卦在罗经之北，故曰：江北八神。南北八神则为十六；这十六卦为父母卦，其他四十八卦为子息，每封父母各生六卦，四对父母共生二十四卦。江南所生之江东之二十四卦，即六运八卦，七运八卦，八运八卦。江北所生之二十四卦，即二运八卦，三运八卦，四运八卦南北八神共十六卦，江东一卦，指六七八运每运有八个卦，故曰："八神"。每卦有四个父母，故曰"四"，每卦有一爻交，故曰："一"。江西一卦指二三四运，每运有八卦，故曰："八神"。每卦有四父母，故曰："四"，每卦有二爻交，故曰："二"。经曰："江东一卦从来吉，八神四个一，江西一卦排龙位，八神四个二"其意就在此。南北八神共十六卦，各为八卦，各为本卦所生，每卦三爻皆交，故曰："南北八神共一卦，端的应无差。"

若江南所生子息六七八运卦不交挨一爻，而交通二爻即变成二三四运。江北一卦所生之子息二三四运卦，每卦不交换二爻而交换一爻，则变成六七八运也，共四十八局。

顺子局：

履　谦	井　噬嗑	丰　涣	剥　夬
归妹　渐	蛊　随	同人　师	比　大有
节　旅	姤　复	贲　困	豫　小畜
夬　剥	涣　丰	噬嗑　井	谦　履
随　蛊	渐　归妹	大有　比	师　同人
困　贲	小畜　豫	旅　节	复　姤
兑　艮	巽　震	离　坎	坤　乾
交生六子	交生六子	交生六子	交生六子

逆子局：

遁 ䷠ ䷒ 临 四	屯 ䷂ ䷱ 鼎 四	解 ䷧ ䷤ 家 四	大畜 ䷙ ䷬ 萃 四
小过 ䷽ ䷼ 中孚 三	颐 ䷚ ䷛ 大过 三	讼 ䷅ ䷣ 明夷 三	需 ䷄ ䷢ 晋 三
蹇 ䷦ ䷥ 睽 二	无妄 ䷘ ䷭ 升 二	蒙 ䷃ ䷰ 革 二	大壮 ䷡ ䷓ 观 二
萃 ䷬ ䷙ 大畜 四	家人 ䷤ ䷧ 解 四	鼎 ䷱ ䷂ 屯 四	临 ䷒ ䷠ 遁 四
大过 ䷛ ䷚ 颐 三	中孚 ䷼ ䷽ 小过 三	晋 ䷢ ䷄ 需 三	明夷 ䷣ ䷅ 讼 三
革 ䷰ ䷃ 蒙 二	观 ䷓ ䷡ 大壮 二	睽 ䷥ ䷦ 蹇 二	升 ䷭ ䷘ 无妄 二
咸 ䷞ ䷨ 损 交生六子	益 ䷩ ䷟ 恒 交生六子	未济 ䷿ ䷾ 既济 交生六子	泰 ䷊ ䷋ 否 交生六子

上面所叙之顺逆四十八局，即三般大卦之明细表也，其父母卦，邵子云："天地定位，否泰反类。"合极图中之十六卦，其各生六子，即朱子之三十二全图，每对待两卦，循环无端生生不已。地理将易理之一端，故只取

十六父母卦之各生六子，顺推逆推，而得四十八局。乾、兑、离、震、巽、坎、艮、坤，为诸卦之父母，而八卦既交之后，天地定位，山泽通气，雷风相薄，水火不相射，则泰损既益，恒未咸否，各为万物父母，即子复生孙之义也。蒋公传此三阴三阳，各自为交而生万物，盖谓此也。徐芝庭曰：“复卦为坤之子息，又为震之子息，但看龙水到头，多见坤之子息，爻神则定为坤之子息，倘多见震之子息，爻神则为震之子息”。

为何分四十八局顺逆？因江南八卦所生之子息为六七八运，为艮坎震为阳，由六七八顺挨而去，故曰：“顺子局”，而江北八卦所生之子息；为四三二运为兑离巽，为阴，由四三二逆挨而去，故曰：“逆息局”，一顺一逆，则卦数合阴阳矣。又子息卦亦各自为父母，亦各自生子息，子息又各自生子孙，则子子孙孙，绵延不息，亿万之数皆由此而生。故云：一生二，二生三，三生万物是元关。《易经》云：太极为乾阳，查观太极图，其本身含阴阳，又名阴阳老人，太极分，即为阴阳两仪；两仪分，即为太阳少阴太阴少阳四象；四象分，即为乾、兑、离、震、巽、坎、艮、坤八卦；八卦分，即为十六卦；十六卦分，即为三十二卦；三十二分，即为六十四个卦；此六十四个卦，每个卦都有六爻具备，故称为成卦。所谓分，是指长育言，倘未达生产时期之义，故由两仪至四象为怀胎孕时期，由八卦至三十二卦尚朵怀胎时期，迨至分开成为六十四个胎身，且每个胎都有头、身、手、足俱备。于是太极好比母畜一胎产生六十四只畜仔（成卦）一样。而六十四卦除去父母卦等于四十八个卦，此四十八个卦即为江东卦，江西卦，即四十八局（顺子局和逆子局）。父母交而生子息（四十八局），子息交而生孙（六十四卦），六十四卦又复生之……这样生生不息，绵延不绝也。

下面之图为子息各自为父母所生之孙：

子息为父母生孙图式表：

兑　良	巽　震	离　坎	乾　坤
睽　蹇	升　无妄	革　蒙	大壮　观
中孚　小过	大过　颐	明夷　讼	需　晋
乾　坤	坎　离	震　巽	兑　良
无妄　升	蹇　睽	大壮　观	革　蒙
讼　明夷	需　晋	小过　中孚	大过　颐
履　谦	井　噬嗑	丰　涣	夬　剥
交生六孙	交生六孙	交生六孙	交生六孙

履为乾之子、谦为坤之子、由下往上看。

井为坎之子、噬嗑为离之子、

丰为震之子、涣为巽之子、

夬为兑之子、剥为良之子。

子息为父母生孙图式表：

咸 损	益 恒	未济 既济	泰 否
旅 节	复 姤	困 贲	小畜 豫
渐 归妹	随 蛊	师 同人	大有 比
否 泰	既济 未济	恒 益	损 咸
姤 复	节 旅	豫 小畜	贲 困
同人 师	比 大有	归妹 渐	蛊 随
临 遁	屯 鼎	解 家人	大畜 萃
交生六孙	交生六孙	交生六孙	交生六孙

第二节　零神正神诀

杨公曰：“山上龙神不下水，水里龙神不上山，用此量山与步水，百里江山一响间”此乃山管山水管水之义。天玉经曰：“阴阳二字看零正，，坐向须知病，若遇正神正位装，发水入零堂，零堂正向须知好，认取来山脑，水上排龙点位装，积粟万余仓。”蒋公传谓青囊天玉，盖以卦内生旺之位为正神，以出卦衰败之位为零神，故阴阳交媾，全在零正二字。杨公又曰："正神百步始成龙，水短便遭凶，零神不问长和短，吉凶不同断。"蒋公传此承上文而言，正神正位装。然向中来气，须深远悠长，而后成龙，若然短浅，则气不聚，难以致福，至于水则不然，一遇正神，虽一节二节，其煞立应。其零神之长短，又与正神有异，使零神而在水，虽短亦吉，若零神在向，虽短亦凶。零神之吉凶，在水向之分，而不在乎其长短。

零正二神正如杨公曾公所言，并无二意。若以卦数论；洛书九宫一二三四五六七八九，五居中宫立极不动，每宫与对宫相加莫不为十，以一二三四五六七八九为运数，以十减运数，则十减一余九，十减二余八，十减三余七，十减四余六，十减五余五，十减六余四，十减七余三，十减八余二，十减九余一，此为零正之数。正者，指整数，零者指余数，故一为正神，九为零神，二为正神，八为零神……九为正神，一为零神。又以运之九乘以每运数，则九乘一得九，九乘二得十八……九乘九得八十一，以所得之数约之，其莫不为一为正神，九为零神……九为正神，一为零神。由此可知零正之由来。那卦数之神妙。

风水地理学以每运当令者为正神为气，失运者为零神为水，故运有九，卦有八，中五自成一局，分为上下两元，上元为 1234 运，下元即为 6789 运，故 1234 为上元之正神，6789 为上元之零神，下元 6789 为正神，1234 为零神。五黄分入 4 运 6 运中，前十年分入 4 运，后十年分入 6 运，有诀云："河图辨阴阳之交媾，洛书察运之兴衰，先天八卦查气用于穴中，后天八卦看形施于象外。"以前言证之，则不无一不合。经曰："杨公养老看雌雄，天下诸书对不同，先看金龙动不动，次察血脉认来龙，龙分两片阴阳取，水封三叉细认踪，江南龙来江北望，江西龙去望江东，是以圣人卜河洛，瀍涧二水交华嵩，相其阴阳观流水，卜世卜年宅都宫。无不是在阐微零神正神之妙义。"简言之："零正二神是指上中下三元何运当令，当令者为正神，失令者为零神。"

第三节　城门诀

经曰："五星二诀非真术，城门一诀最为良"，其意在指城门之重要。"水对三叉细认踪"也是指城门（即消水口）。"识得五星城门诀，立宅安坟定吉昌，堪笑廉愚多慕此，妄将卦例定阴阳，不向龙身观出脉，又从砂水断灾祥，均松宝照真秘诀，父子虽亲不肯说，若人得遇是前缘，天下横行陆地仙。"其意再次指出城门的关键重要同时也告知城门的方法。城门一诀与龙身出脉乃是一家骨肉，其精神贯通。能识城门乃能观出脉，能观出脉便能识城门。"城门即水口。"

第四节　倒排父母诀

经曰："倒排父母阴龙位，山向同流水，十二阴阳一路排，总是卦中来。"倒排父母，即巅倒之意，阴阳交媾，皆倒排之法，山向与水神，必倒排以定阴阳，十二阴阳即指二十四山之理，虽说有二十四位阴阳，总不离八卦为父母，经又曰："倒排父母是真龙，子息达天聪，顺推父母到子息，代代人财退。"意指倒排父母之重要性。

曰："父母子息，皆须倒排，而不用顺排，如旺气在坎癸，倒排则不用坎癸，而得真旺气，顺排则真用坎癸，而反得杀气，似是而非，毫厘千里，元空大卦千言万语惟在于此。"

而且六十四卦，每卦均有六爻，一山一水，则两卦共有十二爻，加上龙向，合成四神，则四卦共二十四爻，此二十四爻，必须十二阳爻十二阴爻，方能交媾，方合阴阳顺逆，若离此则阴阳差错矣。山向倒排方与龙水配，故杨公云："倒排父母阴龙位，山向同流水，十二阴阳一路排，总是卦中来"。

现举二例如下：

例一：

如震卦来龙，巽卦收水，坐山复卦，向媾卦，则合倒排，震（䷲）龙本卦二阳爻四阴爻，巽（䷸）卦本卦四阳爻二阴爻两卦合六阳爻六阴爻。复（䷗）卦坐山本卦一阳爻五阴爻，姤（䷫）卦出向本卦五阳爻，一阴爻，两卦合六阳爻六阴爻。四卦共十二阳爻十二阴爻。此以八运为例，若复卦不以震卦为龙，而直接以复卦为来龙，顺排而坐复卦之山，则复卦为八运卦，似生旺而实衰败，以震卦为龙，逆挨见父母，似衰败而得真生旺。

例二：

（䷀）乾卦来龙本卦六阳爻，坤（䷁）卦水本卦六阴爻，两卦六阳爻六阴爻。夬（䷪）卦坐山本卦，五阳爻一阴爻，剥（䷖）卦出向本卦1阳爻五阴爻，两卦合六阳爻，六阴爻，四卦共十二阳爻十二阴爻。则夬卦逆挨见乾龙父母，虽逆而真得生气矣，若以夬卦来龙，顺排以见乾卦坐山，坤卦山向，剥卦去水，夬卦剥卦皆六运，以此为龙，似生旺而实衰败。如蒋公言："如旺气，在坎癸，倒排则不用坎癸而真得旺气。顺排则真用坎癸，而反得杀气，似是而非，非得真诀者，必不能悟！"地理之奥贵在心传，贵在得诀，否则玩转六十四卦亦未能了然其中之奥妙，其更深一层之意暂不言之，如有缘有德者定当能悟之告之。

第五节　一卦纯清诀

曾公曰："更有净阴净阳法，前后八尺不从杂，斜正受来阴阳取，气聚生旺方无煞，来山起顶须知好，三节四节不须拘，只要龙神得生旺，阴阳却与穴中殊。"这里讲的净阴净阳，非阳龙阳向，水流阳之净阴净阳……以龙脉得当令旺气为用，龙之长短在所不拘。只要一二节到头起顶星辰有生旺之气，即可以为用，其发福往往比真龙正穴快速，因其所接之气，乃一卦纯清之旺气，龙山向水俱归一路旺气，学者欲求速效，此局应是最佳的选择。

一卦纯清者：龙穴砂水乃峦头四事，龙山向水乃理气四事。一卦纯清之法即元内之龙，作元内之山向元内之向，收元内之水，消元内之峰，故谓之一卦纯清也。换言之，龙山向水四神俱归于同一元内，此法又称之净阴净阳。请参阅以后之龙山向水之配合关系之一卦纯清例。

先举一例如下：

一卦纯清例图：结合易盘(卦盘) 参看。

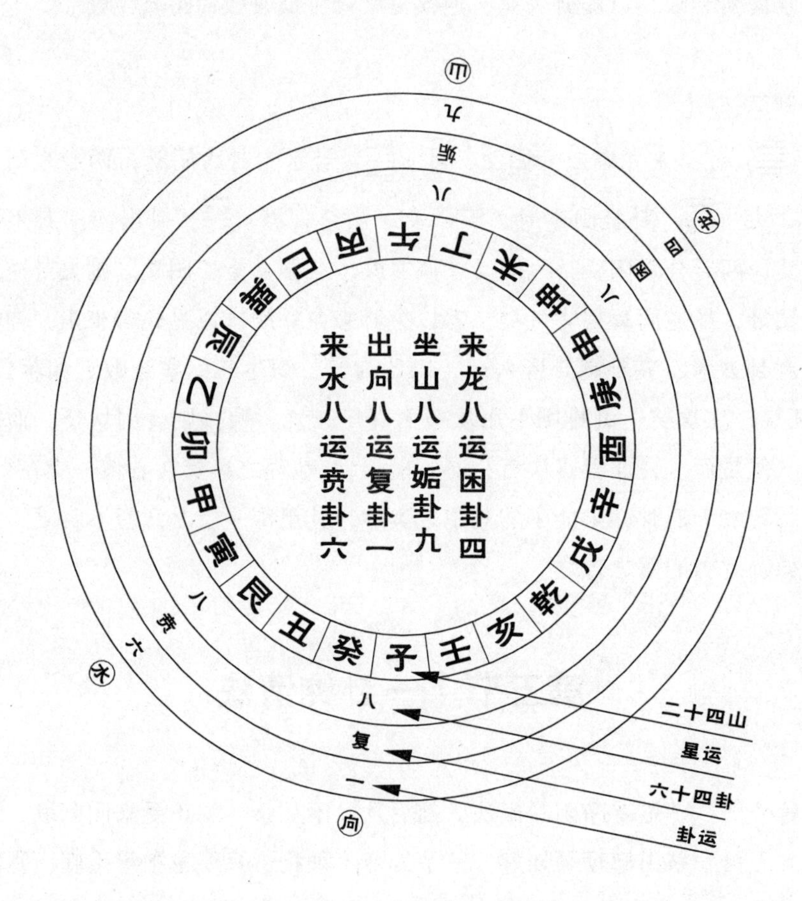

第六节　七星打劫诀

杨公曰："识得父母三般卦，便是真神路，北斗七星去打劫，离宫要相合。"其意为要识得父母三般卦之法诀，还须知道北斗七星之打劫方法，方能晓得三般卦之关窍，识得关窍，便如神仙走真神路矣；打劫方法便是三般卦最上乘之妙用。

北斗者，谓如知"离宫"之相合即能领会北斗之意义，详言之，即每宫各有一卦不动其余七卦俱动。而不动的卦，反能入七宫之内招摄吸取其秀气；然离本宫而去，仍要合本宫而归是谓北斗。这里的"离宫"之离并非指二十四山中丙午丁之离宫，也并非钟义明大师所说之"近为离远为别之意"。这里的离没有别的意思，即指"离开离去之意。"

所谓打劫，是本卦未到当令旺运，而预先借用时令旺气之意；亦即我居衰败，而得外气生入克入，反衰为旺，未当令而变当令。

所谓离宫要相合，是离开自身之运去打劫七宫中任何一星之卦气；离宫而去，又须顾及本身需要之旺运，而要相合。

七星打劫，依七星次序一一挨排，如同去打劫一样，仔细体察（去）字，便可领会打（劫）者，劫是劫夺天心正运之旺气，以为收山出煞，祸福只争那些子，如不透彻这些法诀，又岂能知道七星打劫之奥妙？

作者在此将玄空大卦不传之秘诀告之，希望有缘有德者珍之惜之，绝不可轻泄，如轻意言之恐天意不允。

经曰："每宫各有一卦不动，故只云七星去打劫。"这是地理辨正上的图和语句。可叹世上有几个知晓其中之奥矣！六十四卦分为乾宫八卦，坤宫八卦，兑宫八卦，艮宫八卦，坎宫八卦，离宫八卦，震宫八卦，巽宫八卦，八八刚好六十四卦。然而每宫八卦里有一卦不动，不动之卦即是无反对卦，其它七星俱动，即有反对卦。下圆图即是八宫卦中之不动之卦，即本卦。并列表示之：

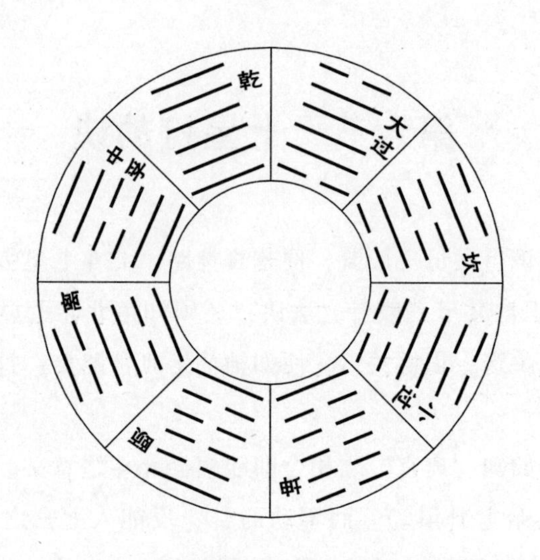

(八宫卦中不动之卦)

八宫卦列表：

本宫以乾不变为主卦									乾宫八卦
									打劫之卦

本宫以乾不变为主卦									兑宫八卦
									劫后八卦

<table>
<tr><td rowspan="2">以离卦象为主卦</td><td>䷢</td><td>䷷</td><td>䷿</td><td>䷱</td><td>䷔</td><td>䷝</td><td>䷥</td><td>䷍</td><td>离宫八卦</td></tr>
<tr><td>䷣</td><td>䷶</td><td>䷾</td><td>䷰</td><td>䷕</td><td>䷝</td><td>䷤</td><td>䷌</td><td>劫后八卦</td></tr>
</table>

<table>
<tr><td rowspan="2">以小过卦为主卦</td><td>䷏</td><td>䷽</td><td>䷧</td><td>䷟</td><td>䷲</td><td>䷶</td><td>䷵</td><td>䷡</td><td>震宫八卦</td></tr>
<tr><td>䷎</td><td>䷽</td><td>䷦</td><td>䷞</td><td>䷳</td><td>䷷</td><td>䷴</td><td>䷠</td><td>劫后八卦</td></tr>
</table>

<table>
<tr><td rowspan="2">以风泽中孚为主卦</td><td>䷓</td><td>䷴</td><td>䷺</td><td>䷸</td><td>䷩</td><td>䷤</td><td>䷼</td><td>䷈</td><td>巽宫八卦</td></tr>
<tr><td>䷒</td><td>䷵</td><td>䷻</td><td>䷹</td><td>䷨</td><td>䷥</td><td>䷼</td><td>䷉</td><td>劫后八卦</td></tr>
</table>

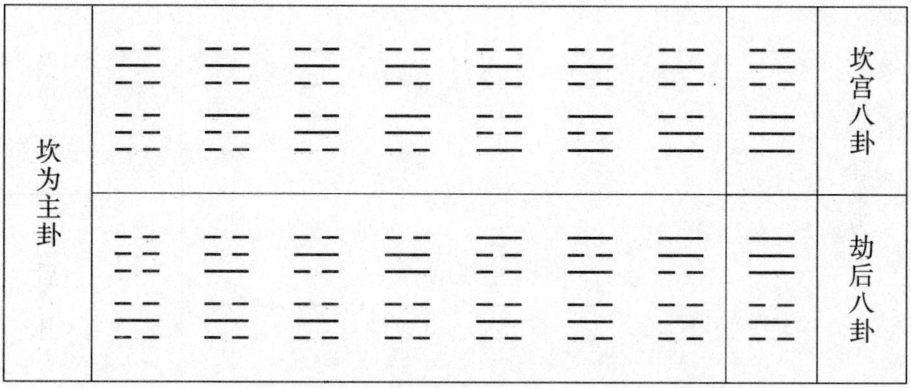

坎为主卦									
	䷇	䷦	䷜	䷯	䷂	䷾	䷻	䷄	坎宫八卦
	䷆	䷧	䷜	䷮	䷃	䷿	䷺	䷅	劫后八卦

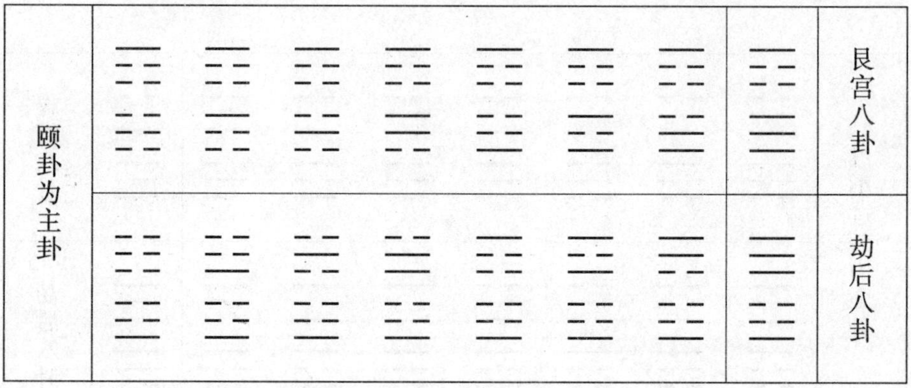

颐卦为主卦									
	䷖	䷳	䷃	䷑	䷚	䷕	䷨	䷙	艮宫八卦
	䷗	䷲	䷂	䷐	䷚	䷔	䷩	䷘	劫后八卦

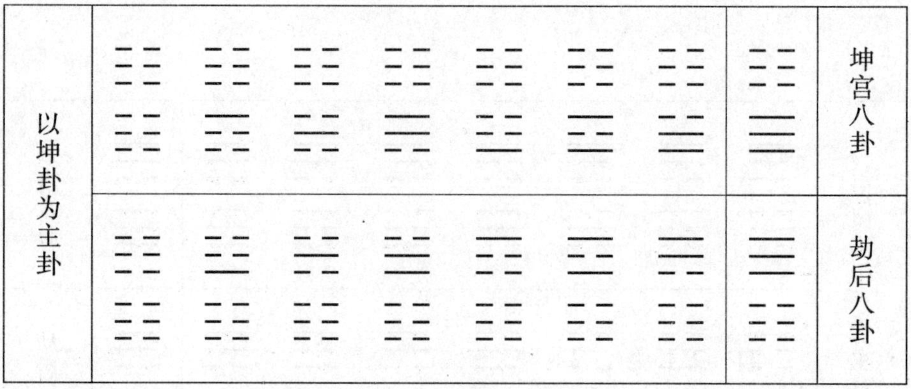

以坤卦为主卦									
	䷁	䷎	䷆	䷭	䷗	䷣	䷒	䷊	坤宫八卦
	䷁	䷏	䷇	䷬	䷖	䷢	䷓	䷋	劫后八卦

其实打劫之法并非只有上面一种，如能将前面的三般卦，挨星诀熟之，定将能悟出。再用另一法举例说明如下：

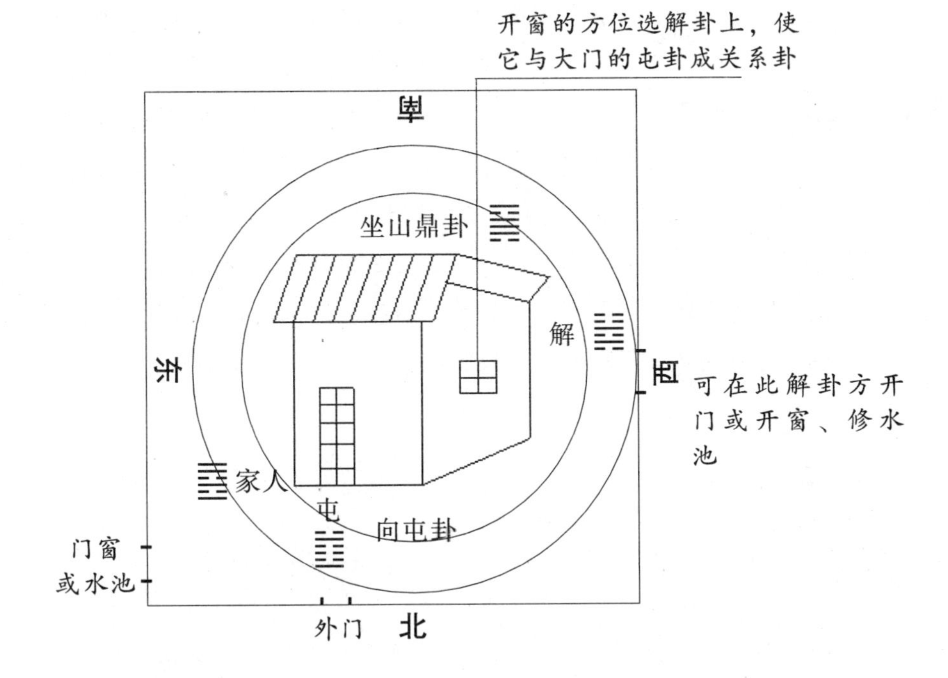

说明：

1. 若房子的向和大门是屯卦，在解卦的方位上开门窗等。

2. 房子外面有围墙的可以在房子院子内或围墙的家人卦和解卦的方位布，这是其他书上没有的不传之秘诀。如有缘者，定当将此理论和实践示之。

第七节　论龙法

三元玄空大卦地理，来龙与坐山，先取阴阳，次取生成再取合十及合运。乾（九）对坤（一）、坎（七）对离（三）、震（八）对巽（二）、艮（六）对兑（四）等卦为生成对待之阴阳。又乾坤坎离，否（九）泰（一），既济（七）未济（三），震巽艮兑，恒（八）益（二），损（六）咸（四），俱属合十对待之阴阳。凡知何卦龙入首，即知用何卦坐山，变化虽不一，总以龙合向，向合水，配合成龙与向，坐山与水口，两片之阴阳为审龙定穴之第一要义。如上元贪（一）之龙向，弼（九）之山水，巨（二）之龙向，辅（八）之山水。禄（三）之龙向，破（七）之山水，文（四）之龙向，武（六）之山水。下元弼（九）之龙向，贪（一）之山水，辅（八）之龙向，巨（二）之山水。破（七）之龙向，禄（三）之山水，武（六）之龙向，文（四）之山水。总之，小卦即上卦以洛书数论上元，一二三四为龙向，六七八九为山水，下元六七八九为龙向，一二三四为山水。

如图（圈外之数小卦即洛书上卦数，圈内之数为九星数即大卦，运数）：

本图以小卦为主，俱要考虑大卦旺衰为宜。

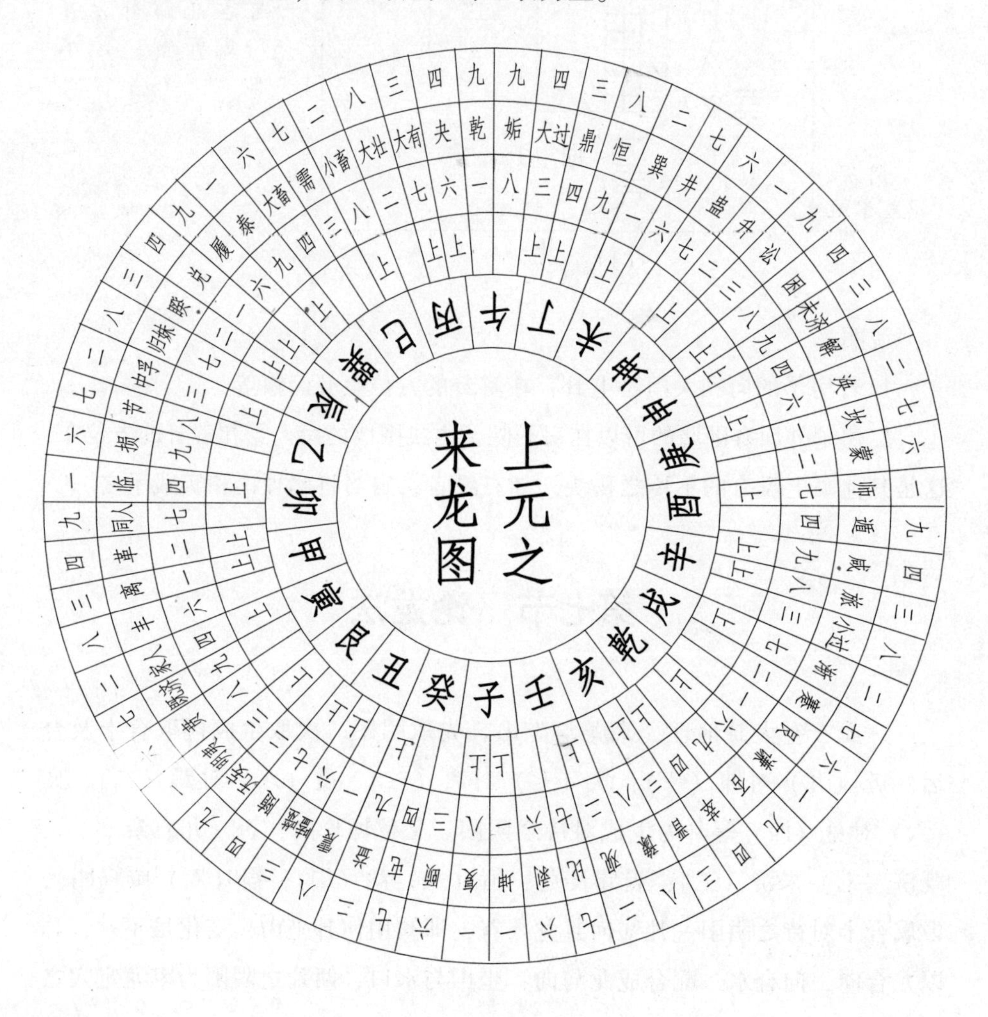

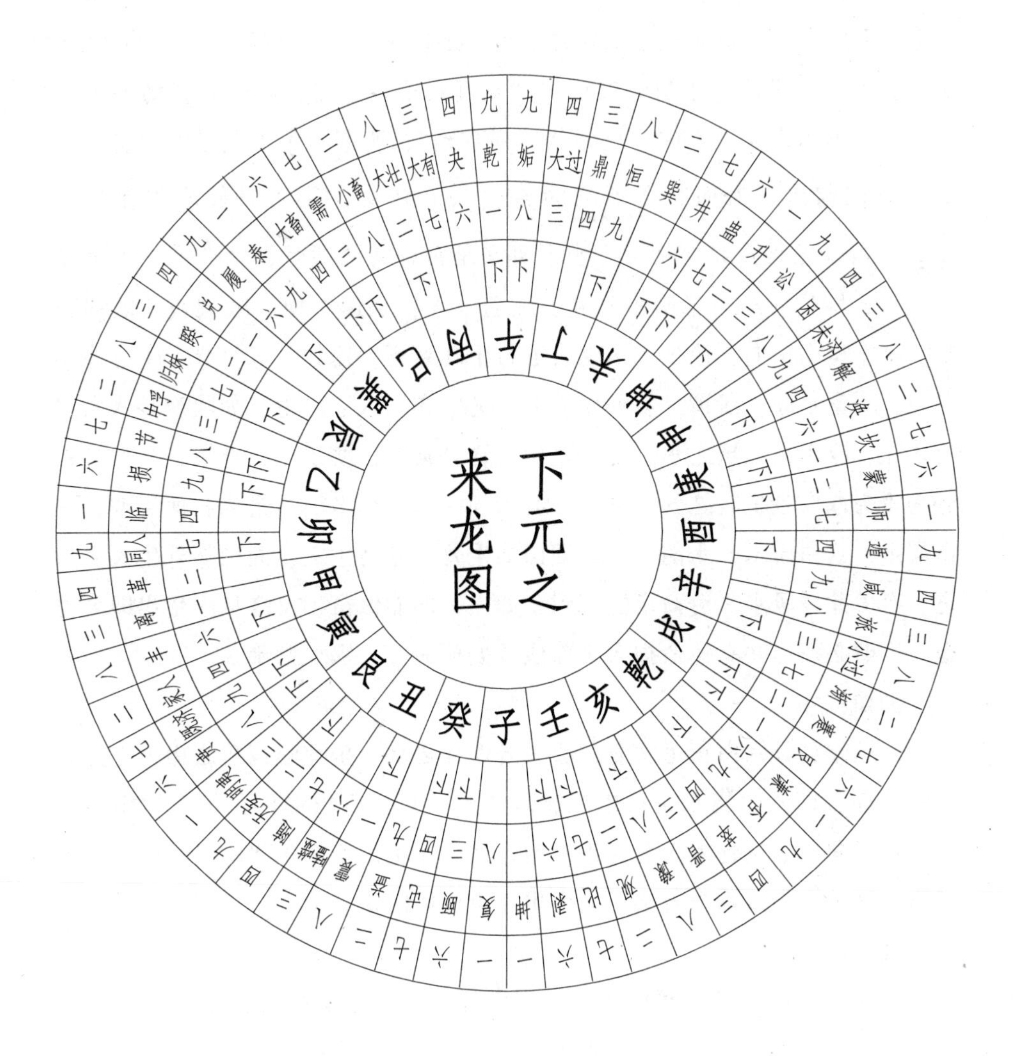

第八节　论坐山出向

三元玄空大卦地理，江西卦洛数。一二三四为上元之正神，则江东卦以六七八九为零神。江东卦六七八九为下元之正神，则江西卦一二三四为零神。所以上元一二三四之来龙，必立六七八九之坐山，一二三四之出向，收六七八九之水口。下元六七八九之来龙，必立一二三四之坐山，六七八九之出向，收一二三四之水口。经曰：“龙真穴正误立向，阴阳差错悔吝生”，又云：“本山来龙立本向，反吟伏吟祸难当”，所谓本山来龙立本向者，例如定方向起星下卦时，下卦之否卦（䷋）初爻，则否卦便变为无妄卦(䷘)，若来龙是否卦，初爻，坐下卦又是否卦初爻即是，余类推。此种龙坐立见，即值旺运，已诸多不利，一遇杀水，杀运，便一败如灰，凶祸必来。至于坐山出向，论生克，是讲五行生旺衰死。比如八运复卦，主运豫卦龙旺，小畜水旺，所谓“从外生入名为进”亦以八运而论，如收豫卦八白正运之龙，收小畜二黑之水，复卦坐山，姤卦出向，便是一卦纯清，又豫卦外卦为震为八白是生旺之气，复卦外卦为坤一白用作坐山，是为我居衰败，一白属水，八白属木，水能生木，即山能生龙，龙便生穴，此谓从外生入名为进。有关此种风水之后裔定能积财宝如山，即能致富。反之从内生出即名为退，家财必败尽并有短命损人丁而成寡妇孤夫等，祸如鼎沸。

例如：

六运收剥卦六白正运之龙，收夬卦四绿之水，坐噬嗑三碧之山，立井卦七赤之向，即六白属水龙去生三碧木之山，是为生出而凶，即龙生山为生出。水生向谓之从外生入名为进而为吉格，龙生山及向生水称为从内生出之凶格。又生入克入均为吉格，而生出克出均属凶格。

又例：

前面八运收二黑小畜卦之水，五行属火，立九紫姤卦之向，五行属金，是火克金，即水克向，是称为克入，乃知其子孙必居高官而享富贵。

又前面之大运夬卦四绿之水，五行属金，而立七赤井卦之向，五行属火，是火克金，即向之火克水口之金，是向克水，故称为克出，与生出同为凶格，年年灾祸，如鼎沸不断绝也，可见五行生克影响吉凶祸福之大！总之，小卦（即上卦）六十四卦以洛书数论，上元一二三四为龙向，六七八九为山水，下元六七八九为龙向，一二三四为山水。参看以后之图时再次提醒，请将易盘结合参阅。以下之图：（上是指上元，下是指下元。）

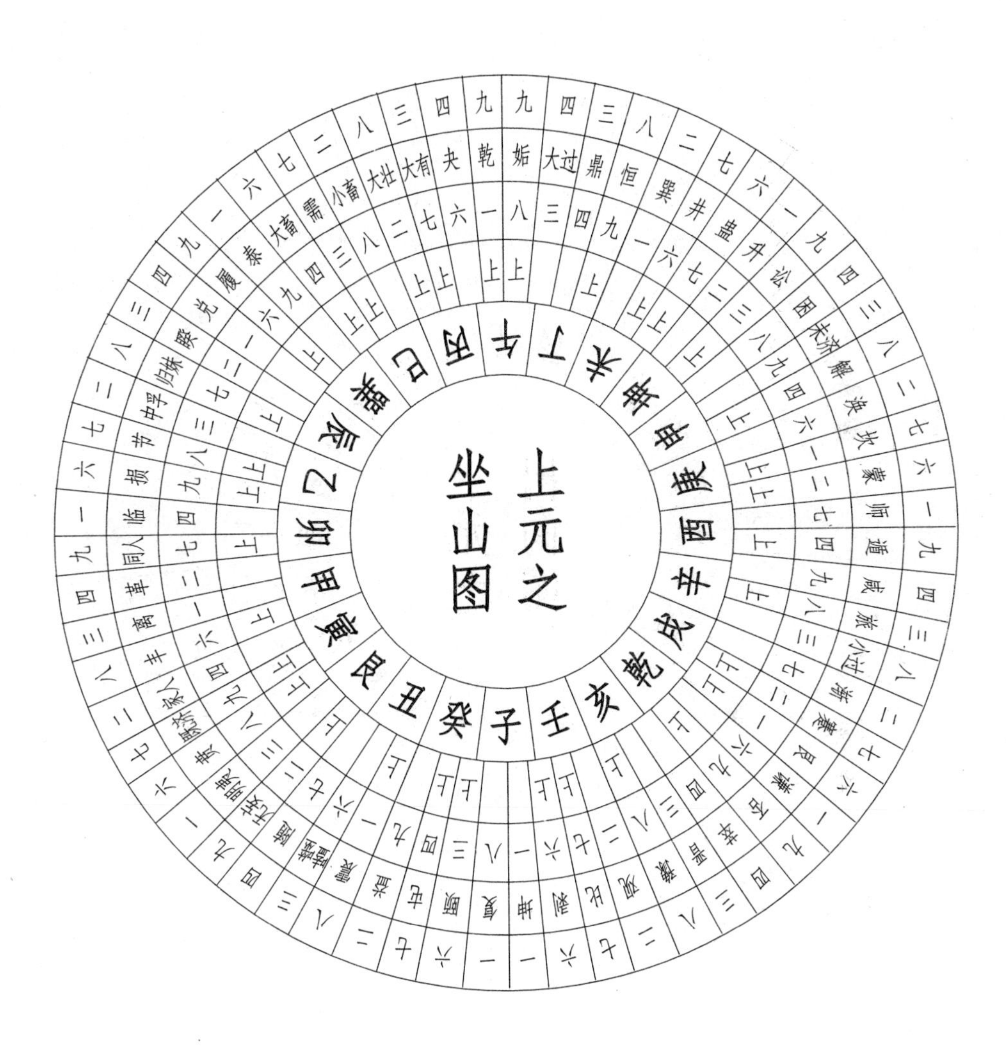

上元之坐山图

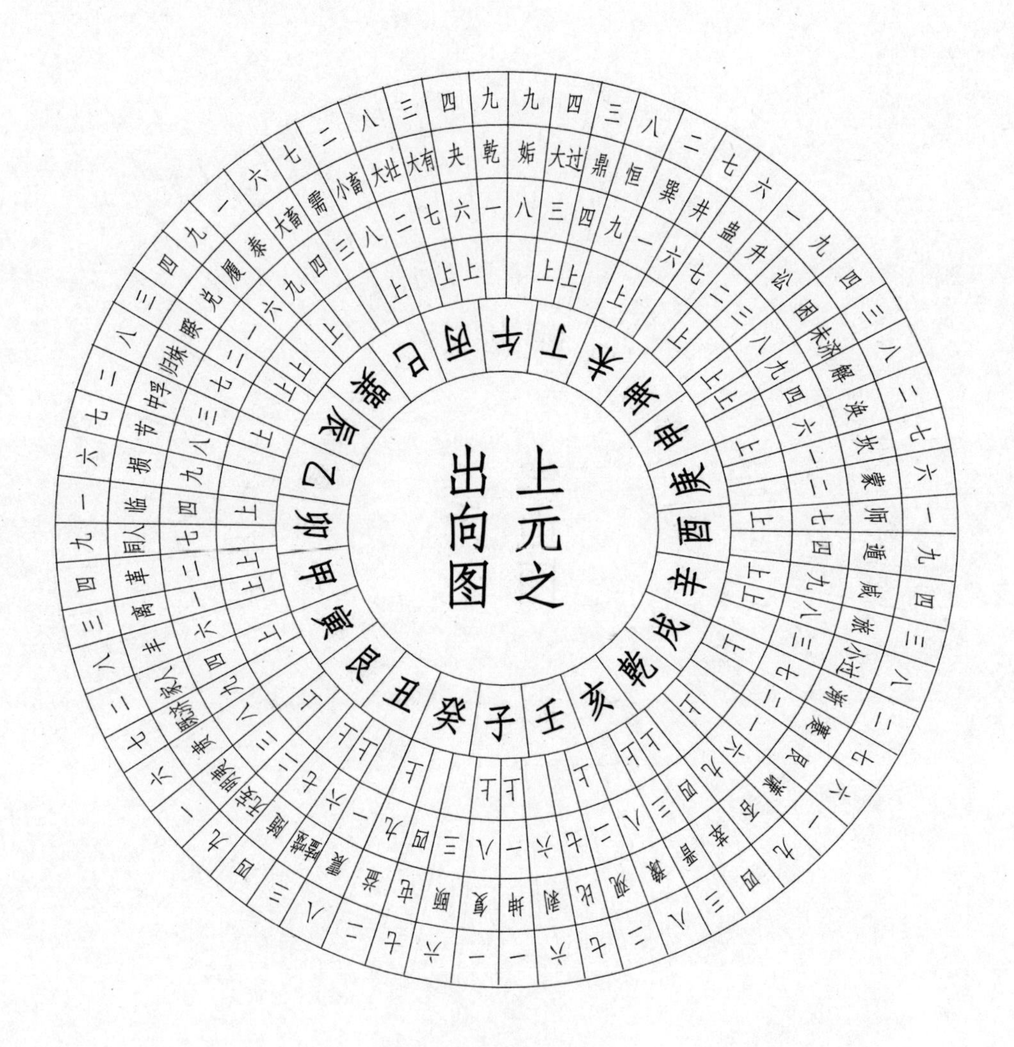
上元之出向图
午 丁 未 坤 申 庚 酉 辛 戌 乾 亥 壬 子 癸 丑 艮 寅 甲 卯 乙 辰 巽 巳 丙
乾 姤 大过 鼎 恒 巽 井 蛊 升 讼 困 未济 解 涣 坎 蒙 师 遁 咸 旅 小过 渐 蹇 艮 谦 否 萃 晋 豫 观 比 剥 坤 复 颐 屯 益 震 噬嗑 随 无妄 明夷 贲 既济 家人 丰 离 革 同人 临 损 节 中孚 归妹 睽 兑 履 泰 大畜 需 小畜 大壮 大有 夬

上元之出向图

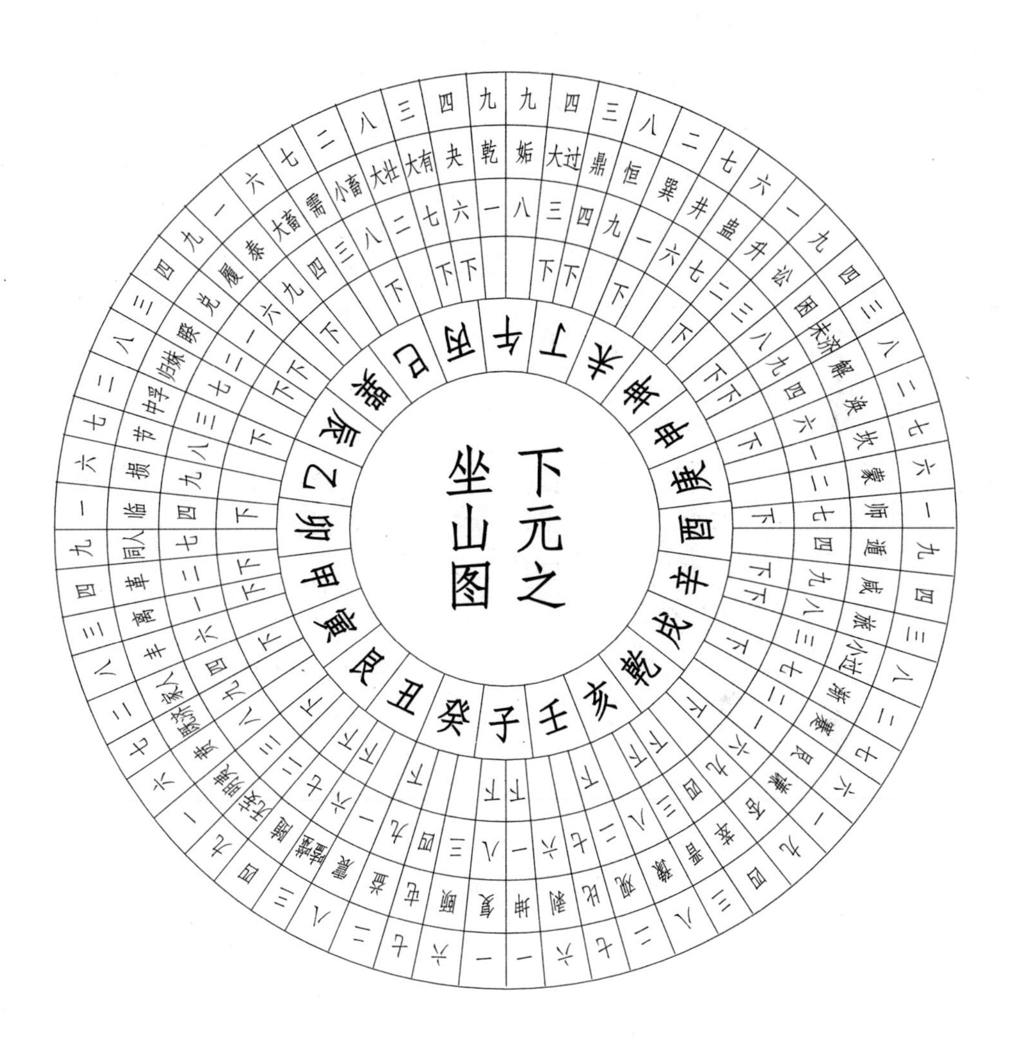

下元之坐山图

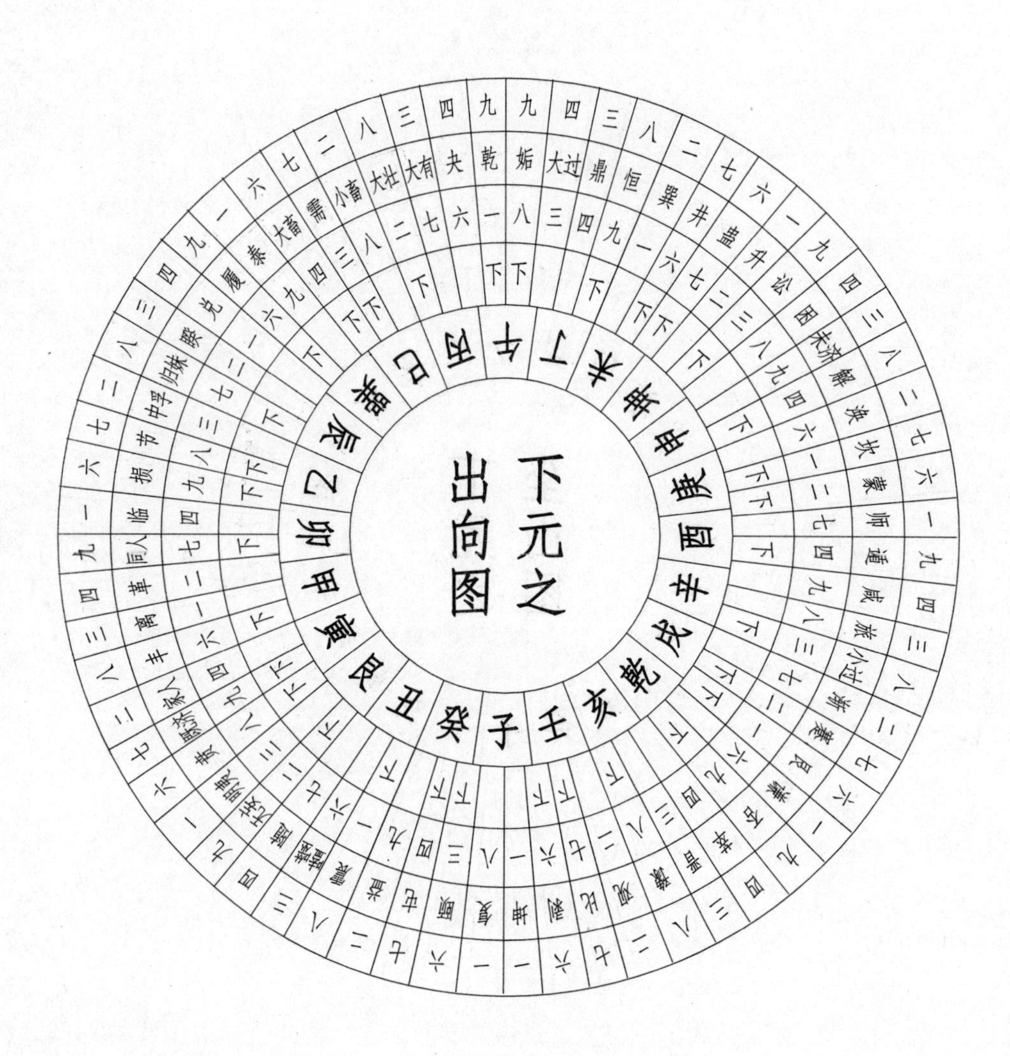

下元之出向图

第九节　论水法

三元玄空大卦地理，分正神，零神，龙与向称为正神，坐山与水称为零神，如值一二三四之江西四卦为上元之正神，则以六七八九之江东四卦为零神。如值六七八九江东四卦为下元之正神，则一二三四江西四卦为零神，以衰为旺。

如收一运贪狼星内一二三四江西卦之龙向，又收贪狼星内六七八九江东卦之水为一卦纯清，其余各运之山，收各运之水，俱此类推。

经曰："本山本向四神奇，代代着绯衣"。又曰："依得四神为第一，官职无休歇。"若非同星运之卦消水称为借库，美中不足。假如无一卦纯清之局，而只要不犯龙水交战；阴阳差错之弊，遇二十年杀运，杀水之时，虽无不大利但亦无大碍，如：上元杀水如值三运水口亦在三上，向上八即是杀运。倘立江西卦一二三四之向，复收一二三四之水，是水与向交战，若收六七八九之龙，则龙水与向交战。如立江东卦六七八九之向，复收六七八九之水，是水与向交战，若收一二三四之龙，则龙水与向俱交战，向水交战，龙向交战，谓之阴阳相乘灾祸立至。逢此种局，龙不可改，可以改水使其合阴阳也。总之与上节同论，小卦（上卦）六十四卦以洛数论，上元一二三四为龙向，六七八九为山水，下元六七八九为龙向，一二三四为山水。见上下元水口图。

例如：水口上元小卦，图中之上是指上元，下指下元。

贪（一）：艮六、坎七、震八、乾九；巨（二）：蒙六、蹇七、大壮八，无妄九；禄（三）：颐六、需七、小过八、讼九；文（四）：大畜六、屯七、解八、遁九；武（六）：剥六、井七、丰八、履九；破（七）：蛊六、比七、归妹八、同人九；辅（八）：贲六、节七、豫八、姤九；弼（九）：损六、既济七、恒八、否九。

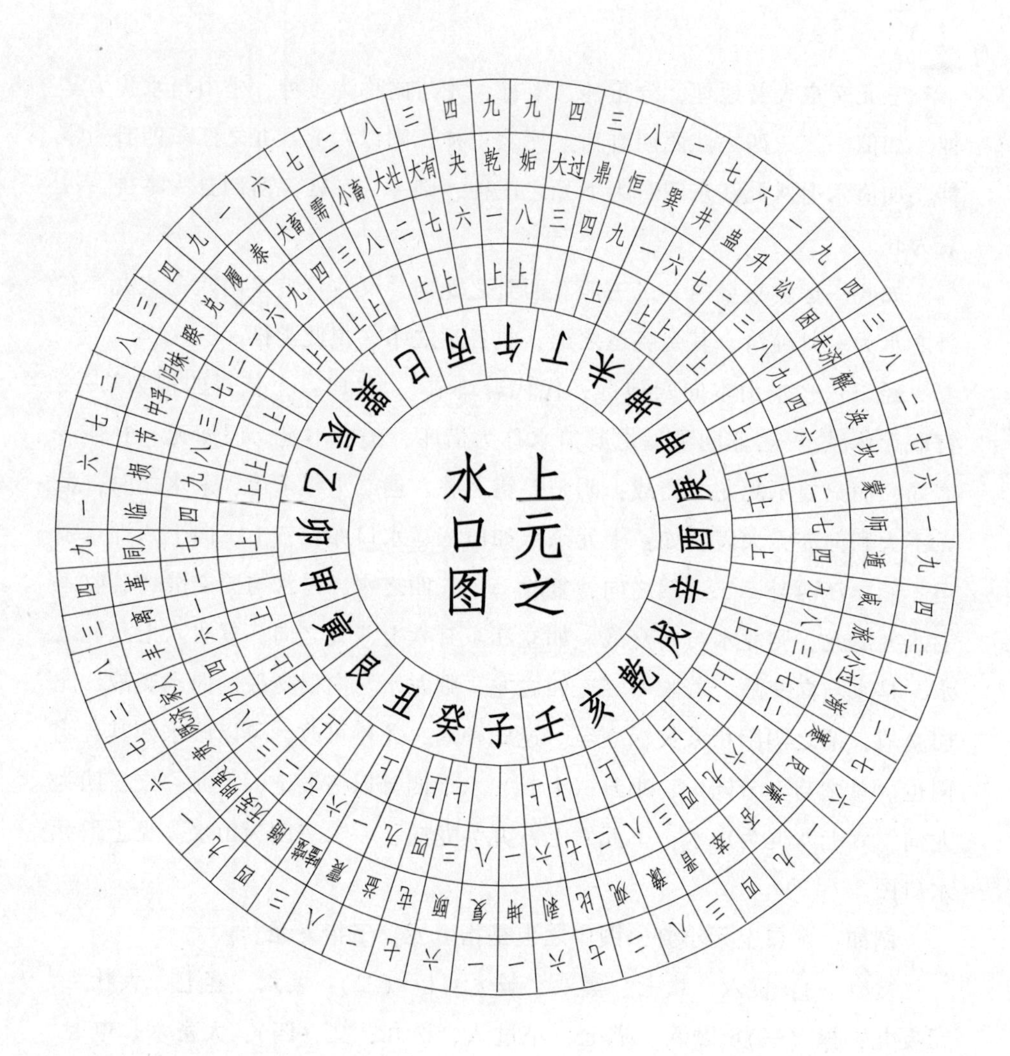
上元之
水口图

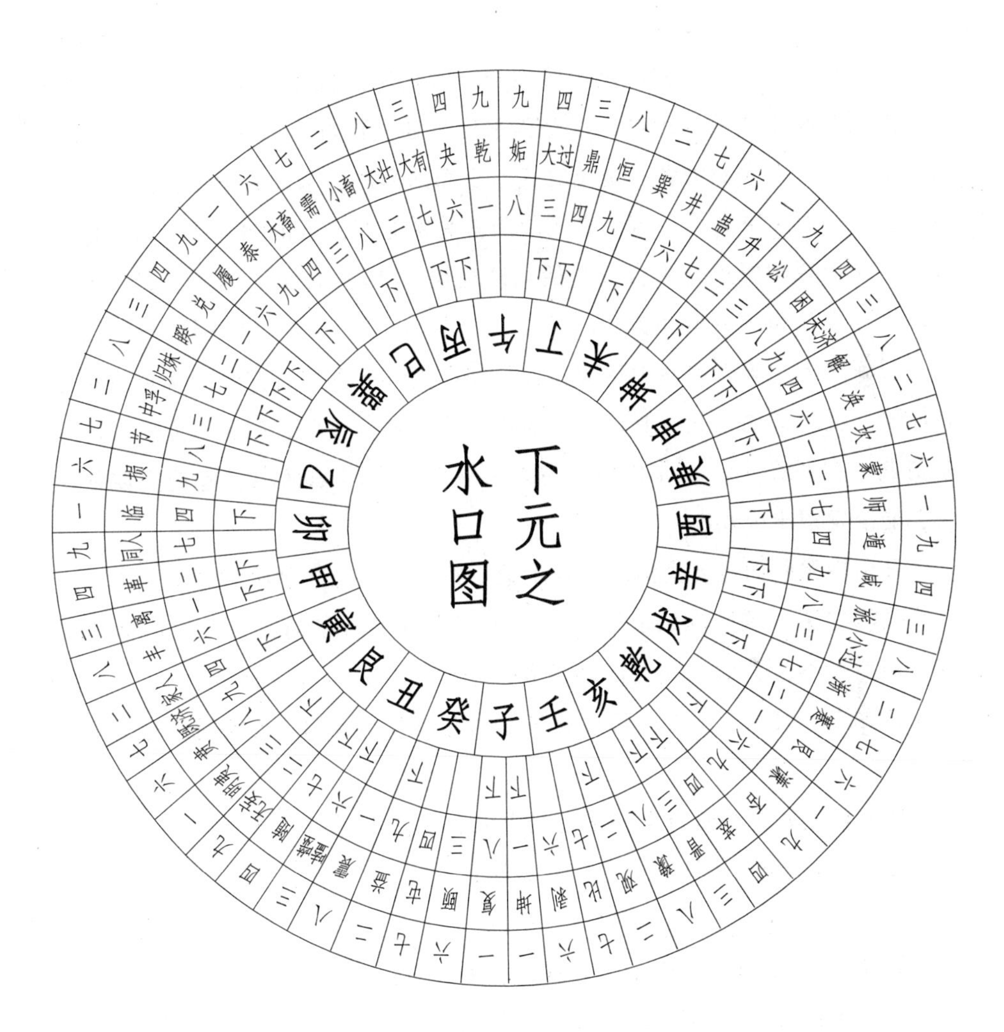
下元之
水口图

第十节　论山峰

山峰指阴宅，阳宅周围之山峰而言，现代阳宅城市风水没有真山真水，应以周围之高楼建筑为山峰，以路为水应变通。山峰有大小，高低，宽窄，尖平之不同，大而高尖者有金龙之气，小而深窄者，杂乱有煞气，大而高尖者为吉，小而尖窄者为不吉。看到阴阳者关系尤甚，若消纳合法，催丁催贵催财。又山峰则以远秀为吉（包括高楼建筑），收得合法，则主文贵。若此山峰刚好在某命主的属相方位卦象上，对其命主特应验。如在坎方有秀峰，则对属鼠之人应验者或对中房应验吉。如在震方有秀峰吉楼则对属兔或长房较应验。反之，如在此方卦位上有凶峰、凹煞则对长房或属兔之人应凶……余仿此。宝照经曰："元机妙诀有因由，向指山峰细细求，起造安坟依此诀，能令发福出公侯"。

凡山峰粗顽而近者为煞曜，发生损丁败财之事，久则绝烟，应忌之。

收峰之法，坟则在穴心下罗经，山峰之顶尖看是何卦，与龙向同边者吉，相反者不吉，如上元龙向之洛数，一二三四，峰亦要洛数，一二三四，下元龙向洛书数六七八九，峰亦要洛数六七八九，假如不合能避则尽量避之为宜。

例如：上元之小卦（图中之上指上元、下指下元。）

贪（一）：坤一、巽二、离三、兑四；

巨（二）：升一、观二、睽三、革四；

禄（三）：明夷一、中孚二、晋三、大过四；

文（四）：临一、家人二、鼎三、萃四；

武（六）：谦一、涣二、噬嗑三、夬四；

破（七）：师一、渐二、大有三、随四；

辅（八）：复一、小畜二、旅三、困四；

弼（九）：泰一、益二、未济三、咸四。

上元之山峰图如下：

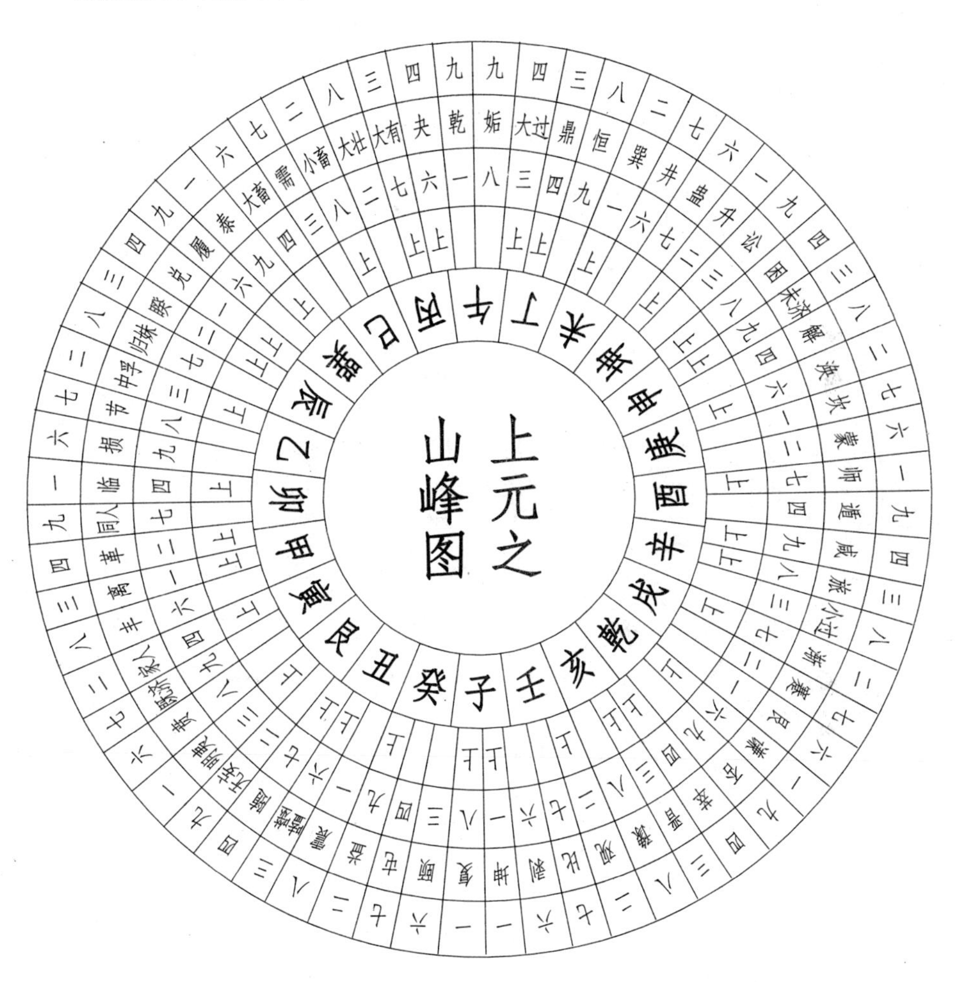
上元之
山峰图
午 丁 未 坤 申 庚 酉 辛 戌 乾 亥 壬 子 癸 丑 艮 寅 甲 卯 乙 辰 巽 巳 丙
乾 姤 大过 鼎 恒 巽 井 蛊 升 讼 困 未济 解 涣 坎 蒙 师 遁 咸 旅 小过 渐 蹇 艮 谦 否 萃 晋 豫 观 比 剥 坤 复 颐 屯 益 震 噬嗑 随 无妄 明夷 贲 既济 家人 丰 离 革 同人 临 损 节 中孚 归妹 睽 兑 履 泰 大畜 需 小畜 大壮 大有 夬

下元之山峰图如下：

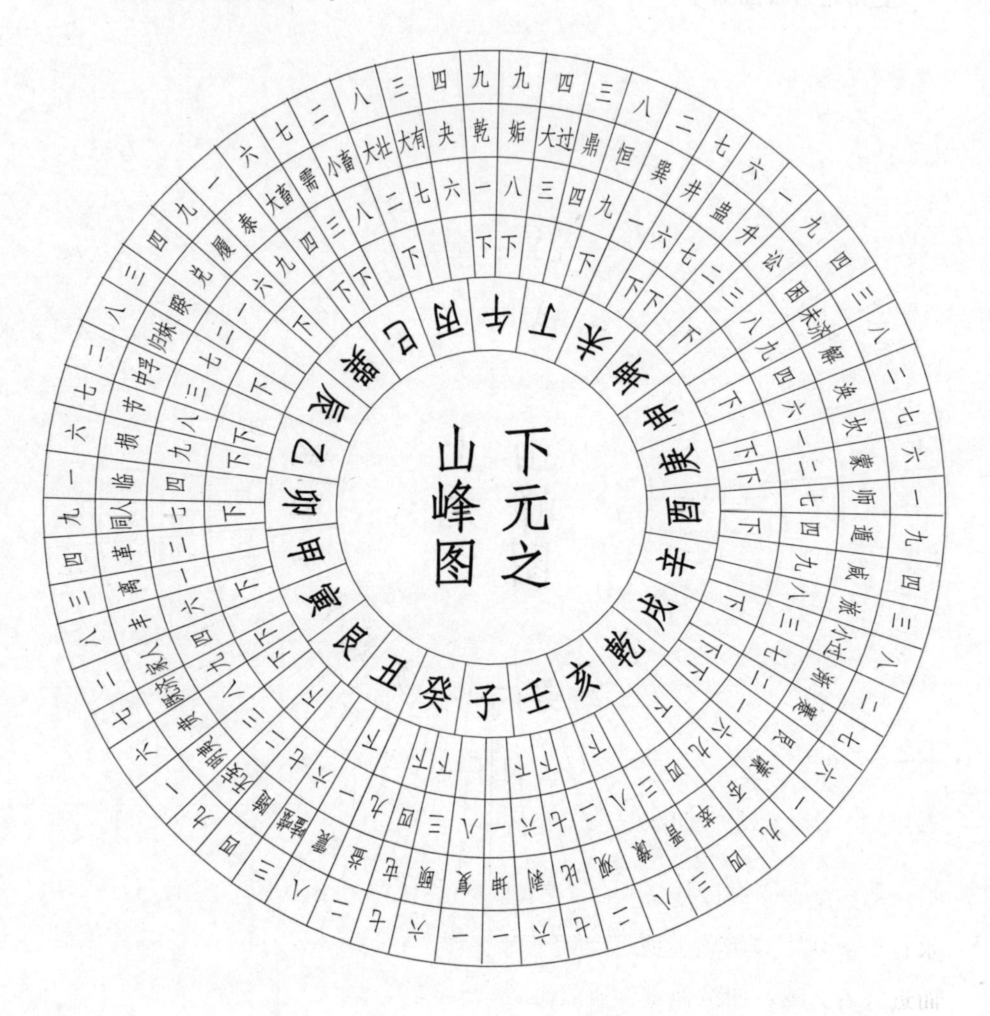

第十一节　龙、山、向、水之配合关系

关于龙山向水，前面已叙述，综合龙山向水之关系，配合龙与向，向与水吉凶断法。消收峰峦，凹缺之法，说明如下：

一、龙与向，向与水，吉凶断法

1. 龙要以当令为旺，失元为衰，水以失元为旺，当令为衰。如龙水阴阳相乘，则不论衰旺皆凶。

2. 龙与向合而水不合，其凶应在水。

(1) 看其水在何支位，以所属三合年中及岁破之年断之。

(2) 如水口在卯，则以亥卯未年及酉年断之。何人遭凶祸亦属三合所生之人断之。

3. 水与向合，而龙不合，其凶应在龙。

(1) 看其龙在何支位，即以三合年中及岁破之年断之。

(2) 如巳龙入首，则以巳酉丑年及亥年断之，何人遭凶祸，亦属三合所生之人断之。

二、消收峰峦，凹缺之法

峰则催贵，峰以远秀为吉，凹则催丁，凹以近山为重。如消收得法，风水自成。如山峰粗顽，而近穴者为煞，似凶徒执棍以击我，如凹峰无关馈，而近穴者为煞，凹煞似毒气熏之。

1. 收峰之法。

(1) 坟则在穴心下罗盘，收峰则在中宫下罗盘。

(2) 瞄准峰顶，瞄准凹之中间，看是何卦。与龙向同边则吉，又要星与星合十之卦，收之则吉。

(3) 如上元龙向（洛书数）之一二三四，峰尖也要一二三四，如下元龙向（洛数）之六七八九，峰也要洛数之六七八九。

(4) 如有不合我用者，可放在两卦交界缝中。谓之消空。也可化煞为宜

(5) 如完全不合我用，非穴不对，即属假穴也。

(6) 如有不合我用者，能避则避，以种植树或竹林或修墙垣遮之。以可开水池蓄水以吸之。

(7) 倘若人工不能施之补救者，虽龙穴真，而气被破，亦应弃之不用为妙。

三、龙山向水之关系

1. 生成之数。

一六共宗，二七同道，三八为朋，四九为友。龙与山要合生成数，向与水要合生成数。

如：剥卦（䷖）来龙，复卦（䷗）坐山，剥卦卦运为六，复卦卦运为一，合一六共宗；姤卦（䷫）出向，夬卦（䷪）水口，姤卦卦运为九，夬卦卦运为四，向水合四九为友，生成数。

2. 合十之数。

一九合十，二八合十，三七合十，四六合十，山与向要合十之数，龙与水要合十之数。

如：上例来龙剥卦（䷖）卦运六，水口夬（䷪）卦四，龙与水合六四合十。坐山复卦（䷗）卦运为一。出向姤卦（䷫）卦运为九。山向合一九合十格。余仿此。

3. 上元一二三四之来龙，必立六七八九之坐山。一二三四之向，收六七八九之来去水。下元六七八九之来龙，必立一二三四之坐山。六七八九之向，收一二三四之来去水。

如：下元需卦（䷄）来龙，立泰卦（䷊）坐山，需卦卦运为七，泰卦卦运为一，山一水克龙七火。否卦（䷋）出向，中孚卦（䷼）来去水，否卦运为九，中孚卦卦运为二，水二火克向九金，合生入克入吉格，余仿此。

4. 如值一二三四之四卦为上元之正神。则以六七八九之四卦为上元零神。

5. 如值六七八九之四卦为下元之正神，则以一二三四之四卦为下元之零神。

6. 龙与向用正神，坐山与向水用零神。

7. 龙与向以旺为旺，坐山与水以衰为旺。

8. 如收贪狼星内一二三四之龙向，又收贪狼星内六七八九之水。为一卦纯清。

9. 上元最好用一二三四大卦来龙，配一二三四小卦坐山，这两种说法是指两种做法之意。

注意：忌用。

1. 如立一二三四之向，又收一二三四之水，是水与向交战；

如立一二三四之向，又收六七八九之龙，是龙与向交战；

如立一二三四之龙，又收一二三四之水，是龙与水交战。

2. 如立六七八九之向，又收六七八九之水，是水与向交战；

如立六七八九之向，又收一二三四之龙，是龙与向交战；

如立六七八九之龙，又收六七八九之水，是龙与水交战。

如逢以上之局，谓之阴阳相乘，灾祸立至。龙不可改，可改水，使其合阴阳。

现以龙山向水之配合关系以图例举之：

以下之图皆要结合罗盘（易盘卦盘）看，只举出八运九运，其他仿此类推（来水指水口）。

四、一卦纯清法

1. 龙山向水一卦纯清贪狼星八运未山丑山（坐巽向震）。

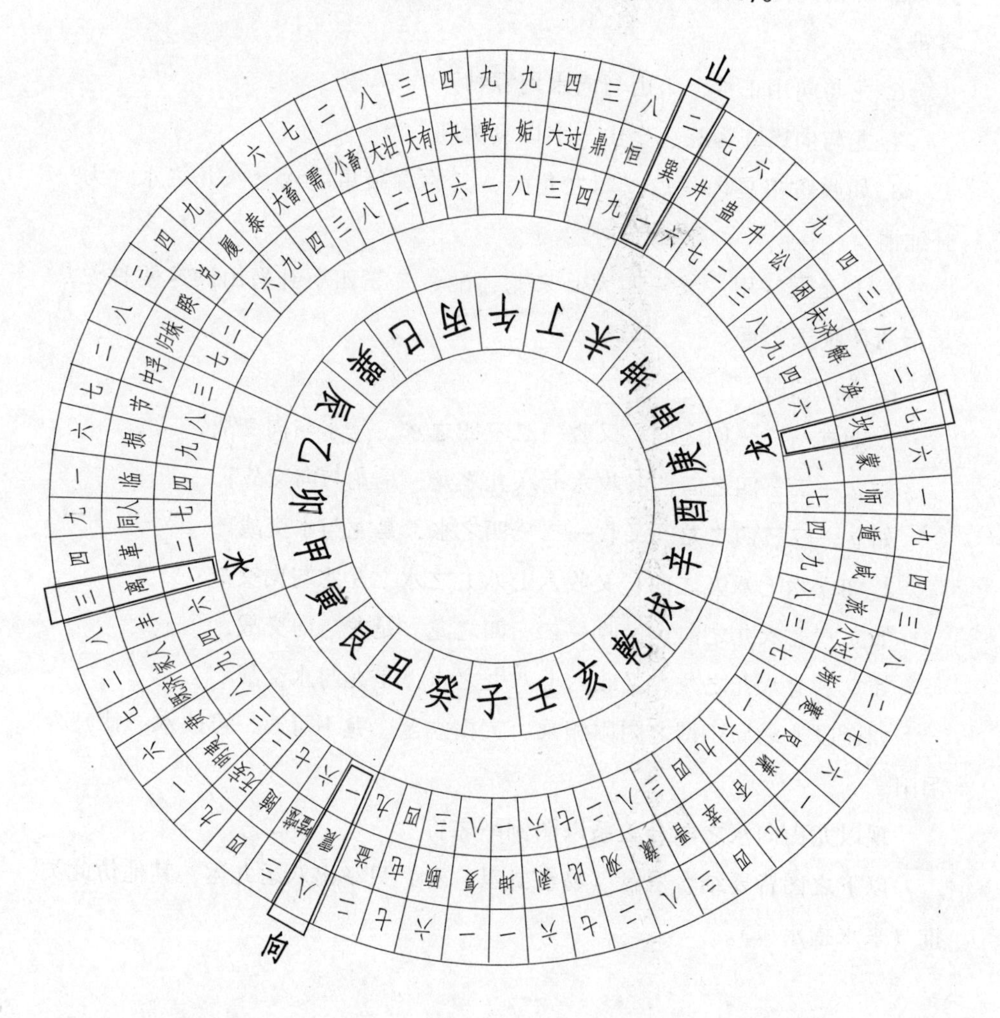

来龙一运卦坎（七）　　龙山七二同道，山水二三合五。

坐山一运卦巽（二）　　龙向七八合十五，向水八三为朋。

出向一运卦震（八）　　龙水七三合十。

来水一运卦离（三）　　山向二八合十。

2. 龙山向水一卦纯清贪狼星九运子山午向（坐坤向乾）。

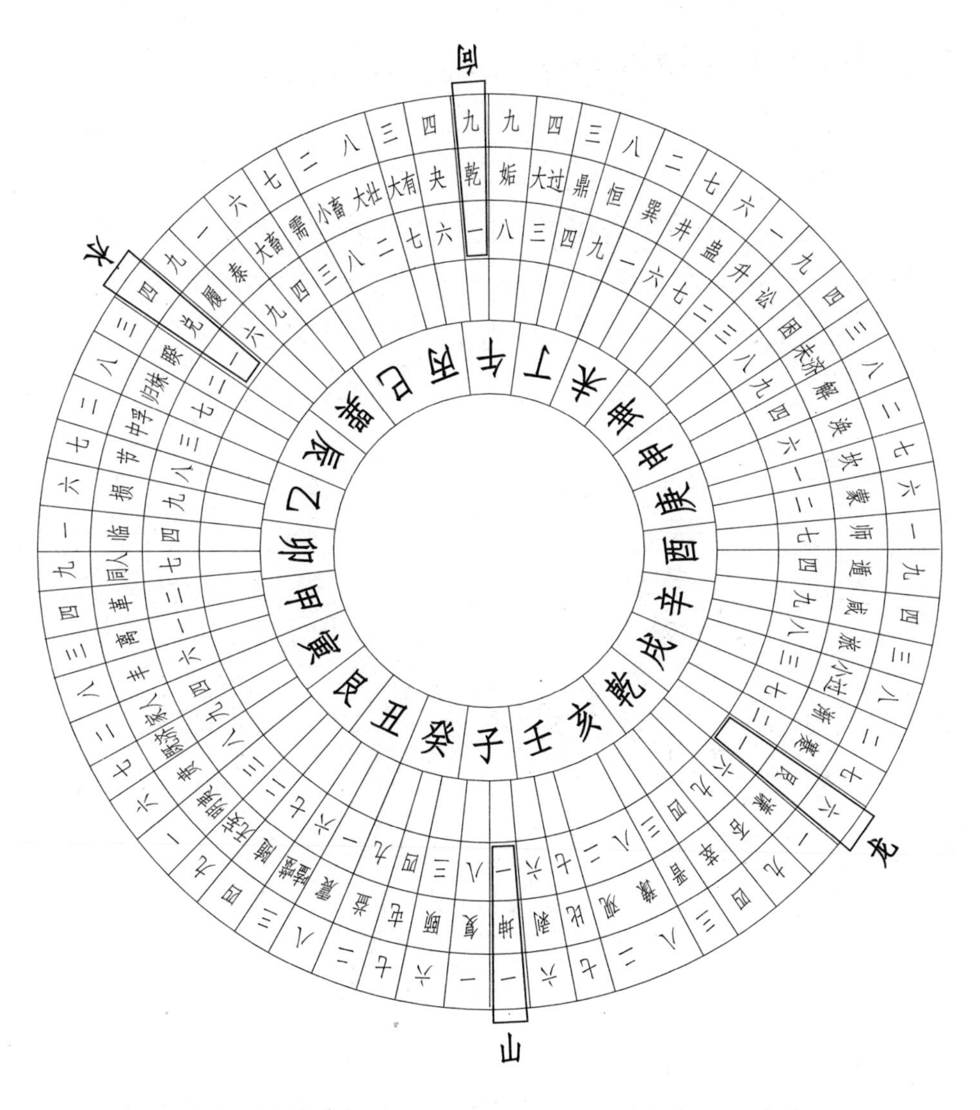

来龙一运卦艮（六）	龙山六一共宗，龙向六九合十五。
坐山一运卦坤（一）	龙水六四合十，山向一九合十。
出向一运卦乾（九）	山水一四合五，向水九四为友。
来水一运卦兑（四）	

3. 龙山向水一卦纯清巨门星八运壬山丙向（坐观向大壮）。

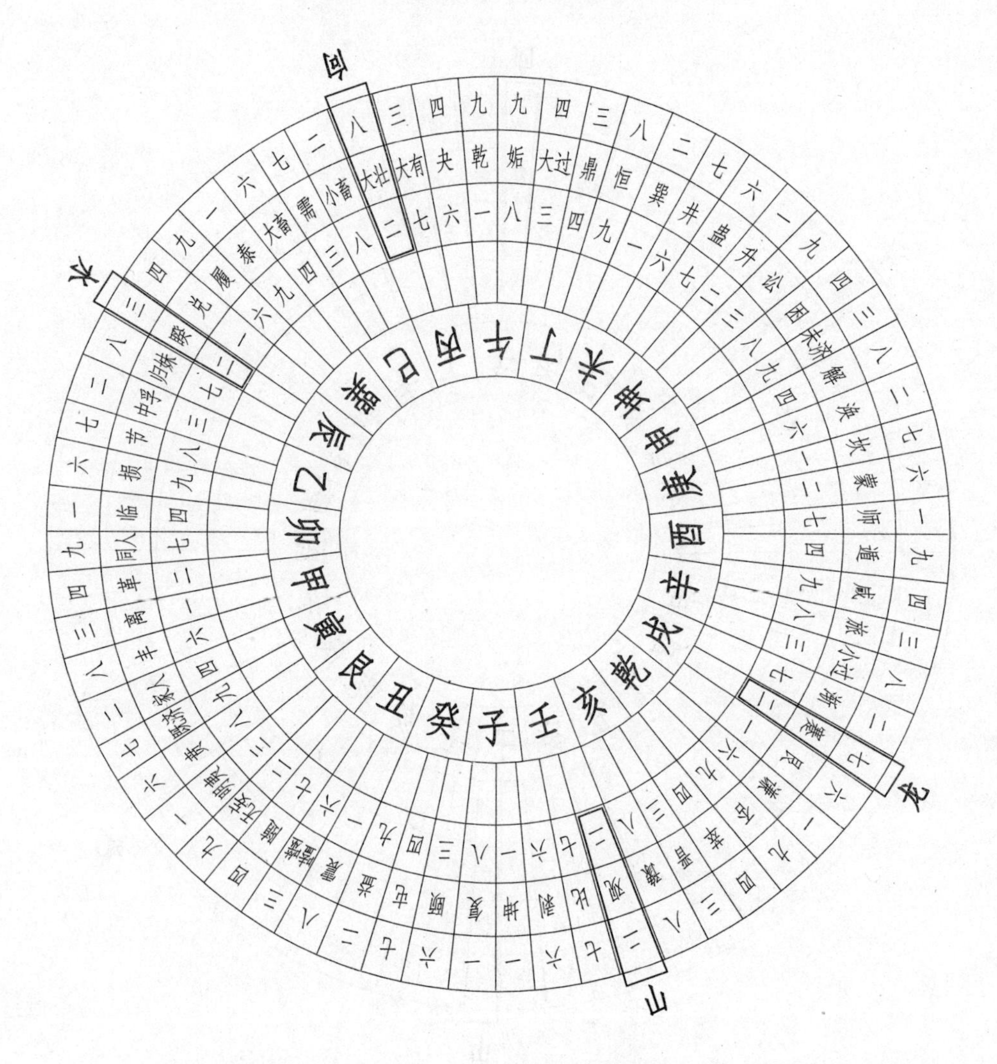

来龙二运蹇卦（七）　　龙山七二同道，龙向七八合十五。

坐山二运观卦（二）　　龙水七三合十，山向二八合十。

出向二运大壮卦（八）　　山水二三合五，向水八三为朋。

4. 来水二运睽卦（三）龙山向水一卦纯清巨门星九运坤山艮向（坐升向无妄）。

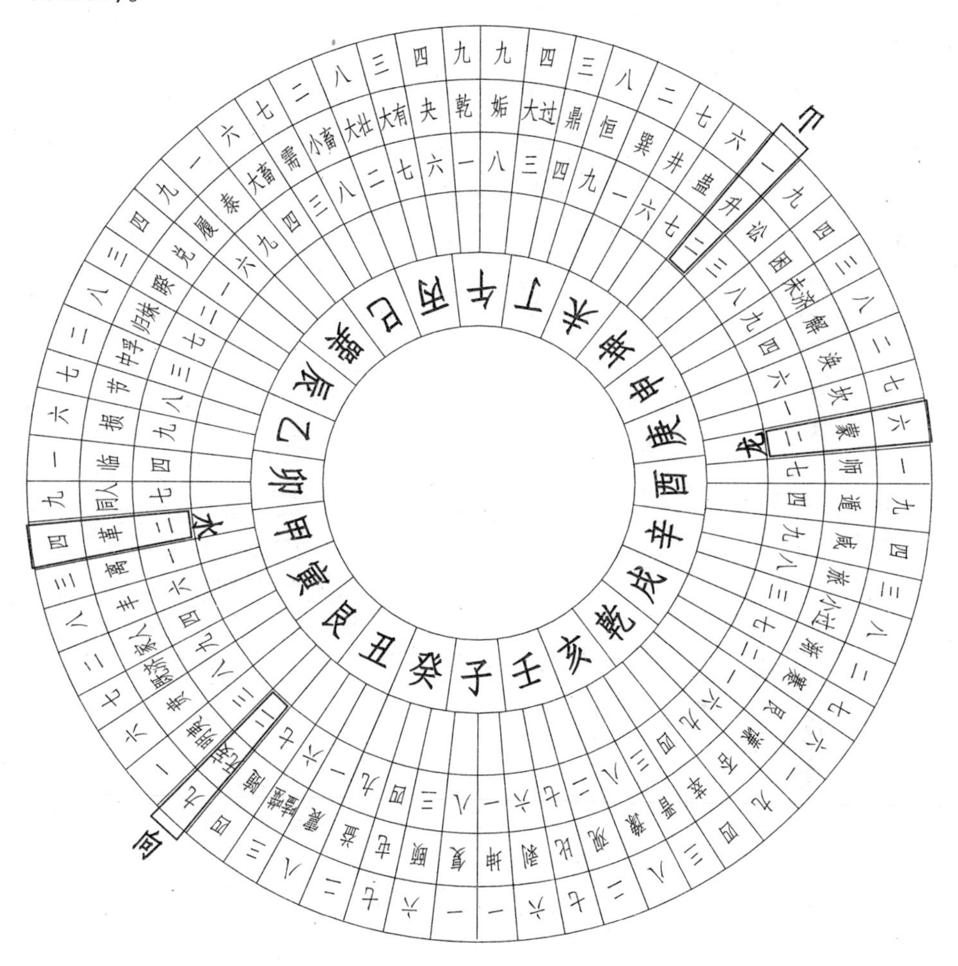

来龙二运蒙卦（六）

坐山二运升坤（一）

出向二运无妄卦（九）

来水二运革卦（四）

龙山六一共宗，龙向六九合十五。

龙水六四合十，山向一九合十。

山水一四合五，向水九四为友。

5. 龙山向水一卦纯清禄存星八运乙山辛向（坐中孚向小过）。

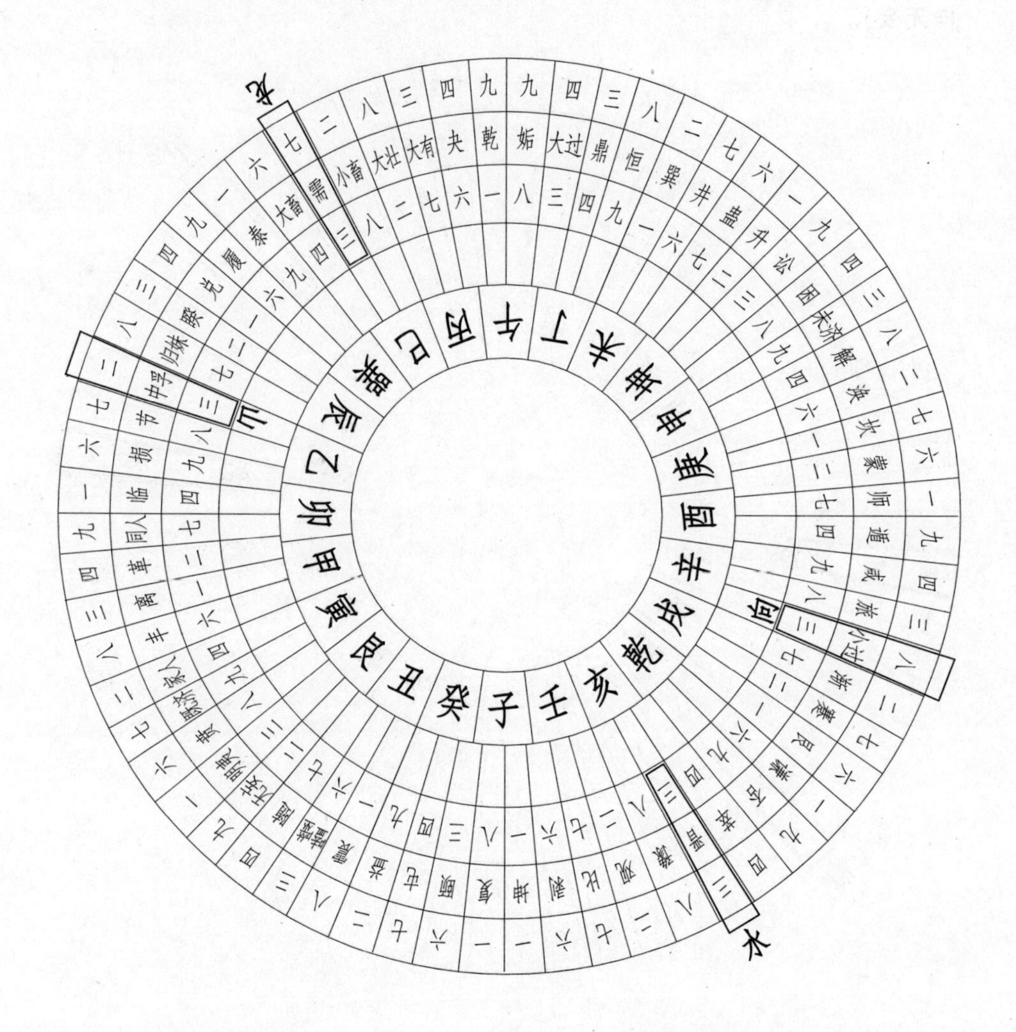

来龙三运卦需（七）　　龙山七二同道，龙向七八含十五。

坐山三运中孚卦（二）　　龙水七三含十，山向二八合十。

出向三运小过卦（八）　　山水二三合五，向水八三为朋。

来水三运晋卦（三）

6. 龙山向水一卦纯清禄存星九运艮山坤向（坐夷向讼）。

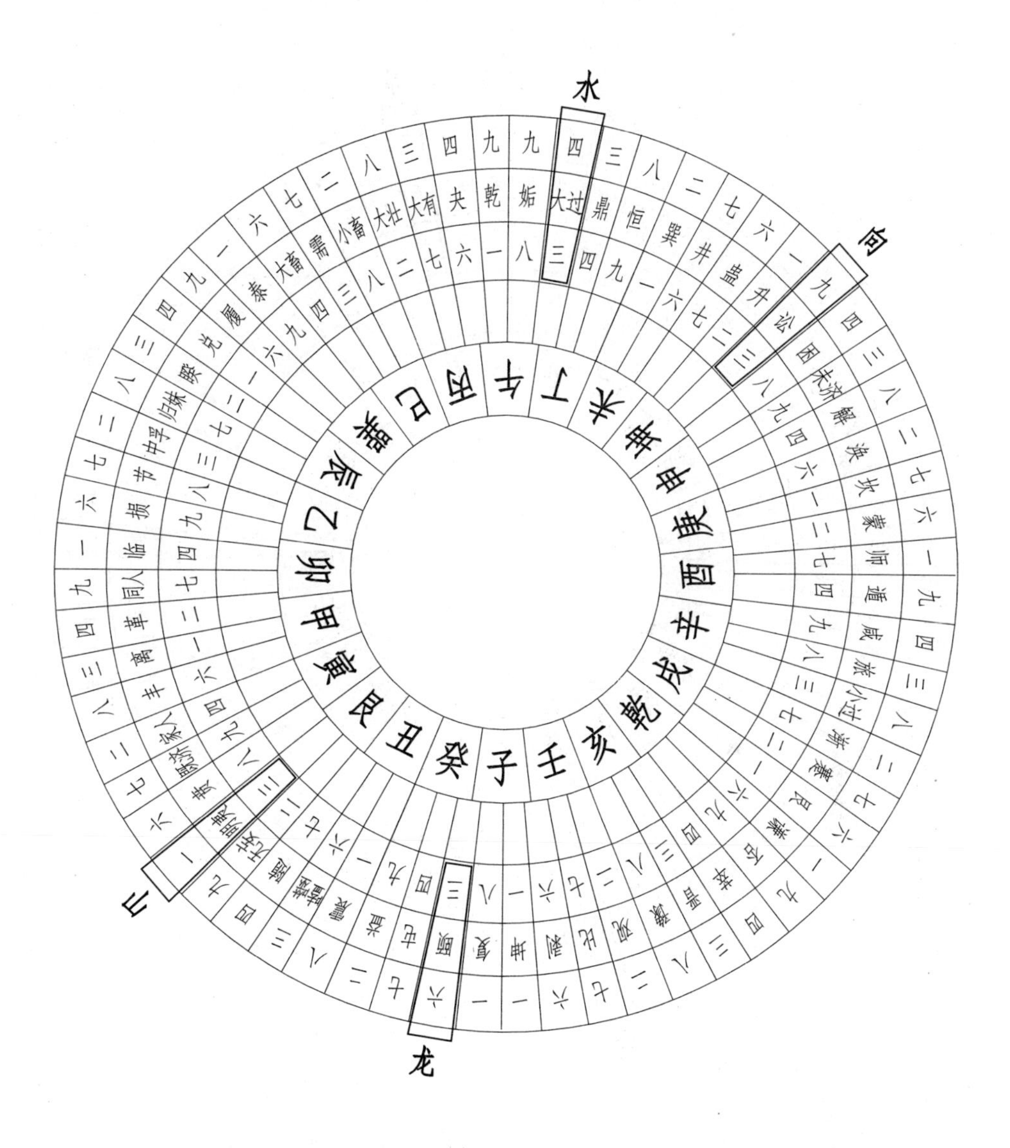

来龙三运颐卦（六）

坐山三运夷卦（一）

出向三运讼卦（九）

来水三运大过卦（四）

龙山六一共宗，龙向六九合十五。

龙水六四合十，山向一九合十。

山水一四合五，向水九四为友。

7. 龙山向水一卦纯清文曲星八运寅山申向（坐家人向解）。

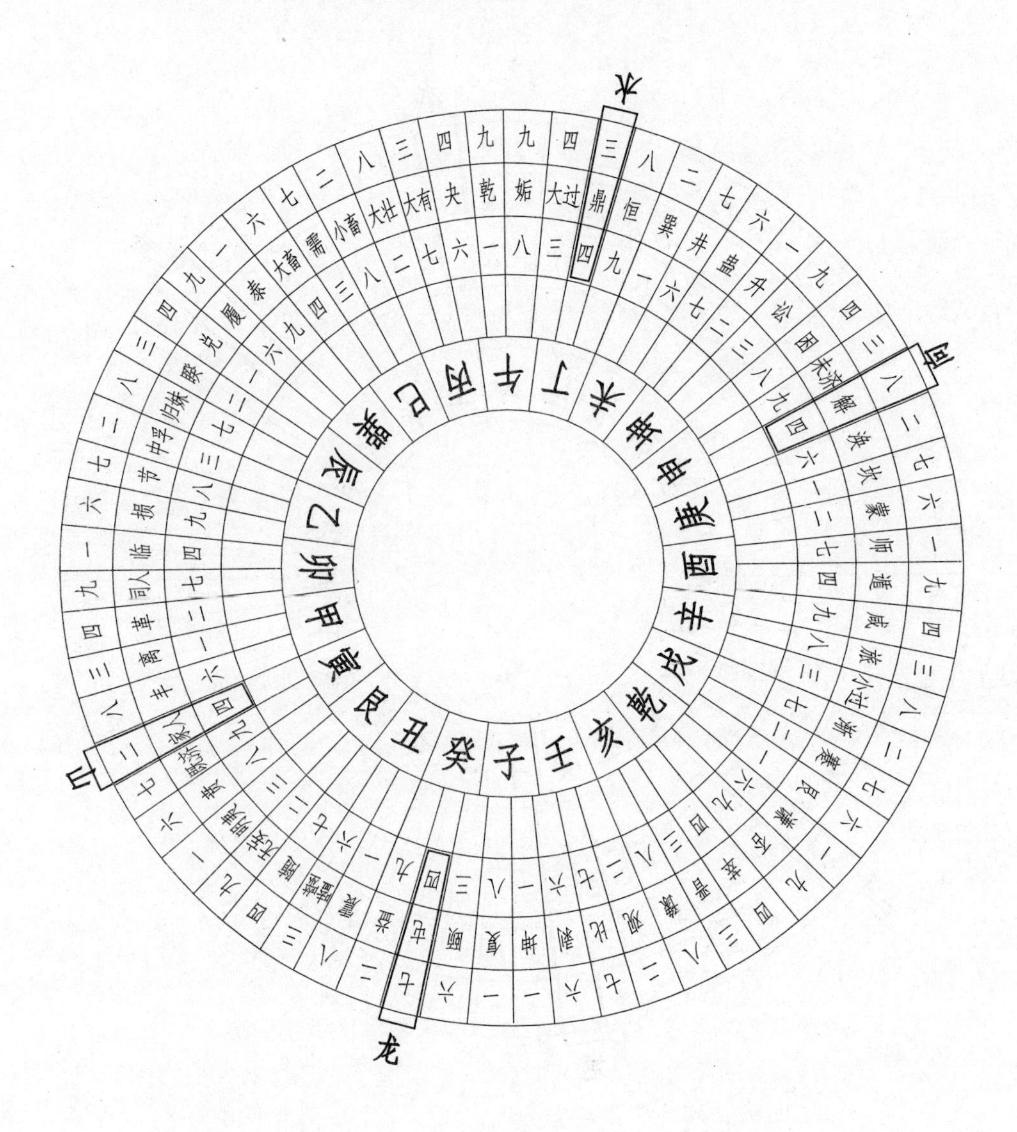

来龙四运屯卦（七）　　龙山七二同道，龙向七八含十五。

坐山四运家人卦（二）　龙水七三含十，山向二八合十。

出向四运解卦（八）　　山水二三合五，向水八三为朋。

来水四运卦鼎（三）

8. 龙山向水一卦纯清文曲星九运卯山酉向（坐临向遁）。

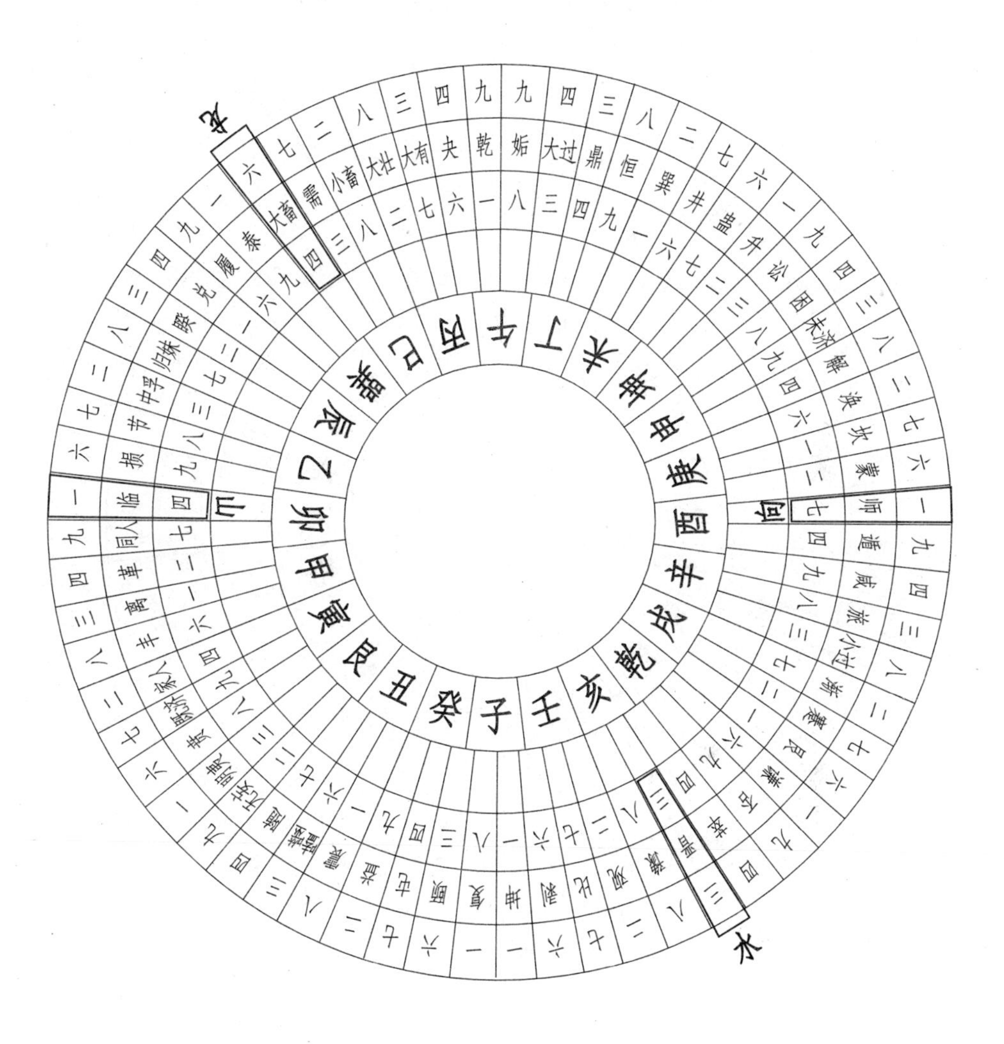

坐山四运卦临（一）	龙山六一共宗，龙向六九合十五。
出向四运卦遁卦（九）	龙水六四合十，山向一九合十。
来水四运卦萃（四）	山水一四合五。
来龙四运卦大畜（六）	向水九四为友。

9. 龙山向水一卦纯清武曲星八运庚山甲向（坐涣向丰）。

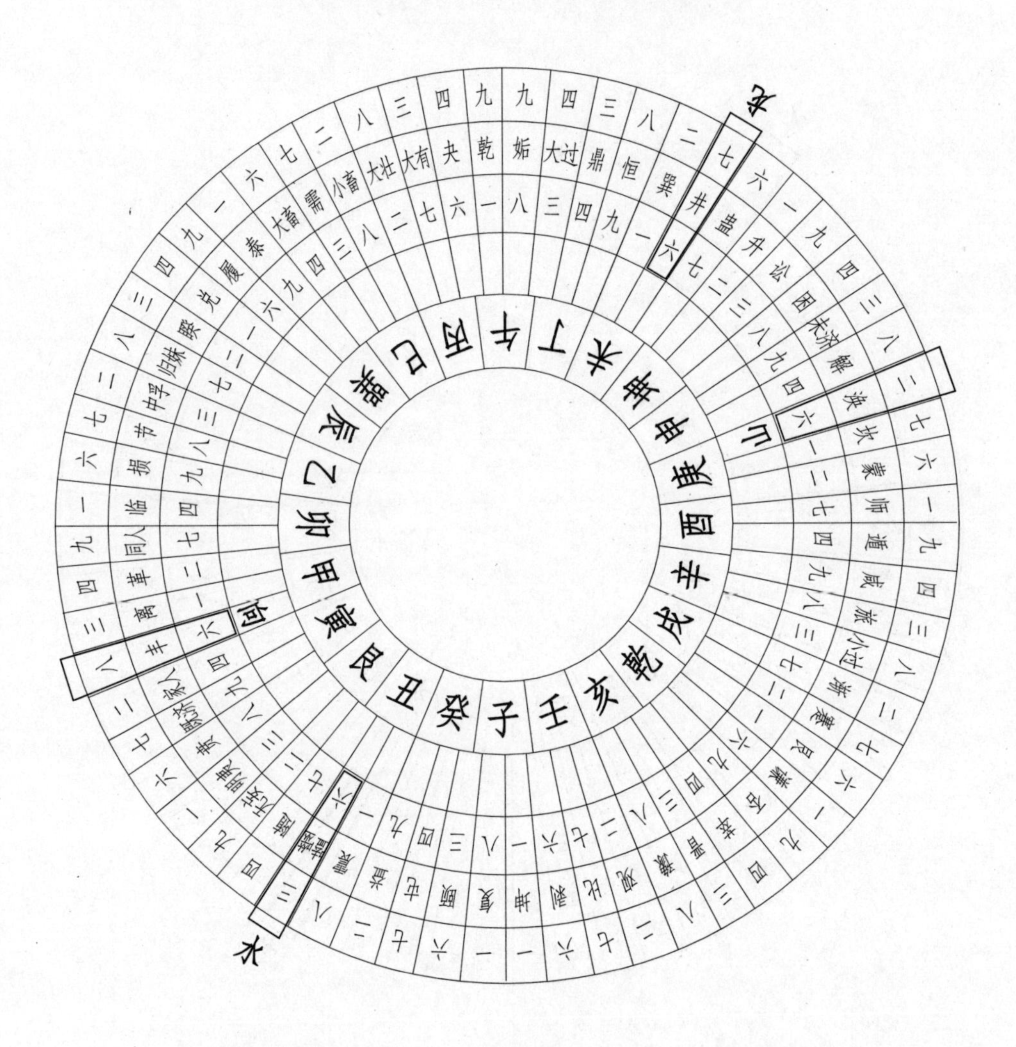

来龙六运井卦（七）　　　龙山七二同道，龙向七八含十五。

坐山六运涣卦（二）　　　龙水七三含十，山向二八合十。

出向六运丰卦（八）　　　山水二三合五，向水八三为朋。

来水六运噬嗑卦（三）

10. 龙山向水一卦纯清武曲星九运乾山巽向（坐谦向履）。

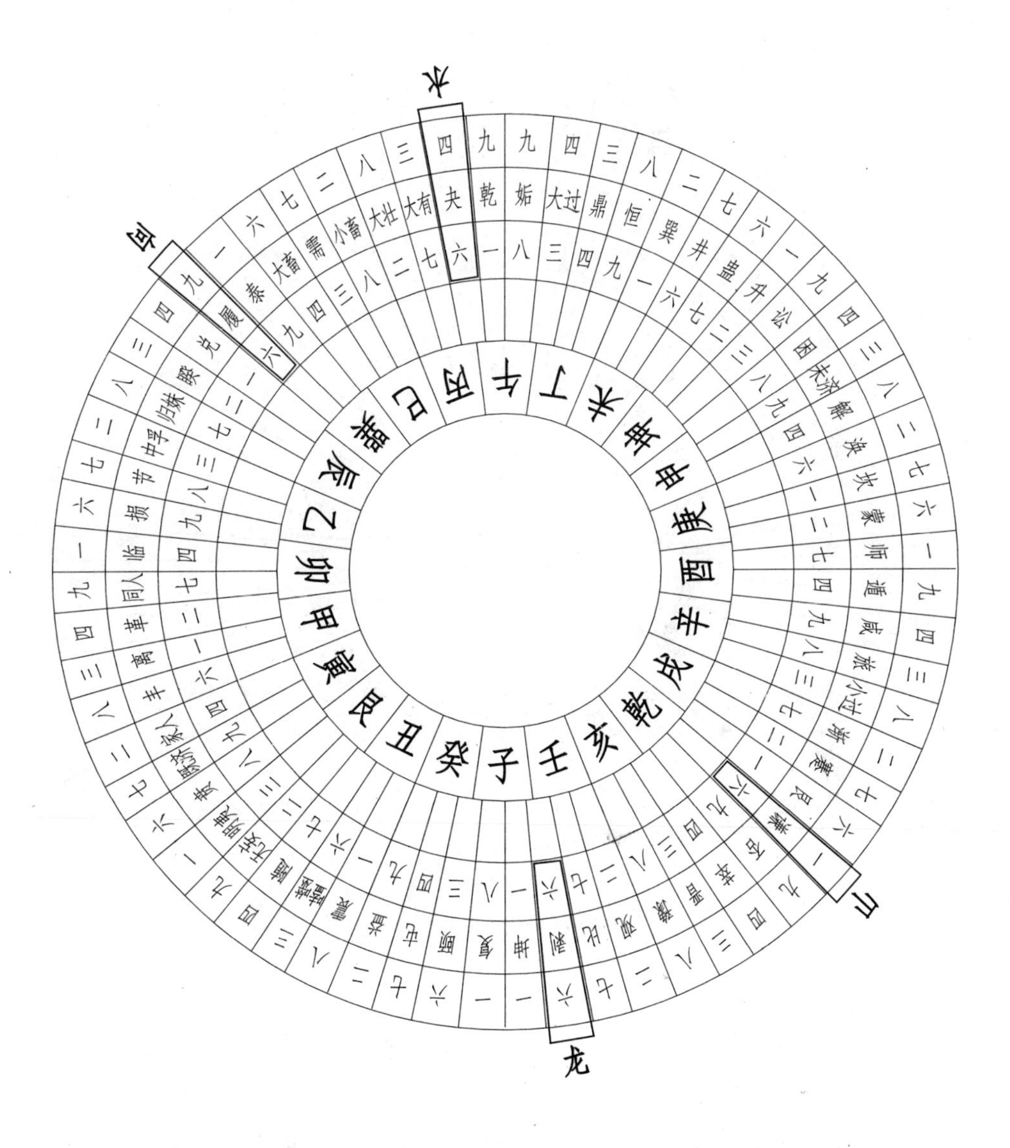

来龙六运剥卦（六）　　龙山六一共宗，龙向六九合十五。

坐山六运卦谦（一）　　龙水六四合十，山向一九合十。

出向六运履卦（九）　　山水一四合五，向水九四为友。

来水六运卦夬（四）

11. 龙山向水一卦纯清破军星八运戊山辰向（坐渐向归妹）。

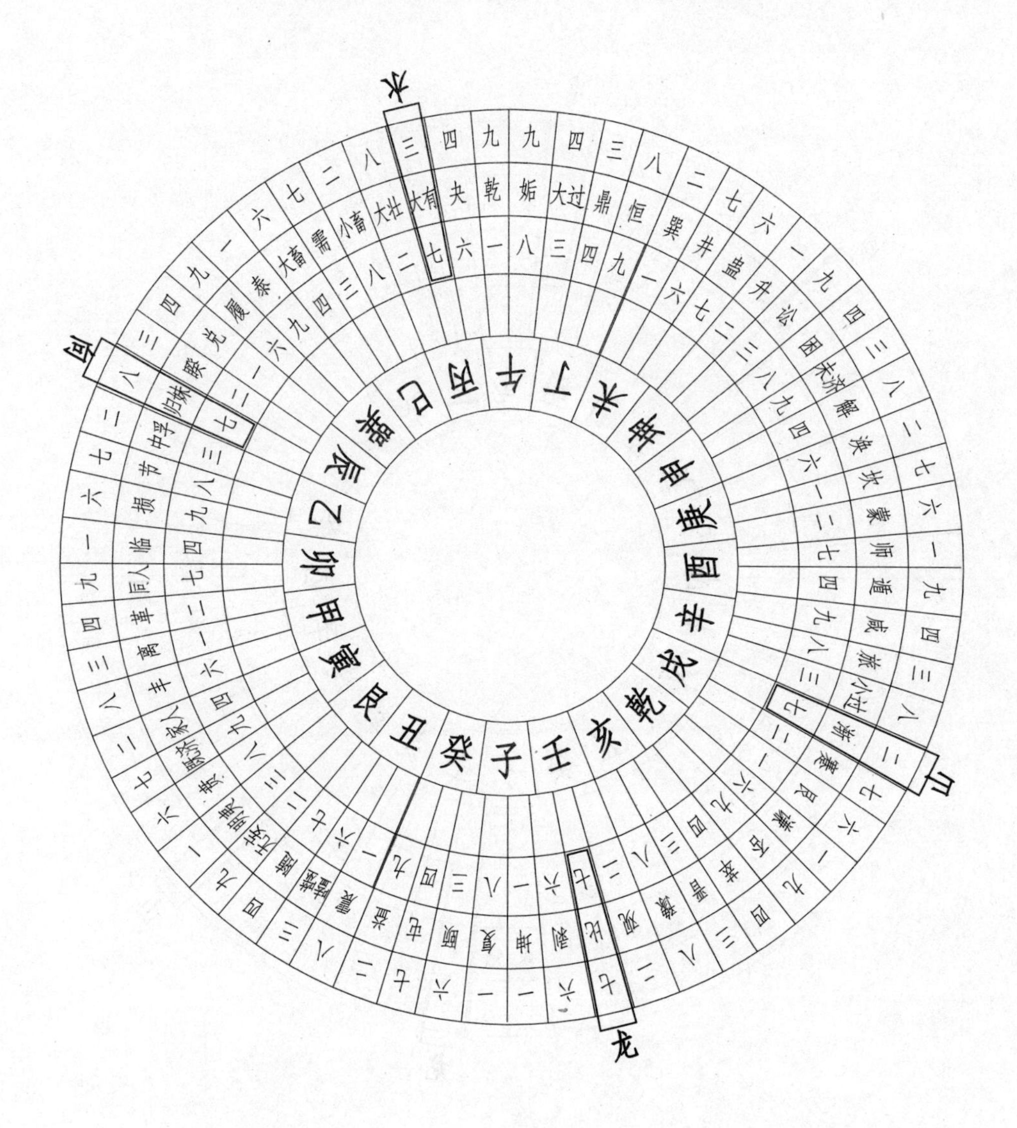

来龙七运比卦（七）　　龙山七二同道，龙向七八合十五。

坐山七运渐卦（二）　　龙水七三合十，山向二八合十。

出向七运归妹卦（八）　　山水二三合五，向水八三为朋。

来水七运大有卦（三）

12. 龙山向水一卦纯清破军星九运酉山卯向（坐师向同人）。

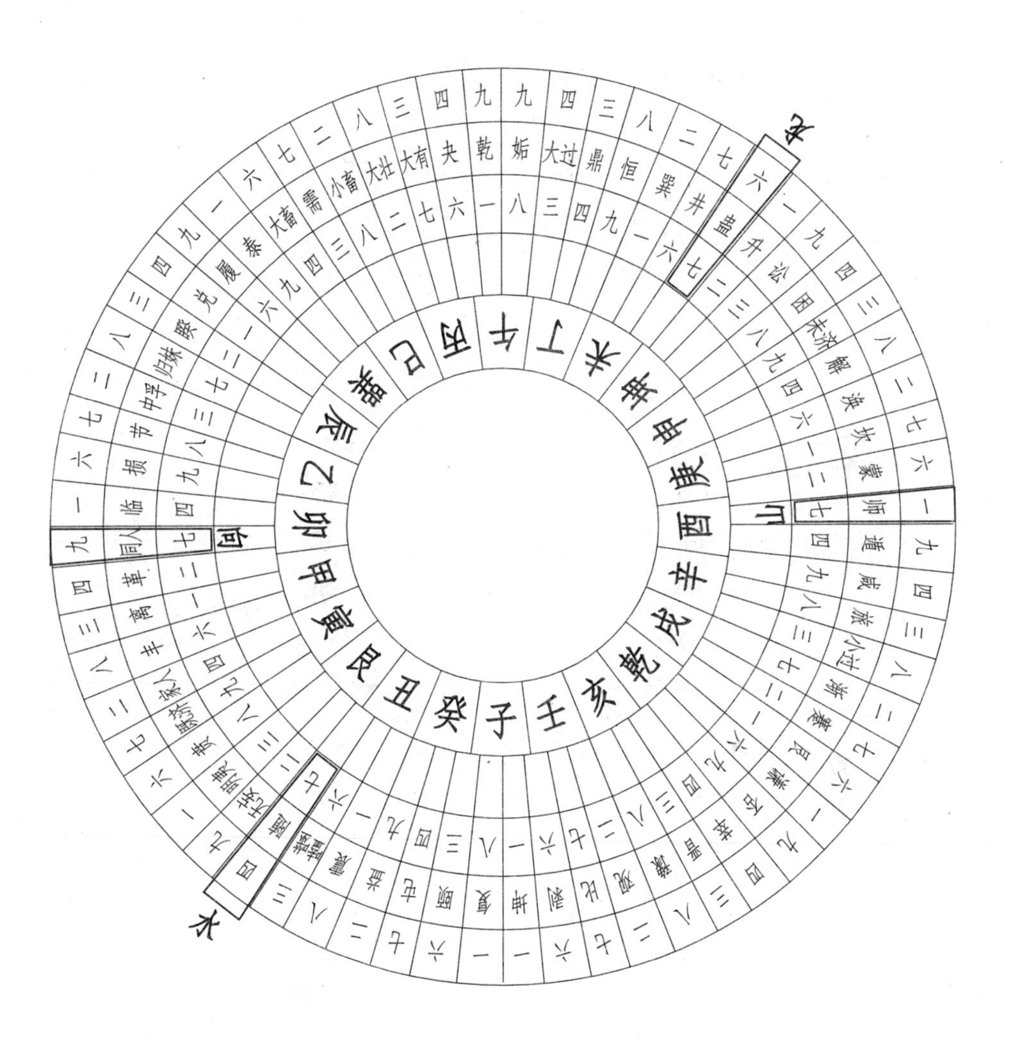

来龙七运蛊卦（六）　　龙山六一共宗，龙向六九合十五。

坐山七运师卦（一）　　龙水六四合十，山向一九合十。

出向七运同人卦（九）　　山水一四合五，向水九四为友。

来水七运随卦（四）

13. 龙山向水一卦纯清左辅星八运巳山亥向（坐小畜向豫）。

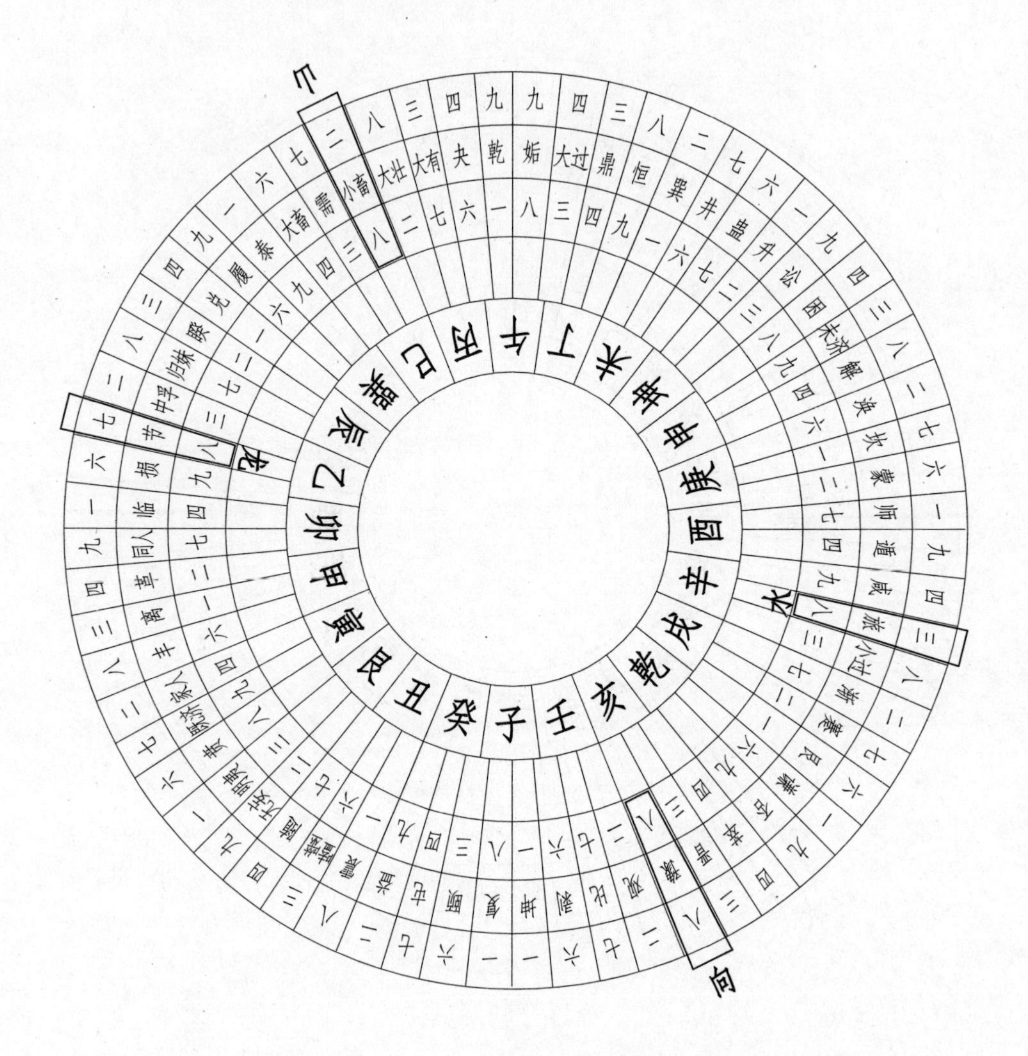

来龙八运节卦（六）

坐山八运卦小畜（一）

出向八运豫卦（九）

来水八运旅卦（四）

龙山七二同道，龙向七八含十五。

龙水七三含十，山向二八合十。

山水二三合五，向水八三为朋。

14. 龙山向水一卦纯清左辅星九运子山午向（坐履向媾）。

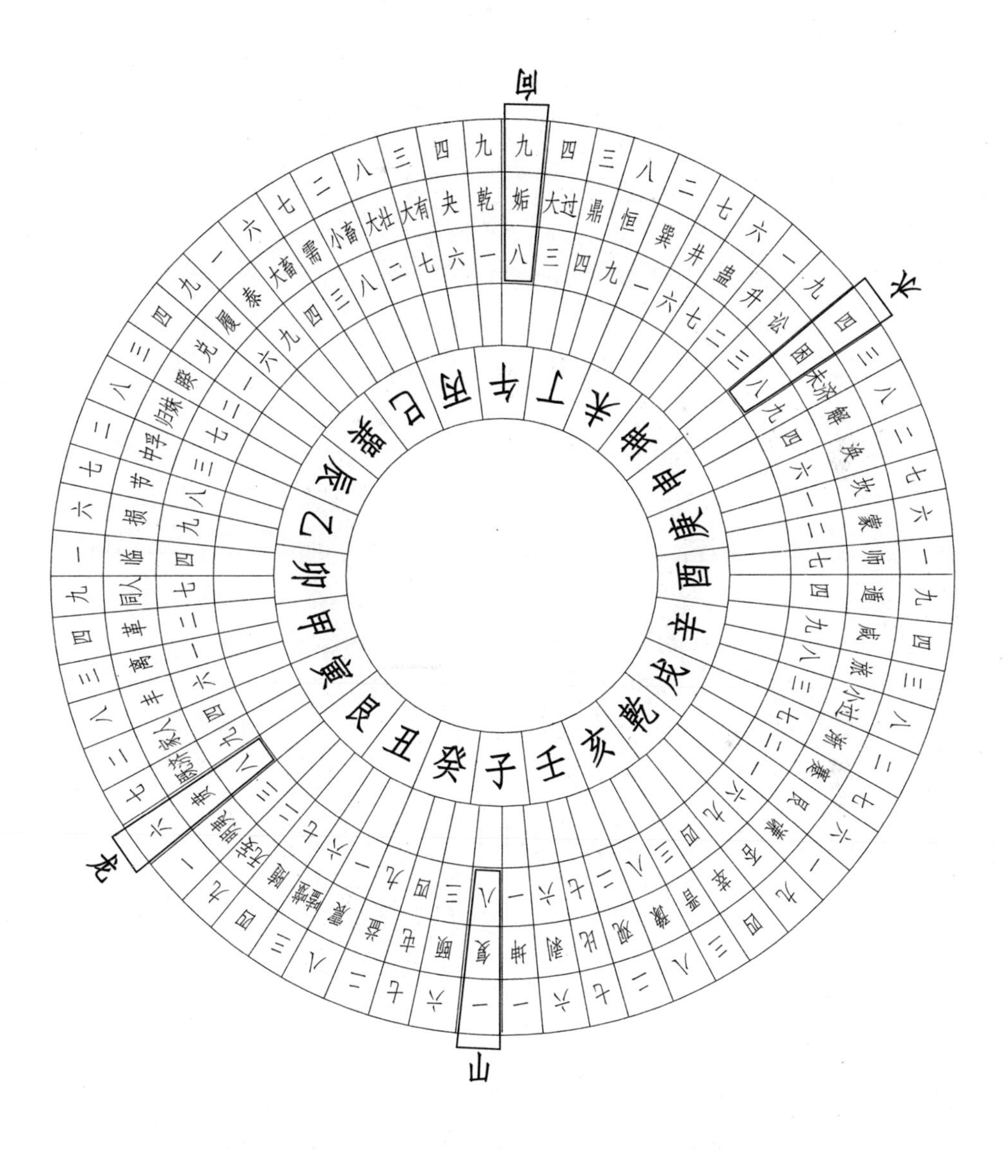

来龙八运贲卦（六）　　龙山六一共宗，龙向六九合十五。

坐山八运复卦（一）　　龙水六四合十，山向一九合十。

出向八运媾卦（九）　　山水一四合五，向水九四为友。

来水八运困卦（四）

15. 龙山向水一卦纯清右弼星八运癸山丁向（坐益向恒）。

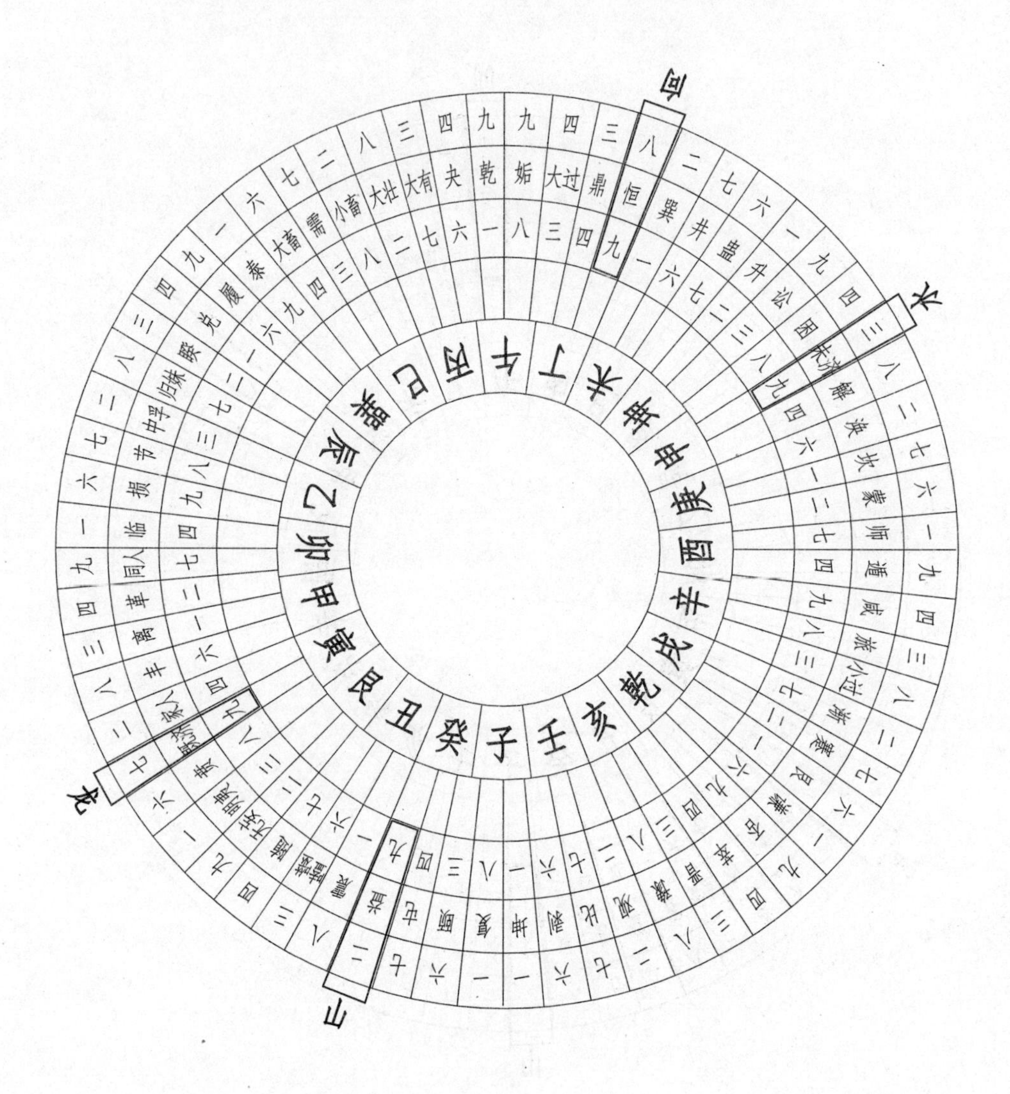

来龙九运既济卦(七)	龙山七二同道，龙向七八含十五。
坐山九运益卦（二）	龙水七三含十，山向二八合十。
出向九运恒卦（八）	山水二三合五，向水八三为朋。
来水九运未济卦（三）	

16. 龙山向水一卦纯清右弼星九运巽山乾向（坐泰向否）。

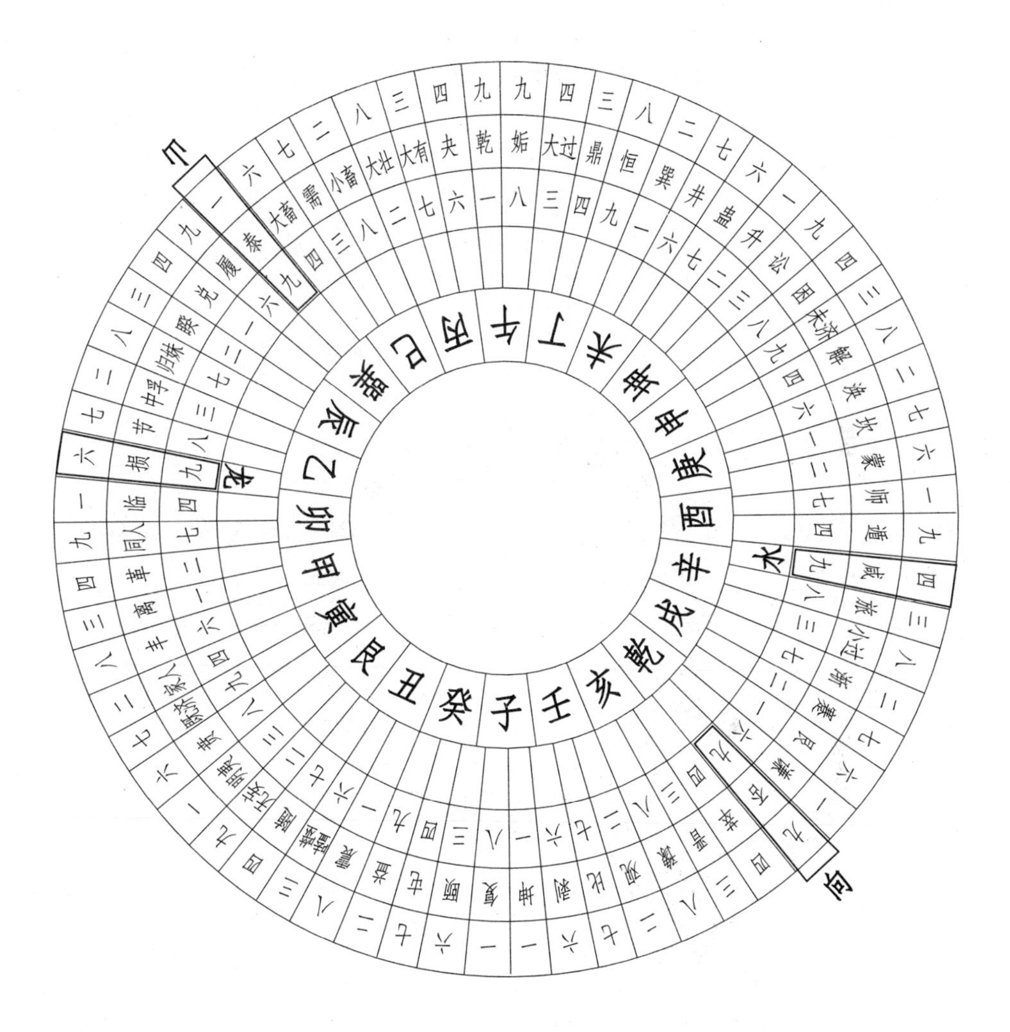

来龙九运损卦（六）

坐山九运泰卦（一）

出向九运否卦（九）

来水九运咸卦（四）

龙山六一共宗，龙向六九合十五。

龙水六四合十，山向一九合十。

山水一四合五，向水九四为友。

五、合生成数法

17. 龙山向水俱合生成数贪狼星八运未山丑向（坐巽向震）。

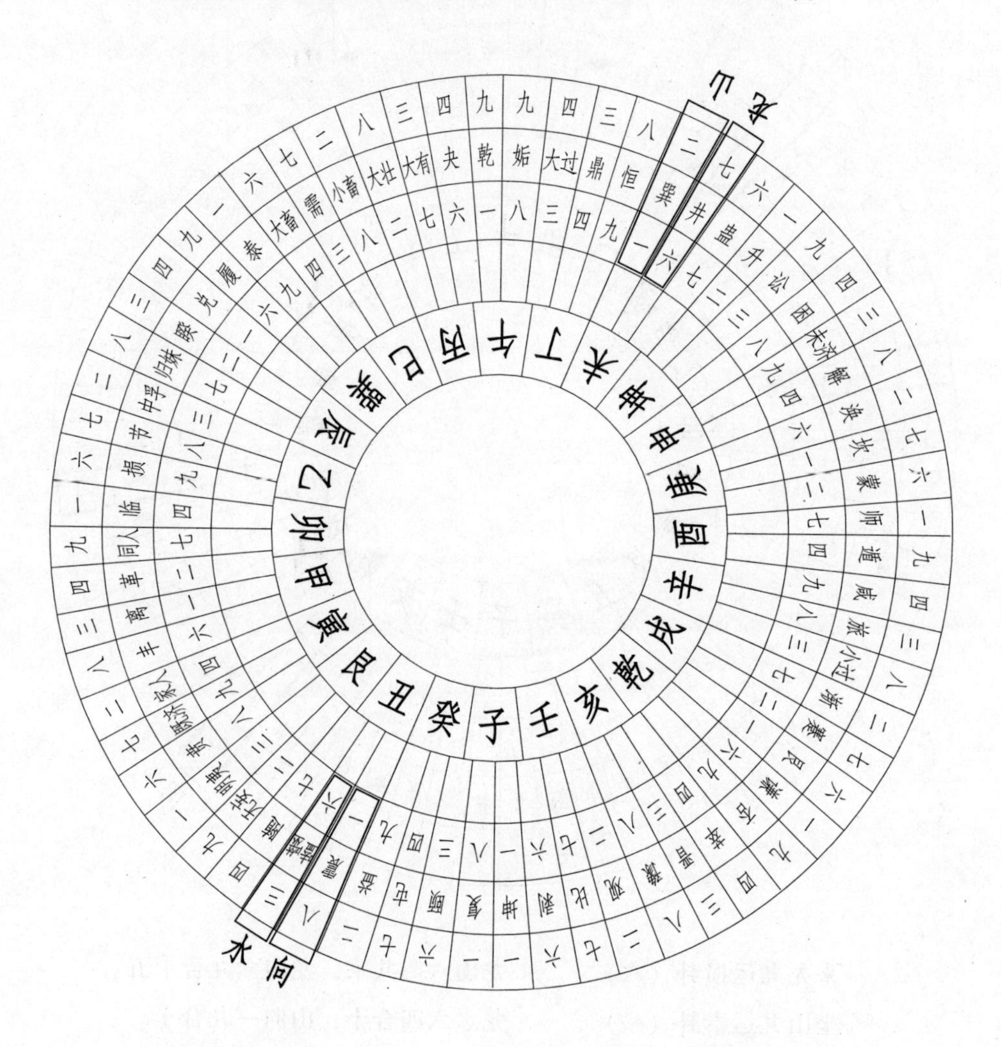

来龙六运卦井（七）　　龙山七二同道，龙向七八含十五。

坐山一运巽卦（二）　　龙水七三含十，山向二八合十。

出向一运卦震（八）　　山水二三合五，向水八三为朋。

来水六运卦噬嗑（三）

18. 龙山向水俱合生成数贪狼星九运子山午向（坐坤向乾）。

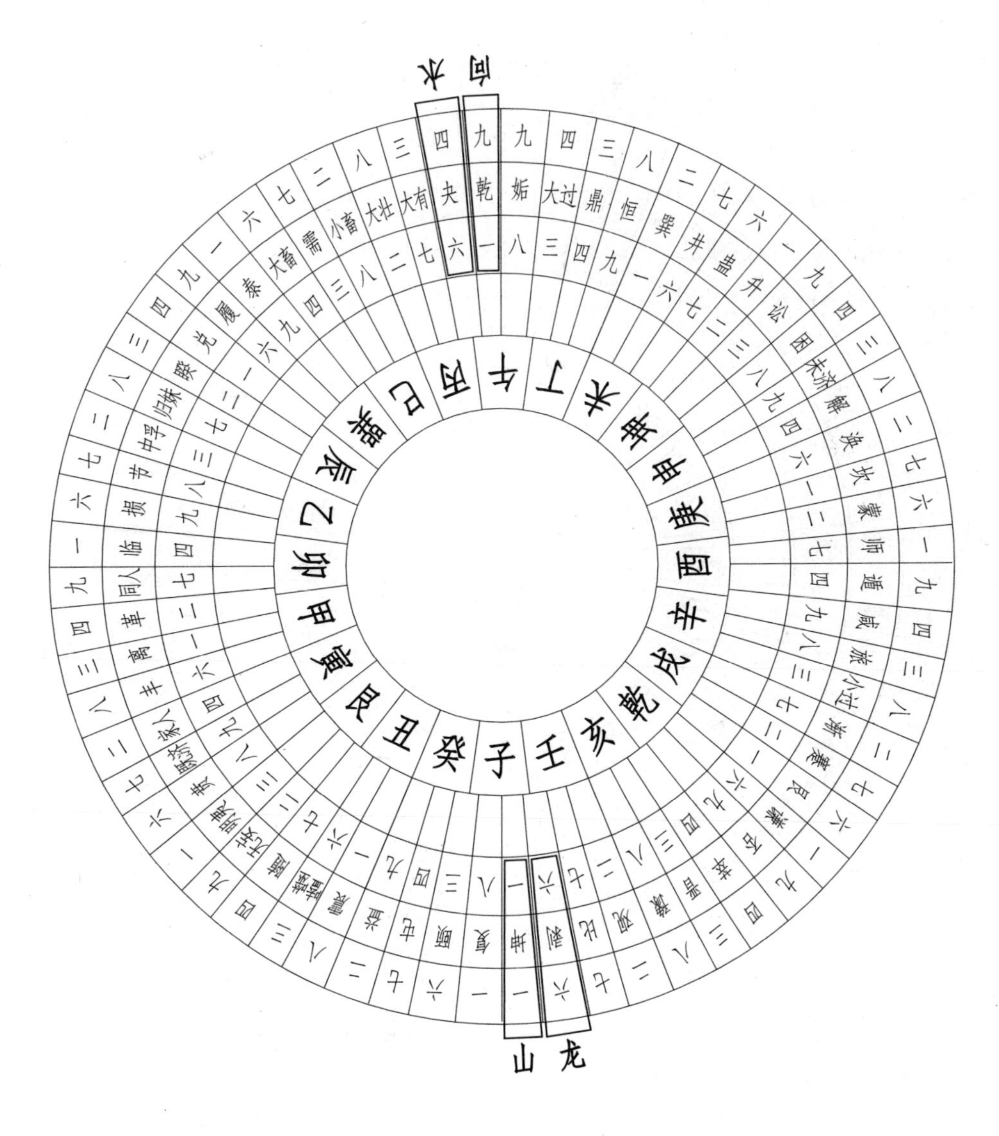

来龙六运剥卦（六）　　龙山六一共宗，龙向六九合十五。

坐山一运坤卦（一）　　龙水六四合十，山向一九合十。

出向一运乾卦（九）　　山水一四合五，向水九四为友。

来水六运夬卦（四）

19. 龙山向水俱合生成数巨门星八运壬山丙向（坐观向大壮）。

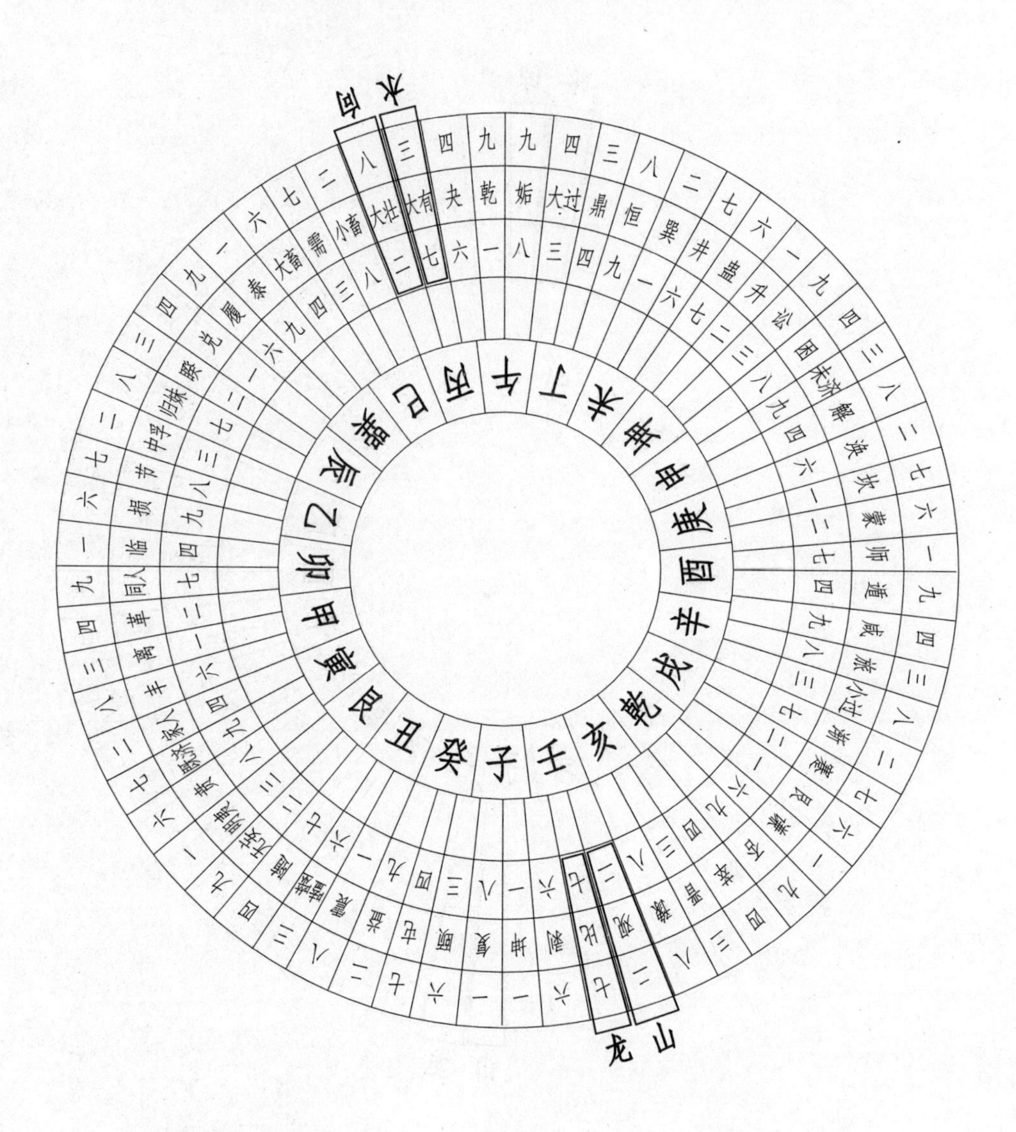

来龙七运比卦（七）　　龙山七二同道，龙向七八合十五。

坐山二运观卦（二）　　龙水七三合十，山向二八合十。

出向二运大壮卦（八）　　山水二三合五，向水八三为朋。

来水七运大有卦（三）

20. 龙山向水俱合生成数巨门星九运坤山艮向（坐升向无妄）。

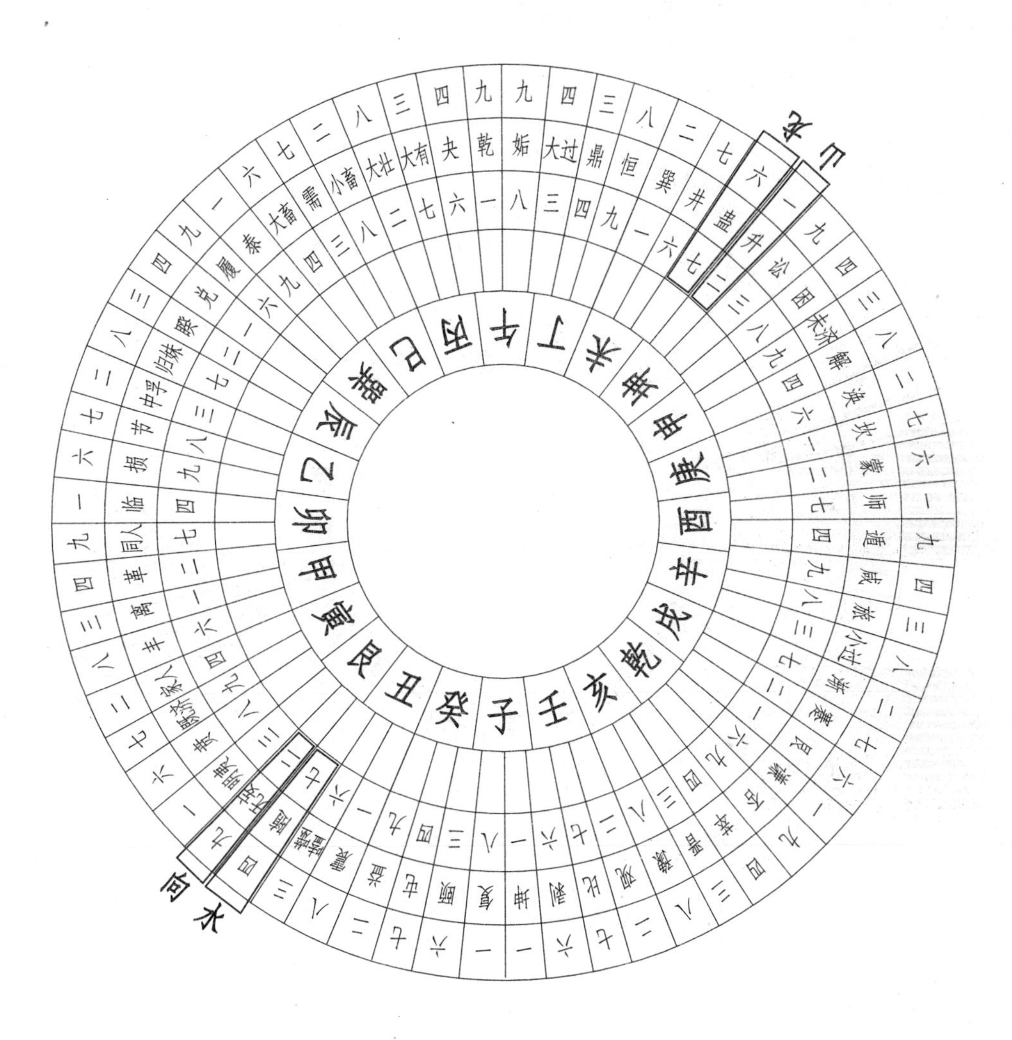

来龙七运卦蛊（六）	龙山六一共宗，龙向六九合十五。
坐山二运卦升（一）	龙水六四合十，山向一九合十。
出向二运无妄卦（九）	山水一四合五，向水九四为友。
来水七运随卦（四）	

21. 龙山向水俱合生成数禄存星八运乙山辛向（坐中孚向小过）。

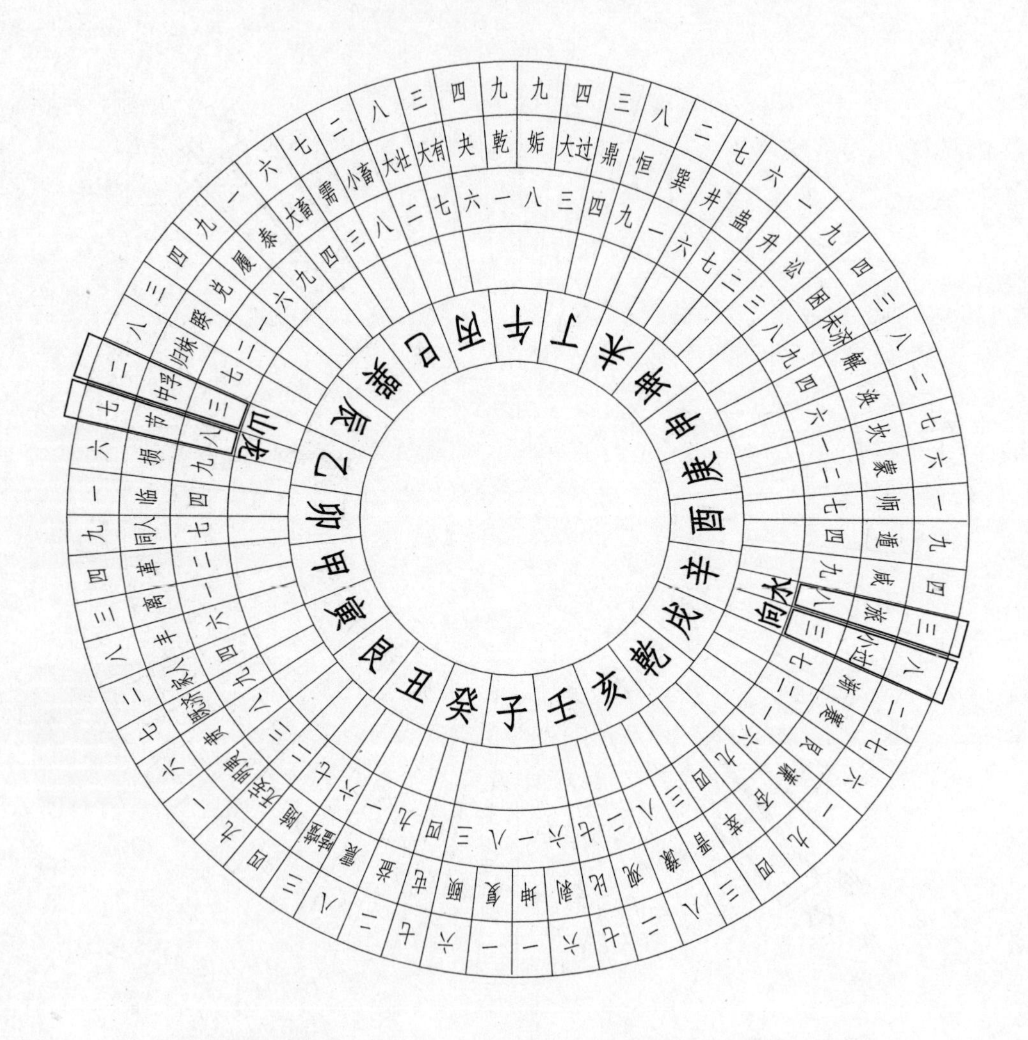

来龙八运节卦（七）	龙山七二同道，龙向七八合十五。
坐山三运中孚卦（二）	龙水七三合十，山向二八合十。
出向三运小过卦（八）	山水二三合五，向水八三为朋。
来水八运旅卦（三）	

22. 龙山向水俱合生成数禄存星九运艮山坤向（坐明夷向讼）。

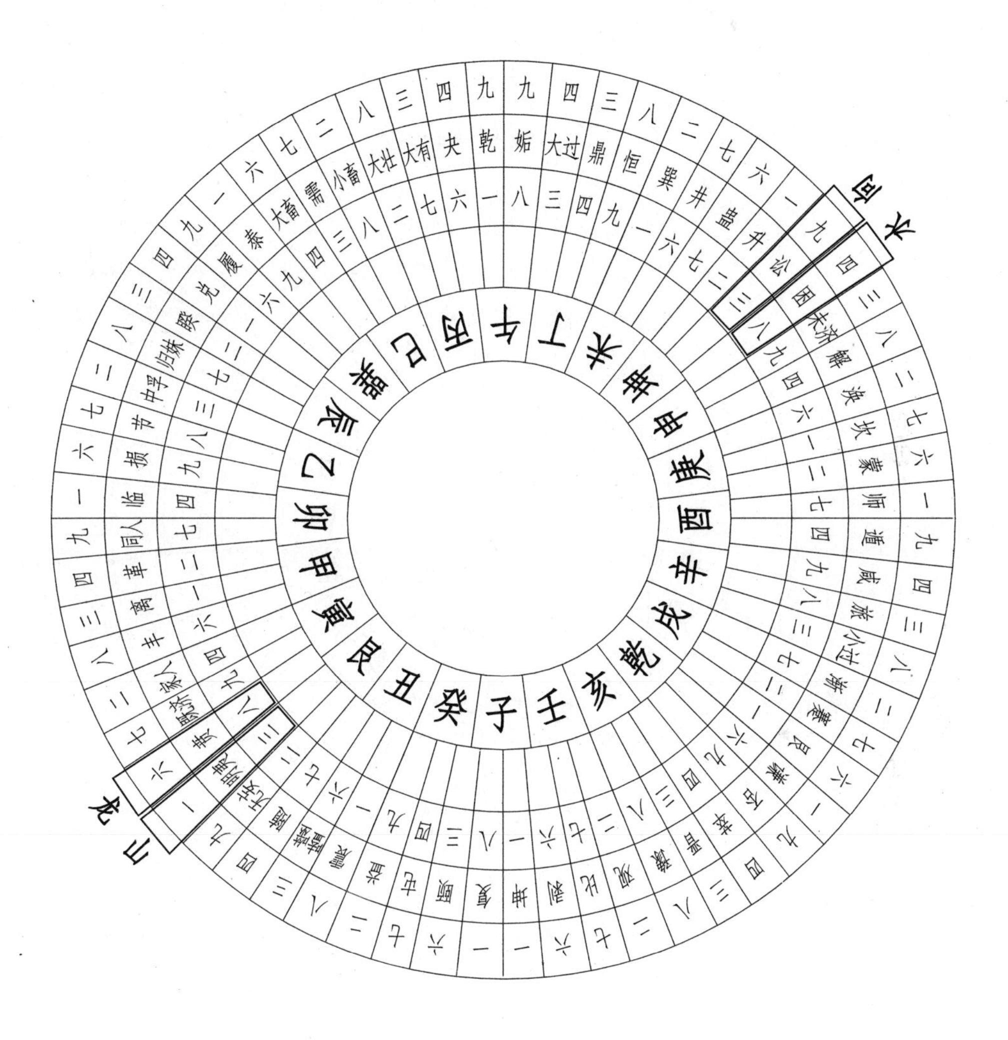

来龙八运贲卦（六）

坐山三运明夷卦（一）

出向三运讼卦（九）

来水八运困卦（四）

龙山六一共宗，龙向六九合十五。

龙水六四合十，山向一九合十。

山水一四合五，向水九四为友。

23. 龙山向水俱合生成数文曲星八运寅山申向（坐家人向解）。

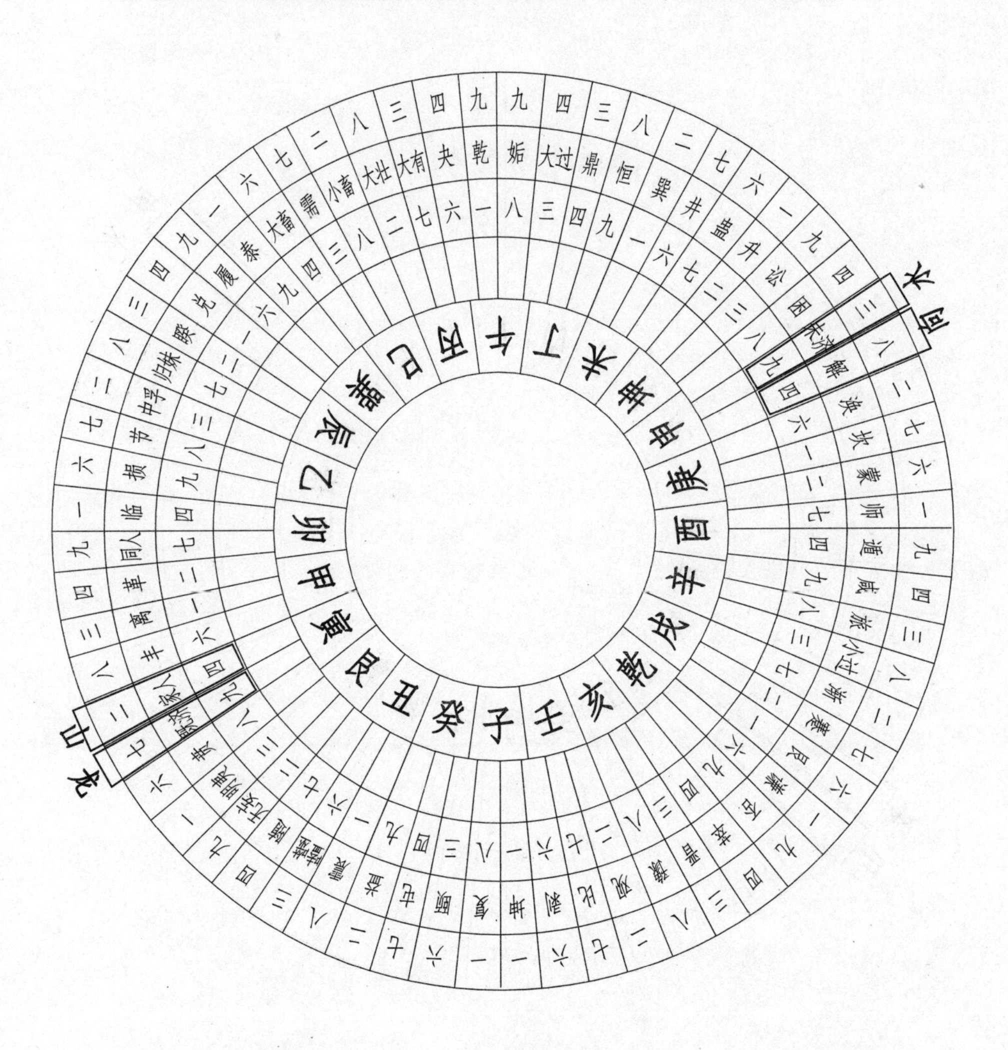

来龙九运既济卦（七）　　龙山七二同道，龙向七八含十五。

坐山四运卦家人（二）　　龙水七三含十，山向二八合十。

出向四运解卦（八）　　山水二三合五，向水八三为朋。

来水九运未济卦（三）

24. 龙山向水俱合生成数文曲星九运卯山酉向（坐临向遁）。

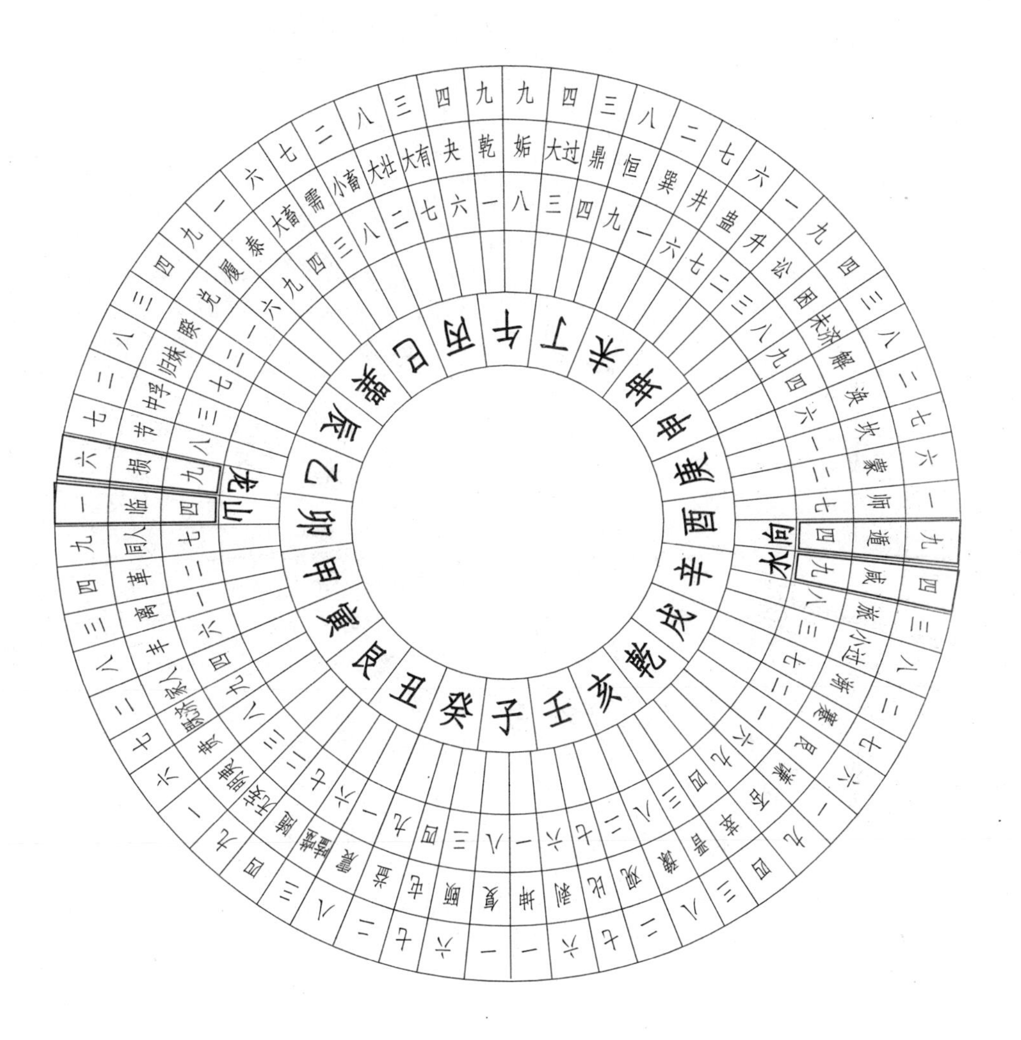

来龙九运损卦（六）	龙山六一共宗，龙向六九合十五。
坐山四运临卦（一）	龙水六四合十，山向一九合十。
出向四运遁卦（九）	山水一四合五，向水九四为友。
来水九运咸卦（四）	

25. 龙山向水俱合生成数武曲星八运庚山甲向（坐涣向丰）。

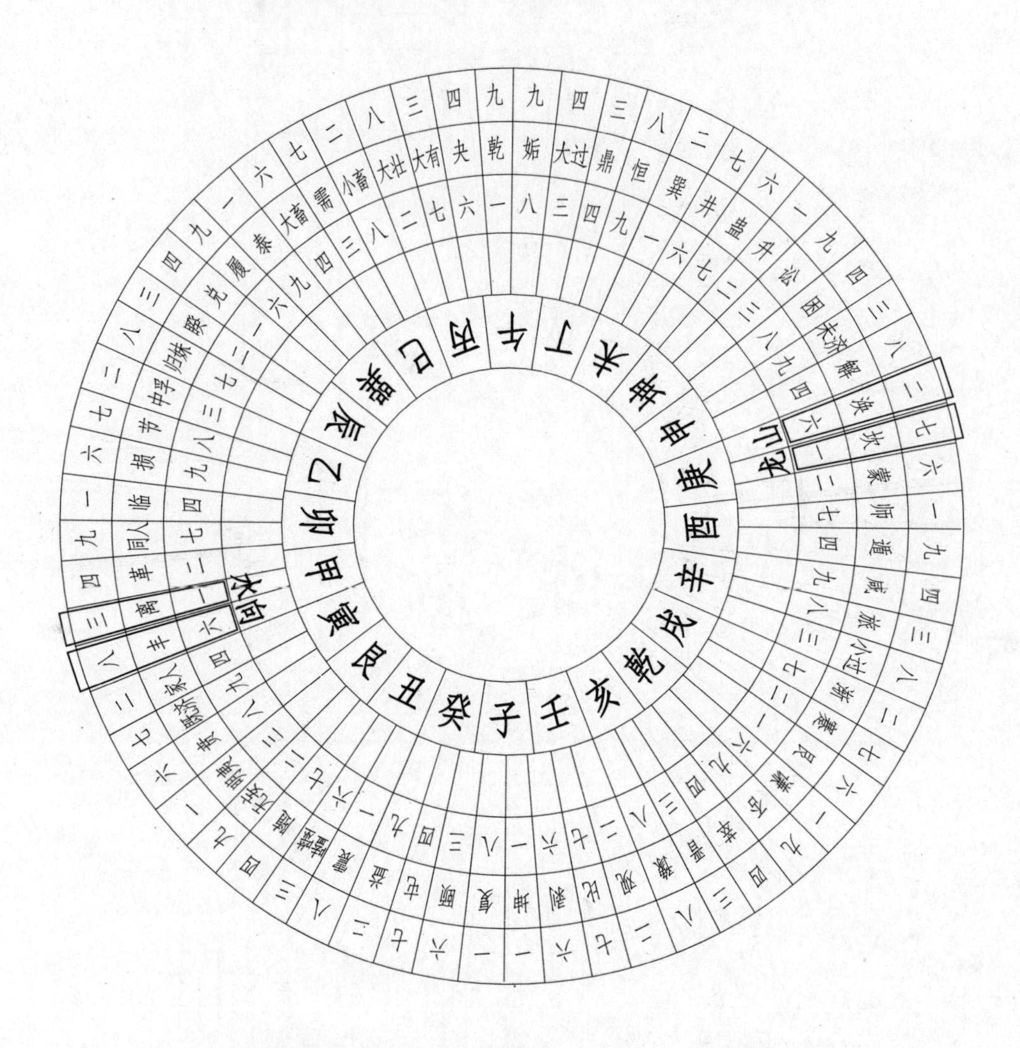

来龙一运坎卦（七）　　龙山七二同道，龙向七八合十五。

坐山六运涣卦（二）　　龙水七三合十，山向二八合十。

出向六运丰卦（八）　　山水二三合五，向水八三为朋。

来水一运卦离（三）

26. 龙山向水俱合生成数武曲星九运乾山巽向（坐谦向履）。

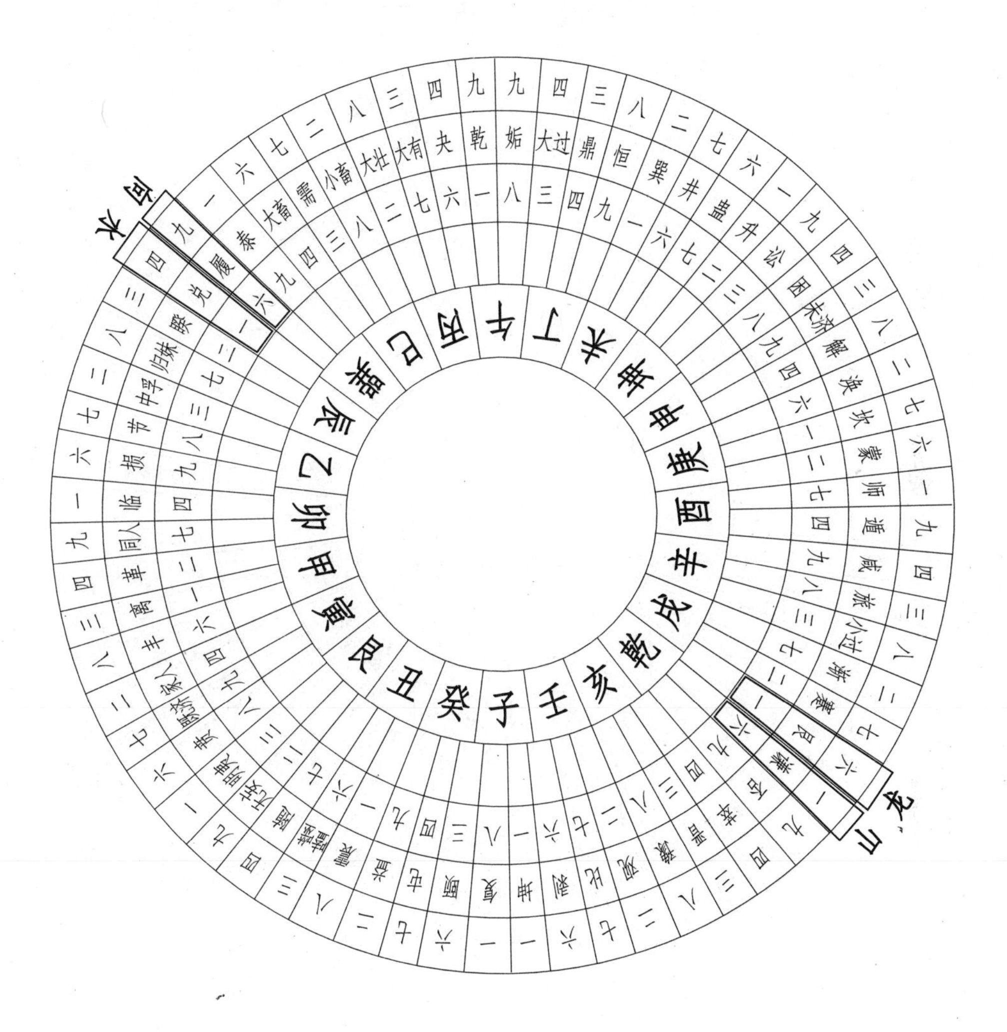

来龙一运艮卦（六）
坐山六运谦卦（一）
出向六运履卦（九）
来水一运兑卦（四）

龙山六一共宗，龙向六九合十五。
龙水六四合十，山向一九合十。
山水一四合五，向水九四为友。

27. 龙山向水俱合生成数破军星八运戌山辰向（坐渐向归妹）。

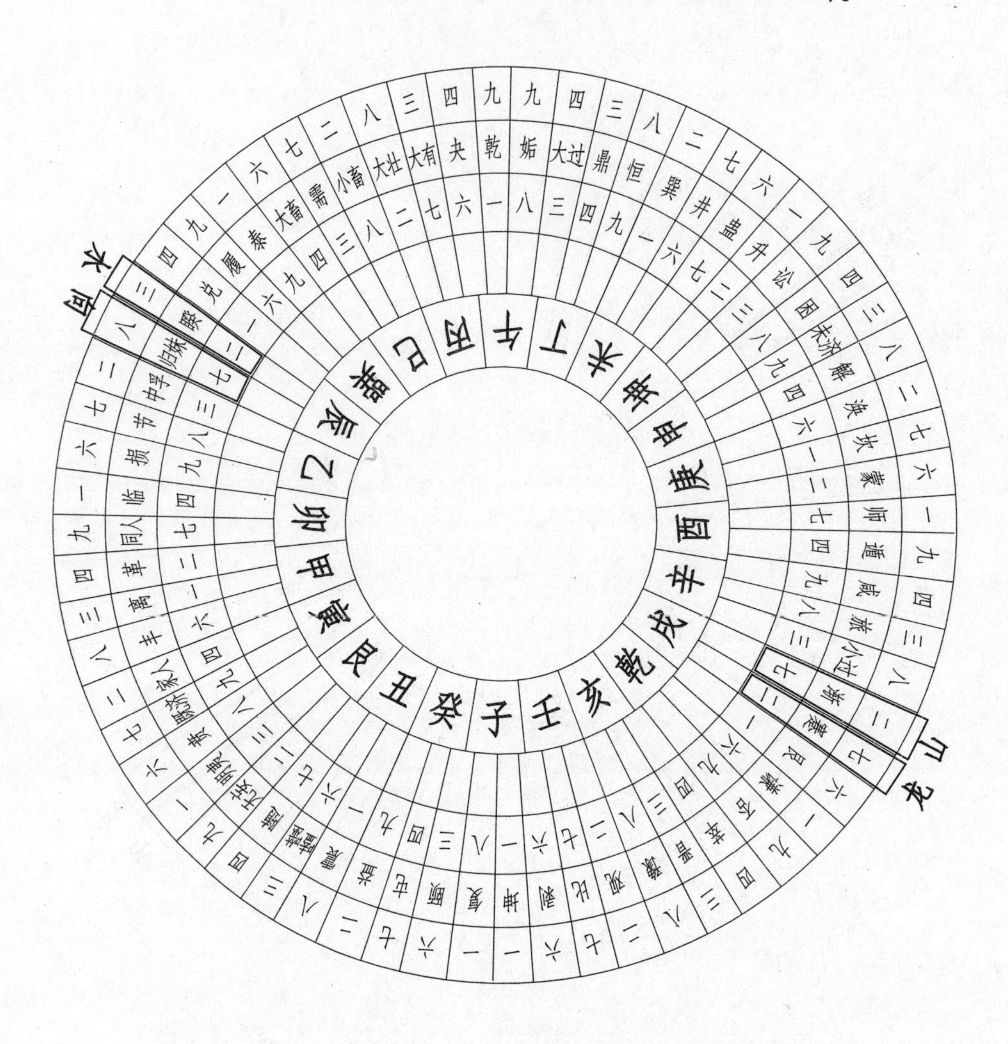

来龙二运蹇卦（七）　　龙山七二同道，龙向七八含十五。

坐山七运渐卦（二）　　龙水七三含十，山向二八合十。

出向七运归妹卦（八）　山水二三合五，向水八三为朋。

来水二运睽卦（三）

28. 龙山向水俱合生成数破军星九运酉山卯向（坐师向同人）。

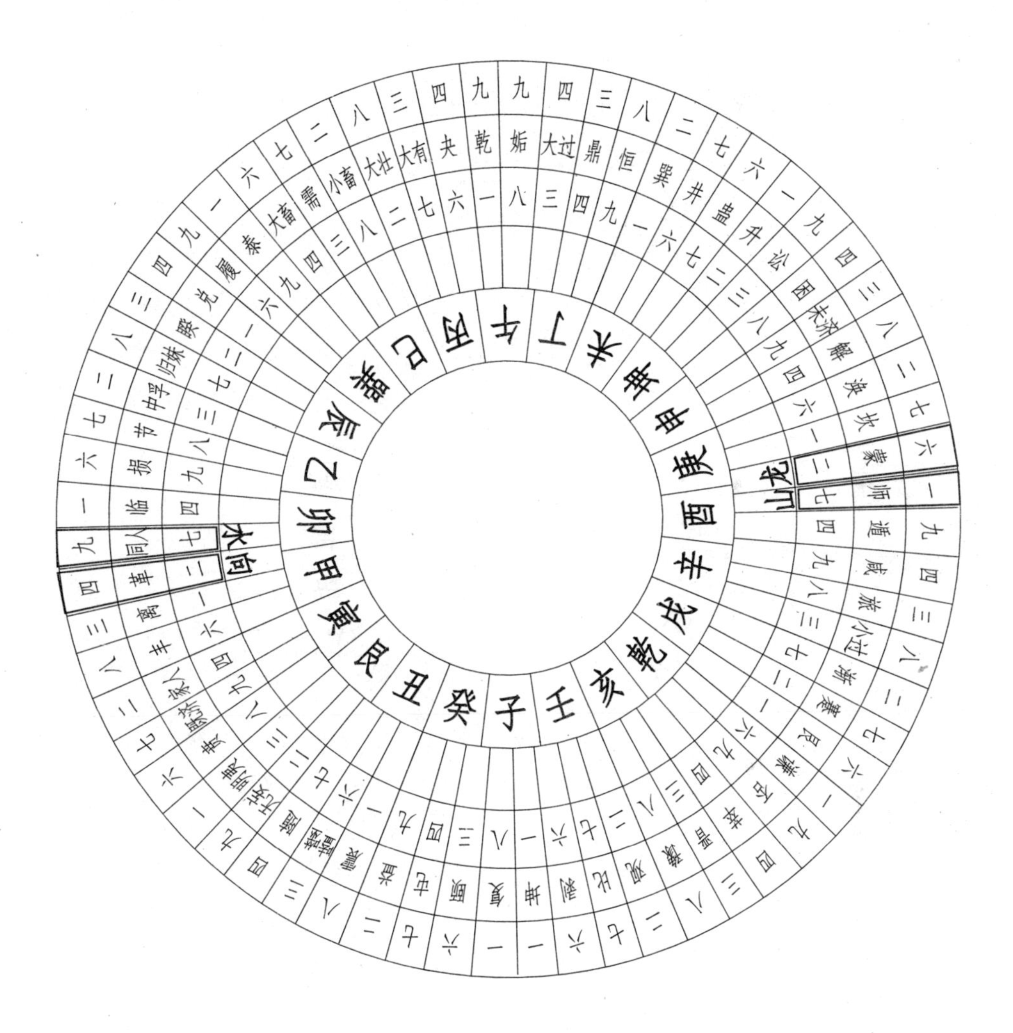

来龙二运蒙卦（六）
坐山七运卦师（一）
出向七运卦同人（九）
来水二运革卦（四）

龙山六一共宗，龙向六九合十五。
龙水六四合十，山向一九合十。
山水一四合五，向水九四为友。

29. 龙山向水俱合生成数左辅星八运巳山亥向（坐小畜向豫）。

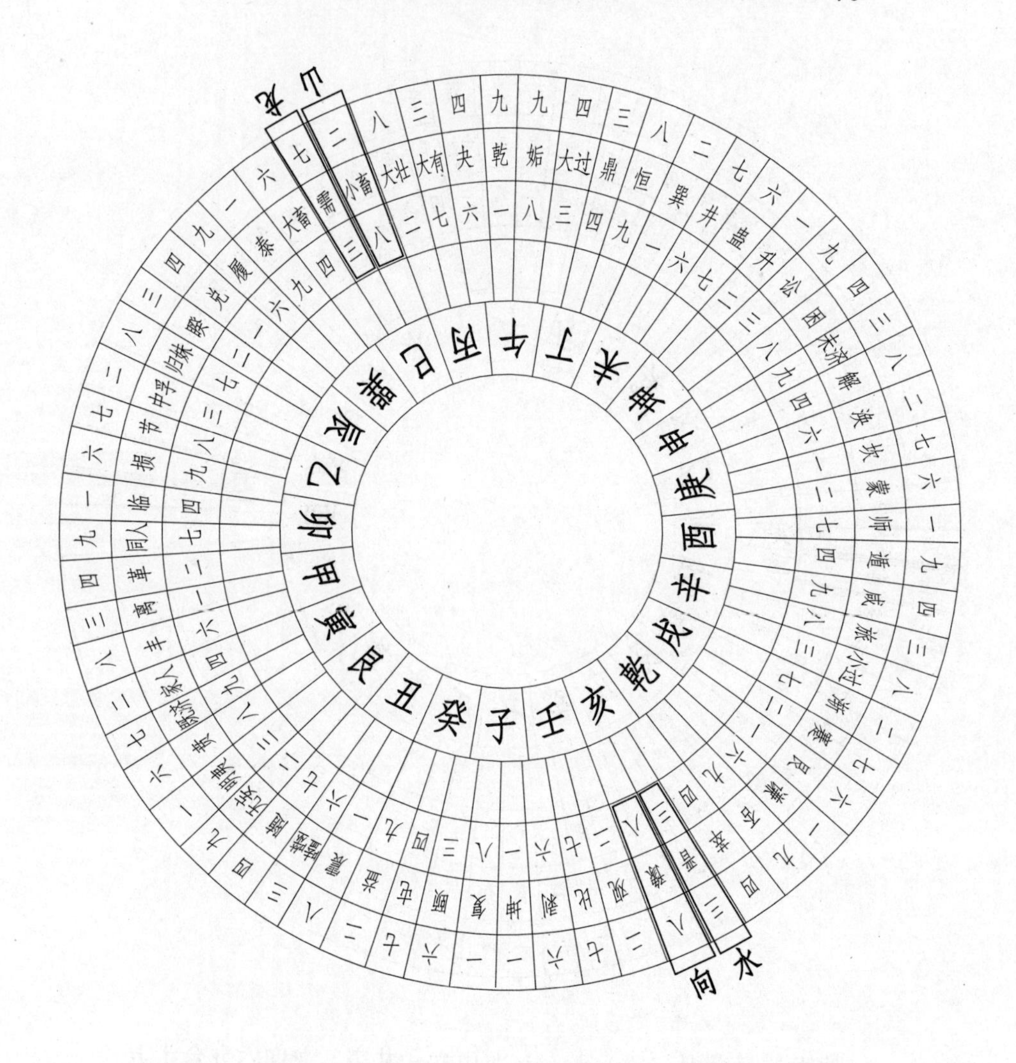

来龙三运需卦（七）
坐山八运小畜卦（二）
出向八运豫卦（八）
来水三运晋卦（三）

龙山七二同道，龙向七八合十五。
龙水七三合十，山向二八合十。
山水二三合五，向水八三为朋。

30. 龙山向水俱合生成数左辅星九运子山午向（坐复向媾）。

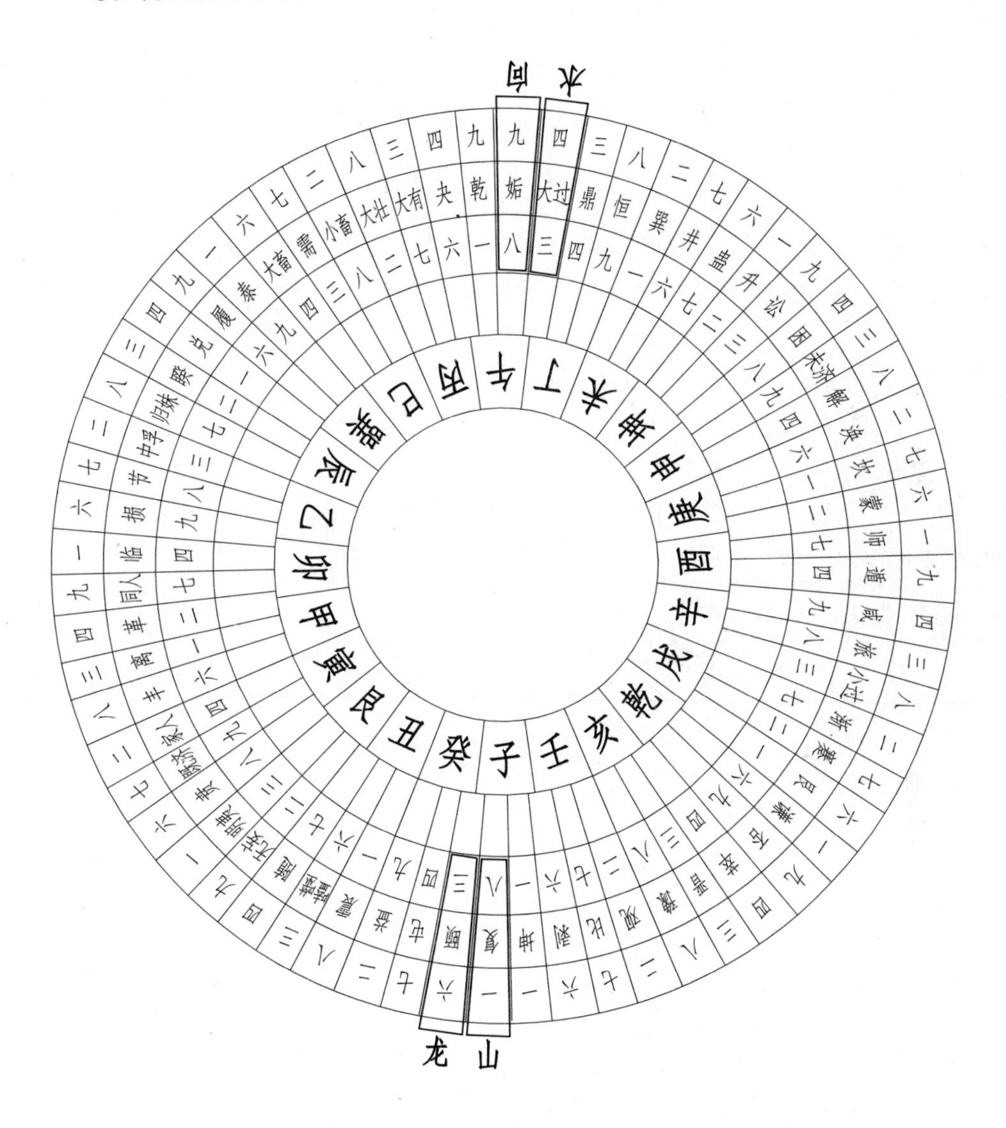

来龙三运颐卦（六）　　龙山六一共宗，龙向六九合十五。

坐山八运复卦（一）　　龙水六四合十，山向一九合十。

出向八运媾卦（九）　　山水一四合五，向水九四为友。

来水三运大过卦（四）

31. 龙山向水俱合生成数右弼星八运癸山丁向（坐益向恒）。

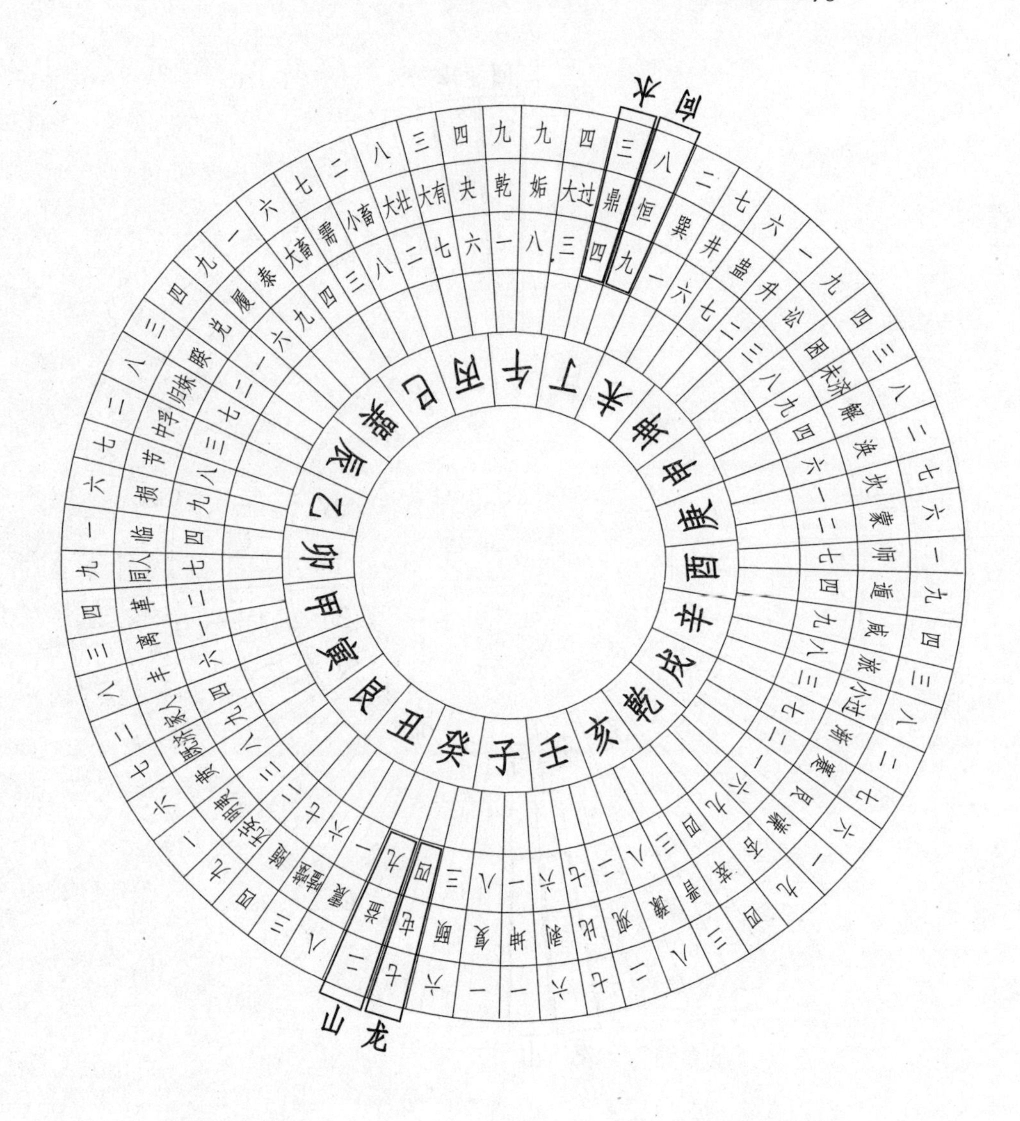

来龙四运屯卦（七）

坐山九运益卦（二）

出向九运恒卦（八）

来水四运鼎卦（三）

龙山七二同道，龙向七八合十五。

龙水七三合十，山向二八合十。

山水二三合五，向水八三为朋。

32. 龙山向水俱合生成数右弼星九运巽山乾向（坐泰向否）。

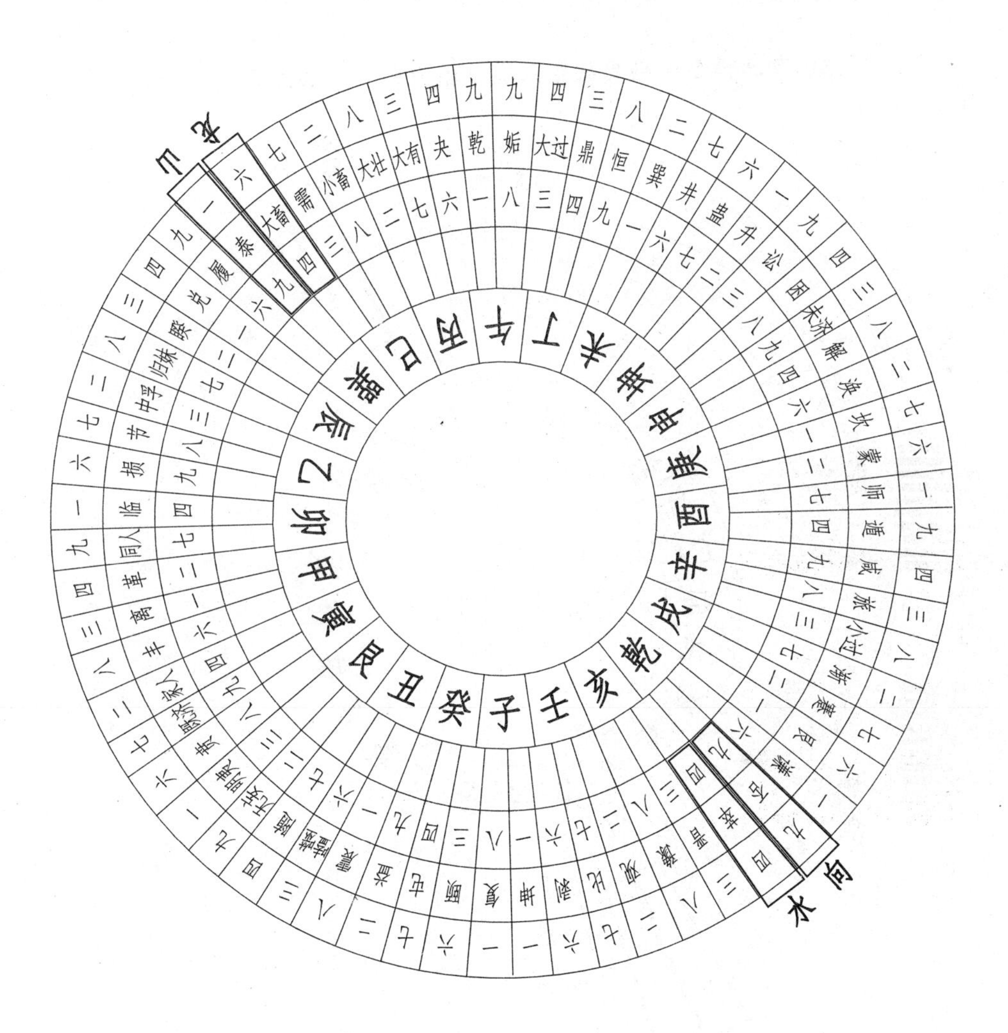

来龙四运大畜卦（六）　龙山六一共宗，龙向六九合十五。

坐山九运泰卦（一）　龙水六四合十，山向一九合十。

出向九运否卦（九）　山水一四合五，向水九四为友。

来水四运萃卦（四）

六、合十之法

33. 龙山向水俱合十数贪狼星八运未山丑向（坐巽向震）。

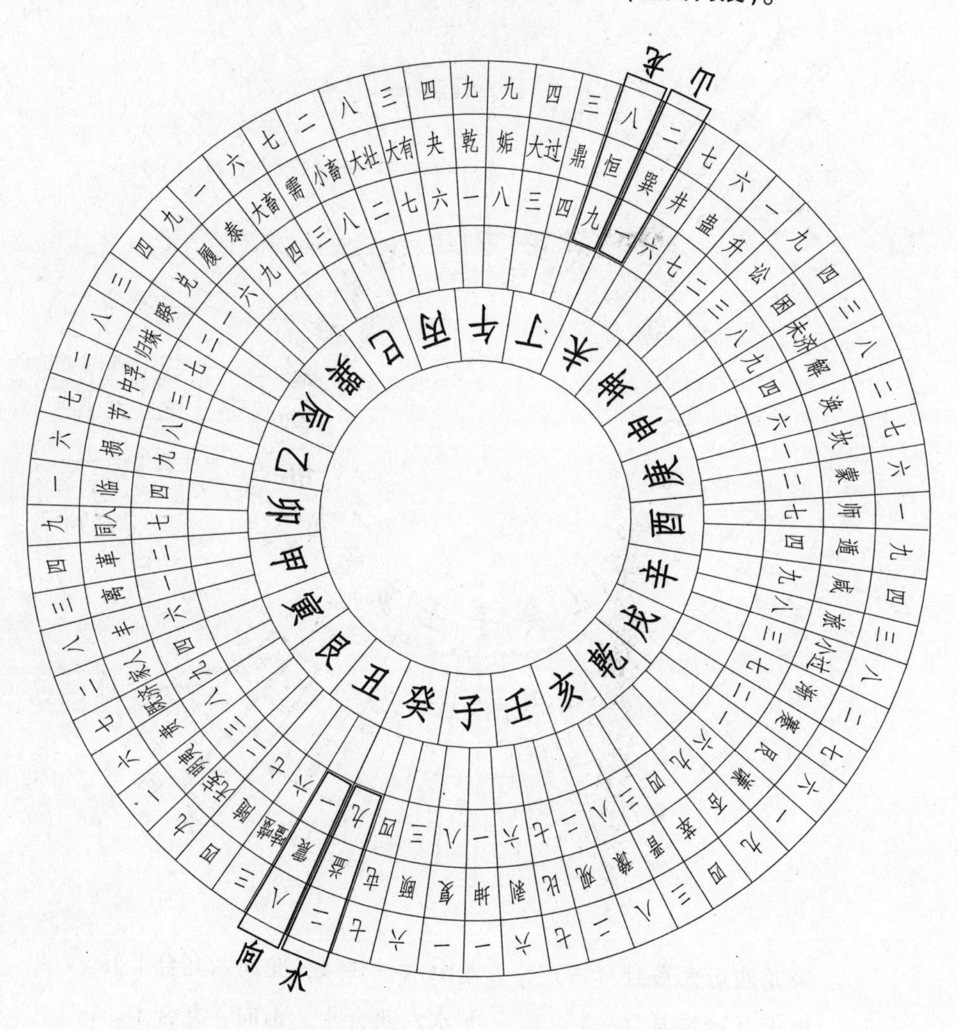

来龙九运恒卦（八）	龙山八二合十
坐山一运巽卦（二）	龙水八二合十
出向一运震卦（八）	山向二八合十
来水九运益卦（二）	向水八二合十

34. 龙山向水俱合十贪狼星九运子山午向（坐坤向乾）。

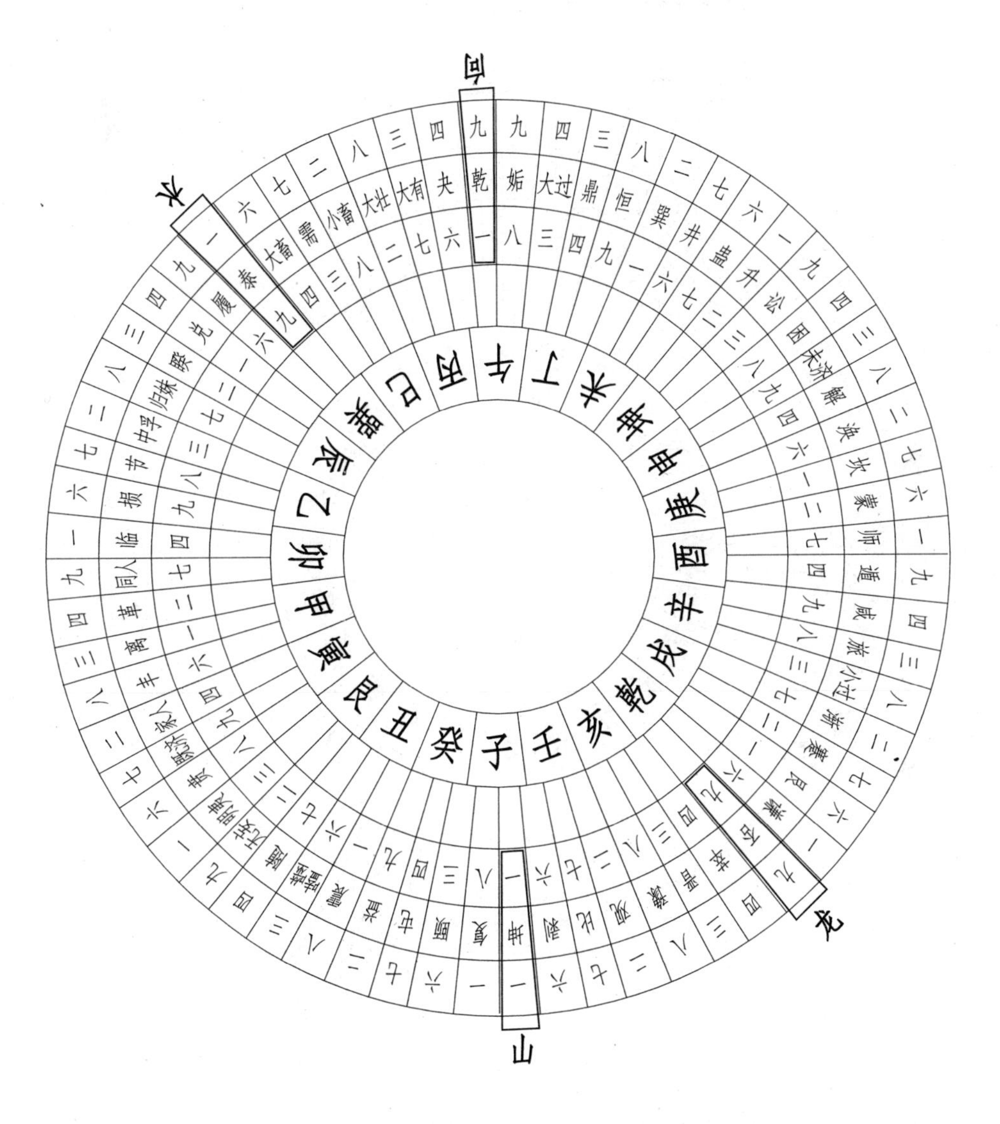

来龙九运否卦（九）	龙山九一合十
坐山一运坤卦（一）	龙水九合十
出向一运乾卦（九）	山向一九合十
来水九运泰卦（一）	向水九一合十

35. 龙山向水俱合十巨门星八运壬山丙向（坐观向大壮）。

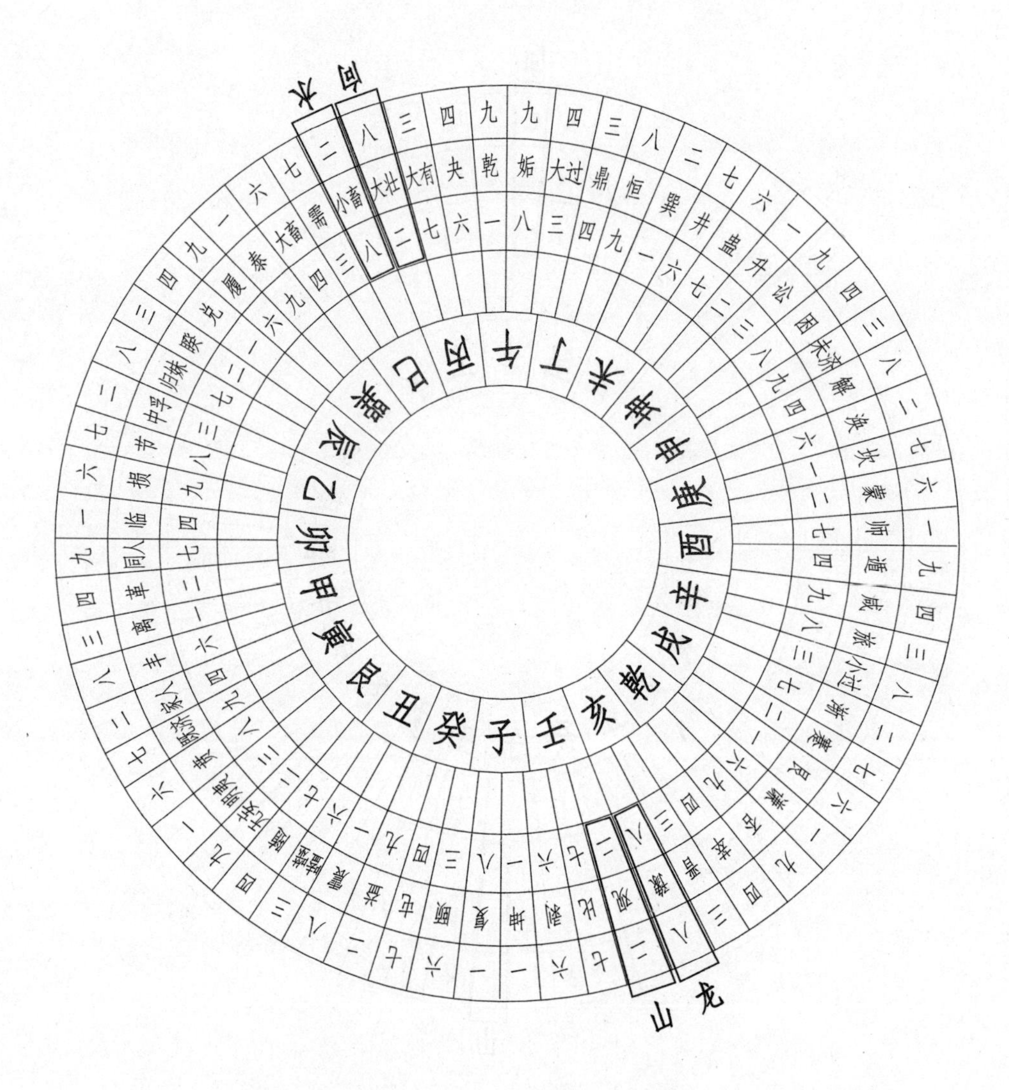

来龙八运豫卦（八）　　龙山八二合十

坐山二运观卦（二）　　龙水八二合十

出向二运大壮卦（八）　　山向二八合十

来水八运小畜卦（二）　　向水八二合十

36. 龙山向水俱合十巨门星九运坤山艮向（坐升向无妄）。

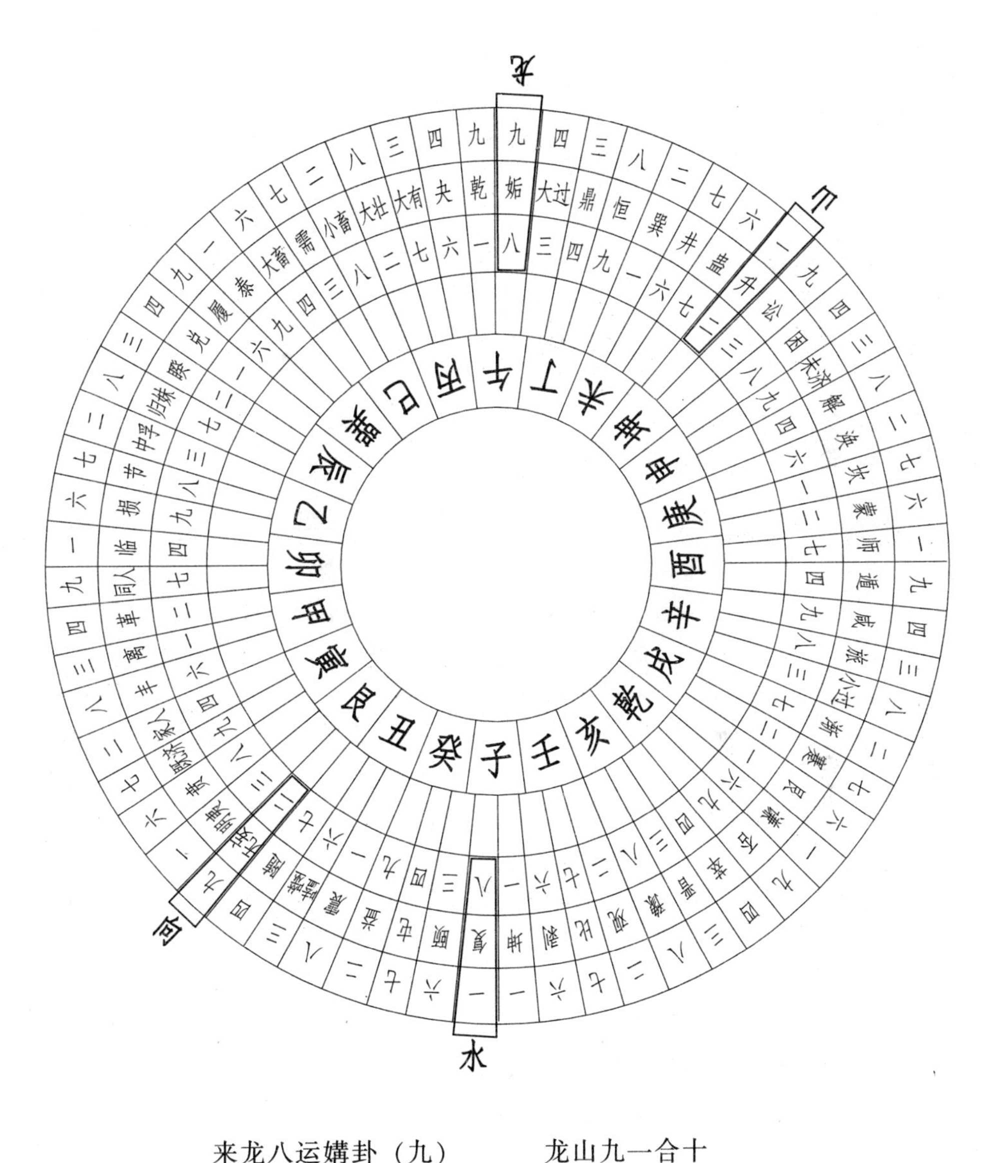

来龙八运媾卦（九）	龙山九一合十
坐山二运卦升（一）	龙水九合十
出向二运无妄卦（九）	山向一九合十
来水八运复卦（一）	向水九一合十

37. 龙山向水俱合十禄存星八运乙山辛向（坐中孚向小过）。

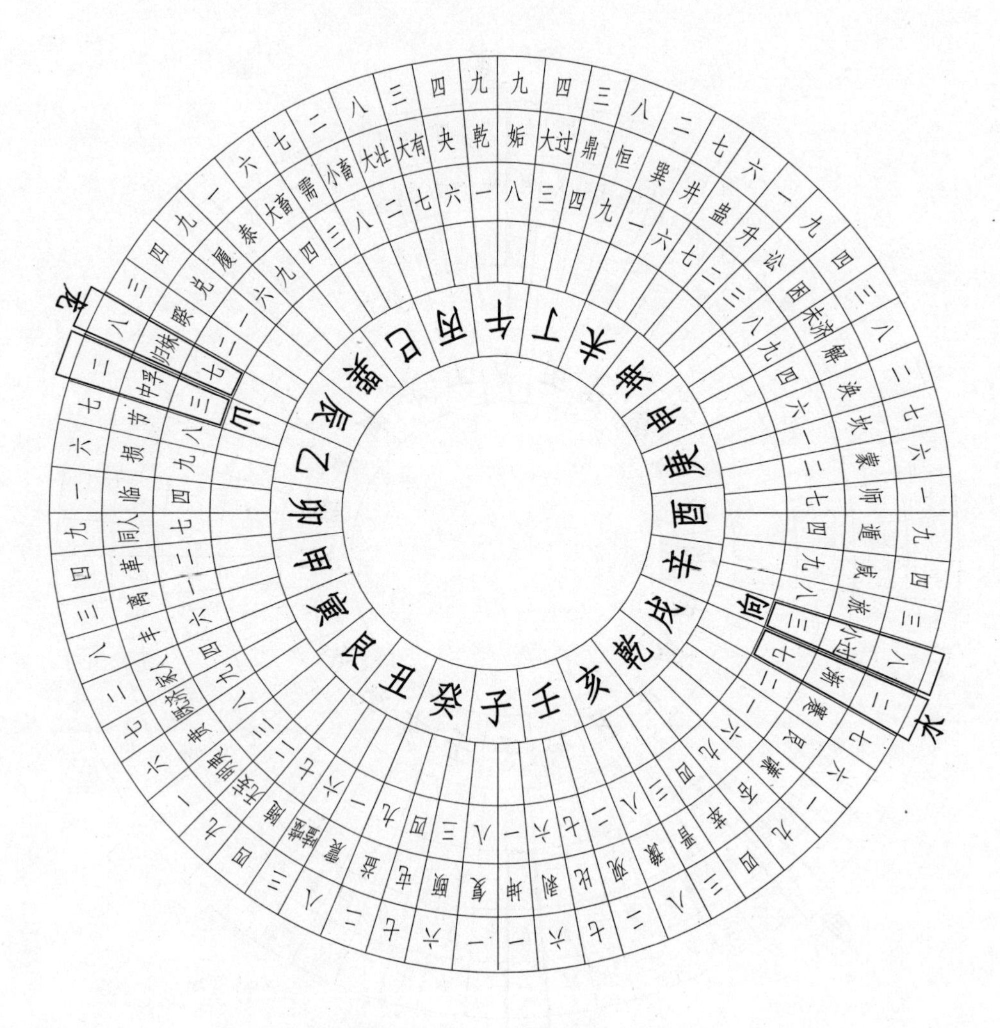

来龙七运归妹卦（八）　　龙山八二合十

坐山三运中孚卦（二）　　龙水八二合十

出向三运小过卦（八）　　山向二八合十

来水七运渐卦（二）　　向水八二合十

38. 龙山向水俱合十禄存星九运艮山坤向（坐明夷向讼）。

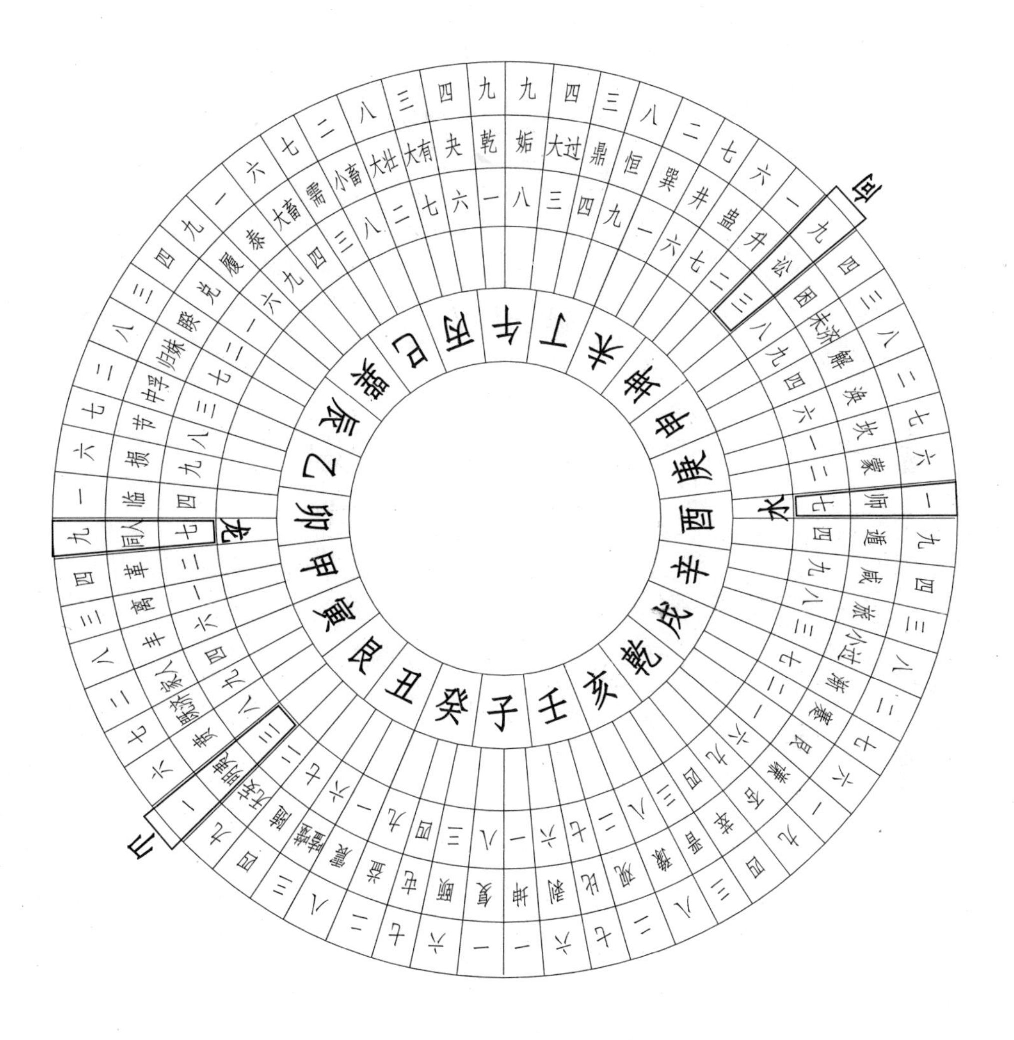

来龙七运同人卦（九）	龙山九一合十
坐山三运明夷卦（一）	龙水九合十
出向三运讼卦（九）	山向一九合十
来水七运师卦（一）	向水九一合十

39. 龙山向水俱合十文曲星八运寅山申向（坐家人向解）。

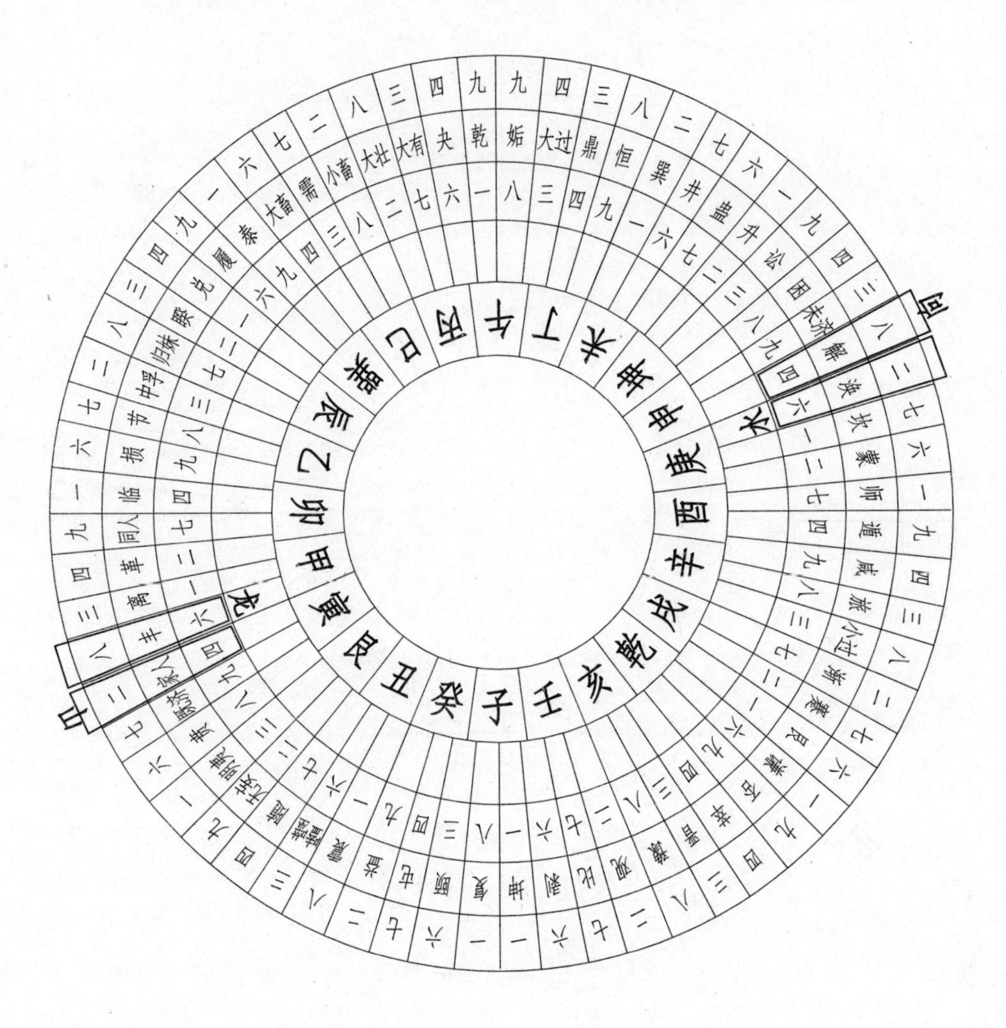

来龙六运丰卦（八）	龙山八二合十
坐山四运家人卦（二）	龙水八二合十
出向四运解卦（八）	山向二八合十
来水六运涣卦（二）	向水八二合十

40. 龙山向水俱合十文曲星九运卯山酉向（坐临向遁）。

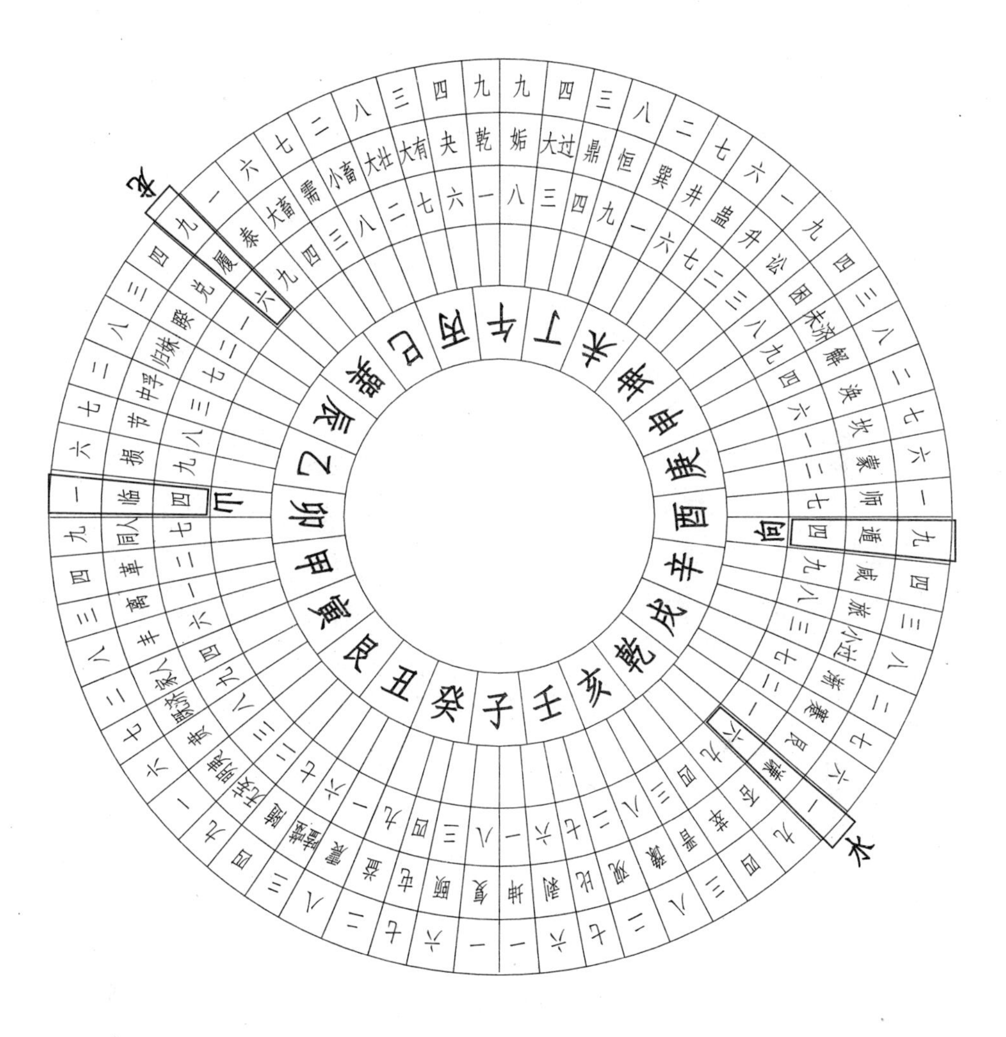

来龙六运履卦（九）	龙山九一合十
坐山四运临卦（一）	龙水九一合十
出向四运遁卦（九）	山向一九合十
来水六运谦卦（一）	向水九一合十

41. 龙山向水俱合十武曲星八运庚山甲向（坐涣向丰）。

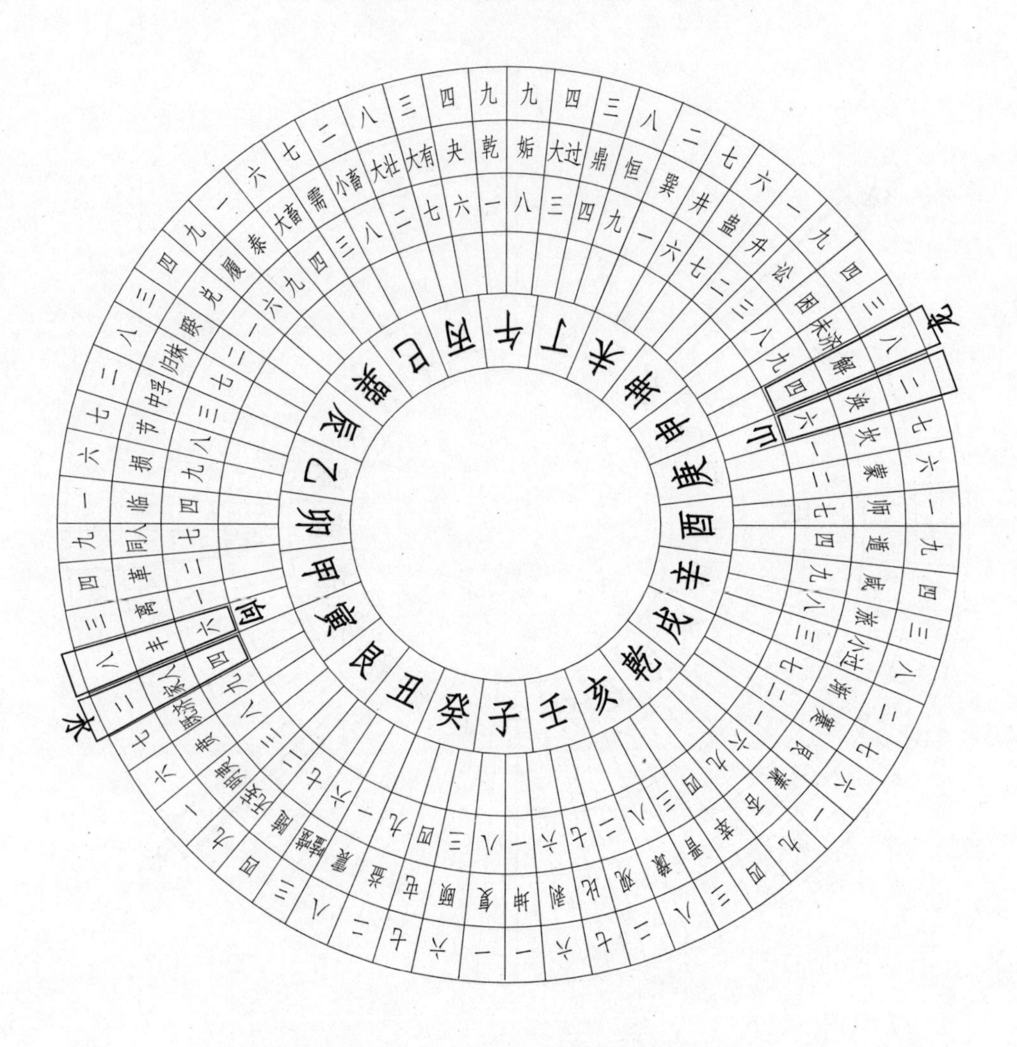

来龙四运解卦（八）	龙山八二合十
坐山六运涣卦（二）	龙水八二合十
出向六运丰卦（八）	山向二八合十
来水四运家人卦（二）	向水八二合十

42. 龙山向水俱合十武曲星九运乾山巽向（坐谦向履）。

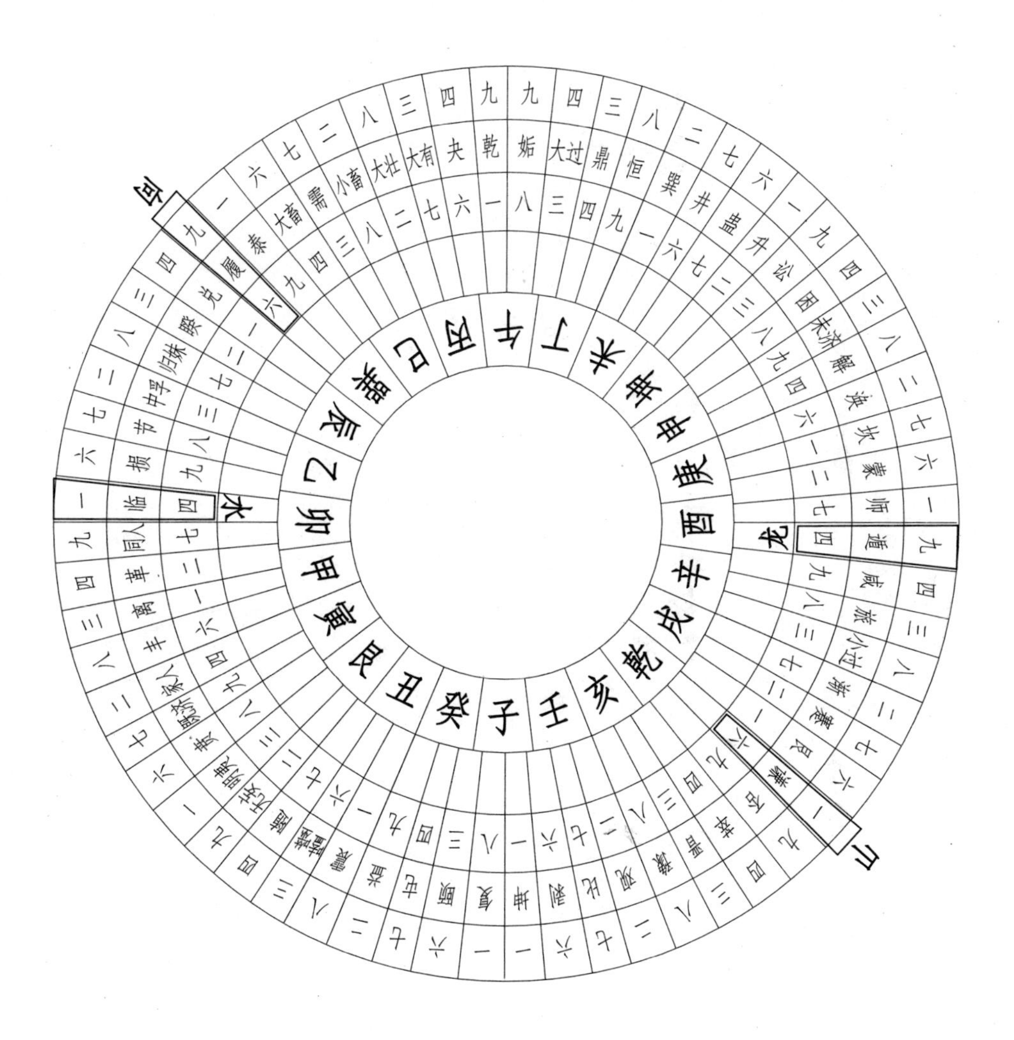

来龙四遁卦（九）　　龙山九一合十

坐山六运谦卦（一）　龙水九合十

出向六运履卦（九）　山向一九合十

来水四运临卦（一）　向水九一合十

43. 龙山向水俱合十破军星八运戌山辰向（坐渐向归妹）。

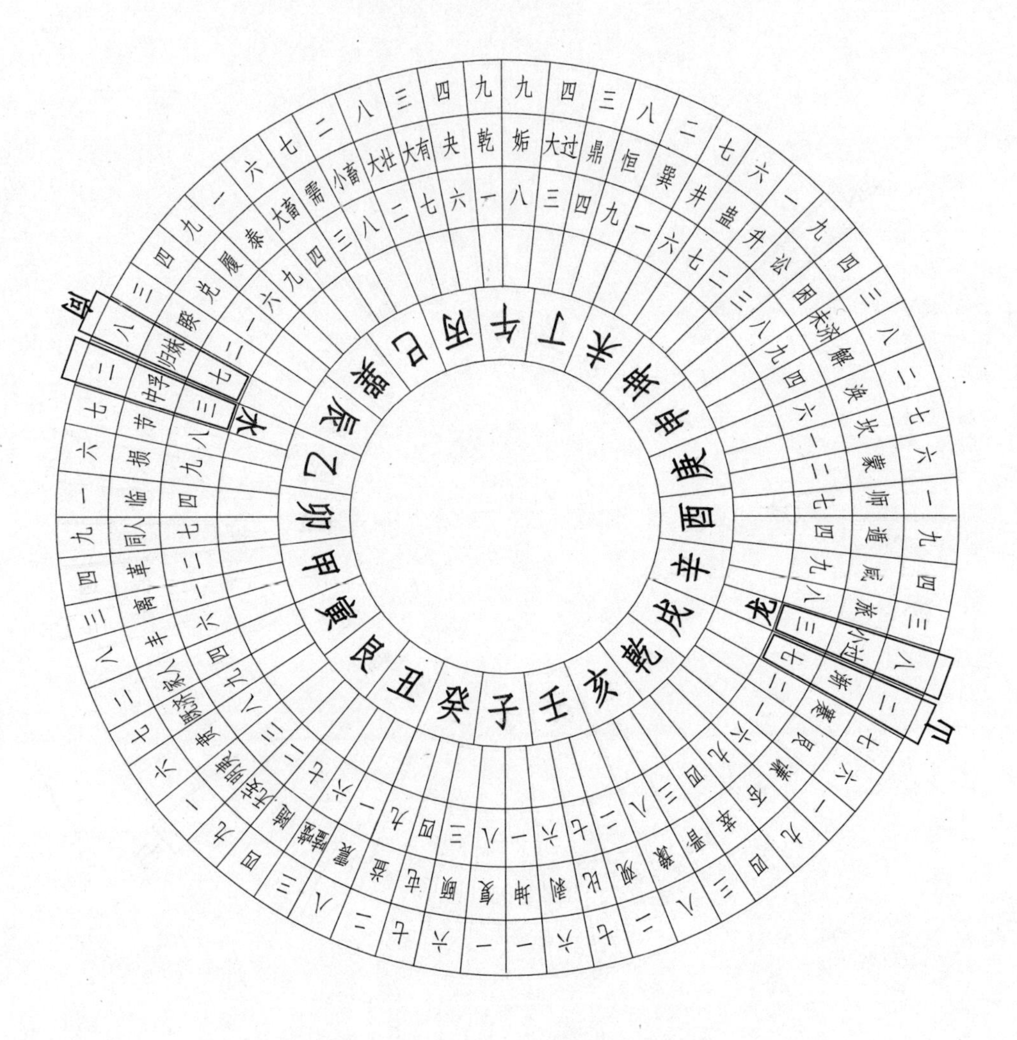

来龙三运小过卦（八）　　龙山八二合十

坐山七运渐卦（二）　　龙水八二合十

出向七归妹卦（八）　　山向二八合十

来水三运中孚卦（二）　　向水八二合十

44. 龙山向水俱合十破军星九运酉山卯向（坐师向同人）。

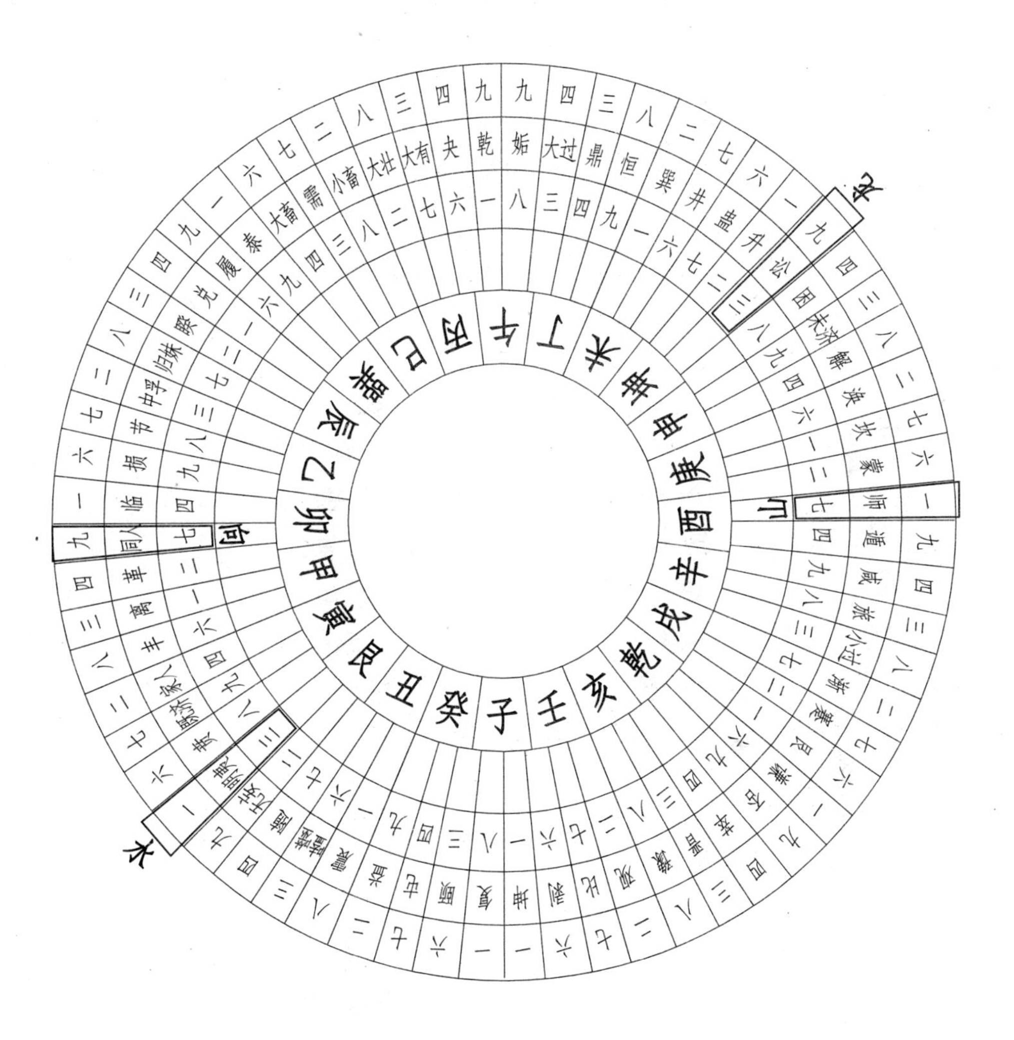

来龙三运讼卦（九）	龙山九一合十
坐山七运师卦（一）	龙水九一合十
出向七运同人卦（九）	山向一九合十
来水三运卦明夷（一）	向水九一合十

45. 龙山向水俱合十左辅星八运巳山亥向（坐小畜向豫）。

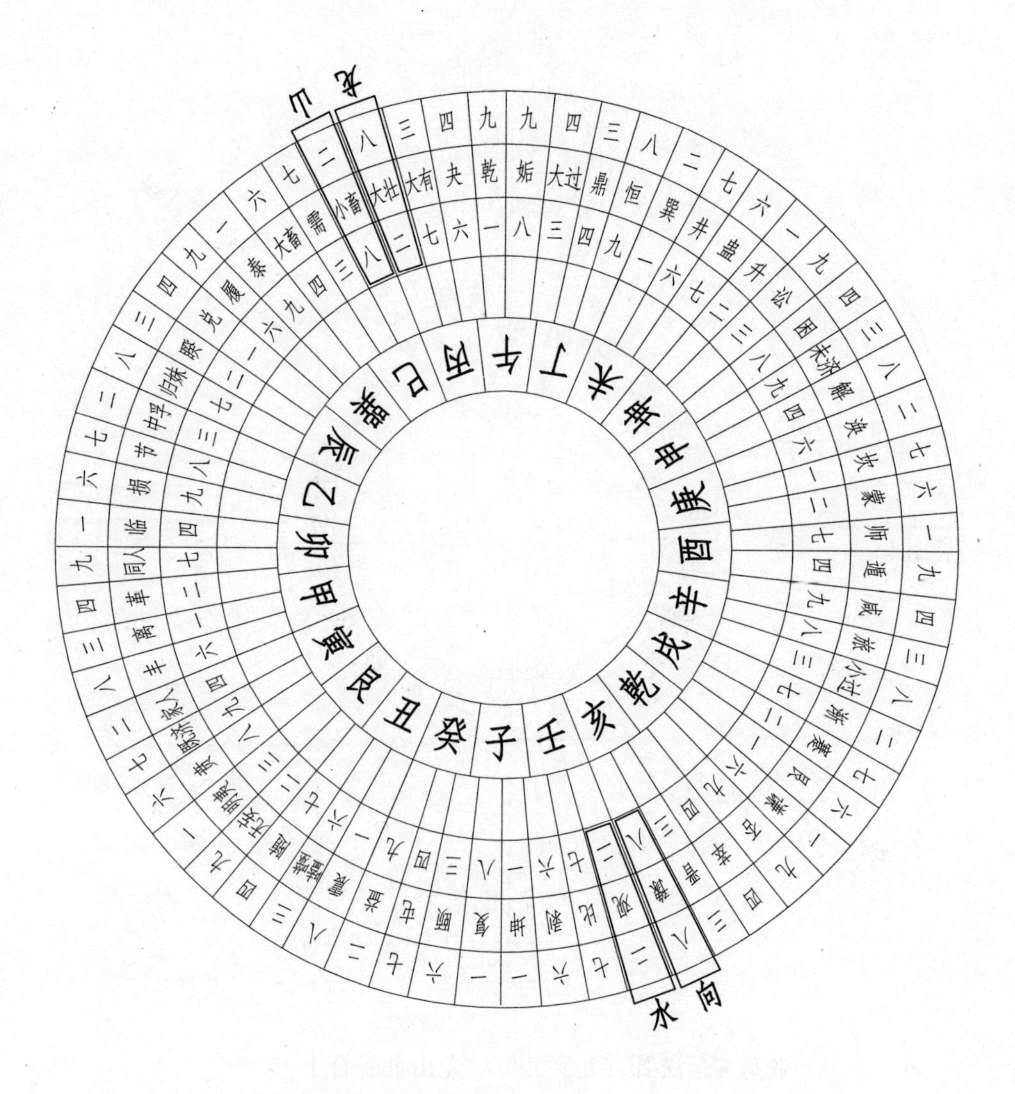

来龙二运大壮卦（八）　　龙山八二合十

坐山八运小畜卦（二）　　龙水八二合十

出向八运豫卦（八）　　山向二八合十

来水二运观卦（二）　　向水八二合十

46. 龙山向水俱合十左辅星九运子山午向（坐复向媾）。

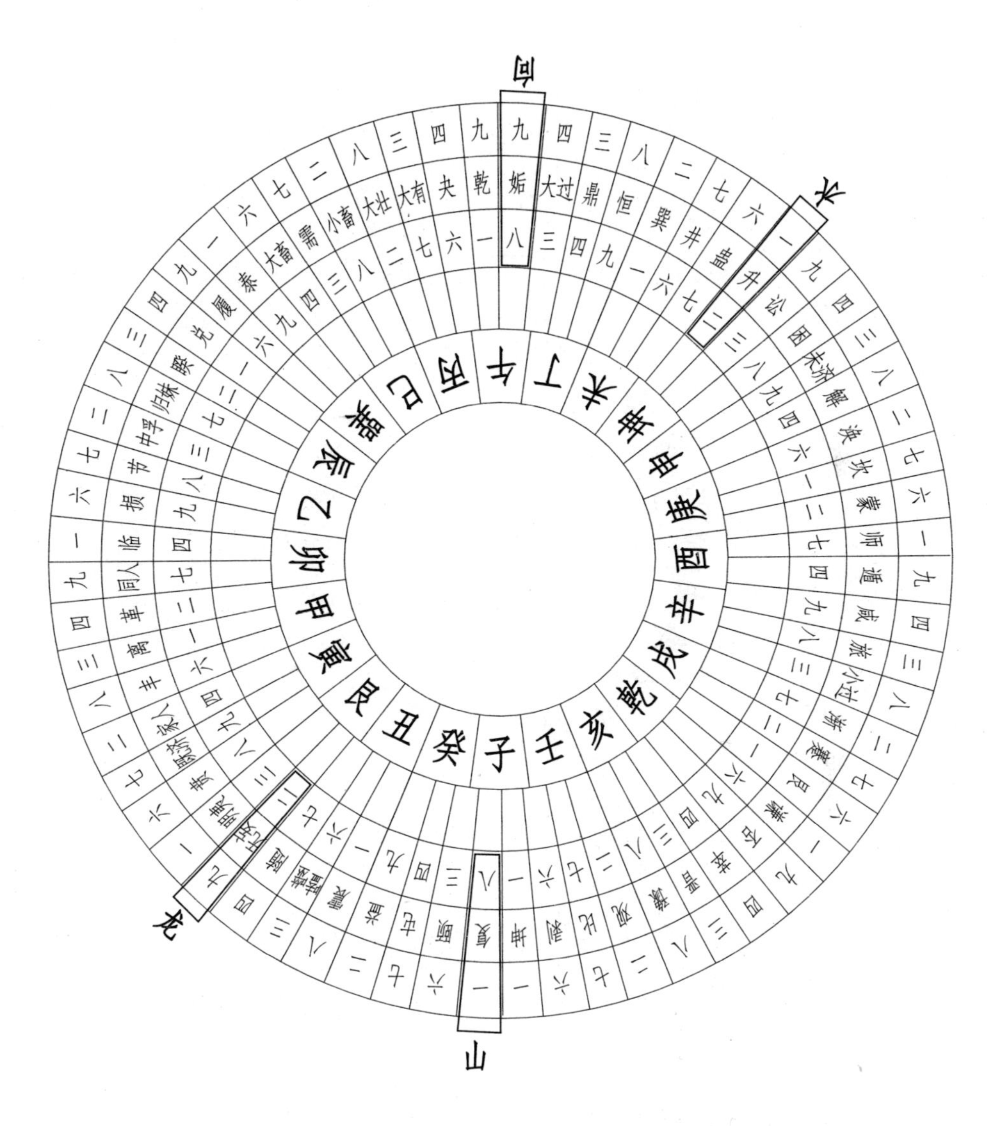

来龙二运无妄卦（九）　　龙山九一合十

坐山八运复卦（一）　　龙水九合十

出向八运媾卦（九）　　山向一九合十

来水二运升卦（一）　　向水九一合十

47. 龙山向水俱合十右弼星八运癸山丁向（坐益向恒）。

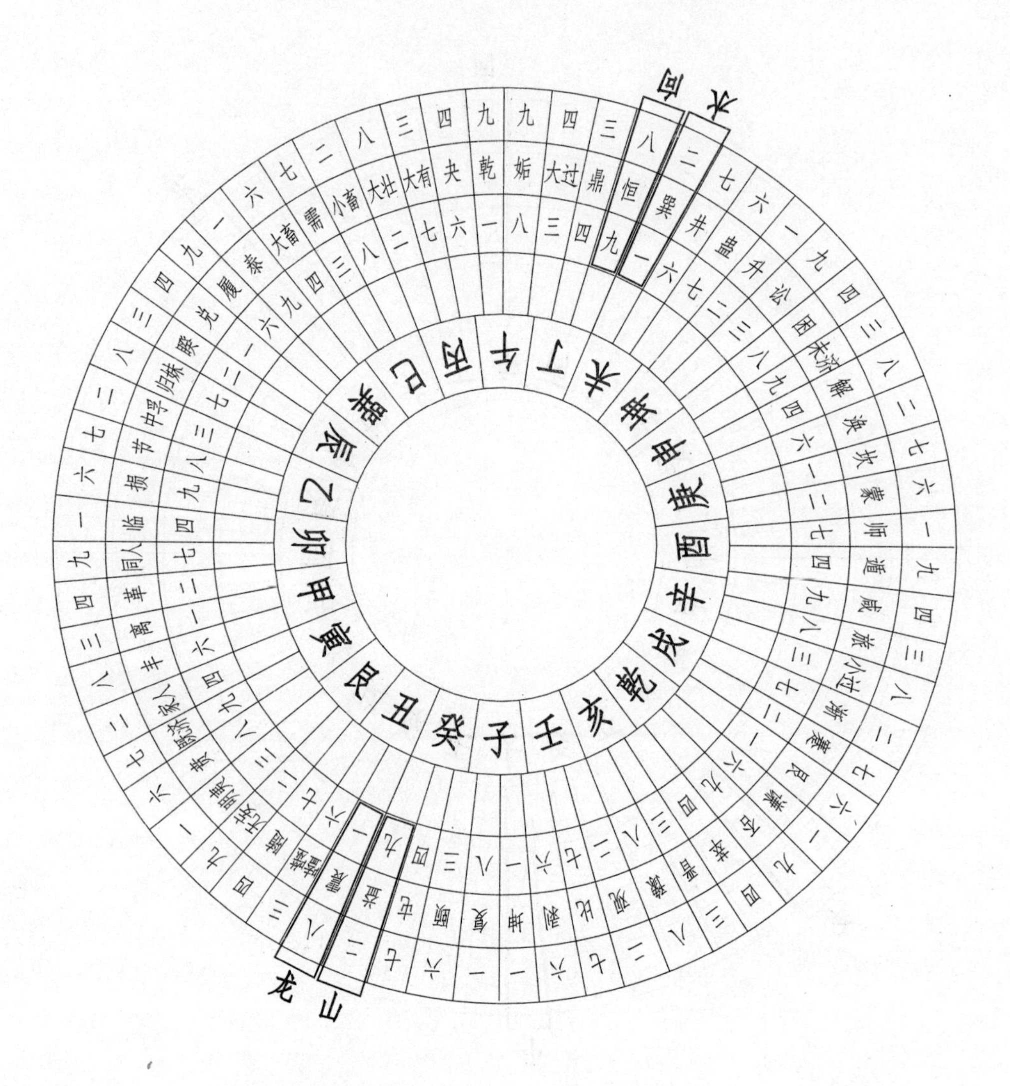

来龙一运震卦（八）　　龙山八二合十

坐山九运益卦（二）　　龙水八二合十

出向九运恒卦（八）　　山向二八合十

来水一运巽卦（二）　　向水八二合十

48. 龙山向水俱合十右弼星九运巽山乾向（坐泰向否）。

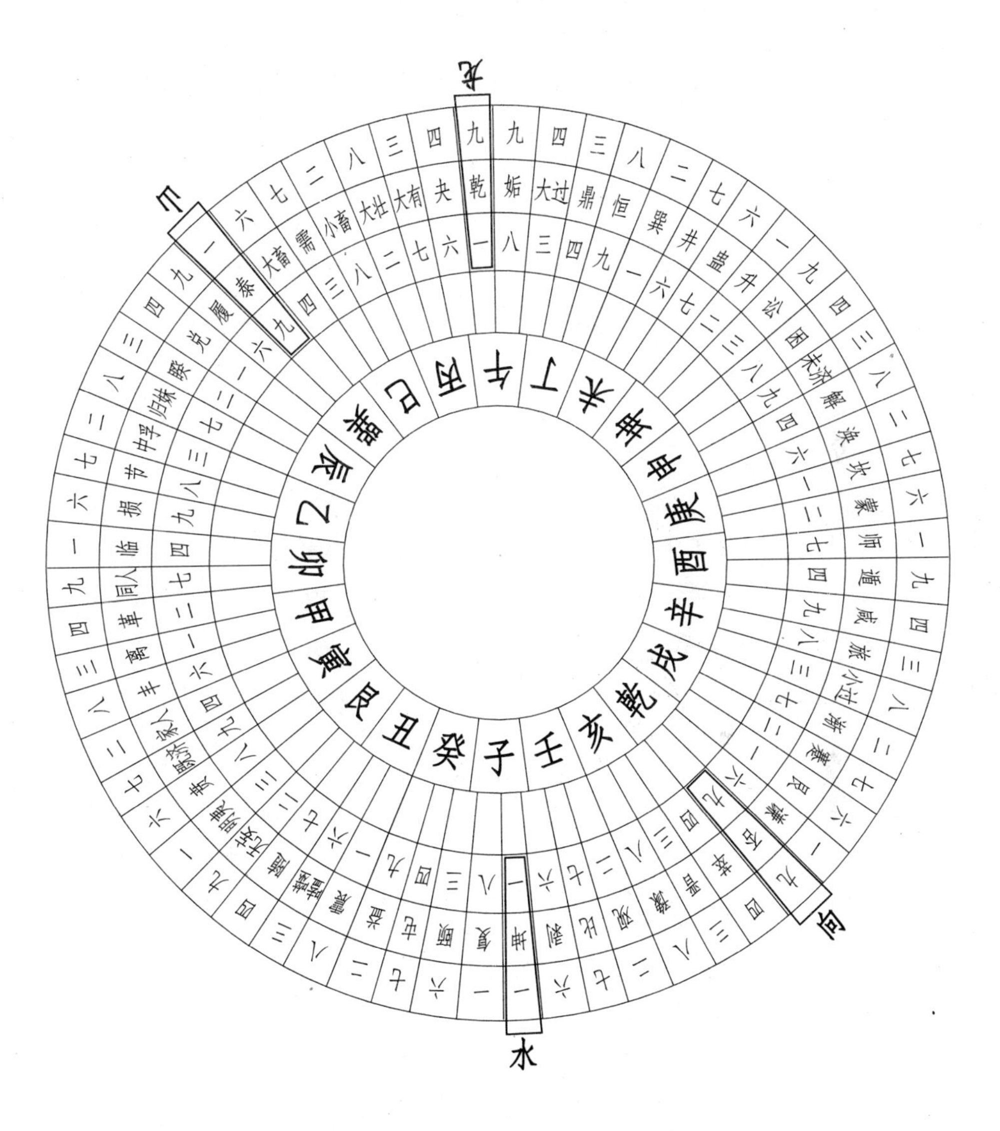

来龙一运乾卦（九）　　龙山九一合十

坐山九运泰卦（一）　　龙水九合十

出向九运否卦（九）　　山向一九合十

来水一运坤卦（一）　　向水九一合十

七、运合生成合五、合十、合十五之法

49. 运合生成合五、合十、合十五贪狼星八运未山丑向（坐巽向震）。

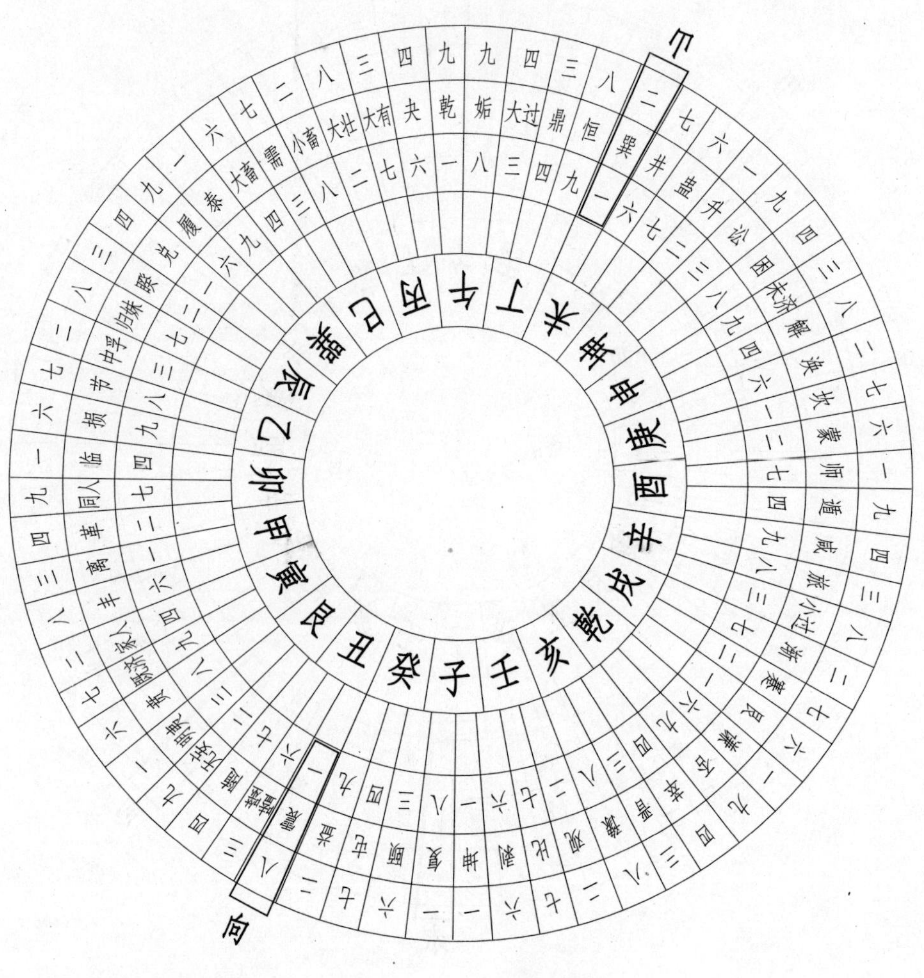

来龙：四运卦屯（七）、六运卦剥（六）、九运卦否（九）

来水：四运卦鼎（三）、六运卦夬（四）、九运卦泰（一）

坐山一运卦巽（一），出向一运卦震（九）。

运数：（指星运）山与龙向与水，一四合五，一六共宗，一九合十。

50. 星运合生成合五、合十、合十五贪狼星九运子山午向（坐坤向乾）。

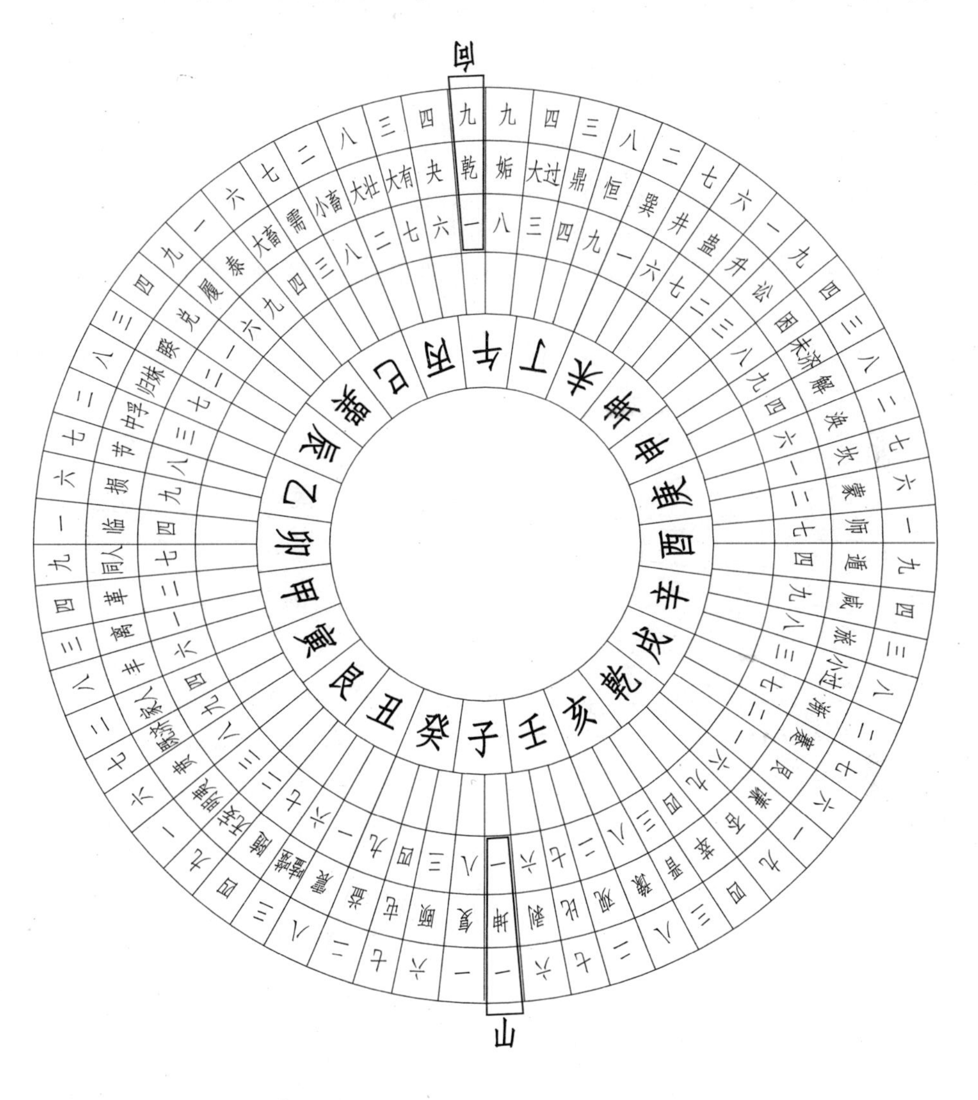

来龙 { 四运大畜卦（六）、六运井卦（七）、九运恒卦（八）

来水 { 四运萃卦（四）、六运噬嗑卦（三）、九运益卦（二）

坐山一运坤卦（二），出向一运乾卦（八）。

运数：山与龙，向与水，一四合五，一六共宗，一九合十。

51. 运合生成合五、合十、合十五巨门星八运壬山丙向（坐观向大壮）。

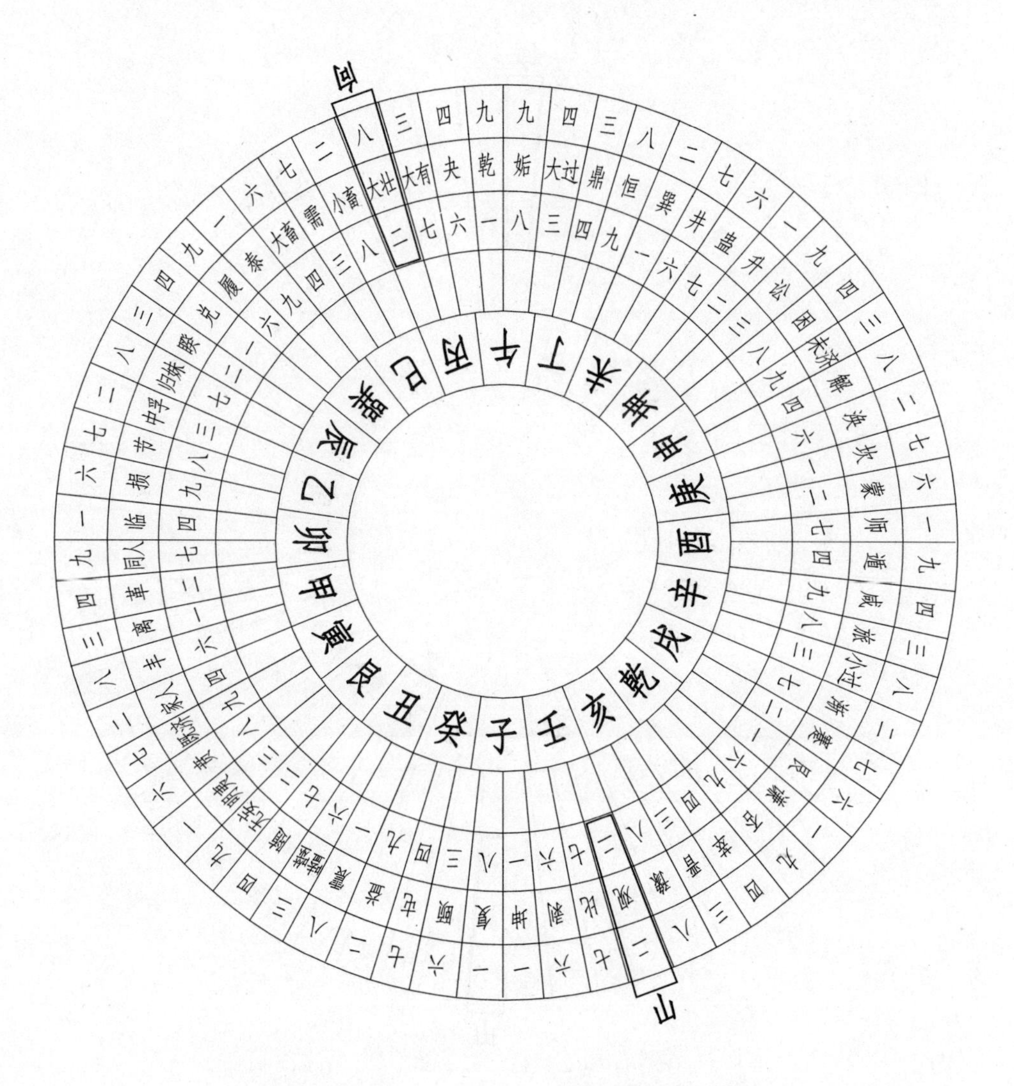

来龙：
- 三运卦颐（六）
- 七运比卦（七）
- 八运卦豫（八）

来水：
- 三运大过卦（四）
- 七运大有卦（三）
- 八运小畜卦（三）

坐山二运卦观（八），出向二运大壮卦（八）。

运数：龙山向水，二三合五，二七同道，二八合十。

52. 运合生成合五、合十、合十五巨门星九运坤山艮向（坐升向无妄）。

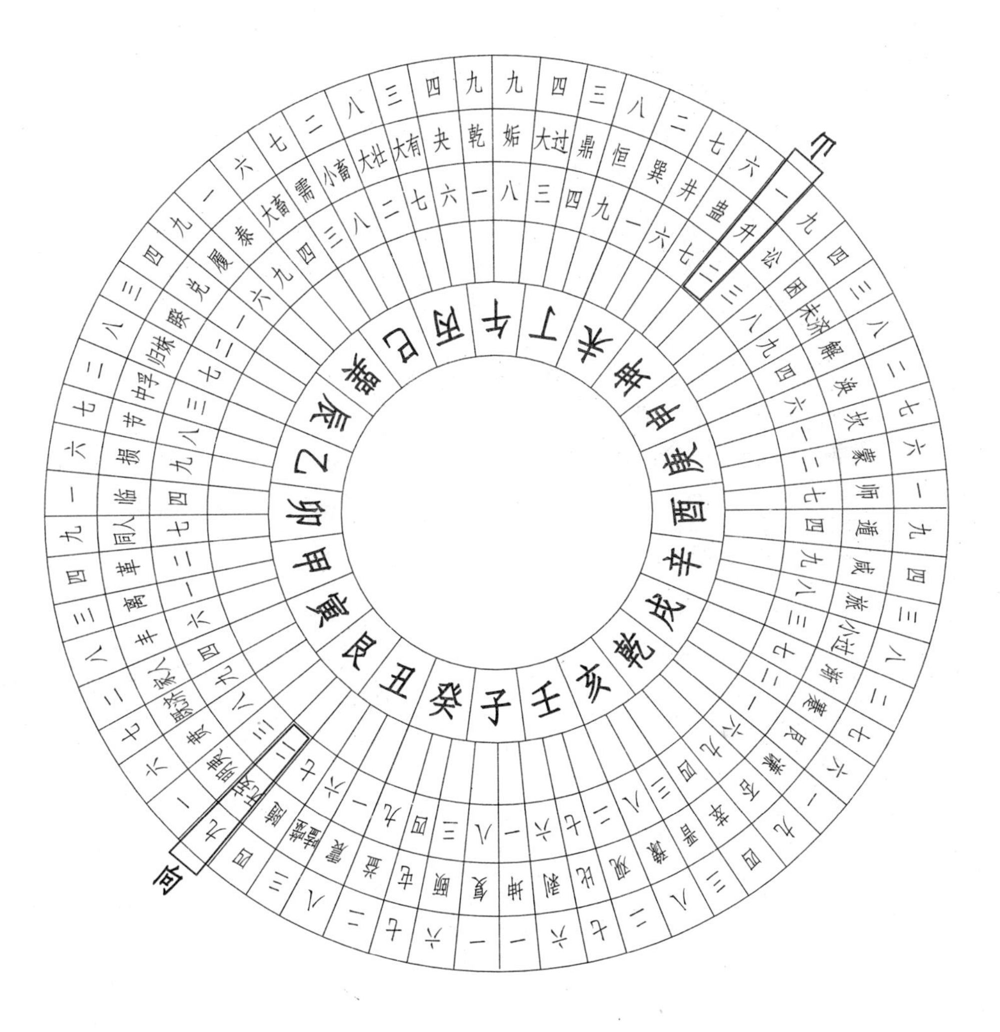

来龙：
- 三运讼卦（九）
- 七运蛊卦（六）
- 八运媾卦（九）

来水：
- 三运明夷卦（一）
- 七运随卦（四）
- 八运复卦（一）

坐山二运升卦（一），出向二运无妄卦（九）。

运数：山龙向水，二三合五，二七同道，二八合十。

53. **运合生成合五、合十、合十五禄存星八运乙山辛向（坐中孚向小过）。**

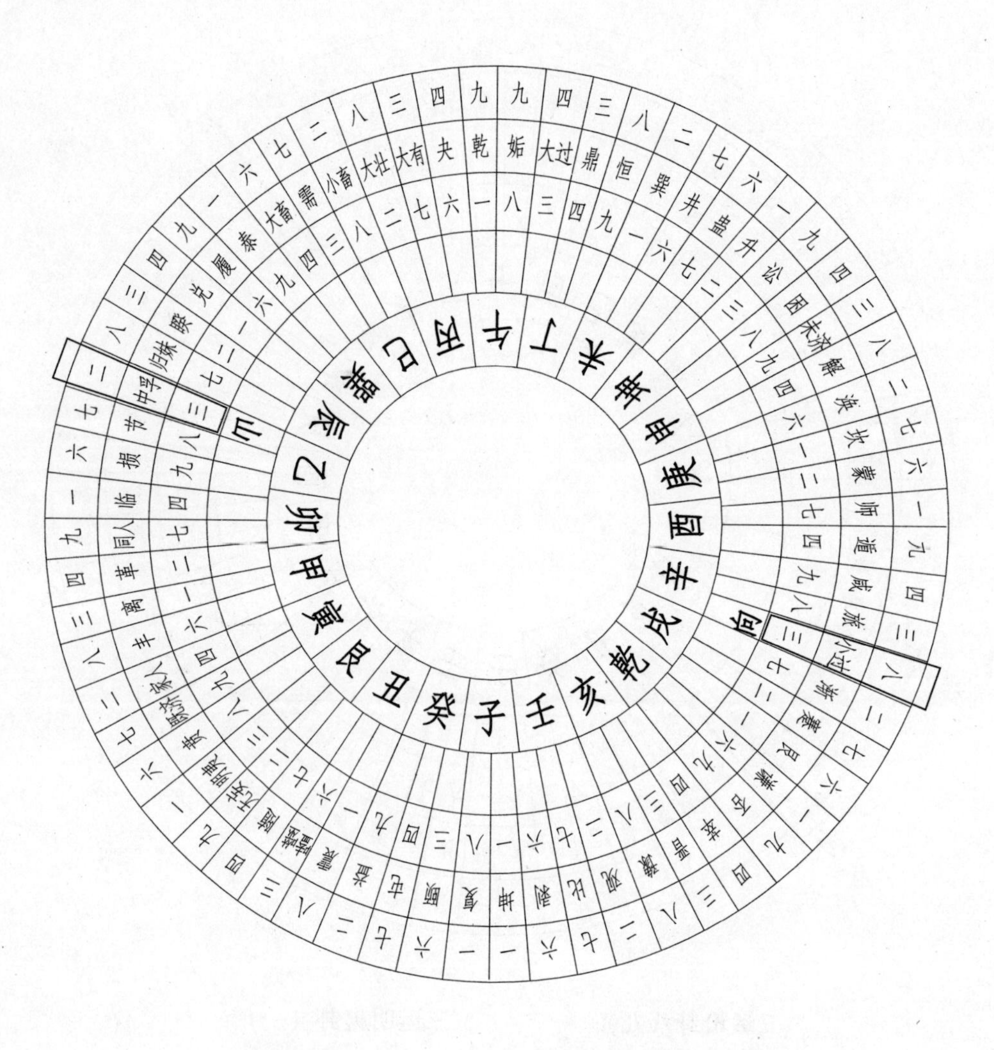

来龙	二运大壮卦（八）		来水	二运观卦（二）
	七运归妹卦（八）			七运渐卦（二）
	八运节卦（七）			八运旅卦（三）

坐山三运中孚卦（二），出向三运小过卦（八）。

运数：山龙向水，二三合五，三七合十，三八为朋。

54. 运合生成合五、合十、合十五禄存星九运艮山坤向（坐明夷向讼）。

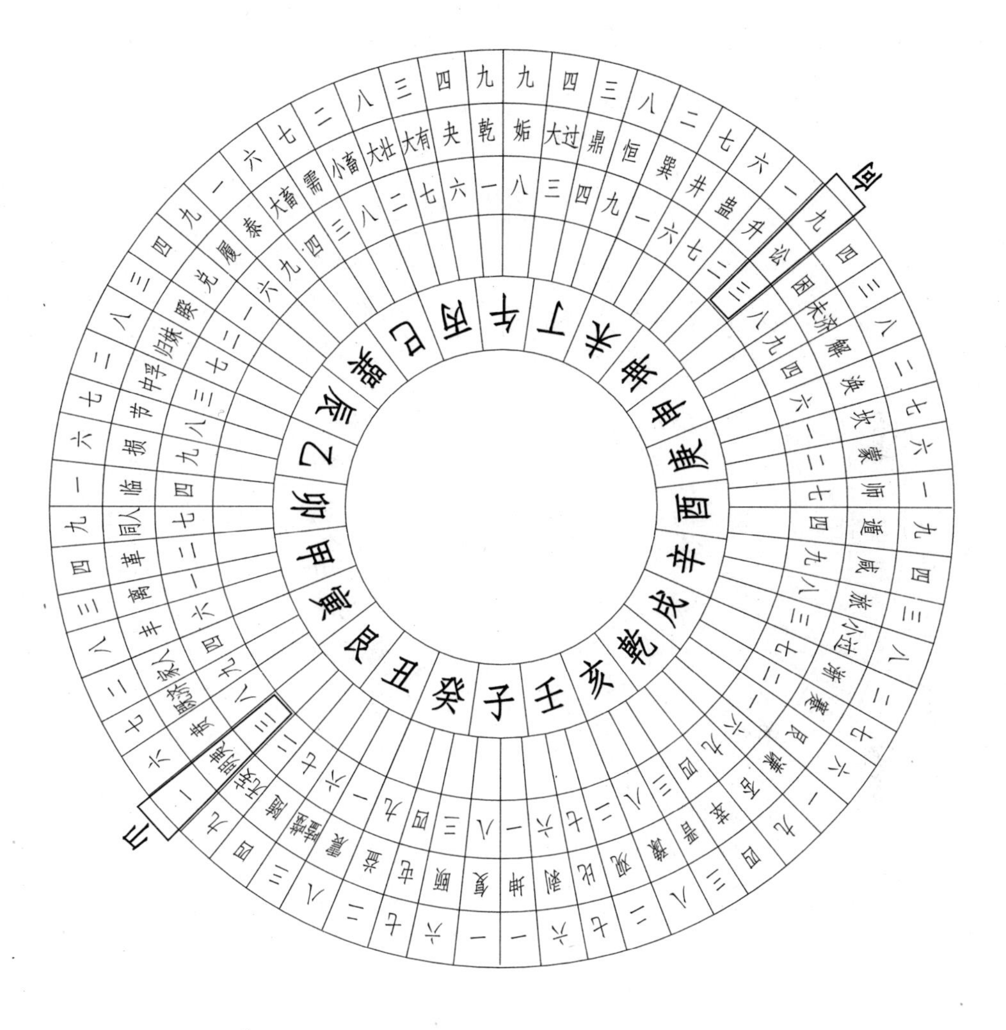

来龙	二运无妄卦（九）		来水	二运升卦（一）
	七运同人卦（九）			七运师卦（一）
	八运贲卦（六）			八运困卦（四）

坐山三运明夷卦（一），出向三运讼卦（九）.

运数：山龙向水，二三合五，三七合十，三八为朋。

55. 运合生成合五、合十、合十五文曲星八运寅山申向（坐家人向解）。

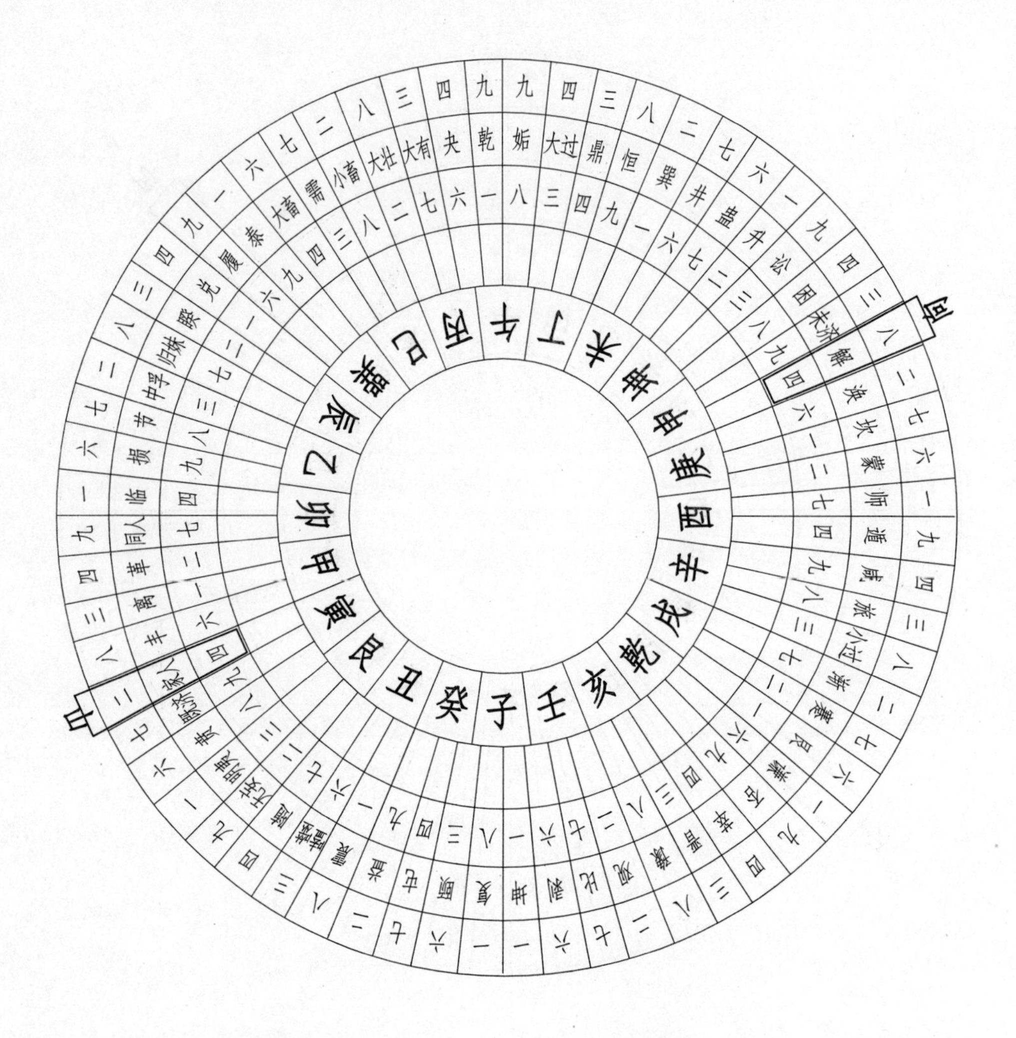

来龙 { 一运震卦（八）
六运丰卦（八）
九运既济卦（七）

来水 { 一运巽卦（二）
六运涣卦（二）
九运未济卦（三）

坐山四运家人卦（二），出向四运解卦（八）。

运数：山龙向水，四一合五，四六合十，四九为友。

56. 运合生成合五、合十、合十五文曲星九运卯山酉向（坐临向遁）。

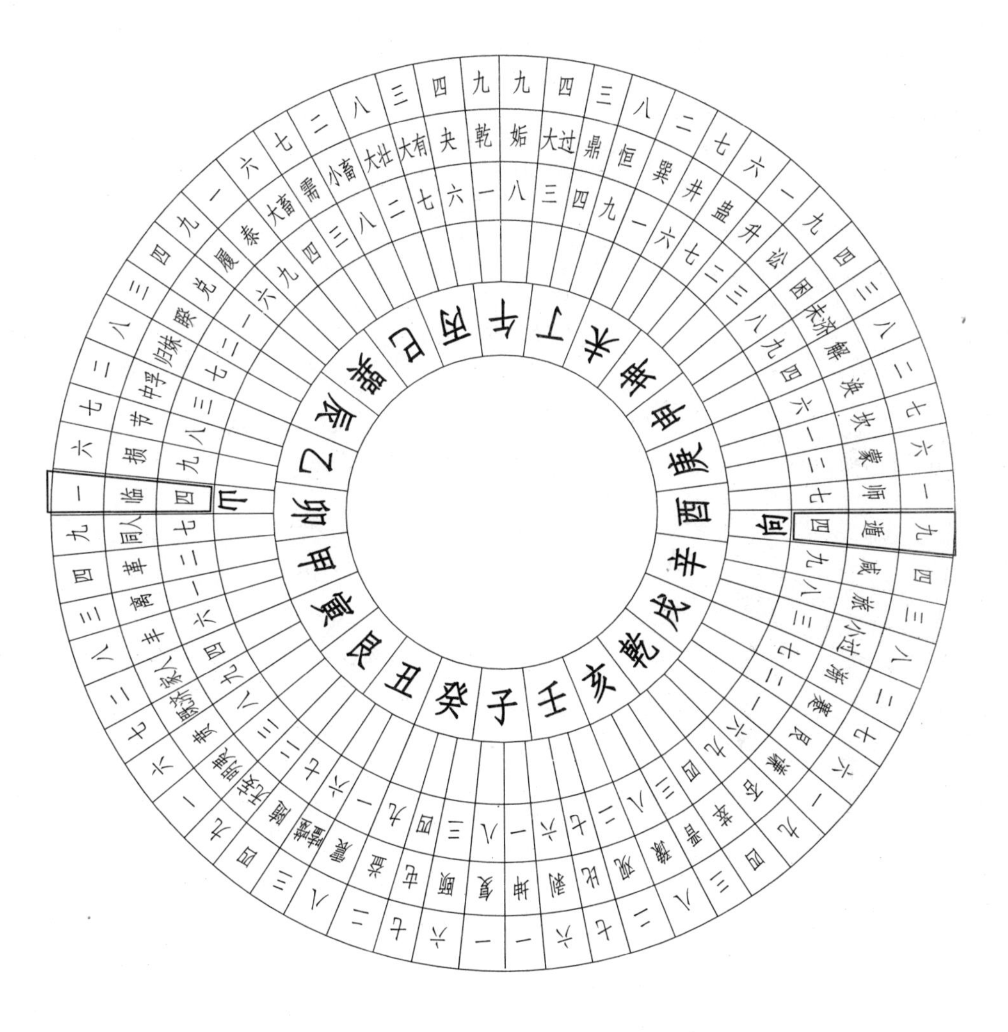

来龙 { 一运震卦（八）　六运丰卦（八）　九运损卦（六）

来水 { 一运巽卦（二）　六运涣卦（二）　九运咸卦（四）

坐山四运临卦（一），出向四运遁卦（九）。

运数：山龙向水，二三合五，四六合十，四九为友。

57. 运合生成合五、合十、合十五武曲星八运庚山甲向（坐涣向丰）。

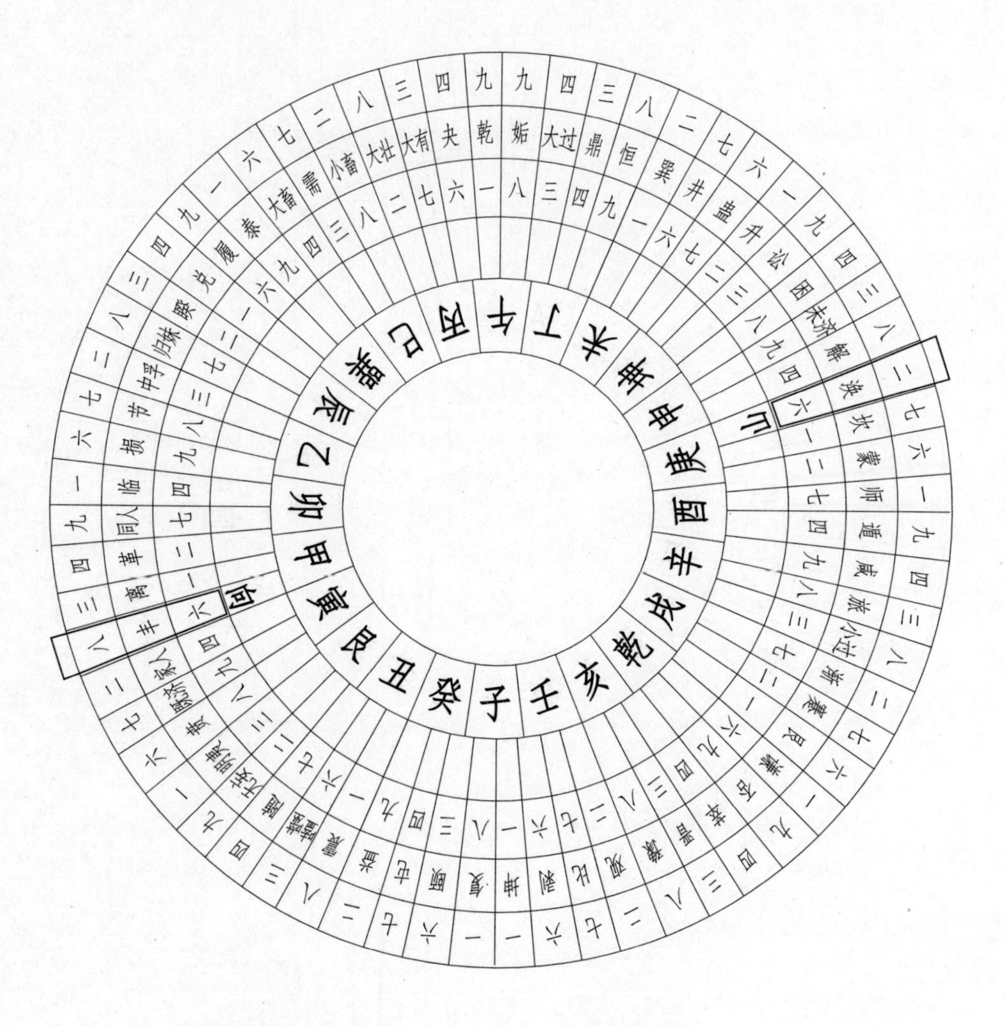

来龙 { 一运坎卦（七） 四运解卦（八） 九运恒卦（八） }　来水 { 一运离卦（三） 四运家人卦（二） 九运益卦（二） }

坐山六运涣卦（二），出向六运丰卦（八）。

运数：龙山向水，一六共宗，六四合十，六九合十五。

58. 运合生成合五、合十、合十五武曲星九运乾山巽向（坐谦向履）。

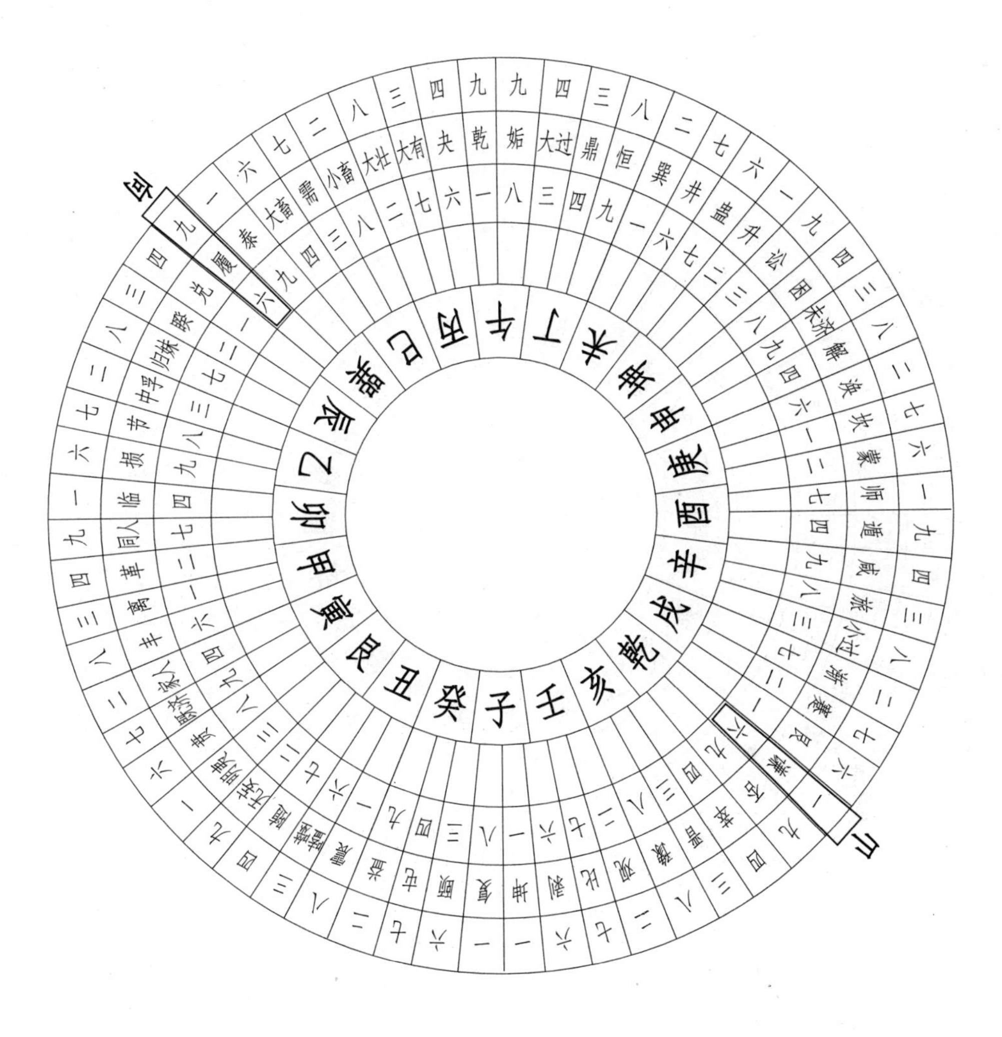

来龙：
- 一运艮卦（六）
- 四运遁卦（九）
- 九运否卦（九）

来水：
- 一运兑卦（四）
- 四运临卦（一）
- 九运泰卦（一）

坐山六运谦卦（一），出向六运履卦（九）。

运数：龙山向水，一六共宗，六四合十，九六合十五。

59. 运合生成合五、合十、合十五破军星八运戌山辰向（坐渐向归妹）。

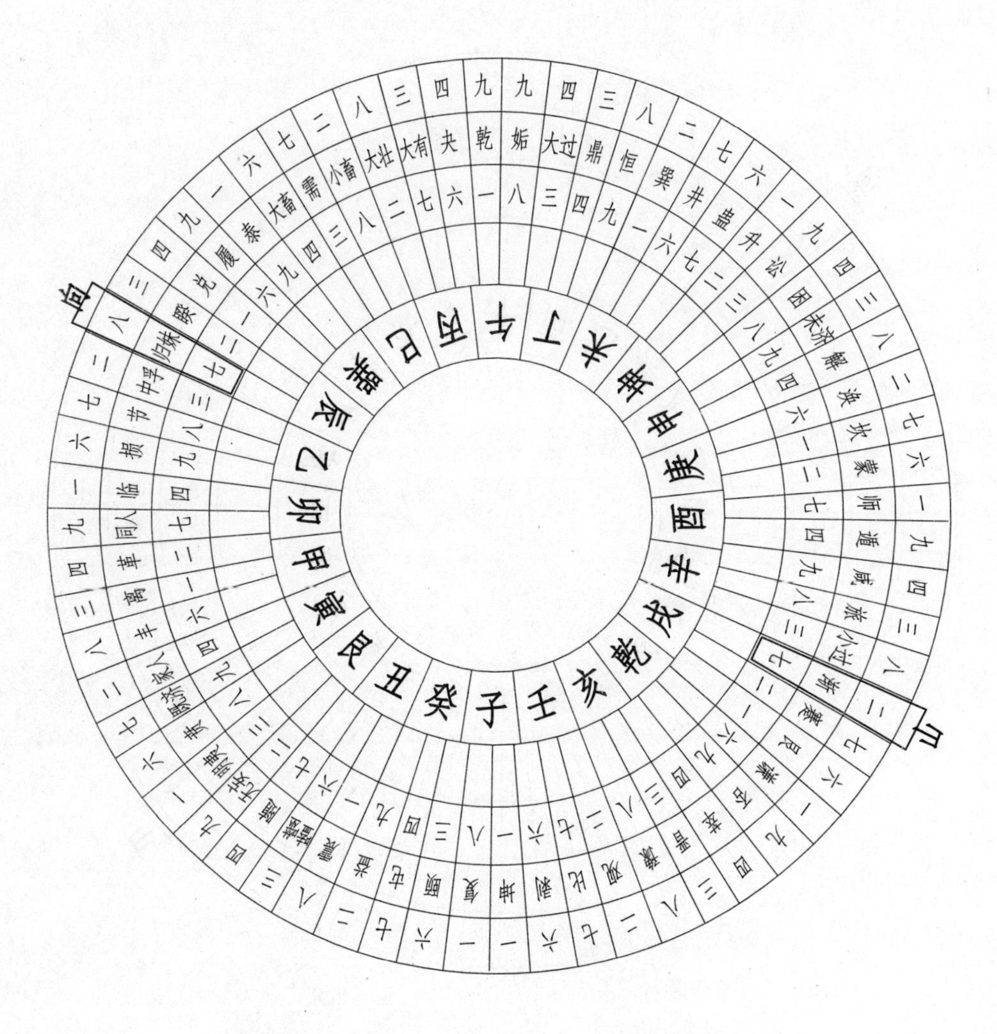

来龙：
- 二运蹇卦（七）
- 三运小过卦（八）
- 八运豫卦（八）

来水：
- 二运睽卦（三）
- 三运中孚卦（三）
- 八运小畜卦（三）

坐山七运渐卦（二），出向七运归妹卦（八）。

运数：山龙向水，七二同道，七三合十，七八合十五。

60. 运合生成合五、合十、合十五破军星九运酉山卯向（坐师向同人）。

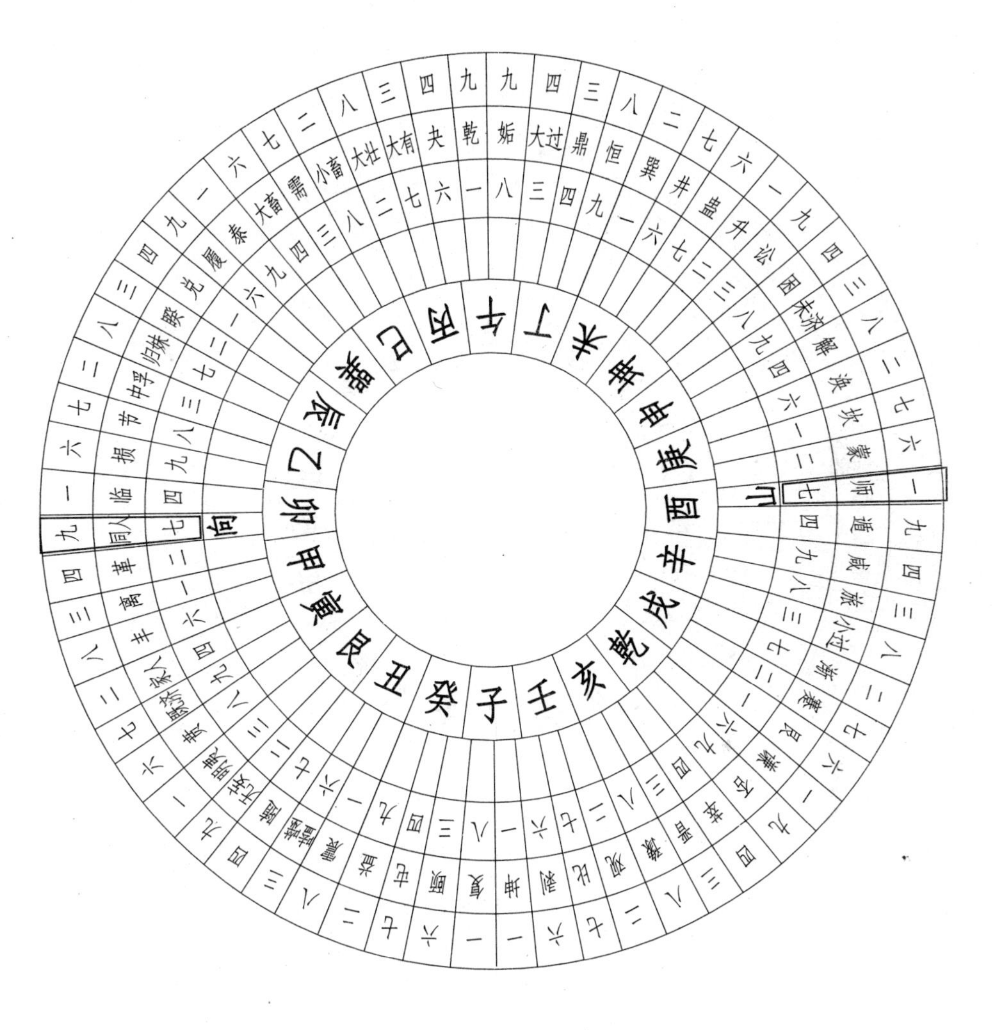

来龙 { 二运蒙卦（六）；三运小过卦（八）；八运豫卦（八）

来水 { 二运革卦（四）；三运中孚卦（二）；八运小畜卦（二）

坐山七运师卦（一），出向七运同人卦（九）。

运数：山龙向水，七二同道，七三合十，七八合十五。

61. 运合生成合五、合十、合十五左辅星八运巳山亥向（坐小畜向豫）。

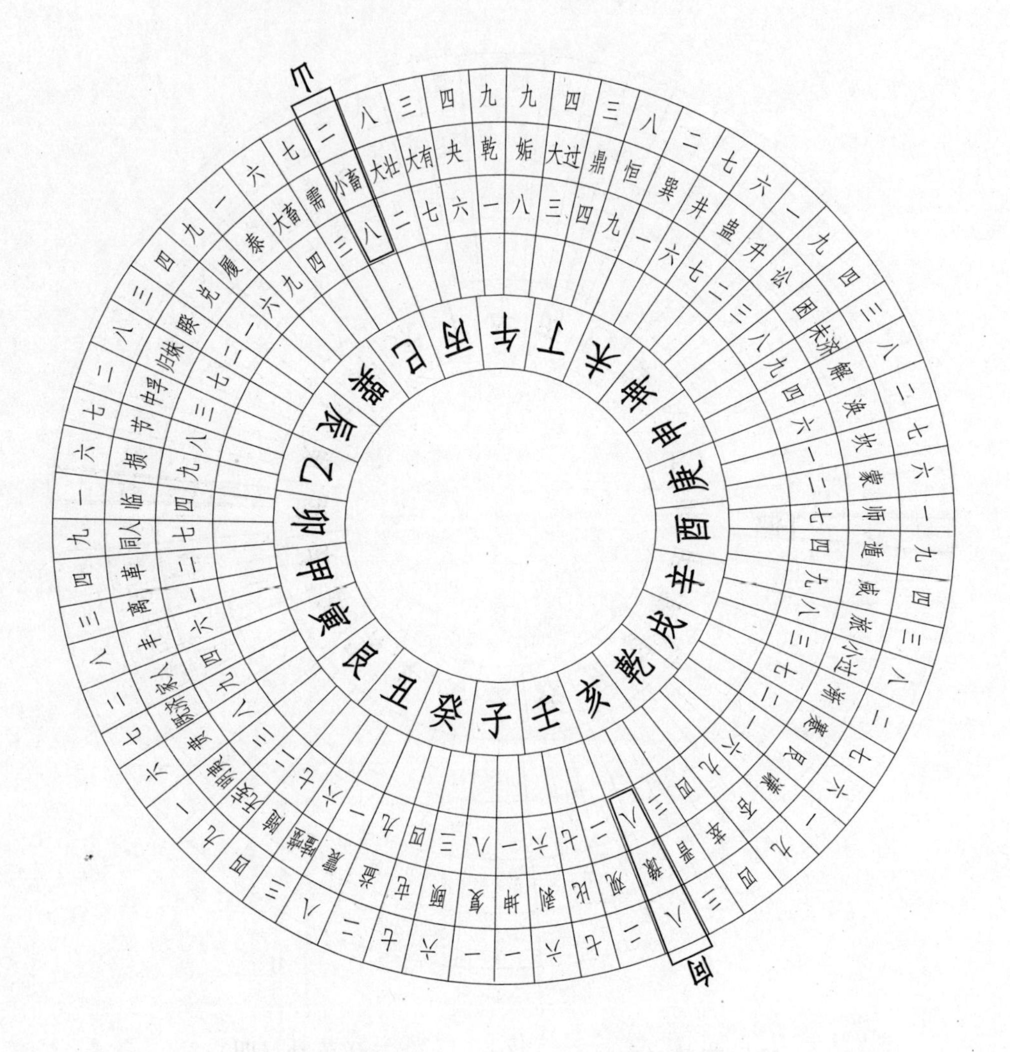

来龙 { 二运大壮卦（八） 三运需卦（七） 七运归妹（八） }　来水 { 三运晋卦（三） 二运观卦（二） 七运渐卦（二） }

坐山八运小畜卦（二），出向八运豫卦（八）。

运数：山龙向水，八二合十八三为朋，八七合十五。

62. 运合生成合五、合十、合十五左辅星九运子山午向（坐复向姤）。

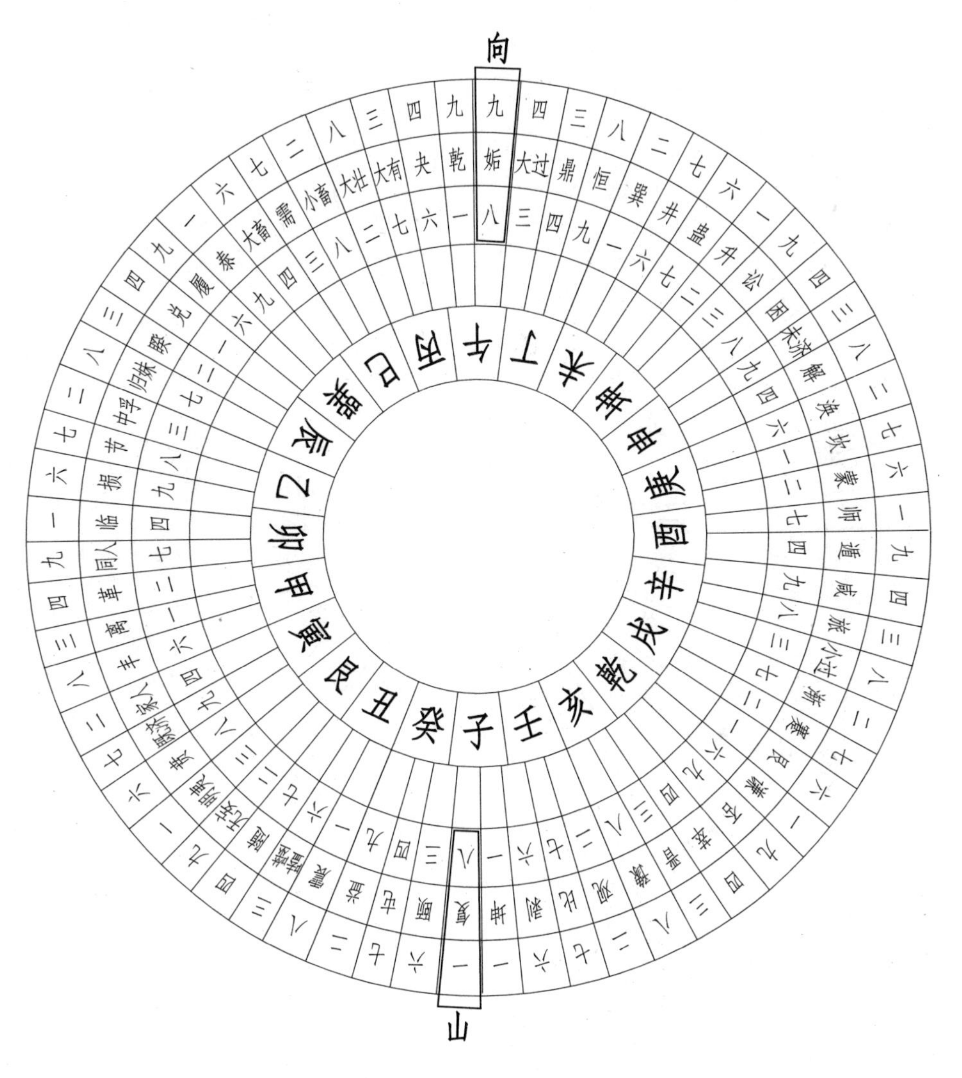

来龙：
- 二运无妄卦（九）
- 三运颐卦（六）
- 七运比卦（七）

来水：
- 二运升卦（一）
- 三运大过卦（四）
- 七运大有卦（三）

坐山八运复卦（一），出向八运姤卦（九）。

运数：山龙向水，八二合十，三八为朋，八七合十五。

63. 运合生成合五、合十、合十五右弼星八运癸山丁向（坐益向恒）。

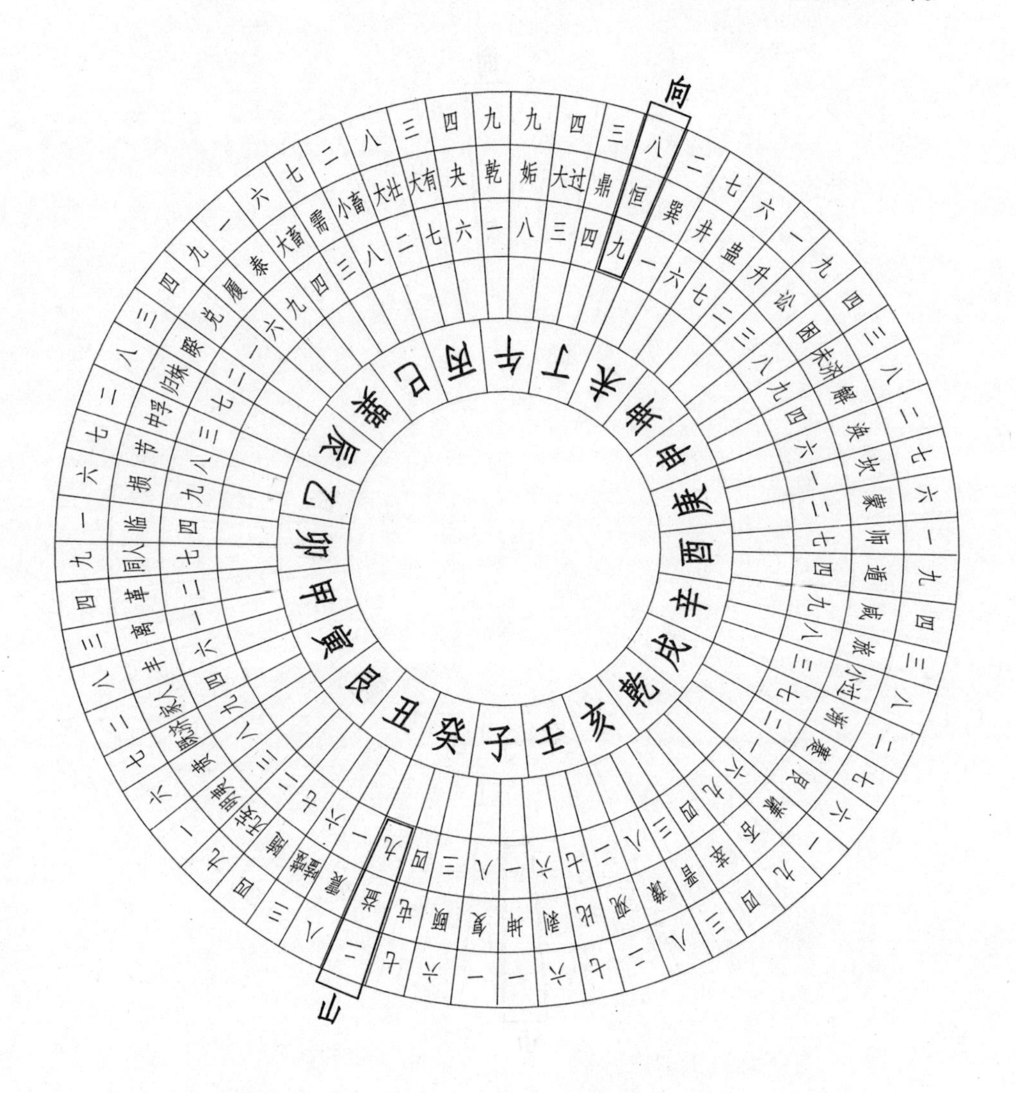

来龙：一运震卦（八）；四运屯卦（七）；六运剥卦（六）

来水：一运巽卦（二）；四运鼎卦（三）；六运夬卦（四）

坐山九运益卦（二），出向九运恒卦（八）。

运数：山龙向水，九一合十，九四为友，九六合十五。

64. 运合生成合五、合十、合十五右弼星九运巽山乾向（坐泰向否）。

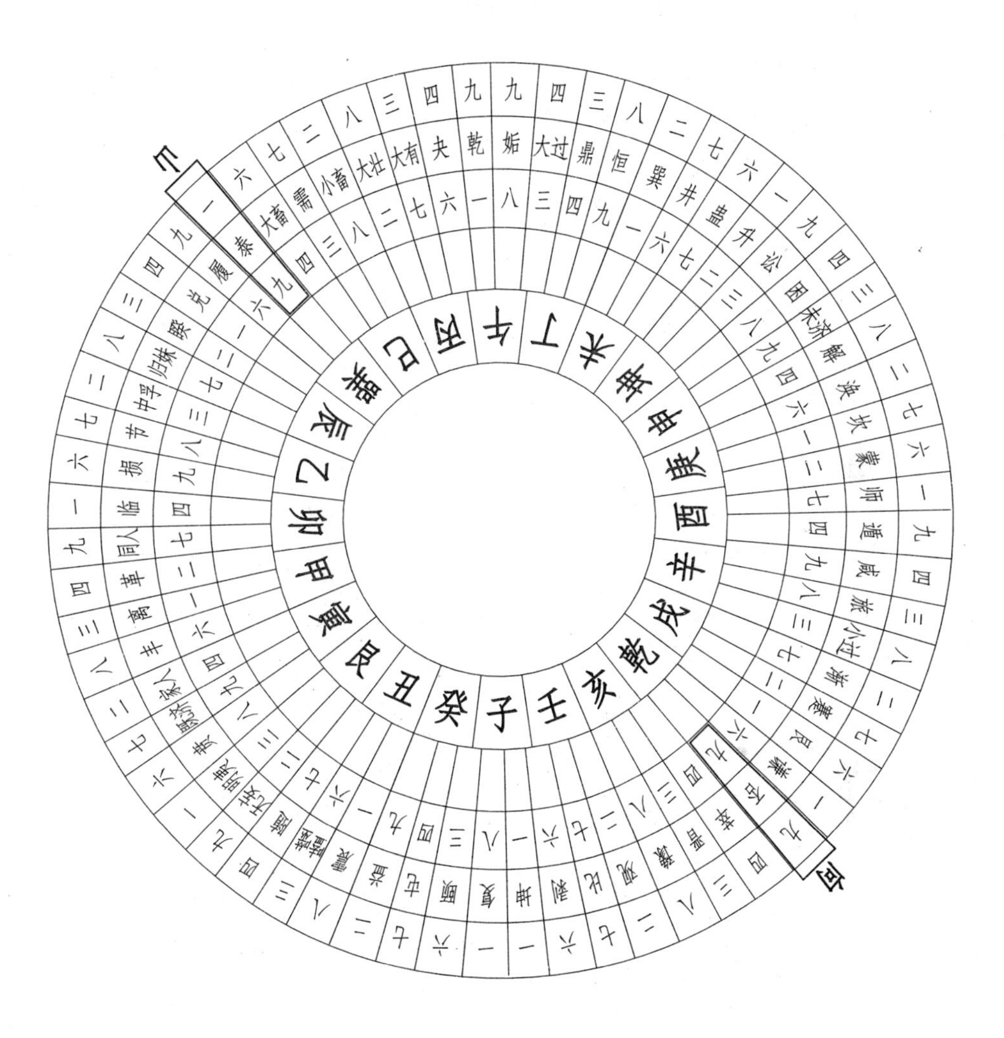

来龙：
- 一运乾卦（九）
- 四运大蓄卦（六）
- 六运履卦（九）

来水：
- 一运坤卦（一）
- 四运萃卦（四）
- 六运谦卦（一）

坐山九运泰卦（一），出向九运否卦（九）。

运数：山龙向水，九一合十，九四为友，九六合十五。

八、来龙、水口四卦中任选一卦适用法

65. 来龙四卦中任选一卦适用，其他贪狼星八运未山丑向（坐巽向震）。

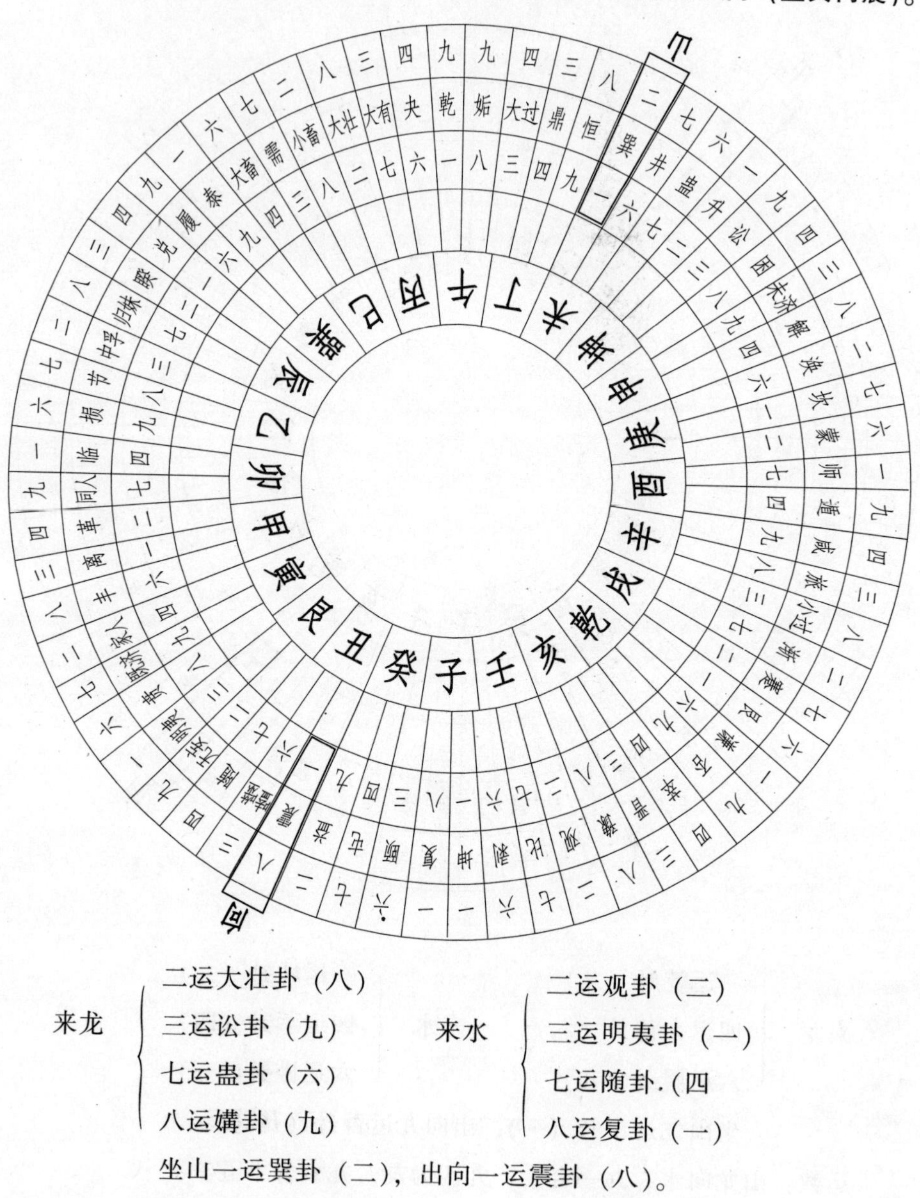

来龙：
- 二运大壮卦（八）
- 三运讼卦（九）
- 七运蛊卦（六）
- 八运媾卦（九）

来水：
- 二运观卦（二）
- 三运明夷卦（一）
- 七运随卦.(四
- 八运复卦（一）

坐山一运巽卦（二），出向一运震卦（八）。

运数：卦数无合局，可酌用。

66. 来龙四卦中任选一卦适用，其他贪狼星九运子山午向（坐坤向乾）。

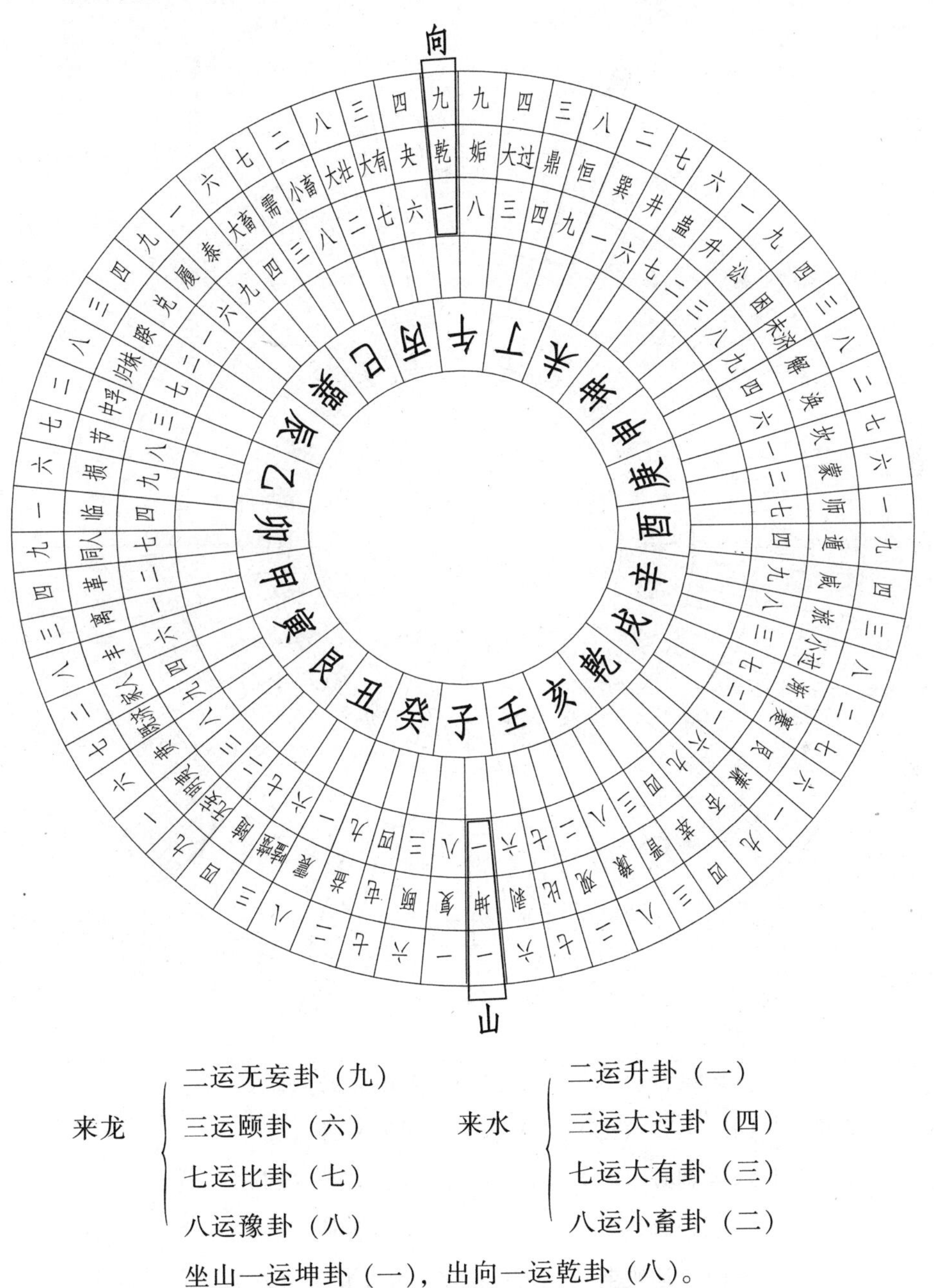

来龙：
- 二运无妄卦（九）
- 三运颐卦（六）
- 七运比卦（七）
- 八运豫卦（八）

来水：
- 二运升卦（一）
- 三运大过卦（四）
- 七运大有卦（三）
- 八运小畜卦（二）

坐山一运坤卦（一），出向一运乾卦（八）。

运数：卦数无合局，可酌用。

67. 来龙四卦中任选一卦适用，其他巨门星八运壬山丙向（坐观向大壮）。

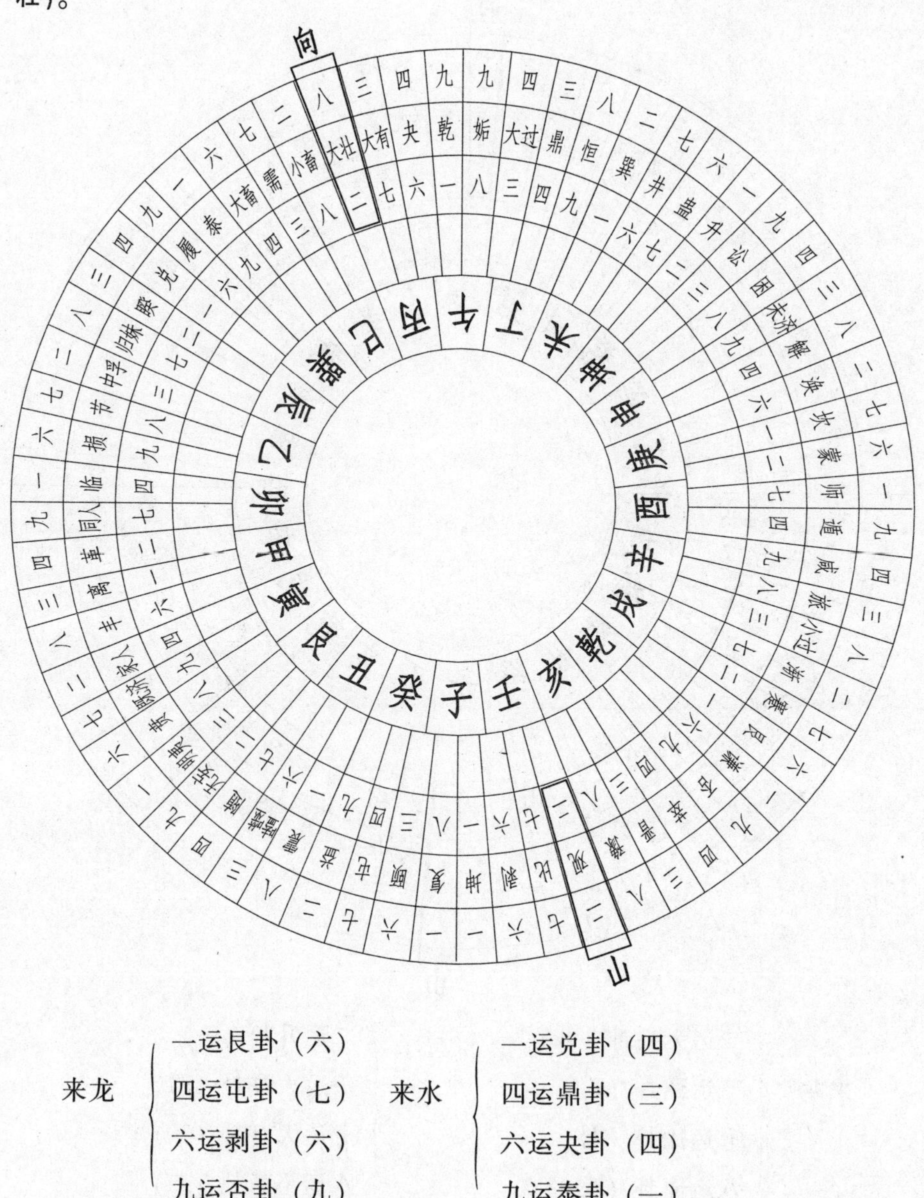

来龙：
- 一运艮卦（六）
- 四运屯卦（七）
- 六运剥卦（六）
- 九运否卦（九）

来水：
- 一运兑卦（四）
- 四运鼎卦（三）
- 六运夬卦（四）
- 九运泰卦（一）

坐山二运观卦（二），出向二运大壮卦（八）。

运数：卦数无合局，可酌用。

68. 来龙四卦中任选一卦适用，其他巨门星九运坤山艮向（坐升向无妄）。

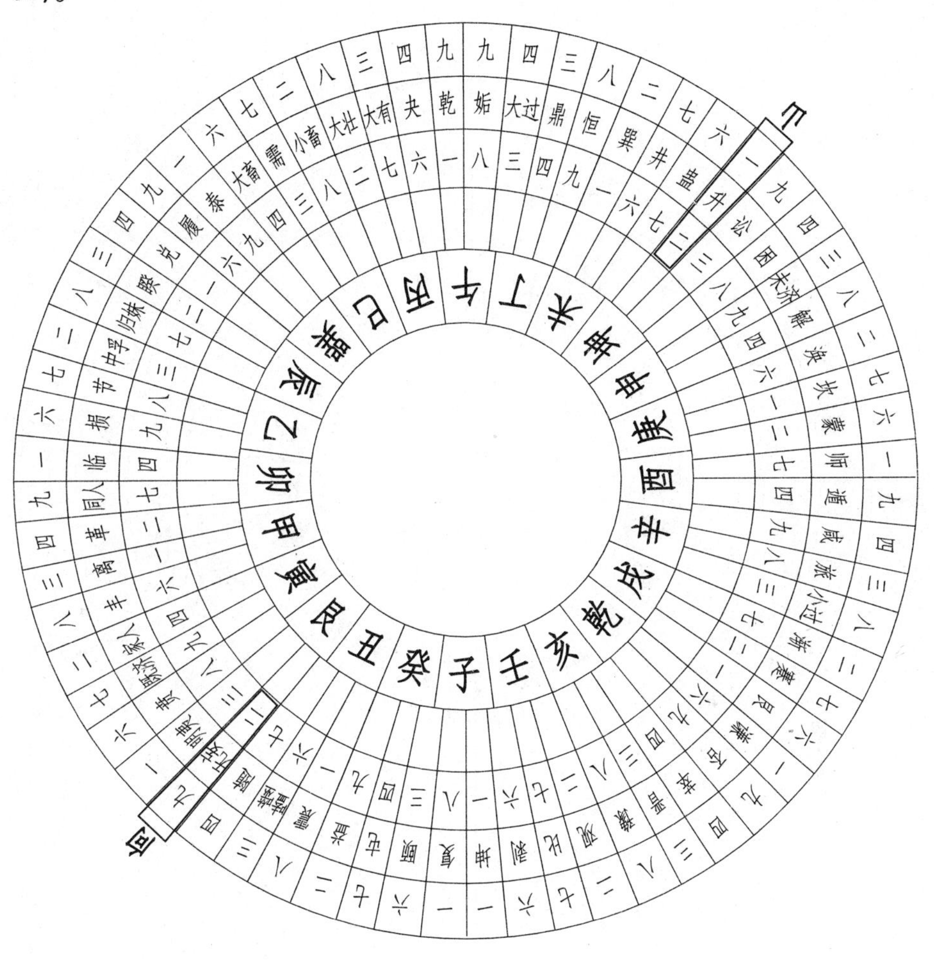

来龙：
- 四运解卦（八）
- 一运巽卦（二）
- 六运井卦（七）
- 九运恒卦（八）

来水：
- 一运震卦（八）
- 四运家人卦（二）
- 六运噬嗑卦（三）
- 九运益卦（二）

坐山二运升卦（一），出向二运无妄卦（九）。

运数：卦数无合局，可酌用。

69. **来龙四卦中任选一卦适用，其他禄存星八运乙山辛向（坐中孚向小过）。**

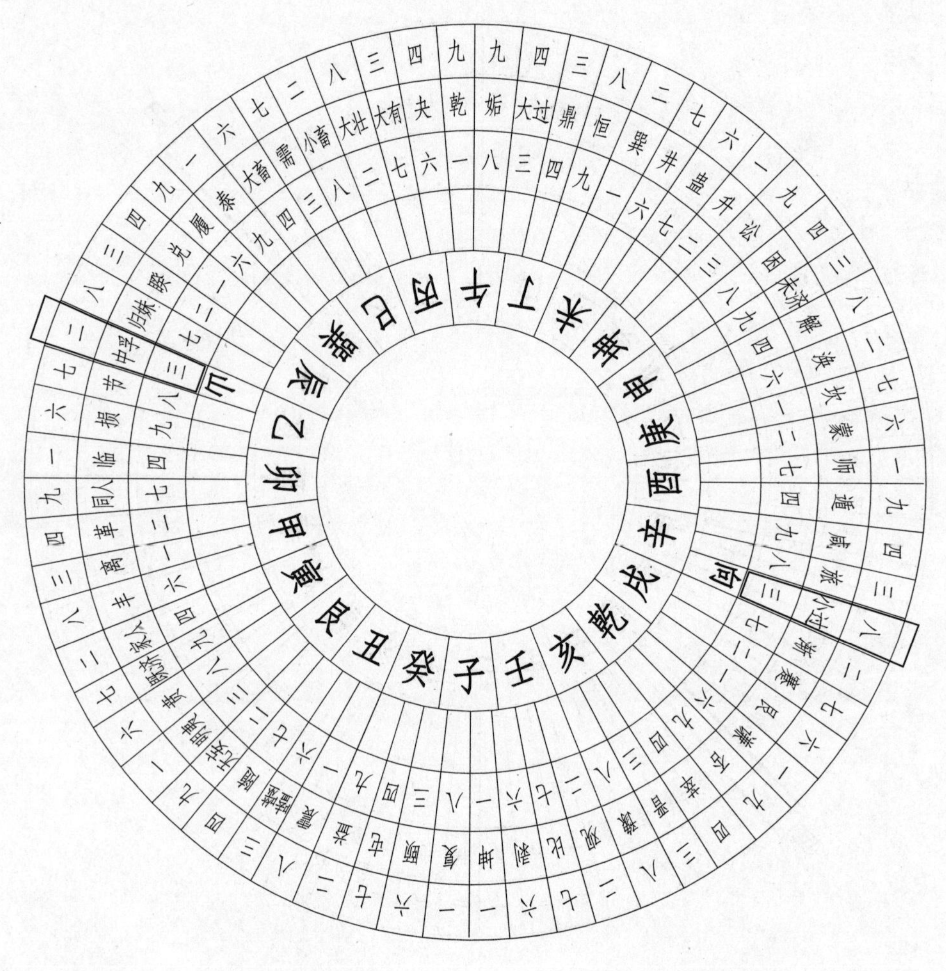

来龙：一运乾卦（九）、四运大畜卦（六）、六运履卦（九）、九运损卦（六）

来水：一运坤卦（一）、四运萃卦（四）、六运谦卦（一）、九运咸卦（四）

坐山三运中孚（二），出向三运小过卦（八）。

运数：卦数无合局，可酌用。

70. 来龙四卦中任选一卦适用，其他禄存星九运艮山坤向（坐明夷向讼）。

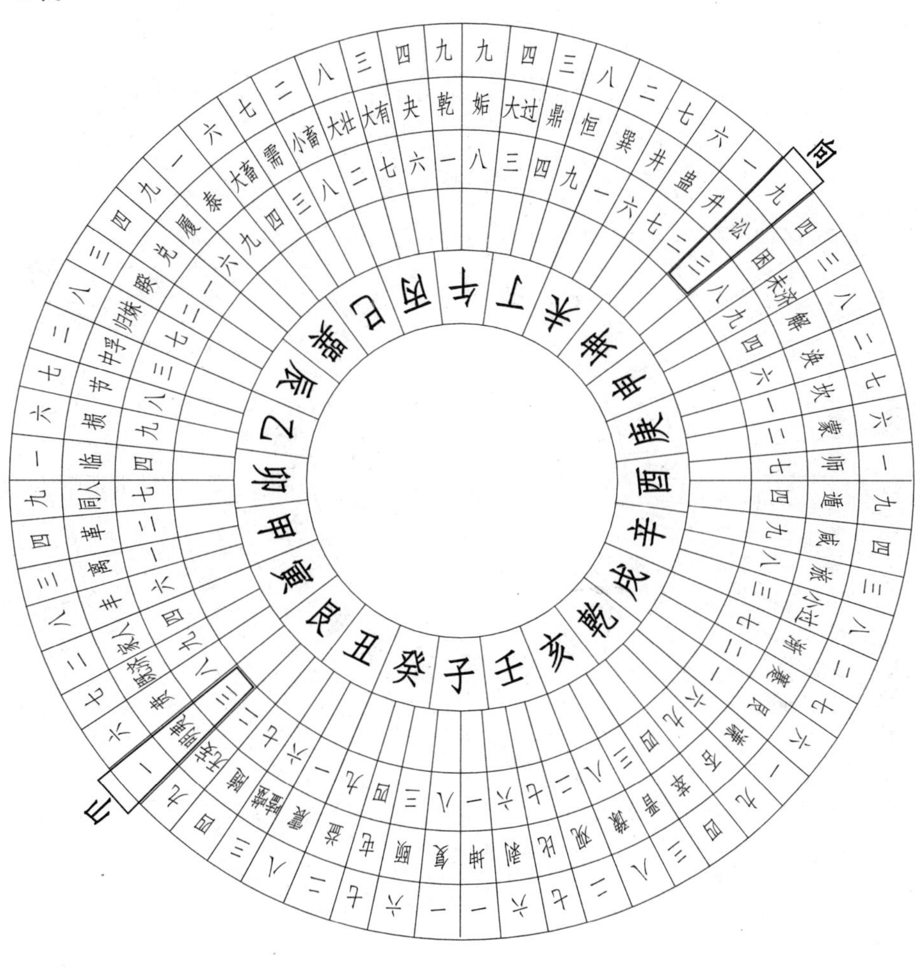

来龙：
- 一运震卦（八）
- 四运屯卦（七）
- 六运丰卦（八）
- 九运既济卦（七）

来水：
- 一运巽卦（二）
- 六运涣卦（二）
- 四运鼎卦（三）
- 九运未济卦（三）

坐山三运明夷（一），向三运讼卦（九）。

运数：卦数无合局，可酌用。

71. 来龙四卦中任选一卦适用，其他文曲星八运寅山申向（坐家人向解）。

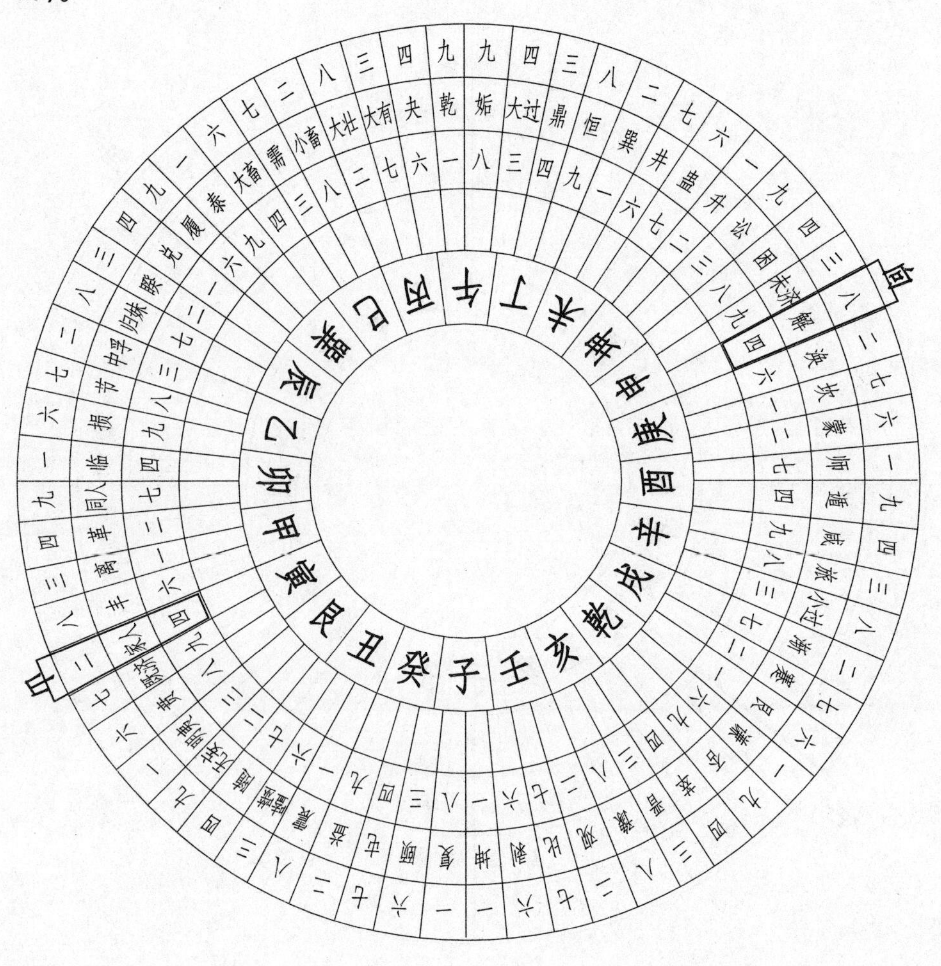

来龙	二运无妄卦（九） 三运颐卦（六） 七运同人卦（九） 八运贲卦（六）	来水	二运升卦（一） 三运大过卦（四） 七运师卦（一） 八运困卦（四）

坐山四运家人卦（二），出向四运解卦（八）。

运数：卦数无合局，可酌用。

72. 来龙四卦中任选一卦适用，其他文曲星九运卯山酉向（坐临向遁）。

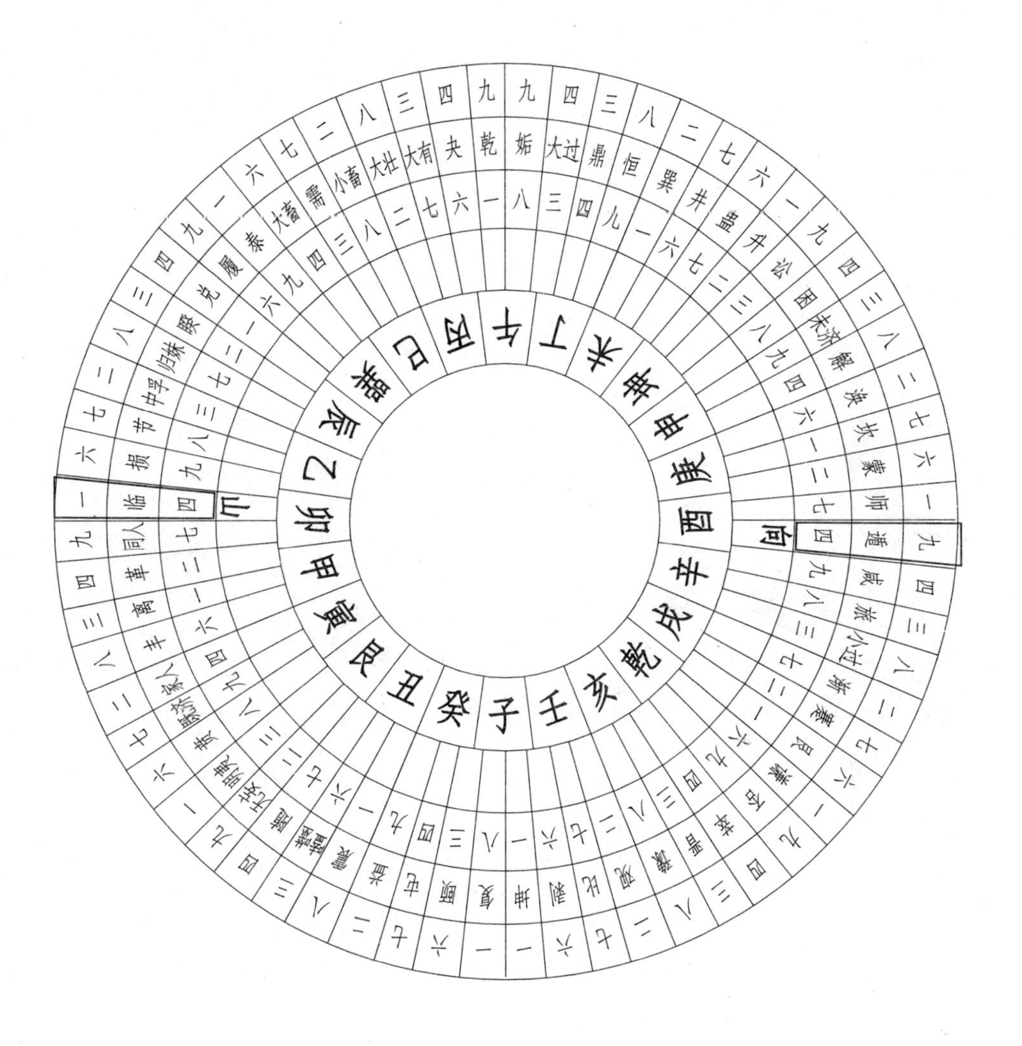

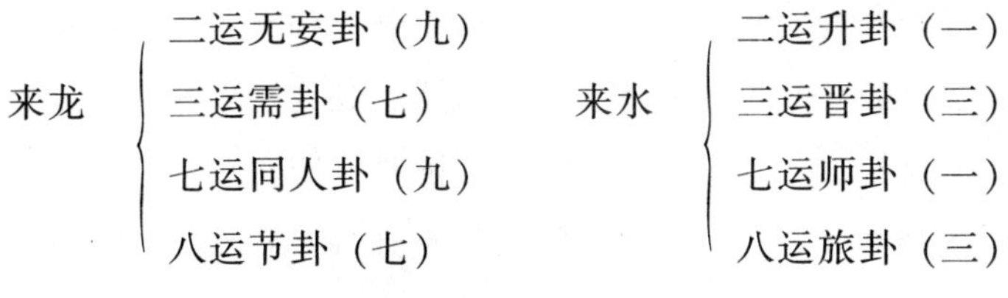

来龙
- 二运无妄卦（九）
- 三运需卦（七）
- 七运同人卦（九）
- 八运节卦（七）

来水
- 二运升卦（一）
- 三运晋卦（三）
- 七运师卦（一）
- 八运旅卦（三）

坐山四运临卦（一），出向四运遁卦（九）。

运数：卦数无合局，可酌用。

73. 来龙四卦中任选一卦适用，其他武曲星八运庚山甲向（坐涣向丰）。

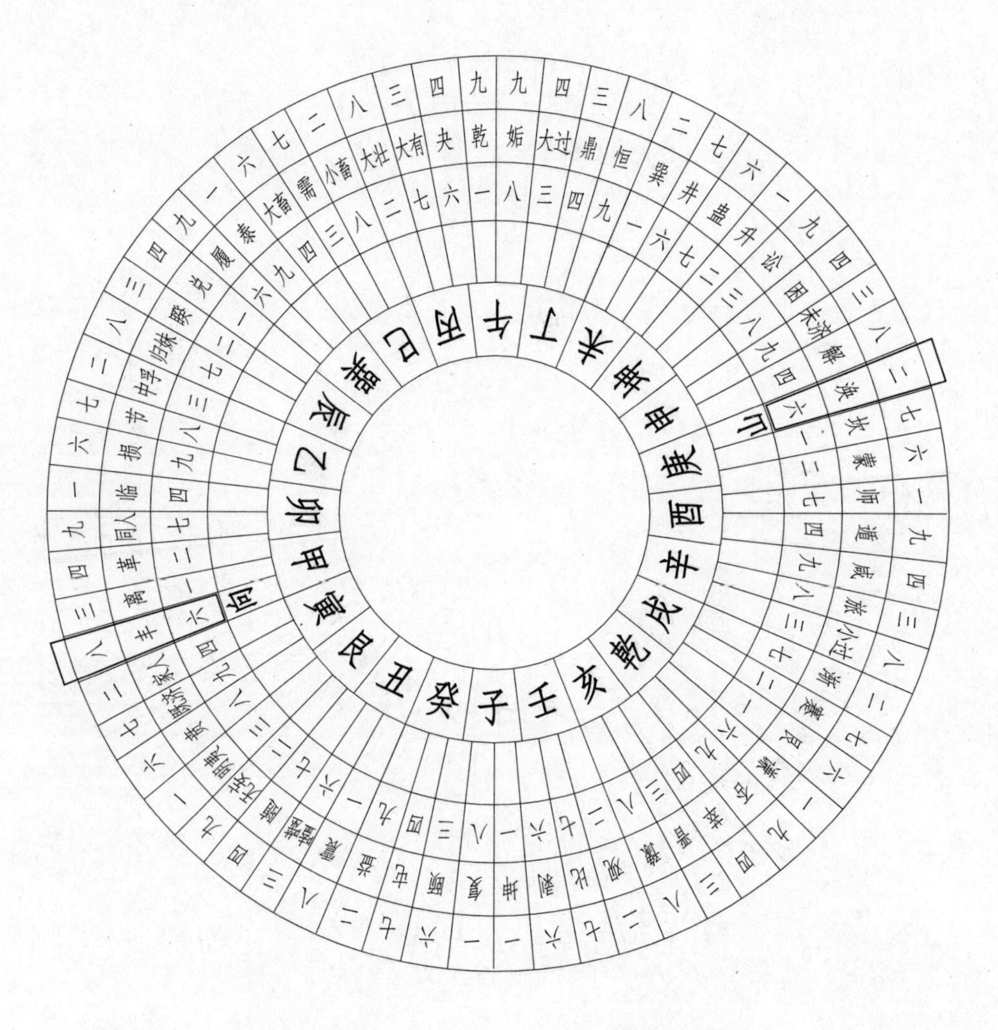

来龙：
二运蒙卦（六）
三运讼卦（九）
七运蛊卦（六）
八运媾卦（九）

来水：
二运革卦（四）
三运明夷卦（一）
七运随卦（四）
八运复卦（一）

坐山六运涣卦（二），出向六运丰卦（八）。

运数：卦数无合局，可酌用。

74. 来龙四卦中任选一卦适用，其他武曲星九运乾山巽向（坐谦向履）。

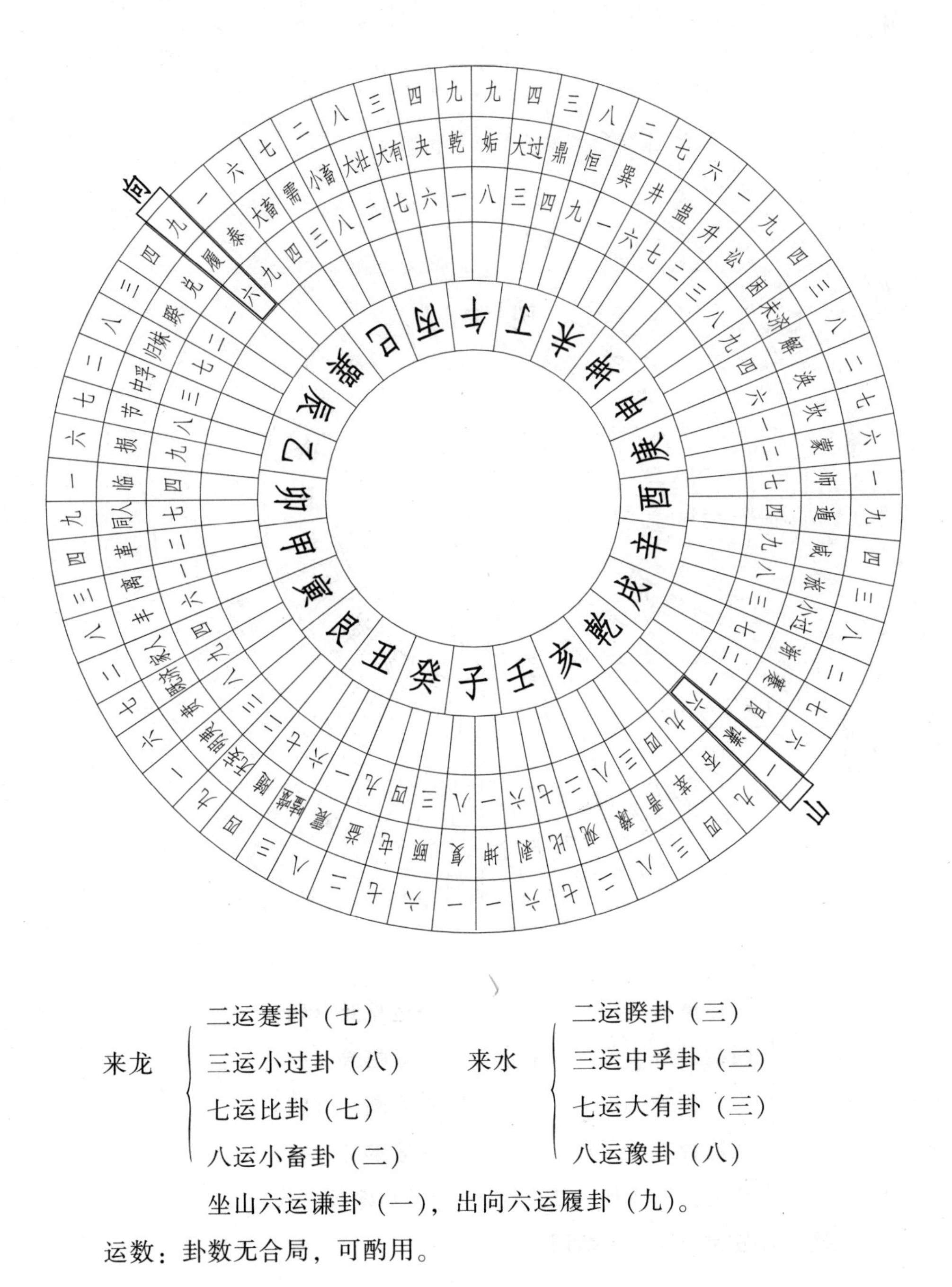

来龙	二运蹇卦（七） 三运小过卦（八） 七运比卦（七） 八运小畜卦（二）	来水	二运睽卦（三） 三运中孚卦（二） 七运大有卦（三） 八运豫卦（八）

坐山六运谦卦（一），出向六运履卦（九）。

运数：卦数无合局，可酌用。

75. 来龙四卦中任选一卦适用，其他破军星八运戌山辰向（坐渐向归妹）。

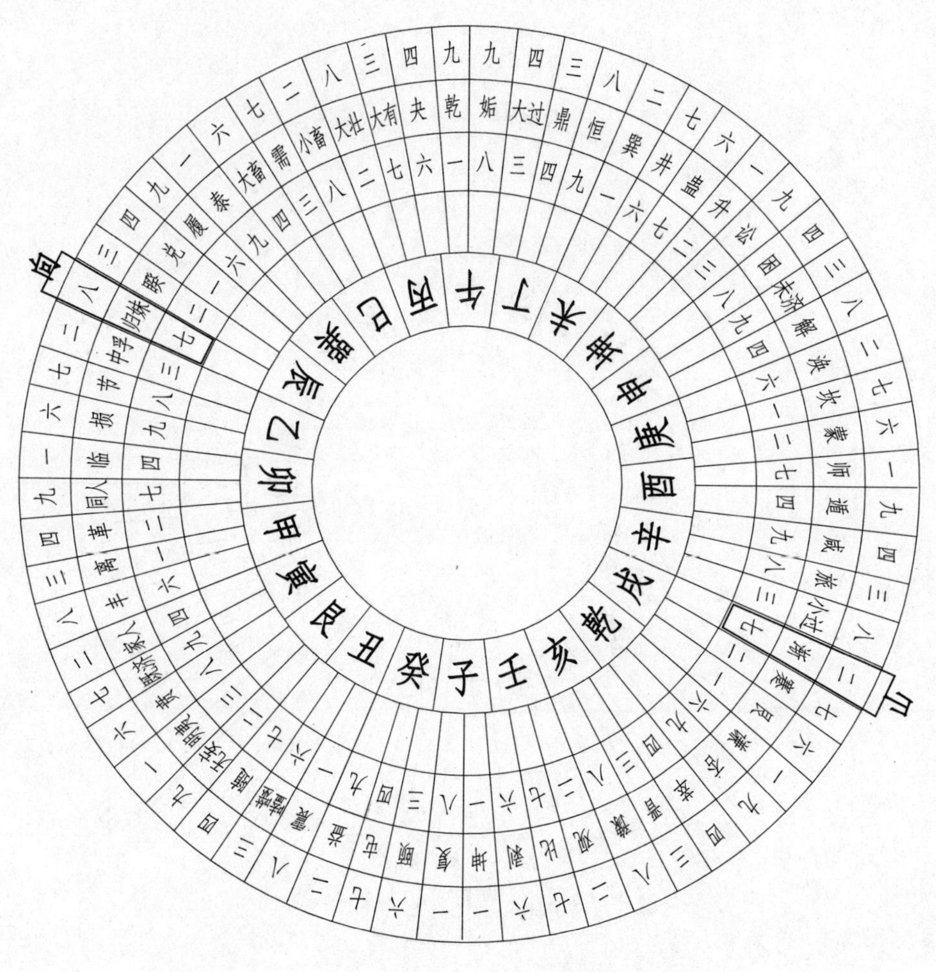

来龙
- 一运艮卦（六）
- 四运遁卦（九）
- 六运剥卦（六）
- 九运否卦（九）

来水
- 一运兑卦（四）
- 四运临卦（一）
- 六运阙卦（四）
- 九运泰卦（一）

坐山七运渐卦（二），出向七运归妹卦（八）。

运数：卦数无合局，可酌用。

76. 来龙四卦中任选一卦适用，其他破军星九运酉山卯向（坐师向同人）。

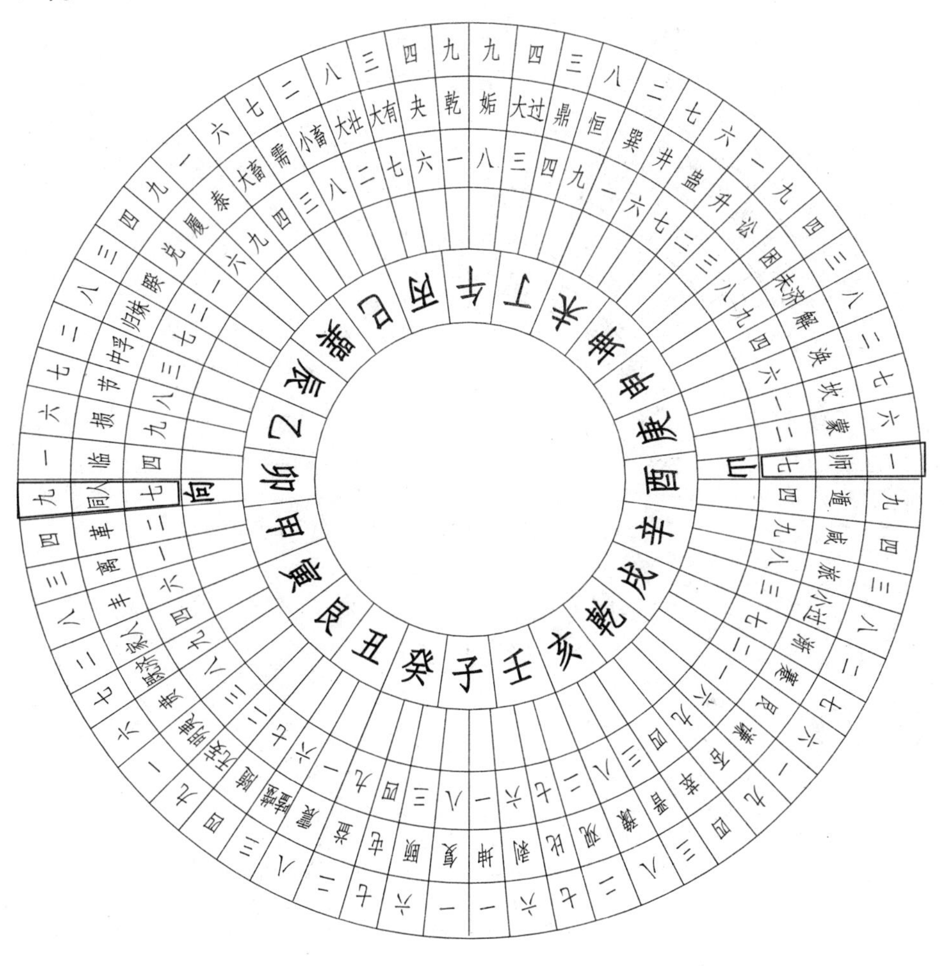

来龙：一运坎卦（七）　四运遁卦（九）　六运井卦（七）　九运否卦（九）

来水：一运离卦（三）　四运临卦（一）　六运噬嗑卦（三）　九运泰卦（一）

坐山七运师卦（一），出向七运同人卦（九）。

运数：卦数无合局，可酌用。

77. 来龙四卦中任选一卦适用，其他左辅星八运巳山亥向（坐小畜向豫卦）。

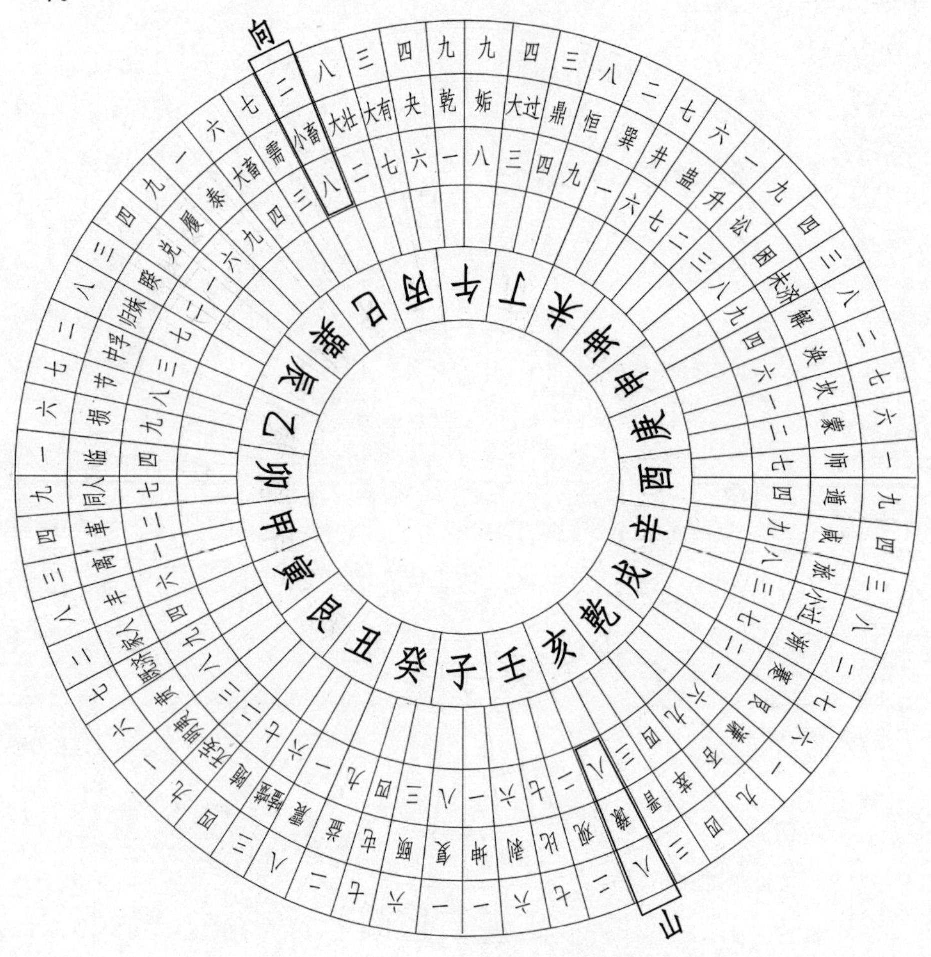

来龙：
- 一运乾卦（九）
- 四运大畜卦（六）
- 六运履卦（九）
- 九运恒卦（八）

来水：
- 一运坤卦（一）
- 四运萃卦（四）
- 六运谦卦（一）
- 九运益卦（二）

坐山八运小畜卦（二），出向八运豫卦（八）。

运数：卦数无合局，可酌用

78. 来龙四卦中任选一卦适用，其他左辅星九运子山午向（坐复向姤卦）。

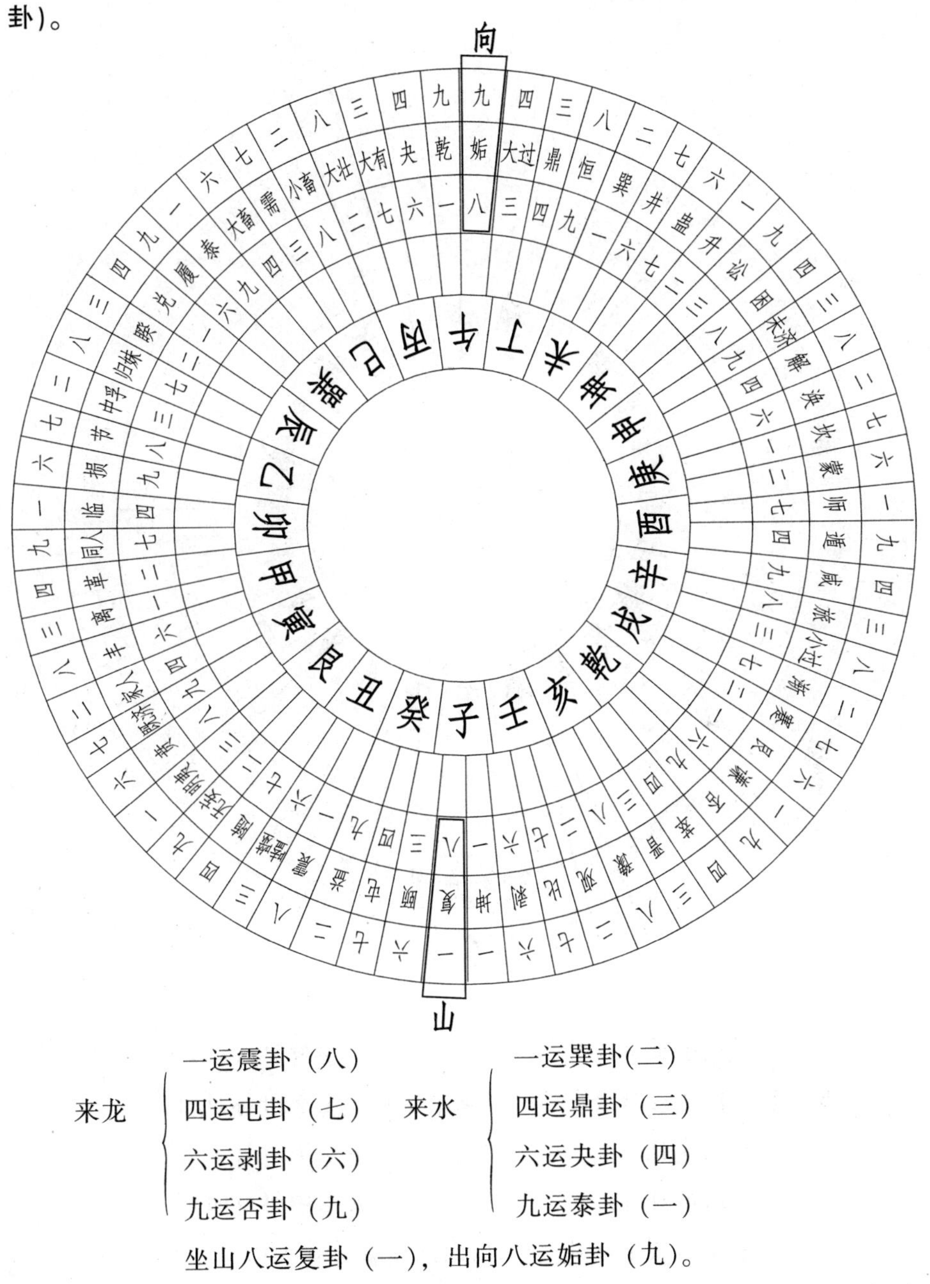

来龙：
- 一运震卦（八）
- 四运屯卦（七）
- 六运剥卦（六）
- 九运否卦（九）

来水：
- 一运巽卦(二)
- 四运鼎卦（三）
- 六运夬卦（四）
- 九运泰卦（一）

坐山八运复卦（一），出向八运姤卦（九）。

运数：卦数无合局，可酌用。

79. 来龙四卦中任选一卦适用，其他右弼星八运癸山丁向（坐益向恒）。

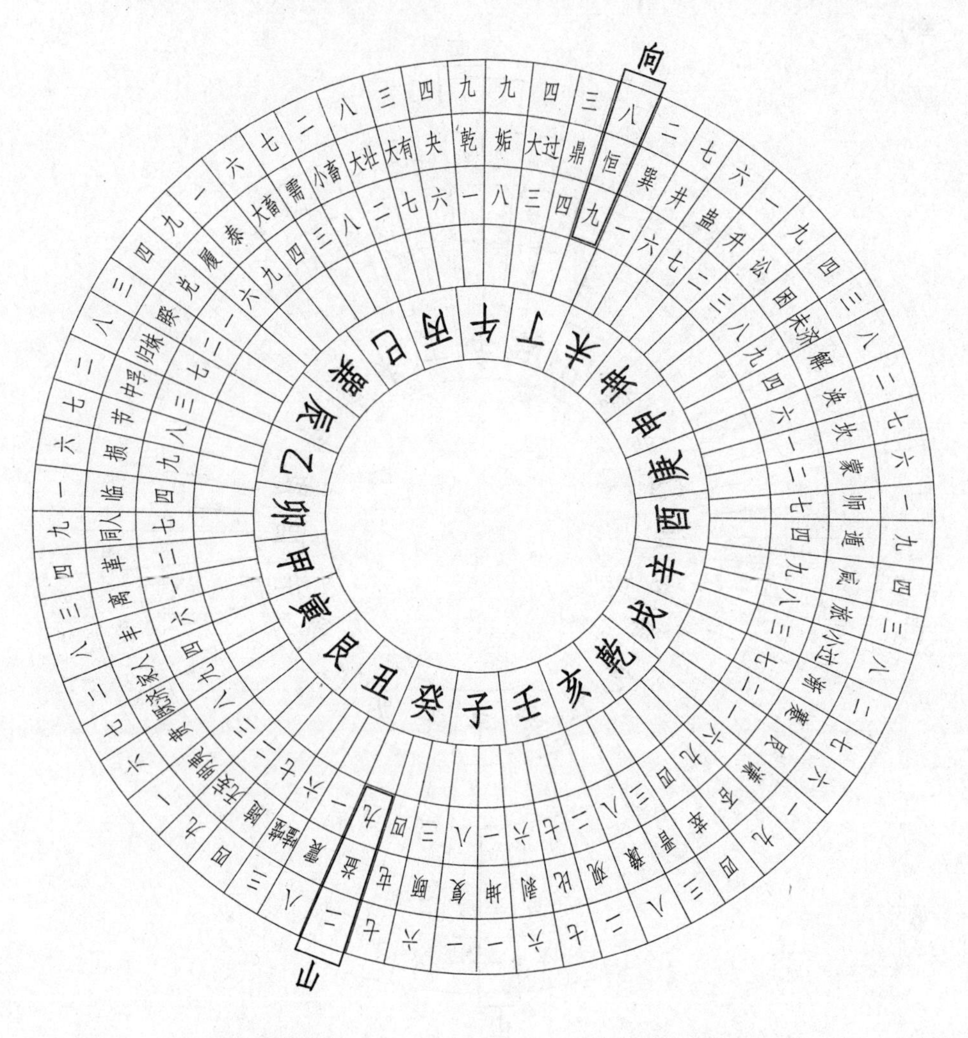

来龙
- 二运无妄卦（九）
- 三运颐卦（六）
- 七运比卦（七）
- 八运贲卦（六）

来水
- 二运升卦（一）
- 三运大过卦（四）
- 七运大有卦（三）
- 八运困卦（四）

坐山九运益卦（二），出向九运恒卦（八）。

运数：卦数无合局，可酌用。

80. 来龙四卦中任选一卦适用，其他右弼星九运巽山乾向（坐泰向否）。

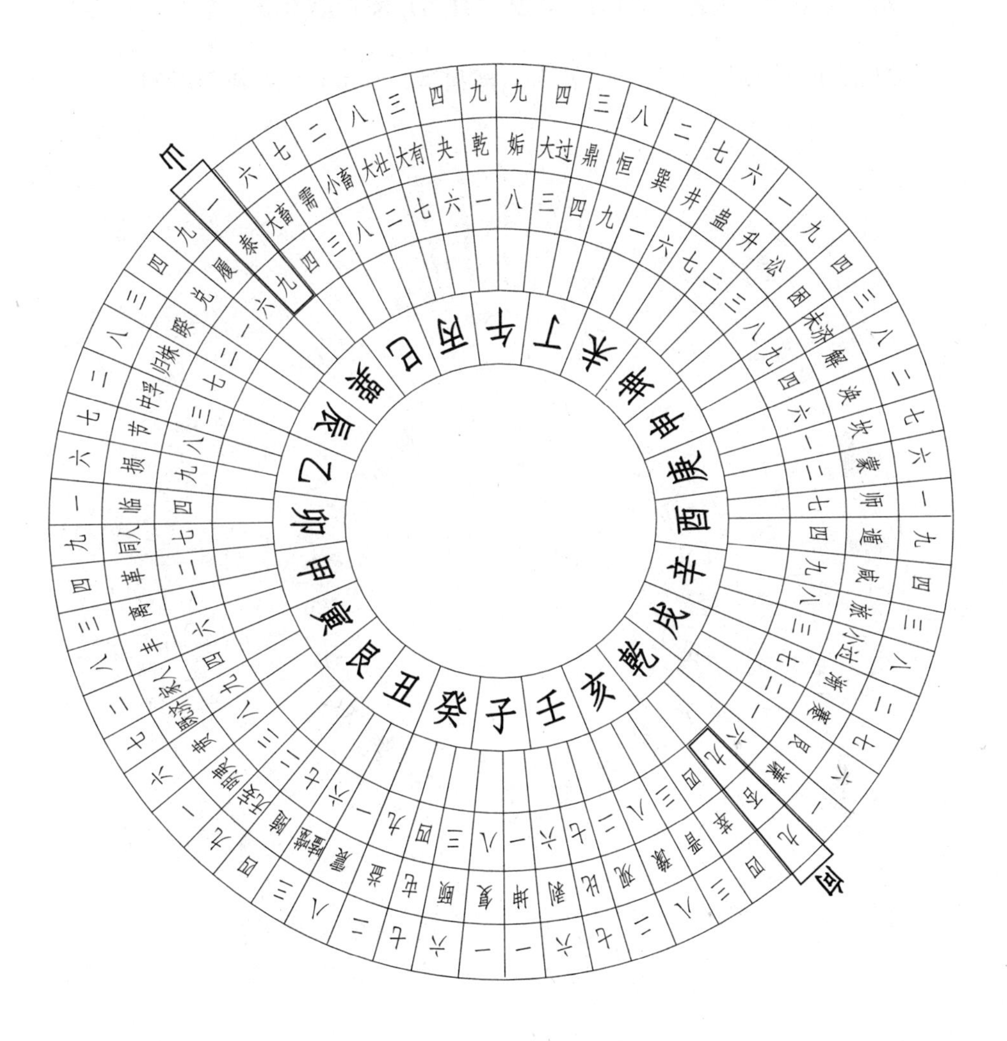

来龙：
- 二运大壮卦（八）
- 三运需卦（七）
- 七运归妹卦（八）
- 八运节卦（七）

来水：
- 二运观卦（二）
- 三运晋卦（三）
- 七运卦渐卦（二）
- 八运旅卦（三）

坐山九运泰卦（一），出向九运否卦（九）。

运数：卦数无合局，可酌用。

九、上下元、大卦（星运）、小卦（卦运）配合应用法

81. 龙山向水上元、大卦、小卦（即星运、卦运）配合应用图例：

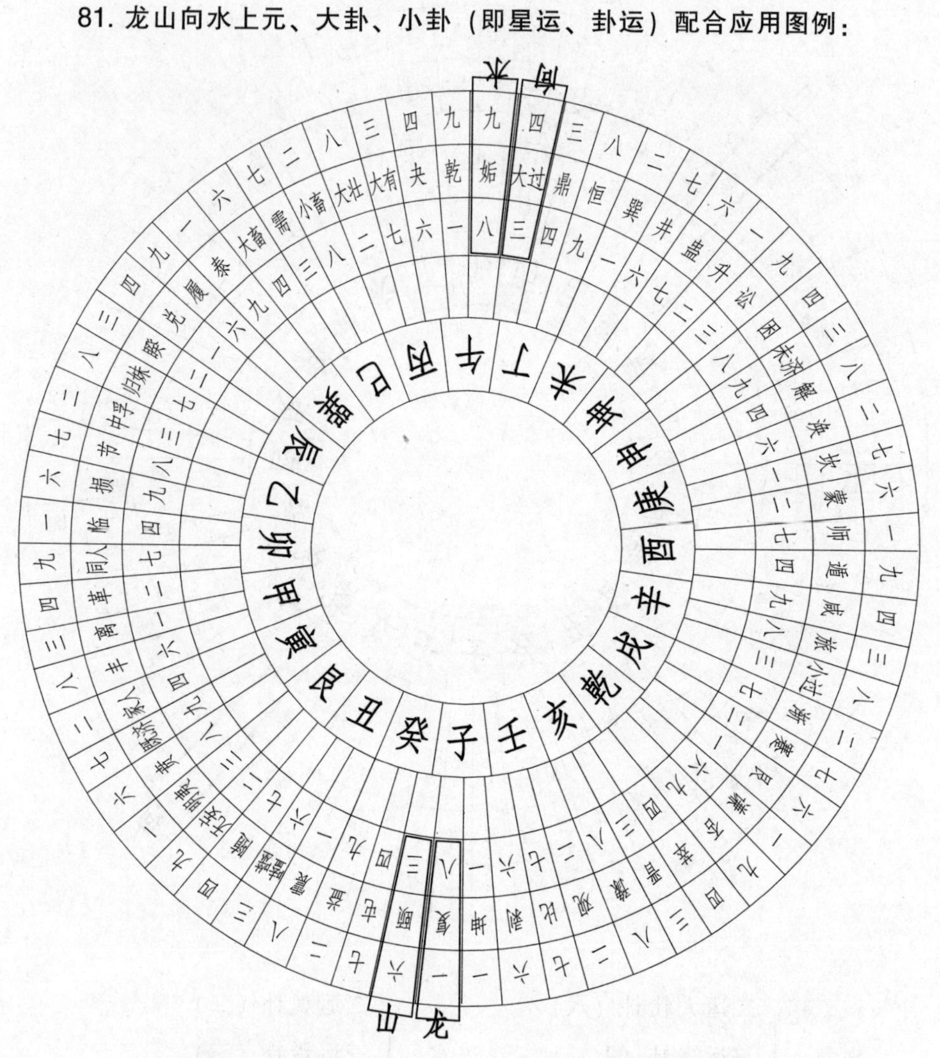

壬山丙向（坐比向大有）

来龙二运观卦（二）

坐山七运比卦（七）

出向七运大有卦（三）

来水二运大壮卦（八）

龙山二七同道，龙向二三合五。

龙水二八合十，山向七三合十。

山水七八合十五。

向水三八为朋。

82. 龙山向水上元、大卦、小卦（即星运、卦运）配合应用图例：

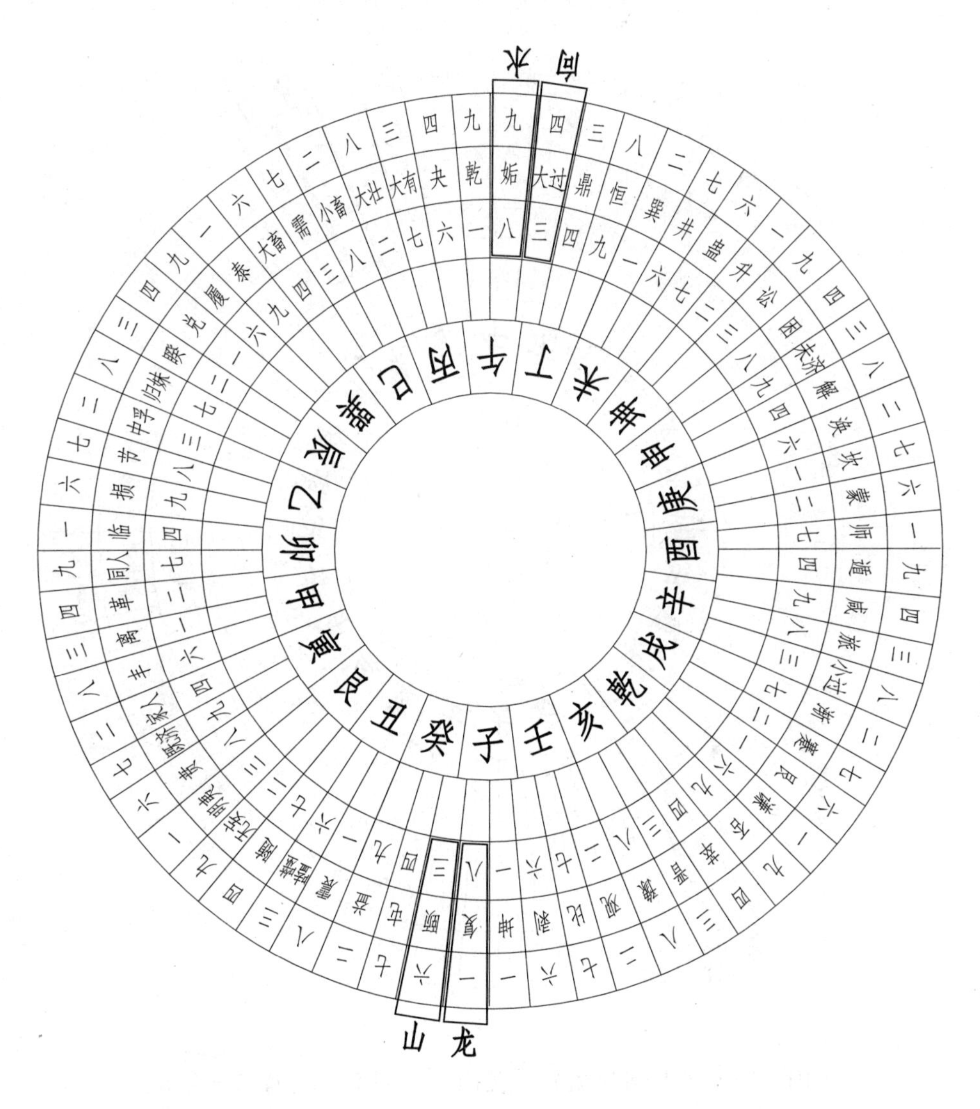

癸山丁向（坐颐向大过）　龙山一六共宗，龙向一四合五。

来龙八运复卦（一）　龙水一九合十，山向六四合十。

坐山三运颐卦（六）　山水六九合十五。

出向三运大过卦（四）　向水四九为友。

来水八运姤卦（九）

83. 龙山向水上元、大卦、小卦（即星运、卦运）配合应用图例：

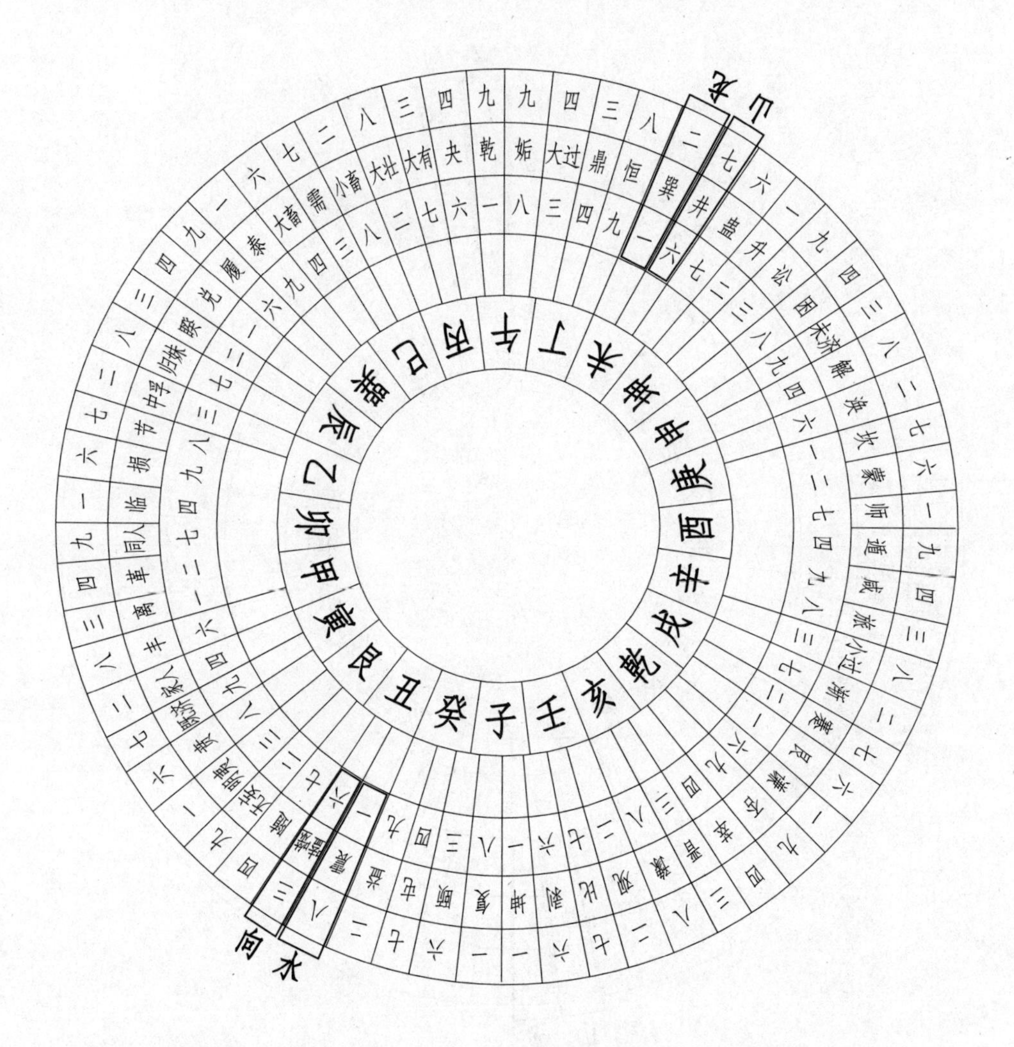

未山丑向（坐井向噬嗑）　龙山二七同道，龙向二三合五。

来龙一运巽卦（二）　龙水二八合十，山向七三合十。

坐山六运井卦（七）　山水七八合十五。

出向六运噬嗑卦（三）　向水三八为朋。

来水一运震卦（八）

84. 龙山向水上元、大卦、小卦（即星运、卦运）配合应用图例：

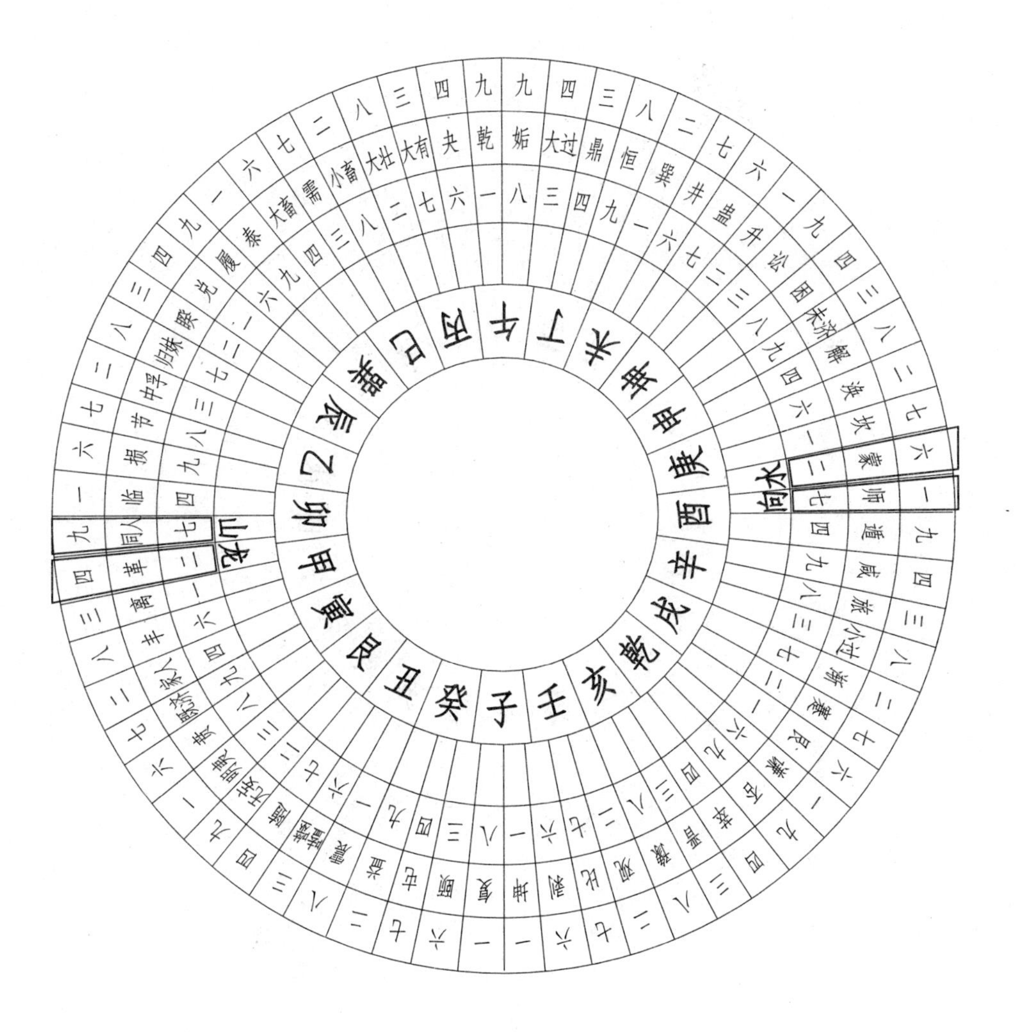

卯山酉向（坐同人向师）

来龙二运革卦（四）

坐山七运同人卦（九）

出向七运师卦（一）

来水二运蒙卦（六）

龙山四九为友，龙向四一合五。

龙水四六合十，山向九一合十。

山水九六合十五。

向水一六共宗。

85. 龙山向水上元、大卦、小卦（即星运、卦运）配合应用图例：

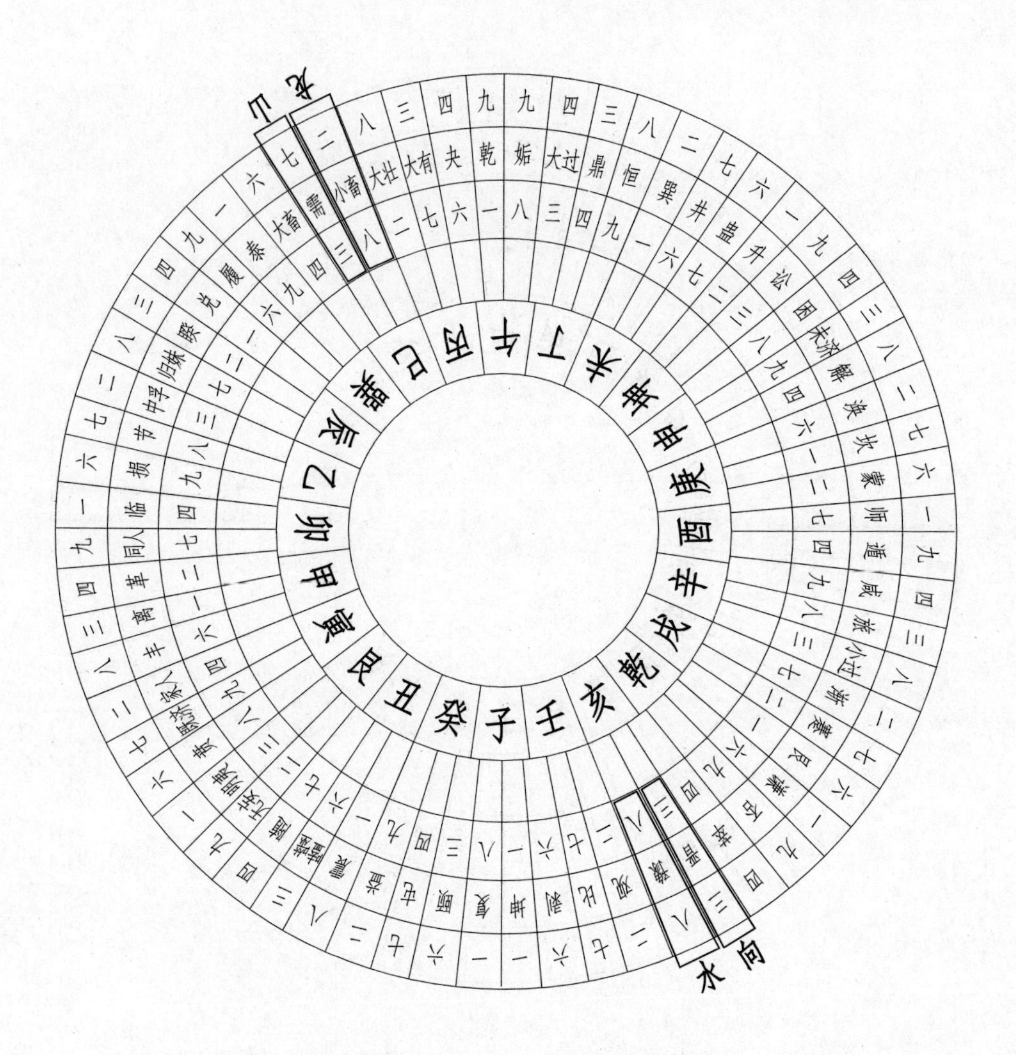

巳山亥向（坐需向晋）

来龙八运小畜卦（二）	龙山二七同道，龙向二三合五。
坐山三运需卦（七）	龙水二八合十，山向七三合十。
出向三运晋卦（三）	山水七八合十五。
来水八运豫卦（八）	向水三八为朋。

86. 龙山向水下元、大卦、小卦（即星运、卦运）配合应用图例：

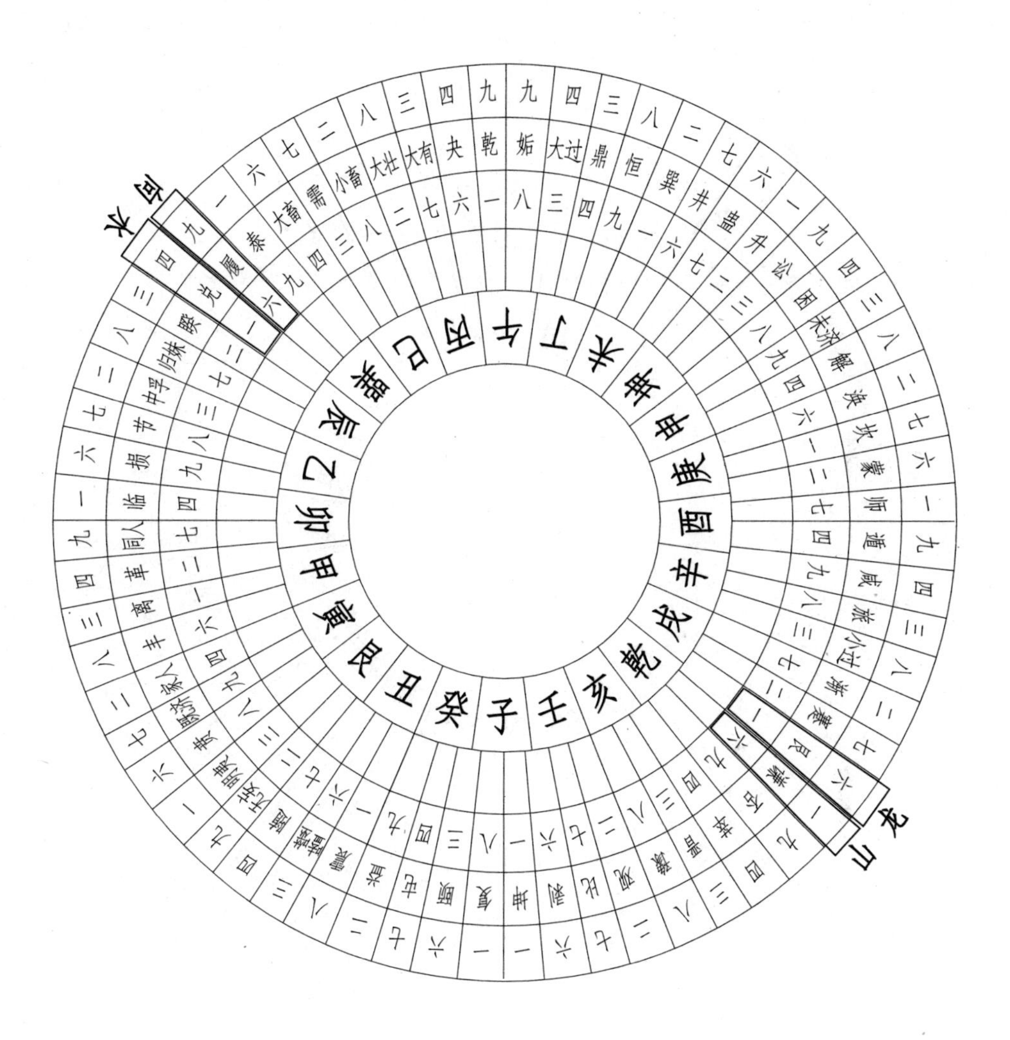

乾山巽向（坐谦向履）

来龙一运艮卦（六）	龙山六一同宗，龙向六九合十五。
坐山六运谦卦（一）	龙水六四合十，山向一九合十。
出向六运履卦（九）	山水一四合五。
来水一运兑卦（四）	向水九四为友。

87. 龙山向水下元、大卦、小卦（即星运、卦运）配合应用图例：

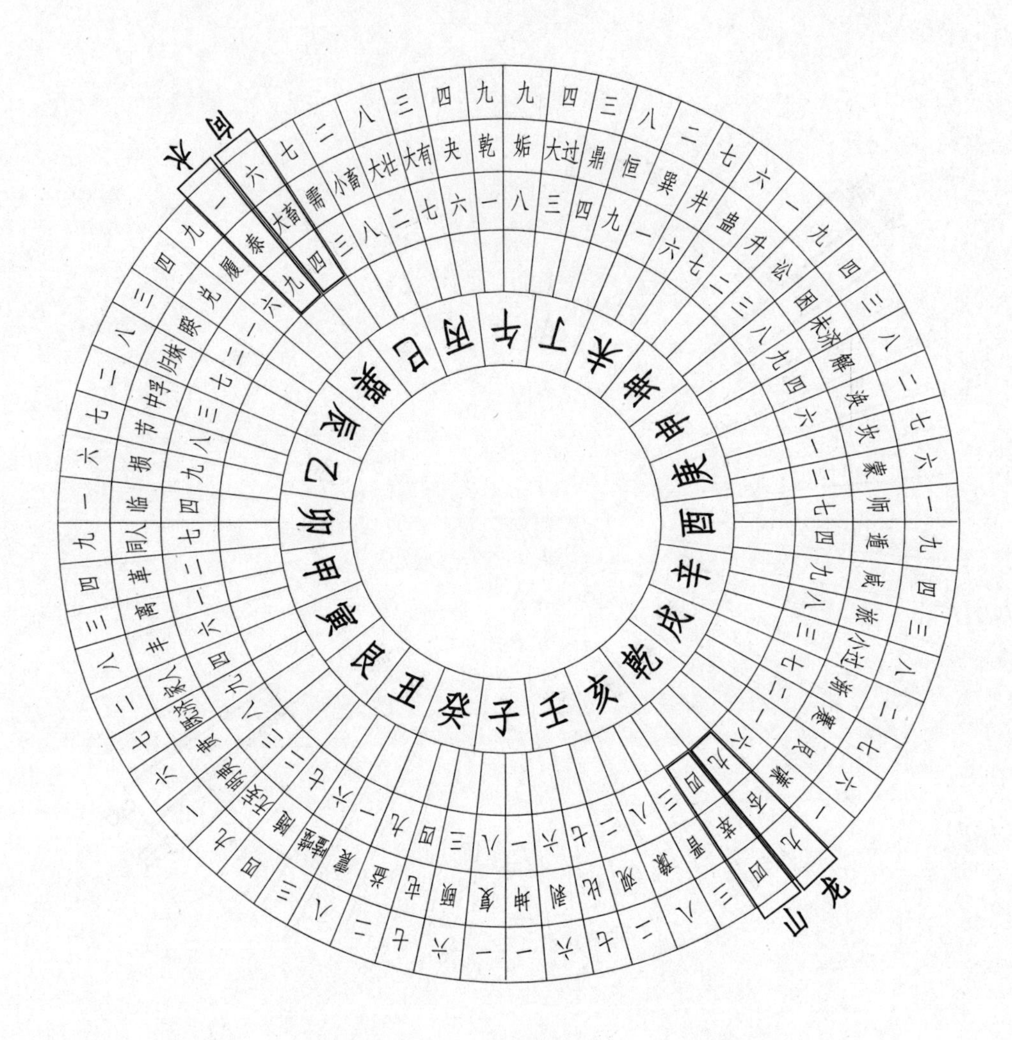

亥山巳向（坐萃向大畜）

来龙九运否卦（九）　　龙山九四为友，龙向九六合十五。

坐山四运萃卦（四）　　龙水九一合十，山向四六合十。

出向四运大畜卦（六）　山水四一合五。

来水九运泰卦（一）　　向水六一共宗。

88. 龙山向水下元、大卦、小卦（即星运、卦运）配合应用图例：

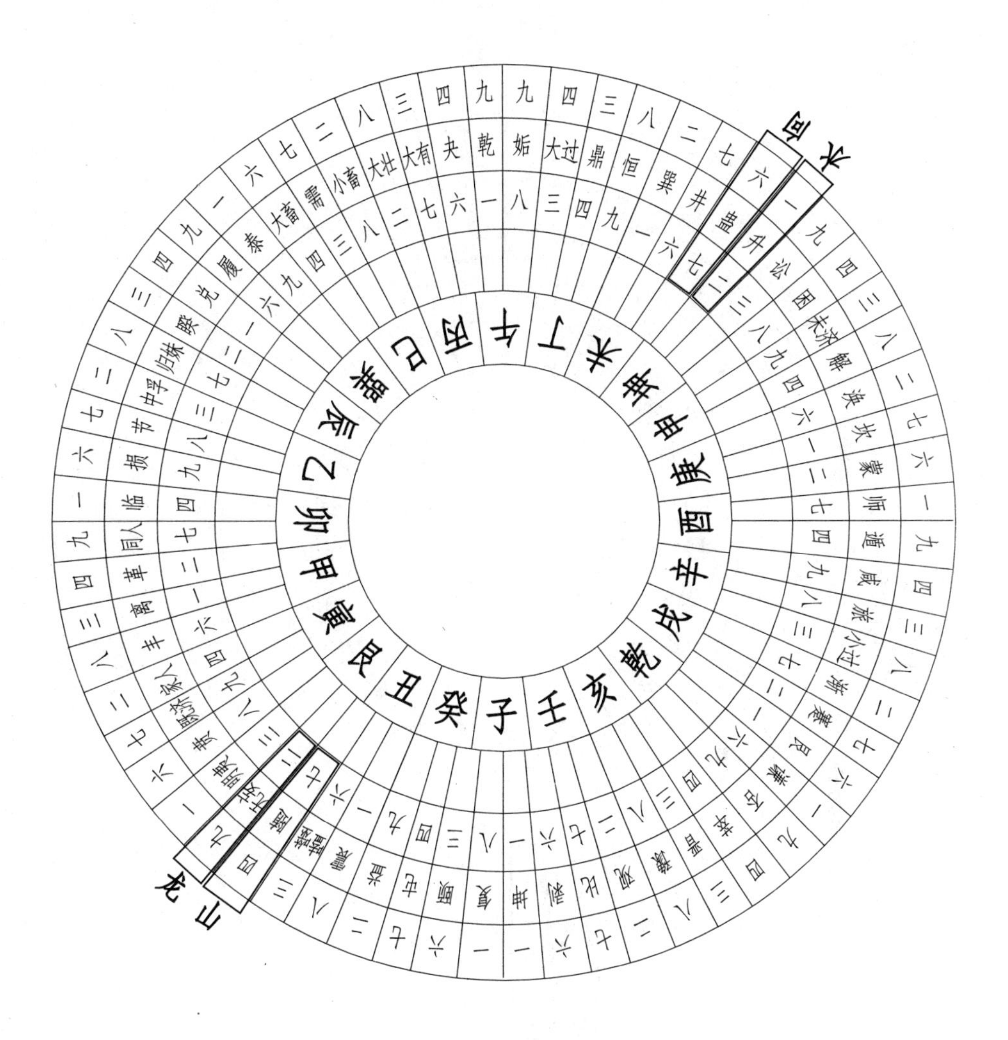

丑山未向（坐随向蛊）

来龙二运无妄卦（九）	龙山九四为友，龙向九六合十五。
坐山七运随卦（四）	龙水九一合十，山向四六合十。
出向七运蛊卦（六）	山水四一合五。
来水二运升卦（一）	向水六一共宗。

89. 龙山向水下元、大卦、小卦(即星运、卦运) 配合应用图例:

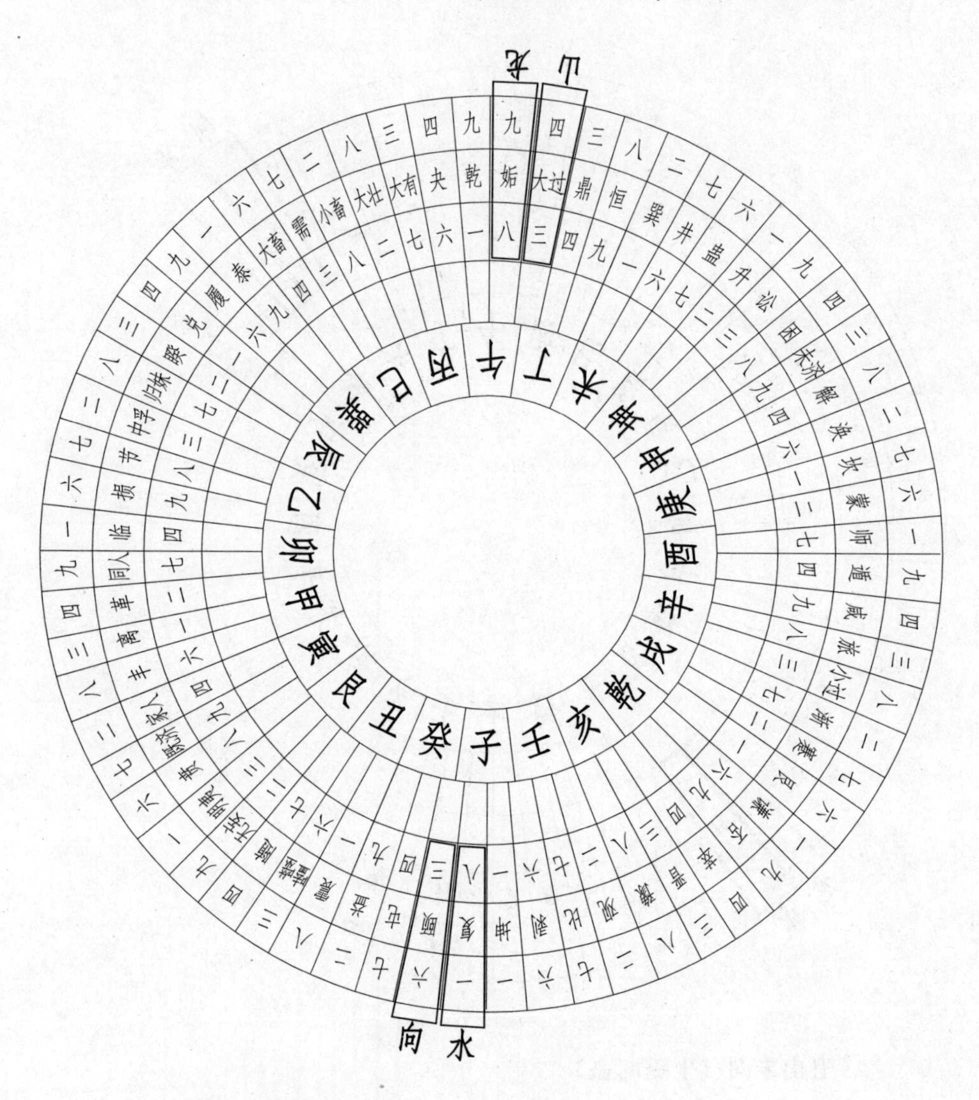

丁山癸向（坐大过向颐）

来龙八运姤卦（九）	龙山九四为友，龙向九六合十五。
坐山三运大过卦（四）	龙水九一合十，山向四六合十。
出向三运颐卦（六）	山水四一合五五。
来水八运复卦（一）	向水六一共宗。

第十一节　论生入、克入、生出、克出之法

经曰：“从外生入名为进，定知财宝积如山；从内生出名为退，家内钱财皆废尽。生入克入名为旺，子孙高官尽富贵。”经文之意是举龙水与山向较生克，为看地到头之功夫。即我居于衰败之方，而受外来之生旺气，曰：“从外生入名为旺”，是指穴中所向之气也；如八运，收豫卦八白正运之龙，收小畜二黑辅星运之水，复卦坐山，媾卦出向，是为一卦纯清；而豫卦外三爻是震为八白，是为生旺之气，复卦外三爻是坤卦为一白，用作坐山，是为我居衰败，一白属水，八白属木，则山能生龙，龙即生穴。再以穴中既有生入之旺气，而水又在衰败之方，则水来克我，、适来生我；又如以上四卦为例：收小畜之水，立媾之卦向，即小畜外三爻是为巽卦为二黑属火，是为水在衰败之方，而媾卦外三爻是乾卦为九紫属金，以小畜火克媾卦之金，是为克入，克我即生我。内外之气，一生一克，皆乘生旺，两两相合岂不美哉！百福来临，所以子孙高官富贵。此乃指生入克入而言；至于生出克出之凶格，也应知晓，方能知其趋避。即我居于生旺之方，而受外来衰败之气；似乎我反生之，故曰从内生出，此指穴中所向之气。例如六运，如收剥卦六白正运之龙，收夬卦四绿之水，坐噬嗑卦三碧之山，立井卦七赤之向，皆为生出克出之凶格。是因六白属水，三碧属木，是水生木，即龙来生山，是为生出，七赤属火，四绿属金，是火克金，即向去克水，是为克出。内外之气，生克俱出，皆成衰败，两不相融，所以灾祸来侵。这正有经文中之“对不同”之奥秘存在。

第十二节　论真假夫妇法

夫妇者，有真夫妇，假夫妇，有原配夫妇，过路夫妇之分称。经曰：

“共路两神为夫妇，认取真神路，仙人秘密定阴阳，便是正龙岗。”其意是指分辨同路干神支神之真假夫妇。共路两神，即同一路之干神及支神；为夫妇者，是指干神与支神可配为夫妇。认取真神路是指辨认干支夫妇之真假。而取共路两神之真夫妇；同路干支有真夫妇亦有假夫妇存在，真夫妇为正龙岗，假夫妇不是正龙岗，故要求认取真神路。例如巽巳之大畜与泰卦合一六共宗，为真夫妇，丙午之乾与夬合四九为友共路，亦为真夫妇；若巳丙之小畜与大壮卦，则不但是假夫妇，且为有两宫杂乱阴阳差错之虑矣！如图（结合罗盘参阅），余仿此。真假夫妇图例见下：

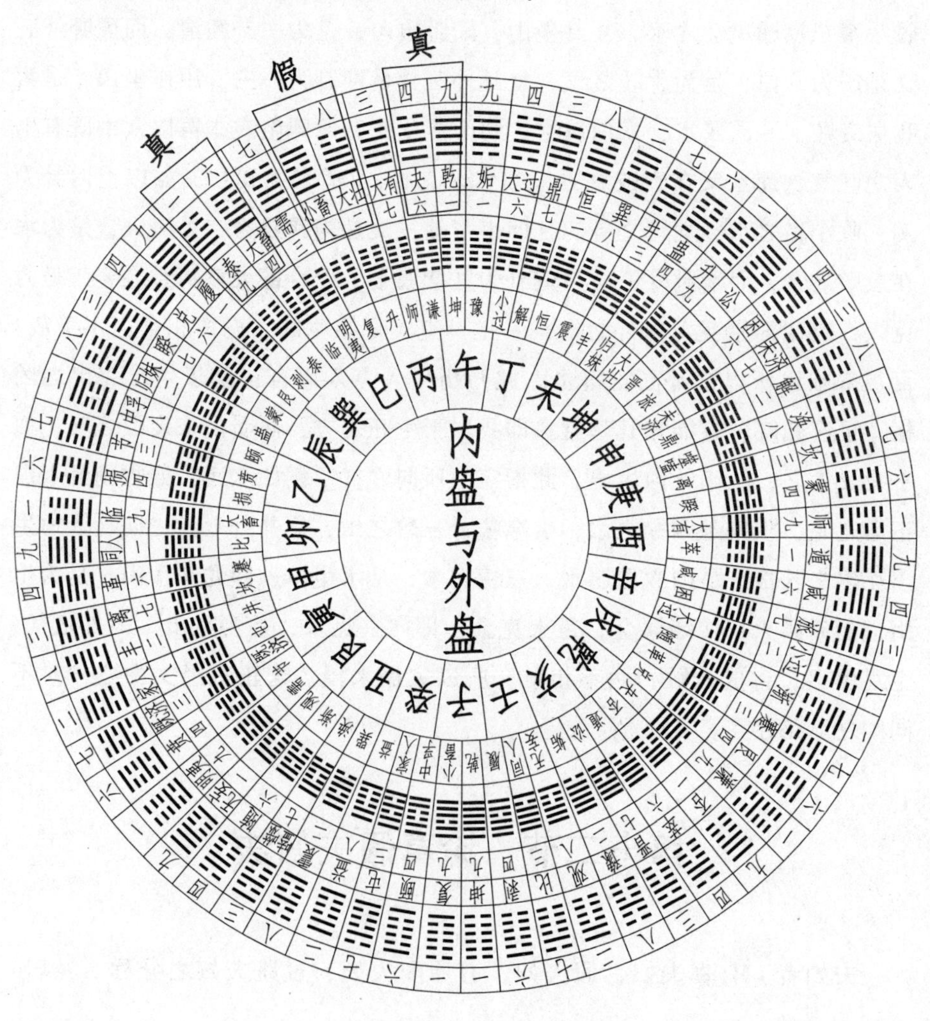

第十三节　论罗经

本书只讲三元玄空大卦地理之罗经，称易盘，卦盘，也有称蒋盘的。罗经盘多达三十多层，而本书所讲的玄空大卦实则只用得上几层：

1. 后天二十四方位，以每三位属一卦，壬子癸属坎卦（北）丑艮寅属艮卦（东北）、甲卯乙属震卦（东），辰巽巳属巽卦（东南）丙午丁属离卦（南）未坤申属坤卦（西南），庚酉辛属兑卦（西）戌乾亥属乾卦（西北）三元玄空大卦地理坐山立向皆以此盘定。

2. 六十甲子分属对应六十四卦盘，可用于三元玄空大卦些子法择日。

3. 先天圆图卦名，分六十四卦卦名。

4. 先天圆图卦运，玄空大卦卦运，除天心正运为旺气外，其合十两卦相见亦为旺气，其余为衰气。其卦气是衰是旺，有零正之法。参见前面的龙山向水，即格山格水衰旺可明。

5. 三元龙运，一运与九运父母卦。二运与八运天元龙，三运与七运人元龙，四运与六运地元龙，宝照经曰："子癸午丁天元宫，卯乙酉辛一路同，辰戌丑未地元龙，乾坤艮巽夫妇宗……"皆指此盘也，此盘也可称三般卦盘。

6. 六十四卦六爻起法，此盘设置六爻，并标明初上两爻，是使易于下卦定爻，凡一三七九诸运之卦，依"阳从左边团团转"之法起初爻，即最右一爻为初爻，向左顺序为二爻，三爻、四爻、五爻、上爻。二四六八诸运之卦则相反。此盘用于抽爻换象即些子法之用。

7. 除二十八宿分野及节气奇门阴阳局盘可用于择日外，其他可忽略不用，对于现在的罗盘（包括三合、三元综合盘等）层盘的标号不统一，故以上不固定指哪一层。只要是易盘或综合盘定当明白。

第十四节 论分金

三元玄空大卦地理分金、用爻、坐山、出向之分金生卦变爻后，合生成（一六共宗，二七同道，三八为朋，四九为友）合十（一九合十，二八合十，四六合十，三七合十），子息找父母，论生克，夹山峰，夹水口等等。

其要点在：

1. 地盘正针二十四山，如分金线在乾、坤、艮、巽、子、午、卯、酉之正线，在六十四卦中，称为两宫交界之线，不可立用。

2. 地盘正针二十四山，如分金线在癸丑、寅甲、乙辰、巳丙、丁未、申庚、辛戌、亥壬之中线，此六十四卦中，为两卦交界之处，称为两仪交界之线，不可用，即玄空飞星称之为大空亡。

3. 地盘正针二十四山，如分金线在壬癸、丑、寅、乙、辰、巳、丙、丁、未、申、庚、辛、戌、亥，此在六十四卦中之六七，三四交界处，称为四象交界之线，不可用。爻之应用及坐山，出向爻度取法如下：

一、**爻之应用**（即抽爻换象些子法）

易经六十四卦，每卦有六爻，共有三百八十四爻，在六爻之中，初爻、二爻、三爻为内卦；四爻、五爻、上爻为外卦。

例如：

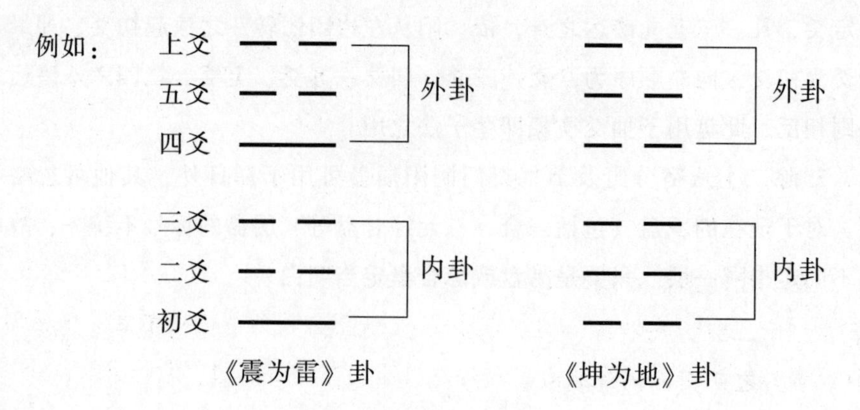

《震为雷》卦　　《坤为地》卦

在罗经外盘六十四卦中（凡星运）。属一、三、七、九奇数之卦：

一 数	乾	兑	离	震	巽	坎	艮	坤
三数	讼	大过	晋	小过	中孚	需	颐	明夷
七数	同人	随	大有	归妹	渐	比	蛊	师
九 数	否	咸	未济	恒	益	既济	损	泰

此表之三十二卦在罗经外盘，其爻数由右而左从罗盘中心看出。如子中坤卦而言，则坤卦之初爻，在复卦那边。坤卦之上爻则在剥卦那边。余仿此。如下图：

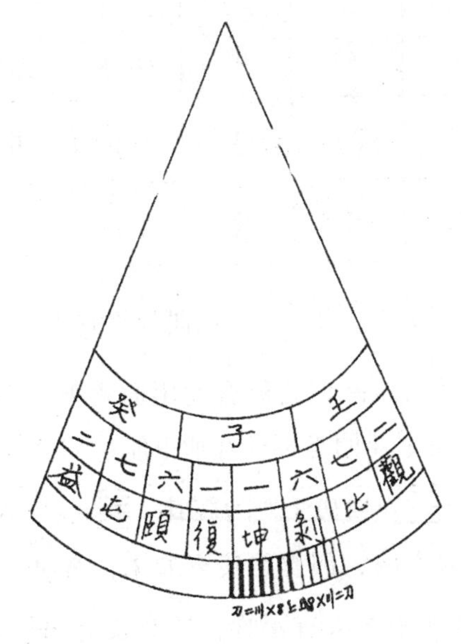

在罗经外盘六十四卦中（凡指星运）。属二、四、六、八偶数之卦：如下表三十二卦，在罗经外盘，其爻数由左而右从罗盘中心看出。如壬中剥卦，剥卦之初爻在比卦那边，剥卦之上爻则在坤卦那边，余仿此，见下图：

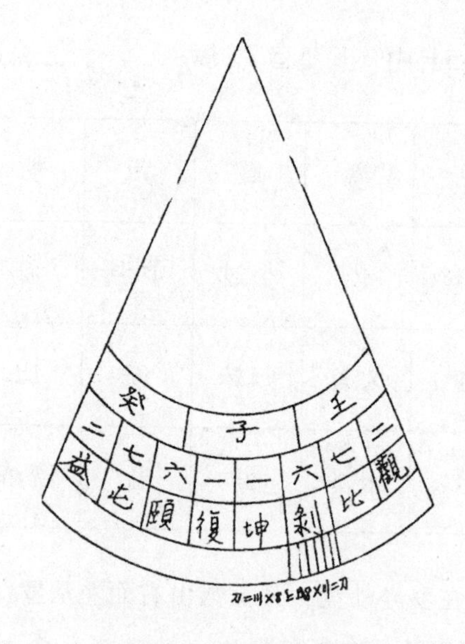

二 数	无妄	革	睽	大壮	观	蹇	蒙	升
四 数	遁	萃	鼎	解	家人	屯	大畜	临
六 数	履	夬	噬嗑	丰	涣	井	剥	谦
八 数	姤	困	旅	豫	小畜	节	贲	复

（属二、四、六、八偶数之卦表）

抽爻换象之要求目的，除使之能合龙山向水外，还可用于收双山，消（收）砂纳水，避煞，更重要的是再结合纳甲能达到分房的最佳效果。

比如：雷地豫卦（䷏）抽初爻变为震卦（䷲），除对长房影响外，还对年命庚亥卯未之人有大影响，因震纳庚亥卯未，如抽二三爻变为雷风恒卦（䷟）除对长男和庚亥卯未之人有影响，还对长女和年命为辛之人有影响，因巽纳辛，主长女。

再如：如果豫卦抽初爻还可催财，因豫卦抽初爻变震卦为财爻戌土持世，抽二三爻可催官贵，因恒卦为官爻酉金持世。余仿此。

二、**爻度取法（抽爻换象些子法）例：**（以下之图只作参考，不能呆滞）

1. 贪狼星八局（抽爻换象）。

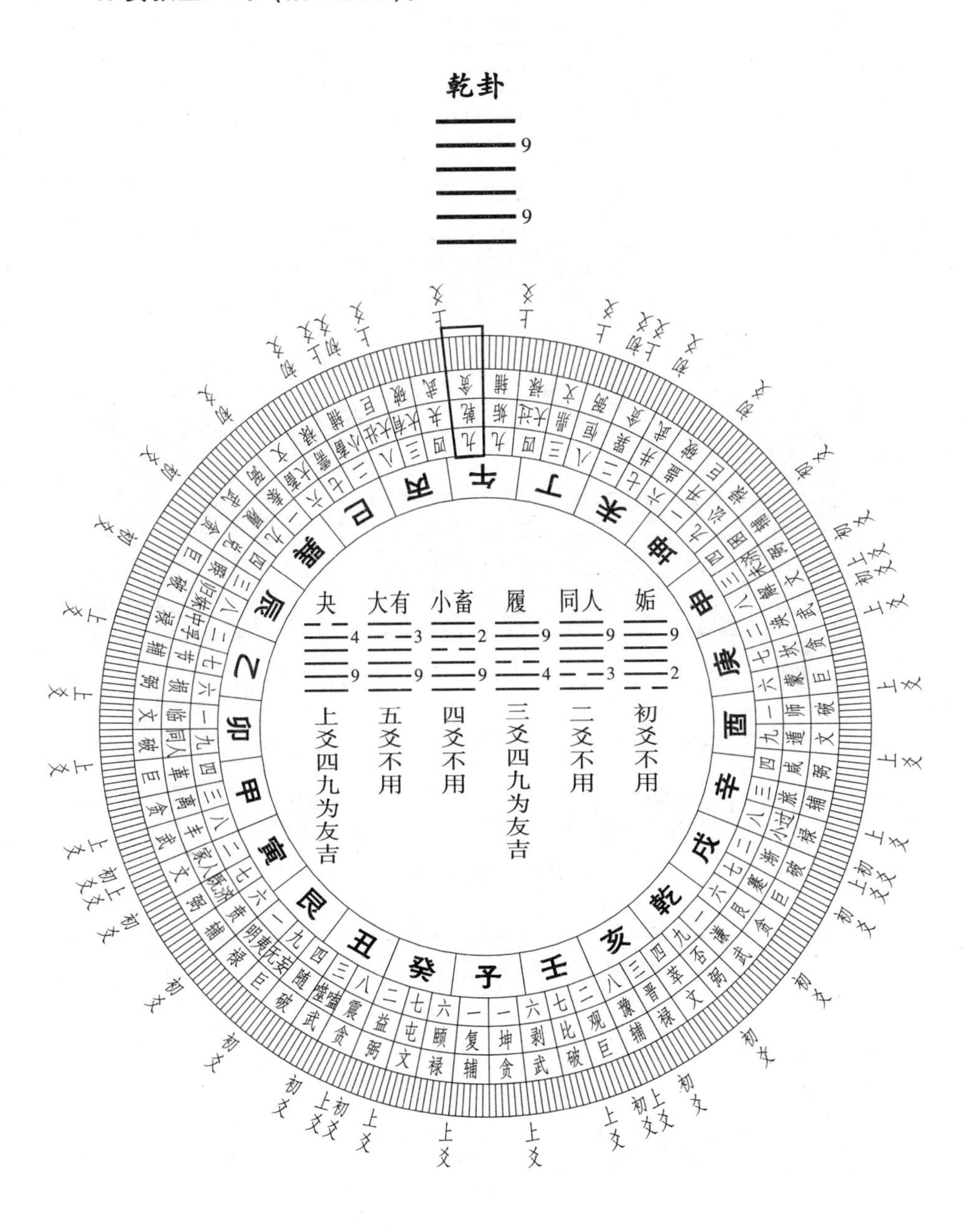

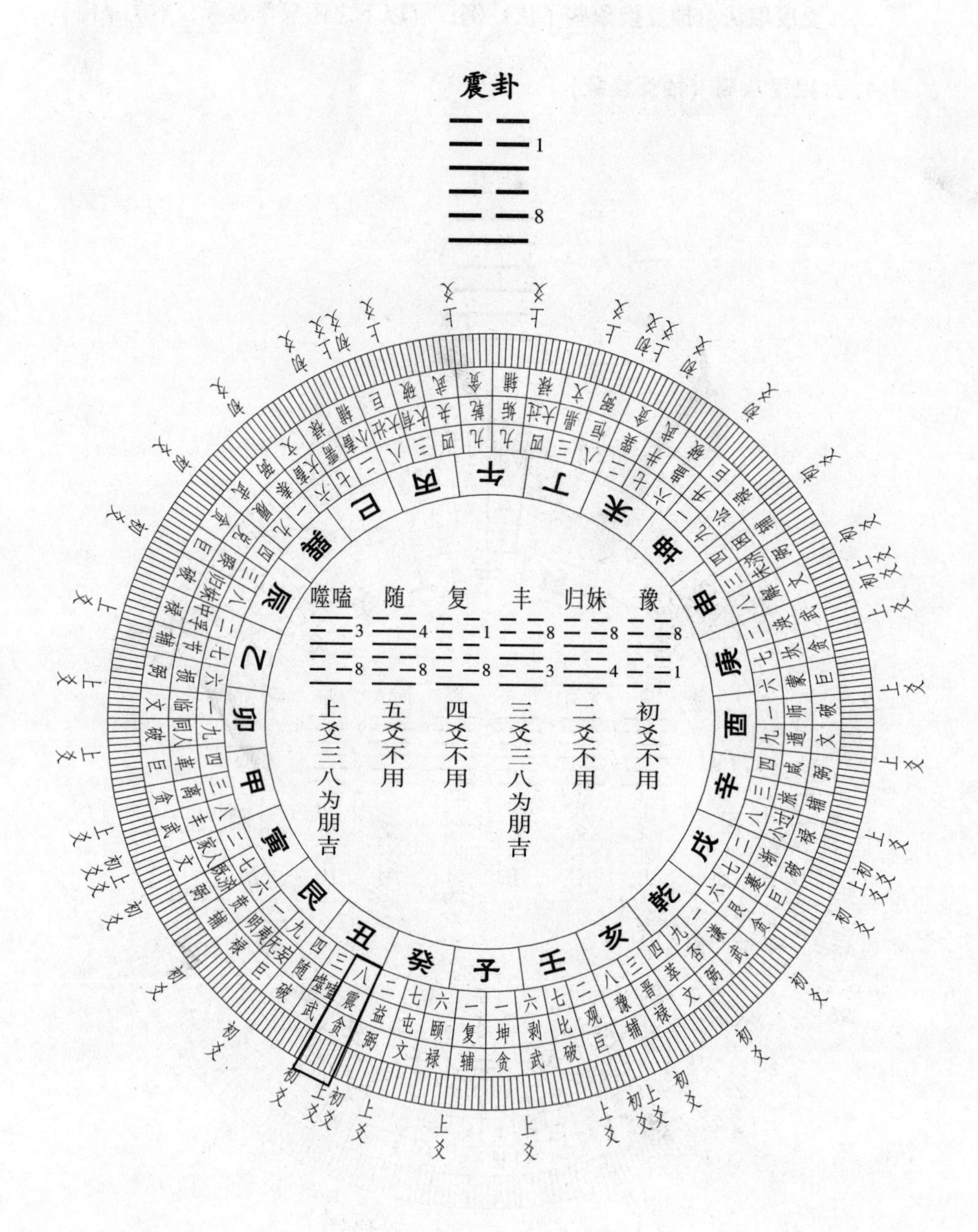
震卦
噬嗑
随
复
丰
归妹
豫
上爻三八为朋吉
五爻不用
四爻不用
三爻三八为朋吉
二爻不用
初爻不用
午
丁
未
坤
申
庚
酉
辛
戌
乾
亥
壬
子
癸
丑
艮
寅
甲
卯
乙
辰
巽
巳
丙

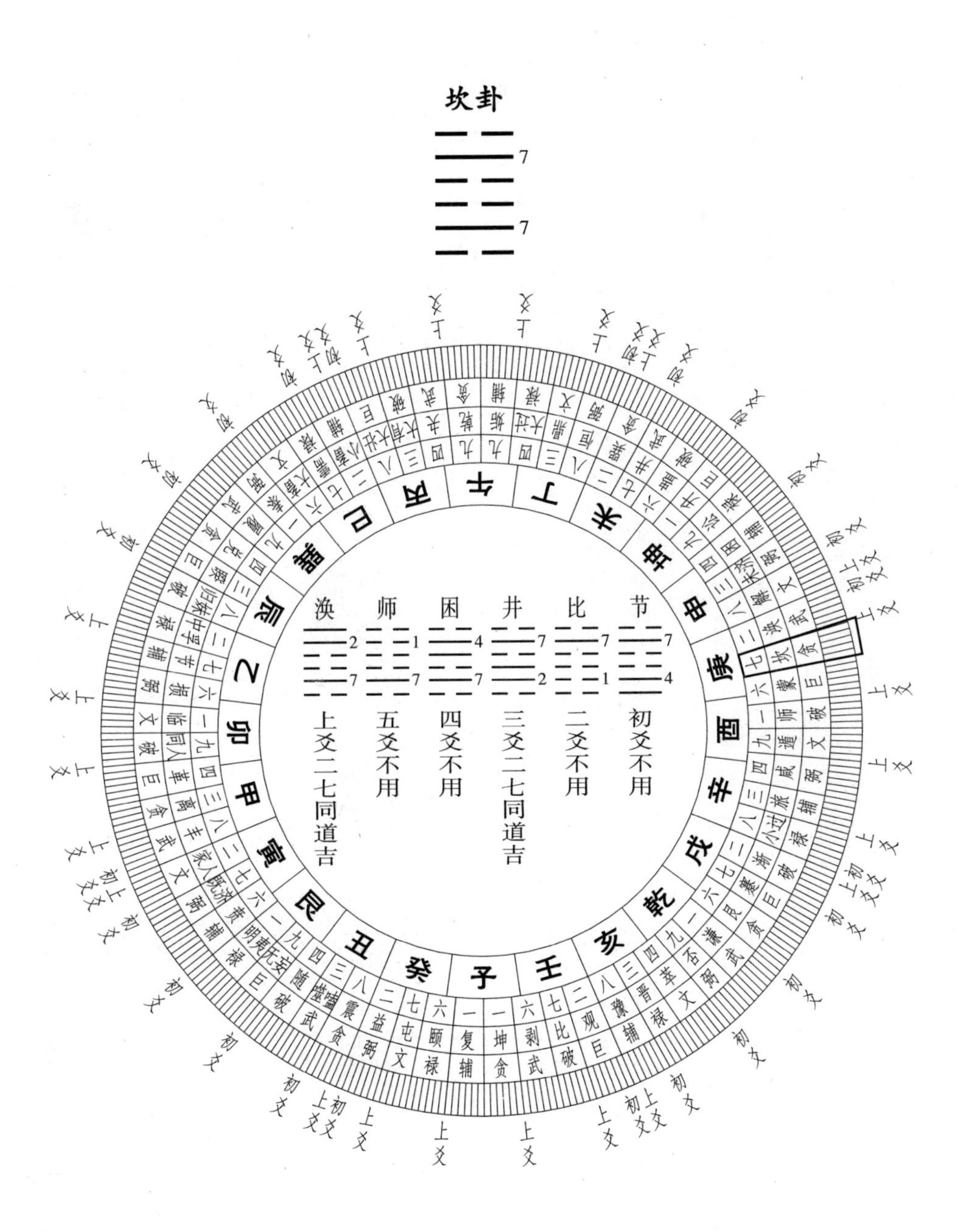
坎卦
7
7
涣 师 困 井 比 节
2 7
1 7
4 7
7 2
7 1
7 4
上爻二七同道吉
五爻不用
四爻不用
三爻二七同道吉
二爻不用
初爻不用

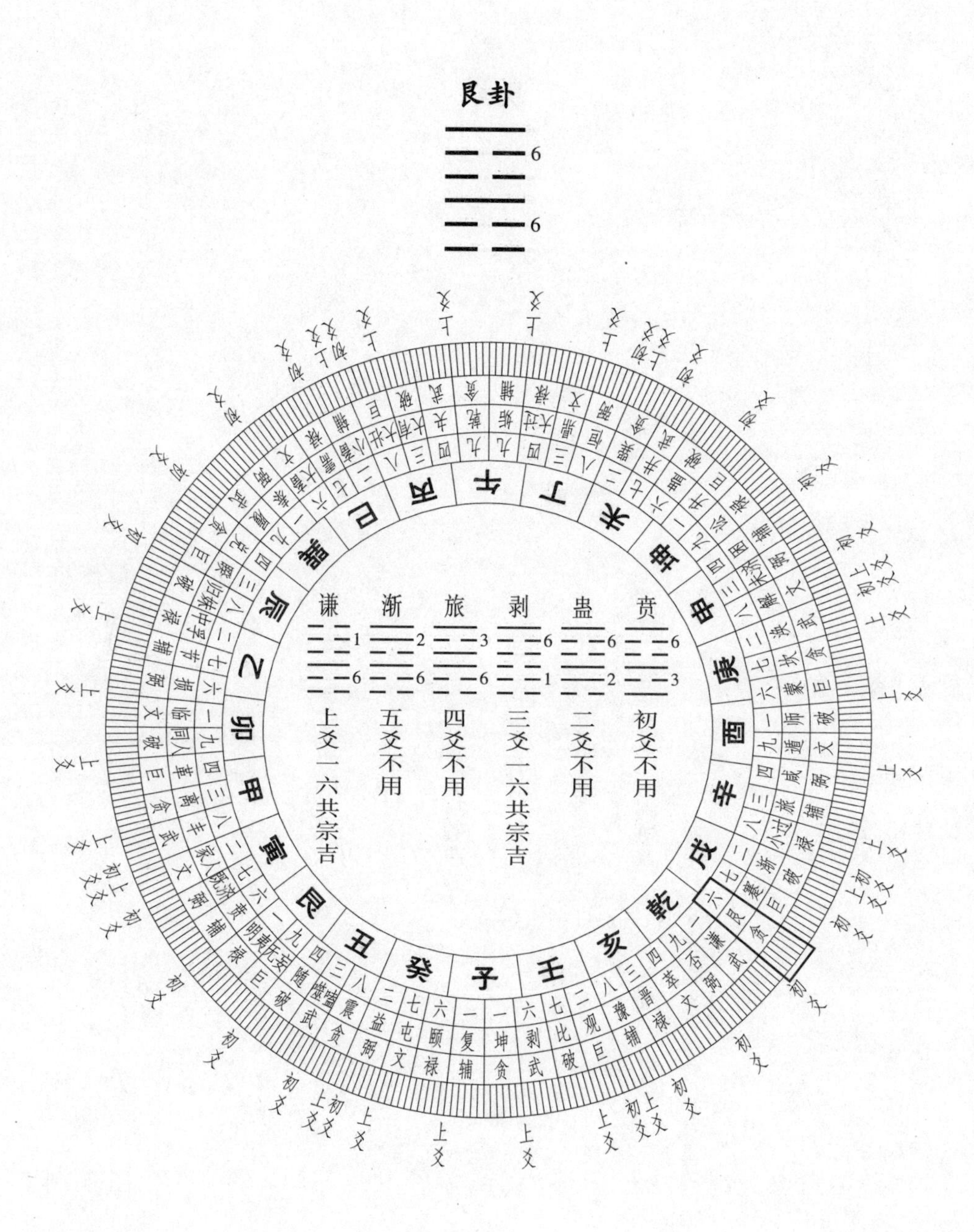
艮卦
谦 渐 旅 剥 蛊 贲
上爻一六共宗吉
五爻不用
四爻不用
三爻一六共宗吉
二爻不用
初爻不用
乾 亥 壬 子 癸 丑 艮 寅 甲 卯 乙 辰 巽 巳 丙 午 丁 未 坤 申 庚 酉 辛 戌

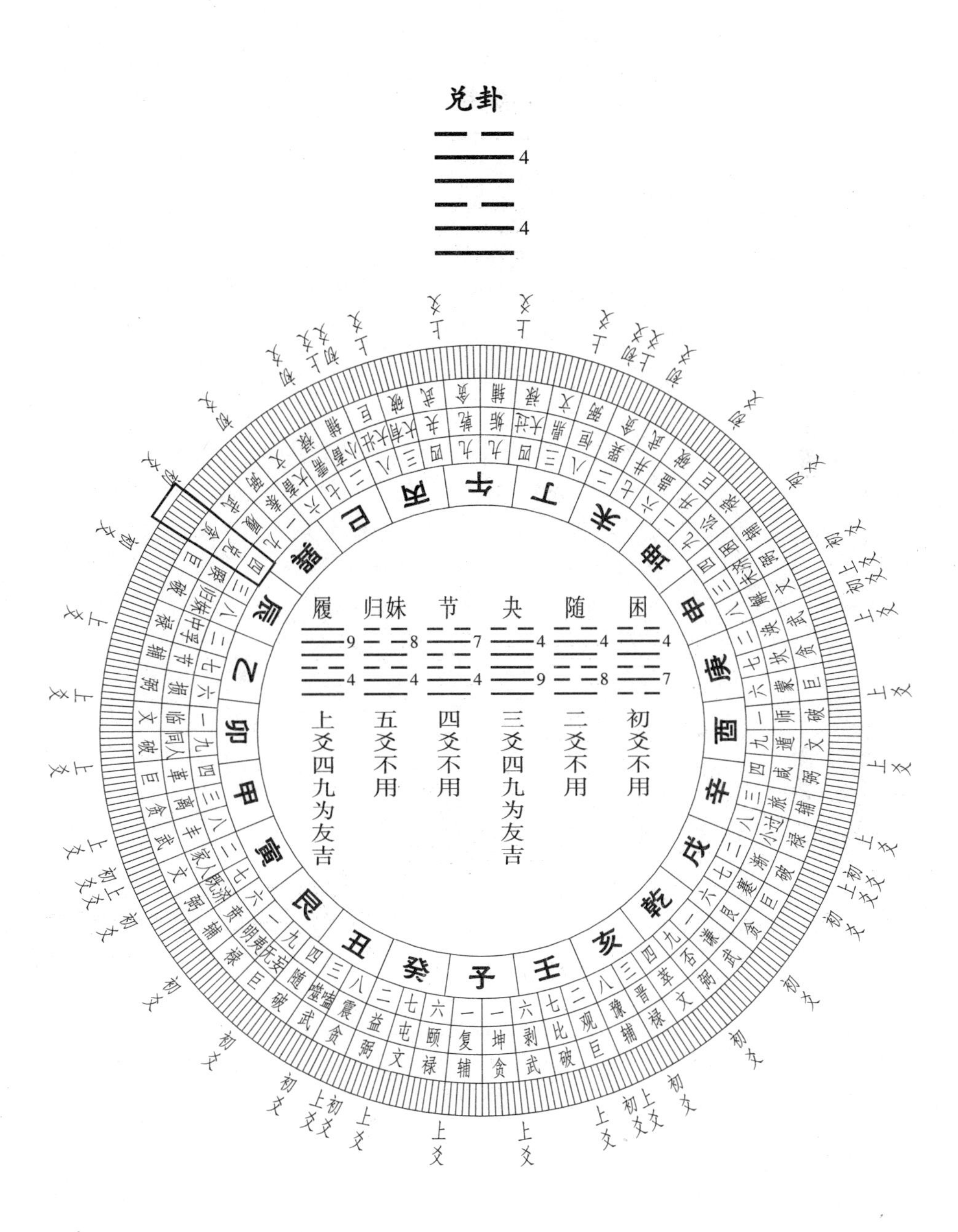
兑卦
4
4
履
归妹
节
夬
随
困
上爻四九为友吉
五爻不用
四爻不用
三爻四九为友吉
二爻不用
初爻不用
子
癸
丑
艮
寅
甲
卯
乙
辰
巽
巳
丙
午
丁
未
坤
申
庚
酉
辛
戌
乾
亥
壬

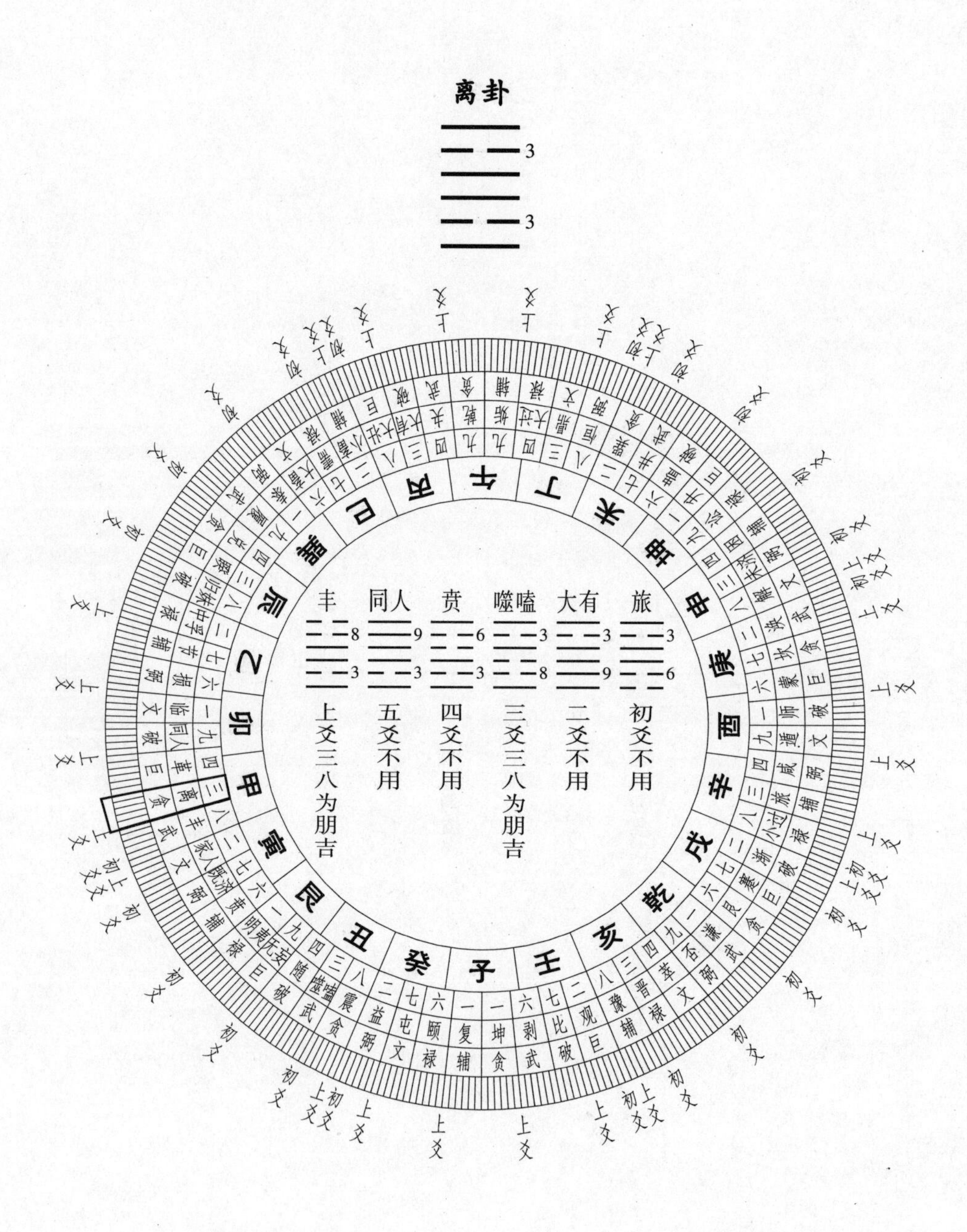
离卦
丰
同人
贲
噬嗑
大有
旅
上爻三八为朋吉
五爻不用
四爻不用
三爻三八为朋吉
二爻不用
初爻不用
午
丁
未
坤
申
庚
酉
辛
戌
乾
亥
壬
子
癸
丑
艮
寅
甲
卯
乙
辰
巽
巳
丙

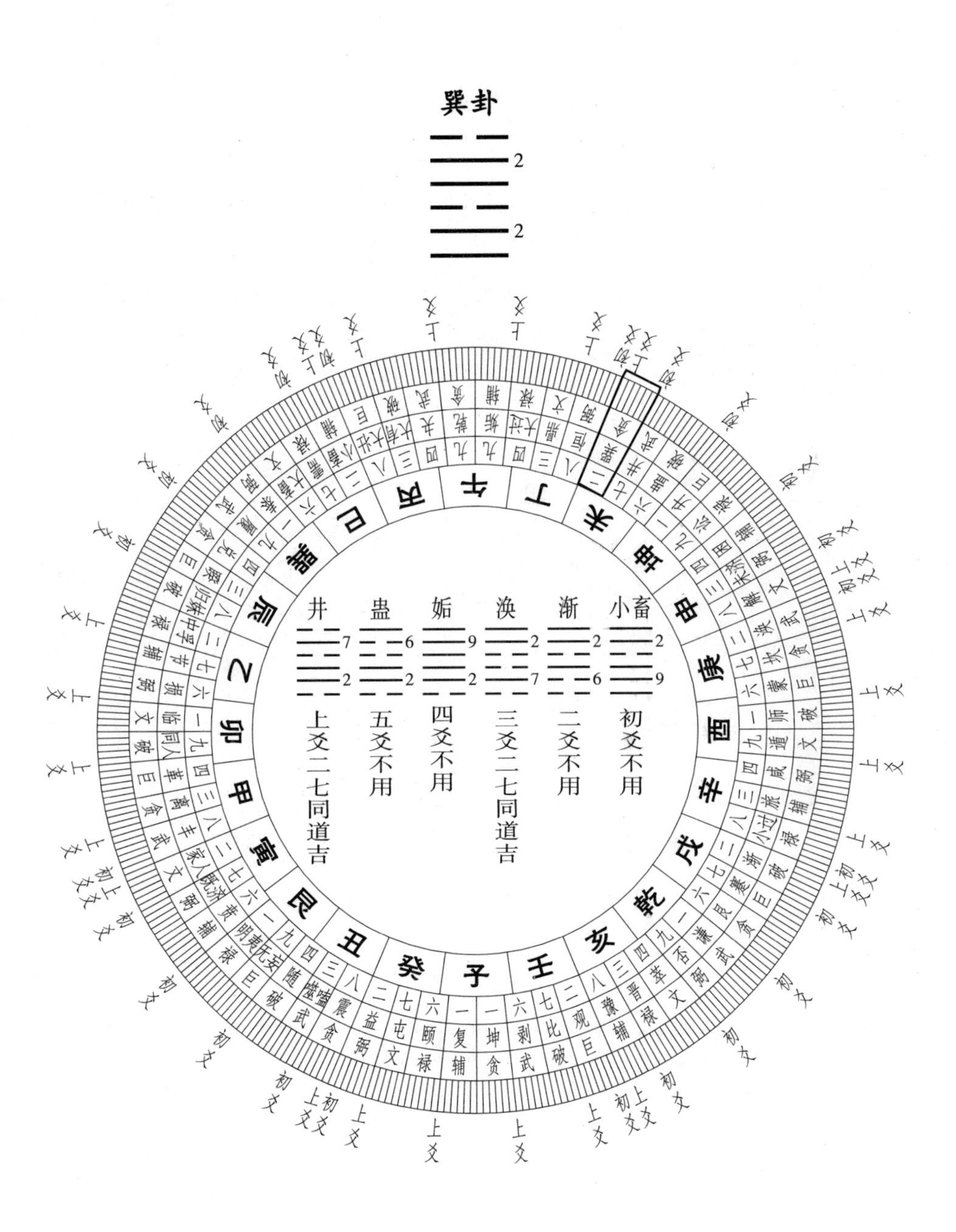
巽卦
2
2
小畜
2
9
初爻不用
渐
2
6
二爻不用
涣
2
7
三爻二七同道吉
姤
9
2
四爻不用
蛊
6
2
五爻不用
井
7
2
上爻二七同道吉
子
癸
丑
艮
寅
甲
卯
乙
辰
巽
巳
丙
午
丁
未
坤
申
庚
酉
辛
戌
乾
亥
壬

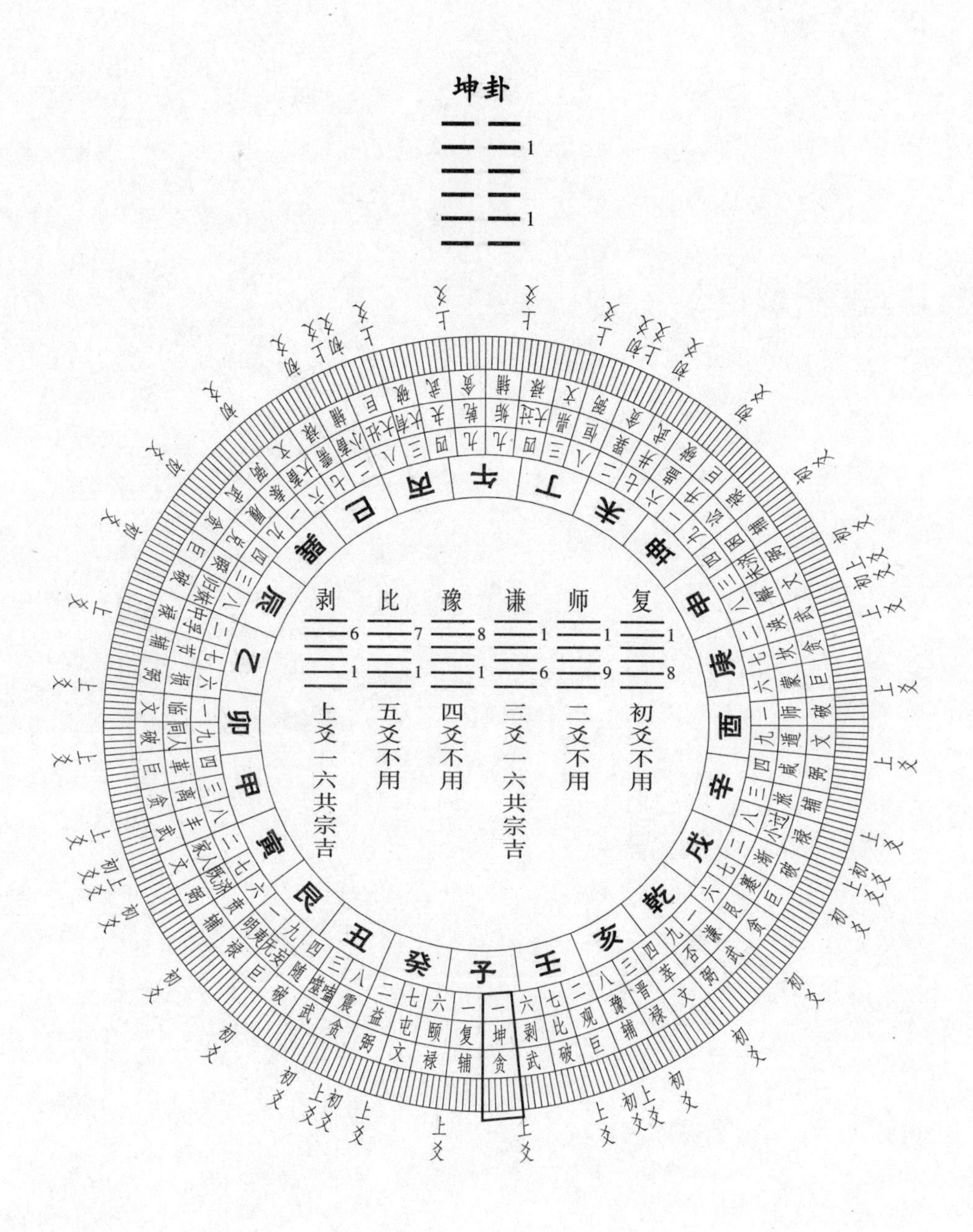
坤卦
剥 比 豫 谦 师 复
上爻一六共宗吉
五爻不用
四爻不用
三爻一六共宗吉
二爻不用
初爻不用
子 癸 丑 艮 寅 甲 卯 乙 辰 巽 巳 丙 午 丁 未 坤 申 庚 酉 辛 戌 乾 亥 壬

2. 巨门星八局。

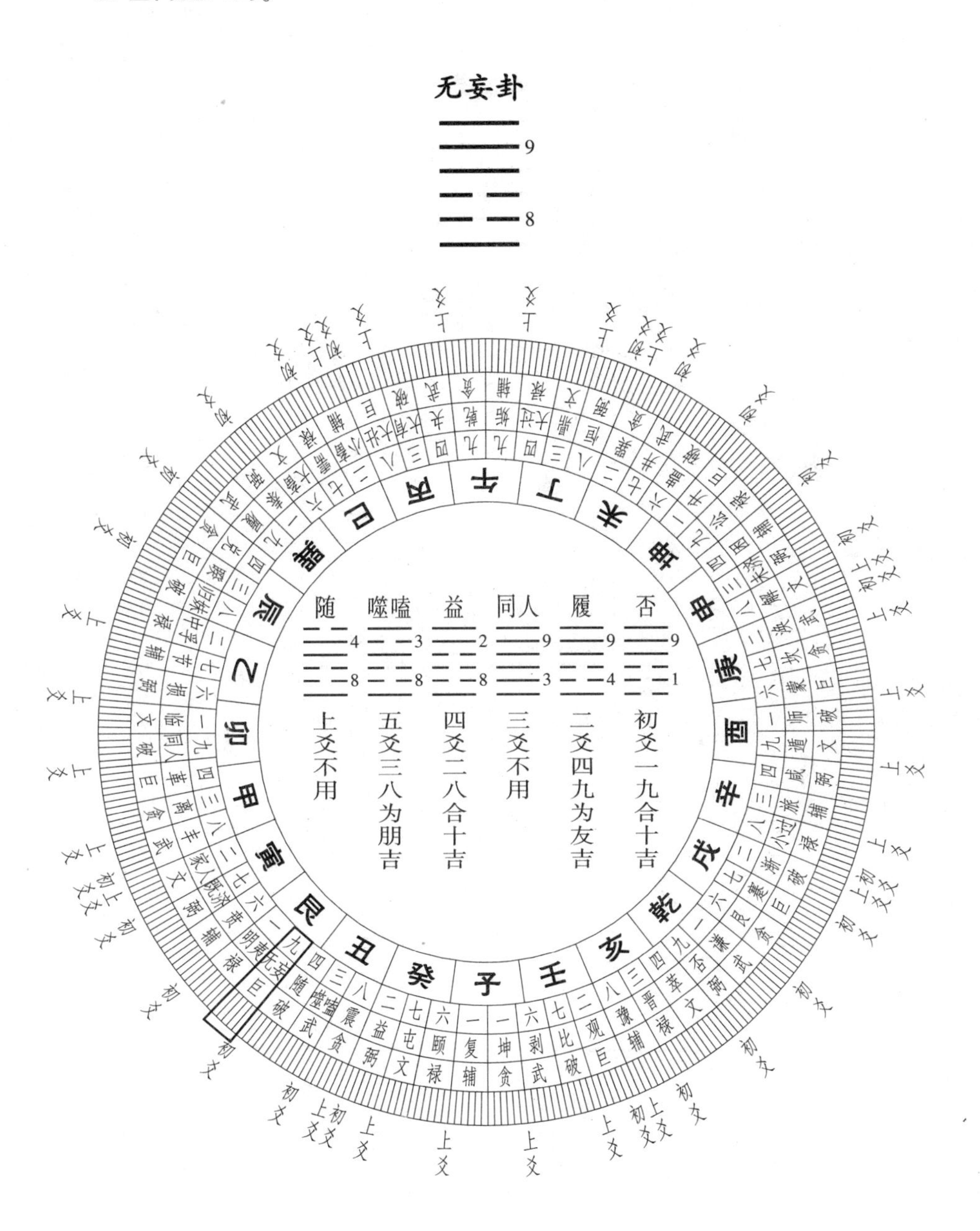
无妄卦
9
8
随
4
8
上爻不用
噬嗑
3
8
五爻三八为朋吉
益
2
8
四爻二八合十吉
同人
9
3
三爻不用
履
9
4
二爻四九为友吉
否
9
1
初爻一九合十吉
子
癸
丑
艮
寅
甲
卯
乙
辰
巽
巳
丙
午
丁
未
坤
申
庚
酉
辛
戌
乾
亥
壬

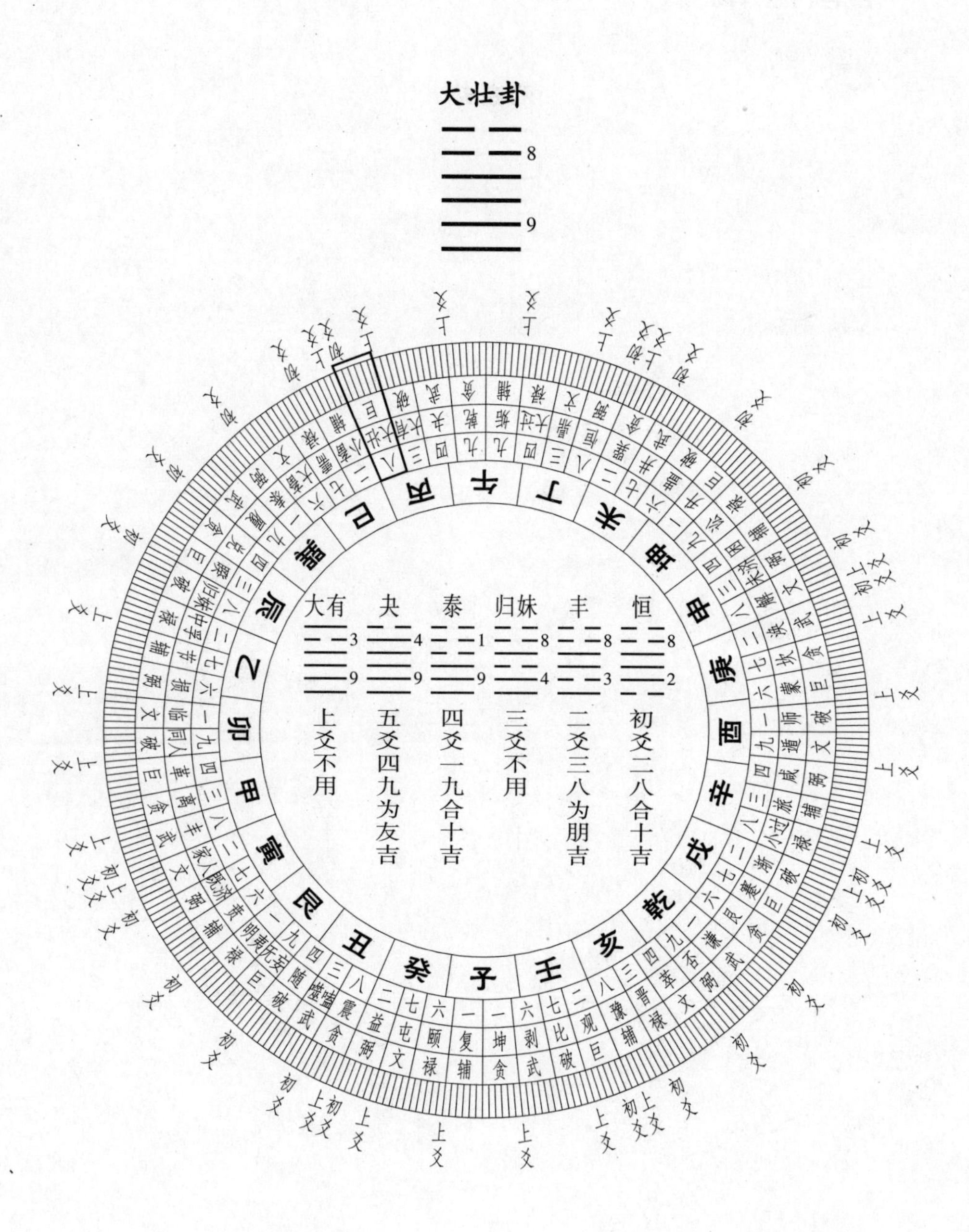
大壮卦
8
9
大有 夬 泰 归妹 丰 恒
3 9 4 9 1 9 8 4 8 3 8 2
上爻不用
五爻四九为友吉
四爻一九合十吉
三爻不用
二爻三八为朋吉
初爻二八合十吉
丙 午 丁 未 坤 申 庚 酉 辛 戌 乾 亥 壬 子 癸 丑 艮 寅 甲 卯 乙 辰 巽 巳

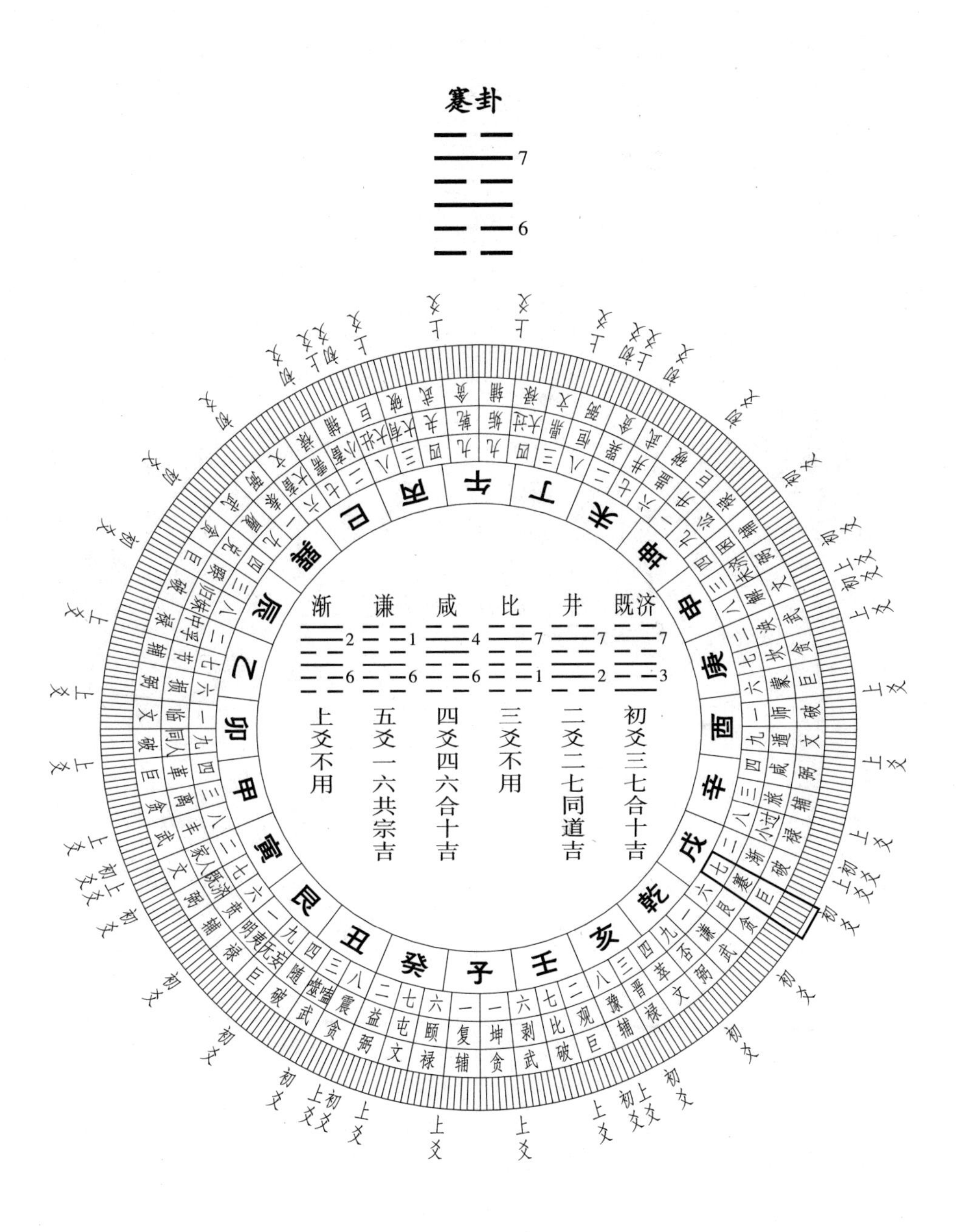
蹇卦
7
6
渐
谦
咸
比
井
既济
初爻三七合十吉
二爻二七同道吉
三爻不用
四爻四六合十吉
五爻一六共宗吉
上爻不用

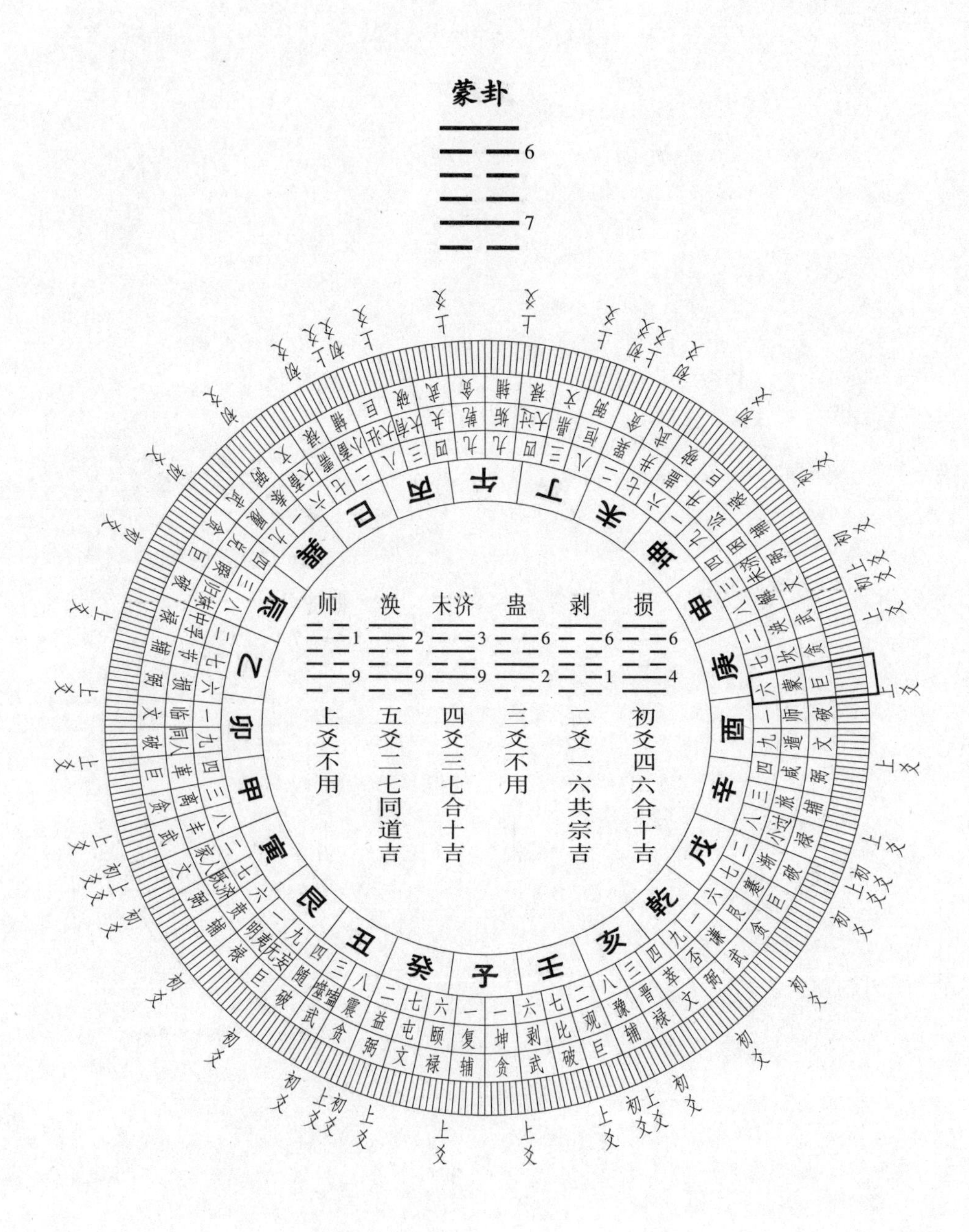
蒙卦
6
7
师
涣
未济
蛊
剥
损
1
9
2
9
3
9
6
2
6
1
6
4
上爻不用
五爻二七同道吉
四爻三七合十吉
三爻不用
二爻一六共宗吉
初爻四六合十吉

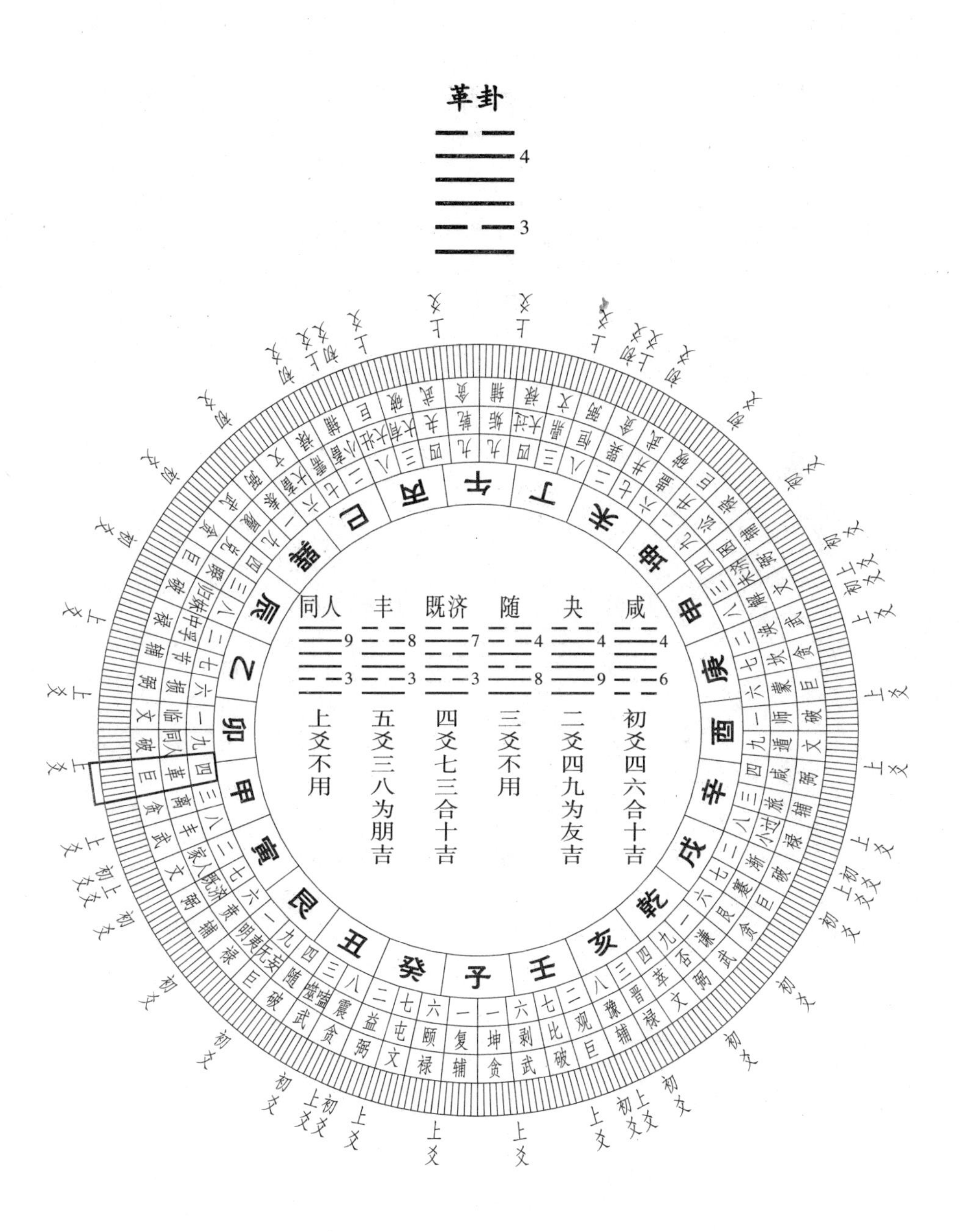
革卦
4
3
同人
丰
既济
随
夬
咸
初爻四六合十吉
二爻四九为友吉
三爻不用
四爻七三合十吉
五爻三八为朋吉
上爻不用

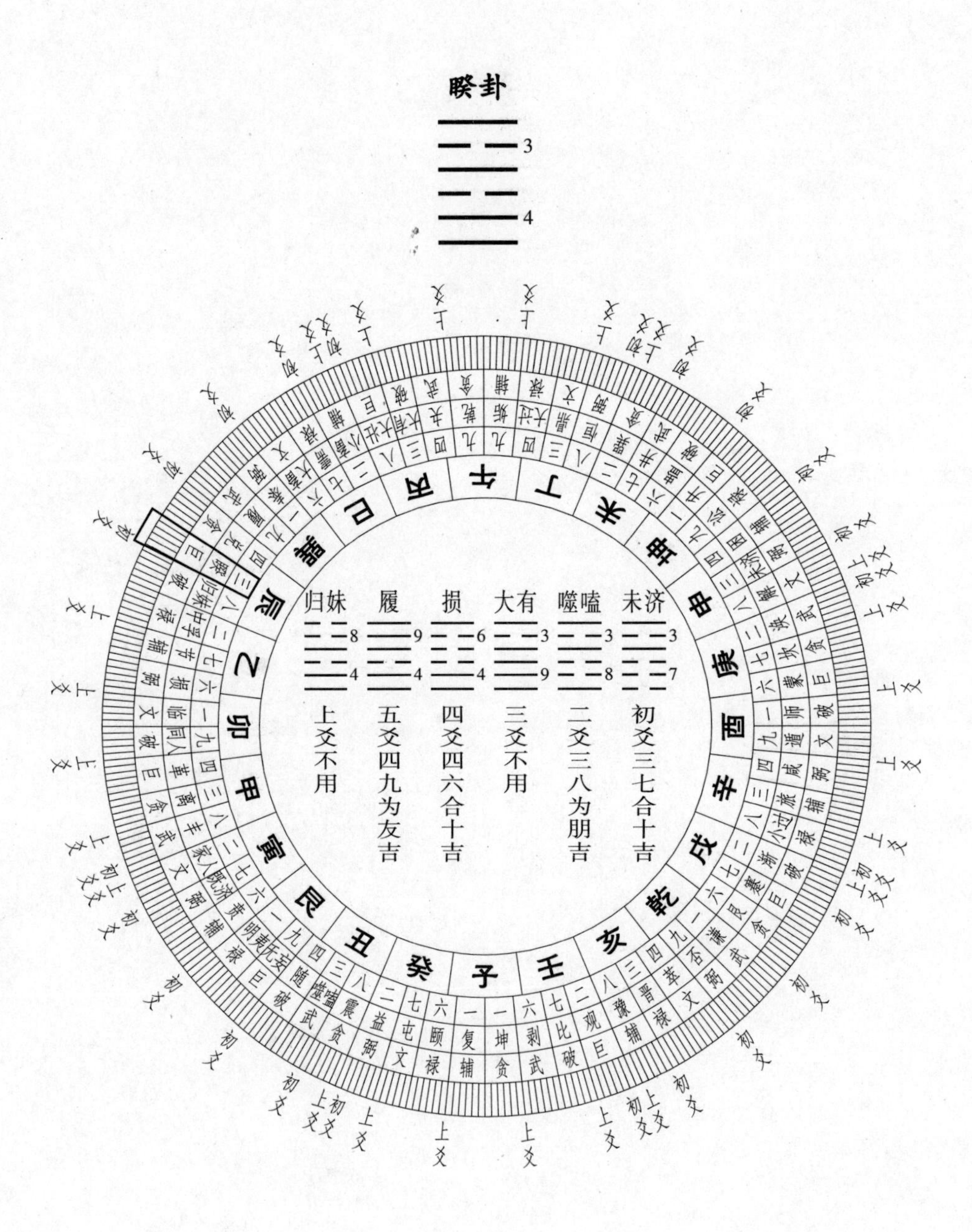

睽卦
归妹
履
损
大有
噬嗑
未济
上爻不用
五爻四九为友吉
四爻四六合十吉
三爻不用
二爻三八为朋吉
初爻三七合十吉

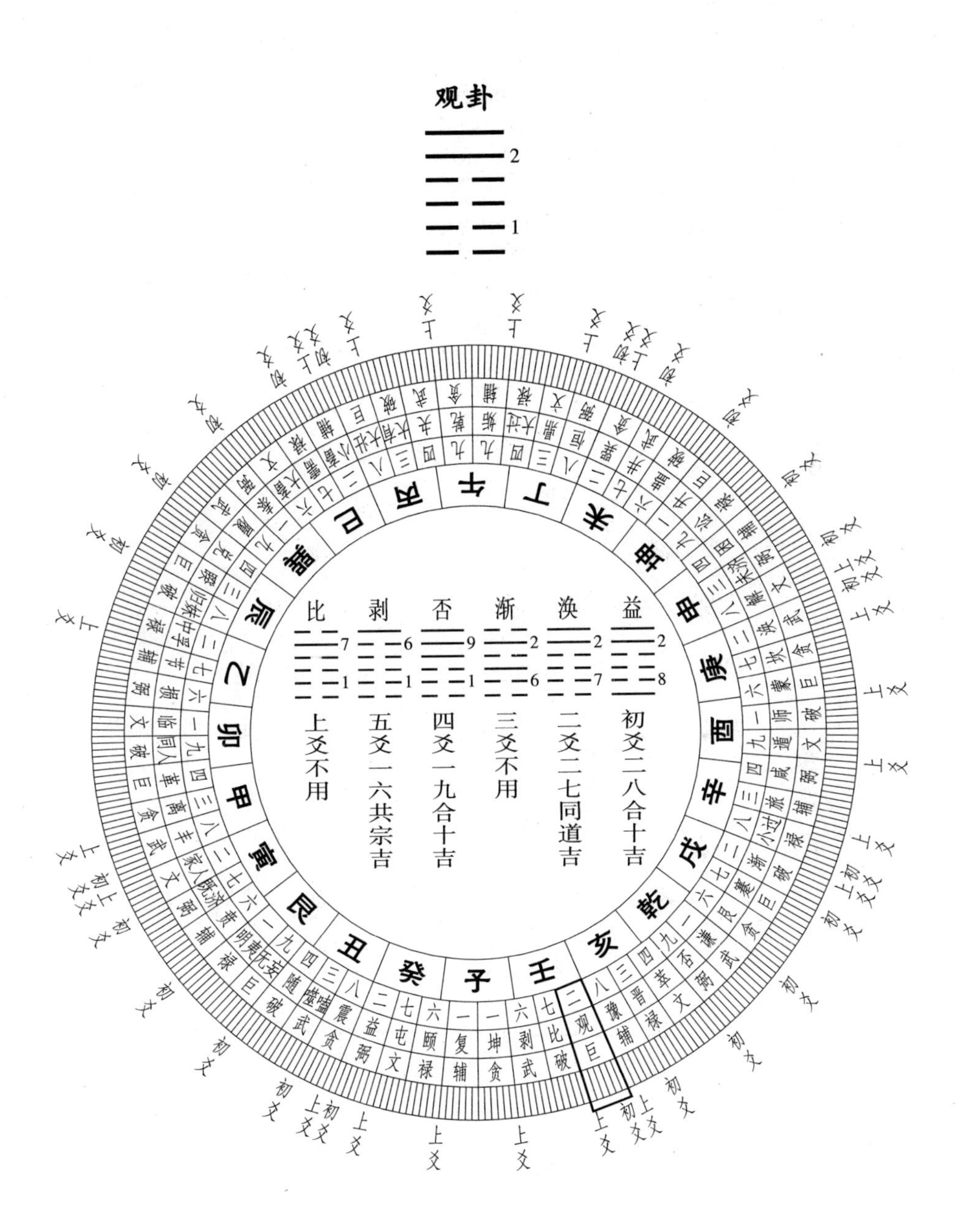

观卦
2
1
益
2
8
初爻二八合十吉
涣
2
7
二爻二七同道吉
渐
2
6
三爻不用
否
9
1
四爻一九合十吉
剥
6
1
五爻一六共宗吉
比
7
1
上爻不用
壬 子 癸 丑 艮 寅 甲 卯 乙 辰 巽 巳 丙 午 丁 未 坤 申 庚 酉 辛 戌 乾 亥

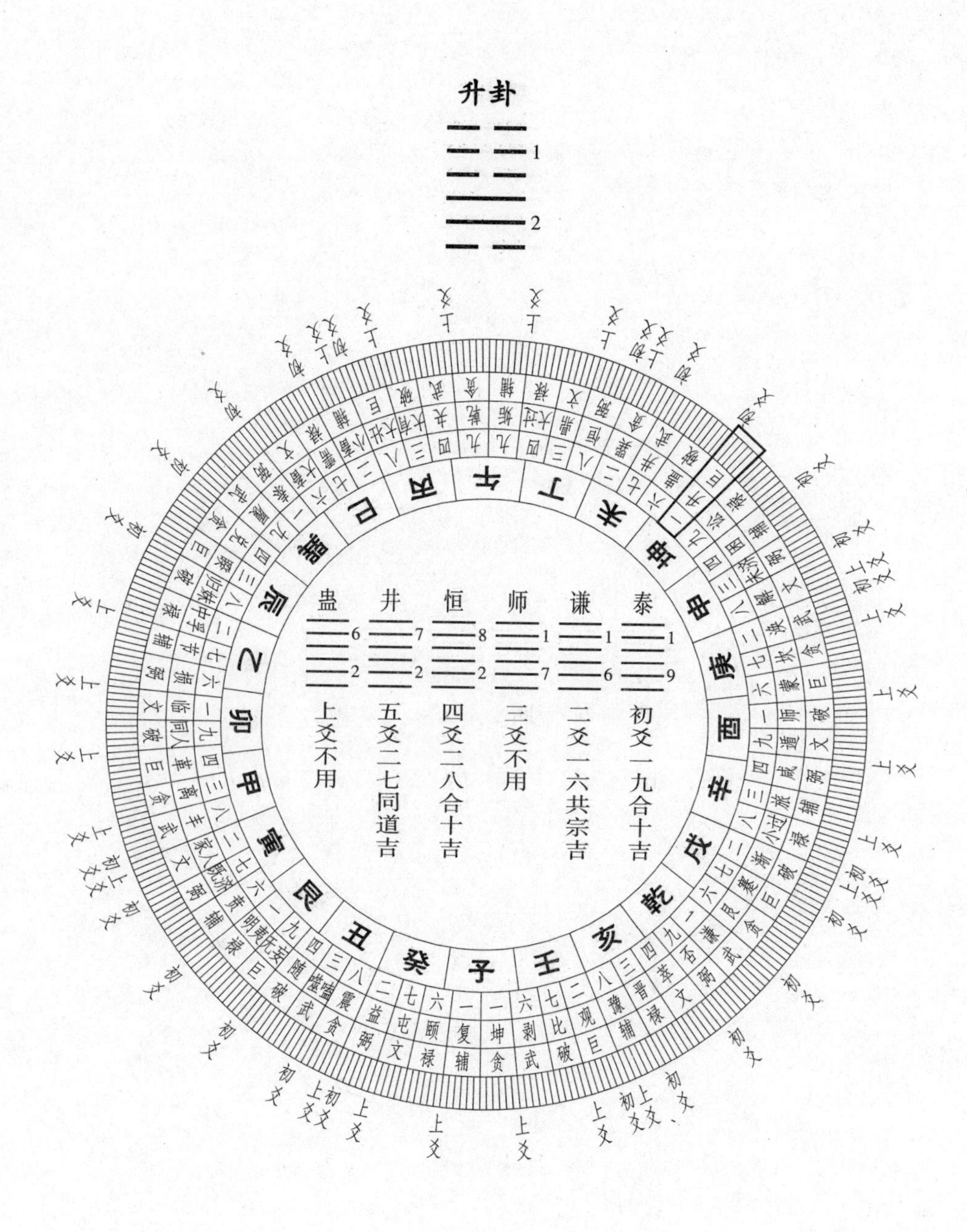
升卦
泰
谦
师
恒
井
蛊
初爻一九合十吉
二爻一六共宗吉
三爻不用
四爻二八合十吉
五爻二七同道吉
上爻不用

3. 禄存星八局。

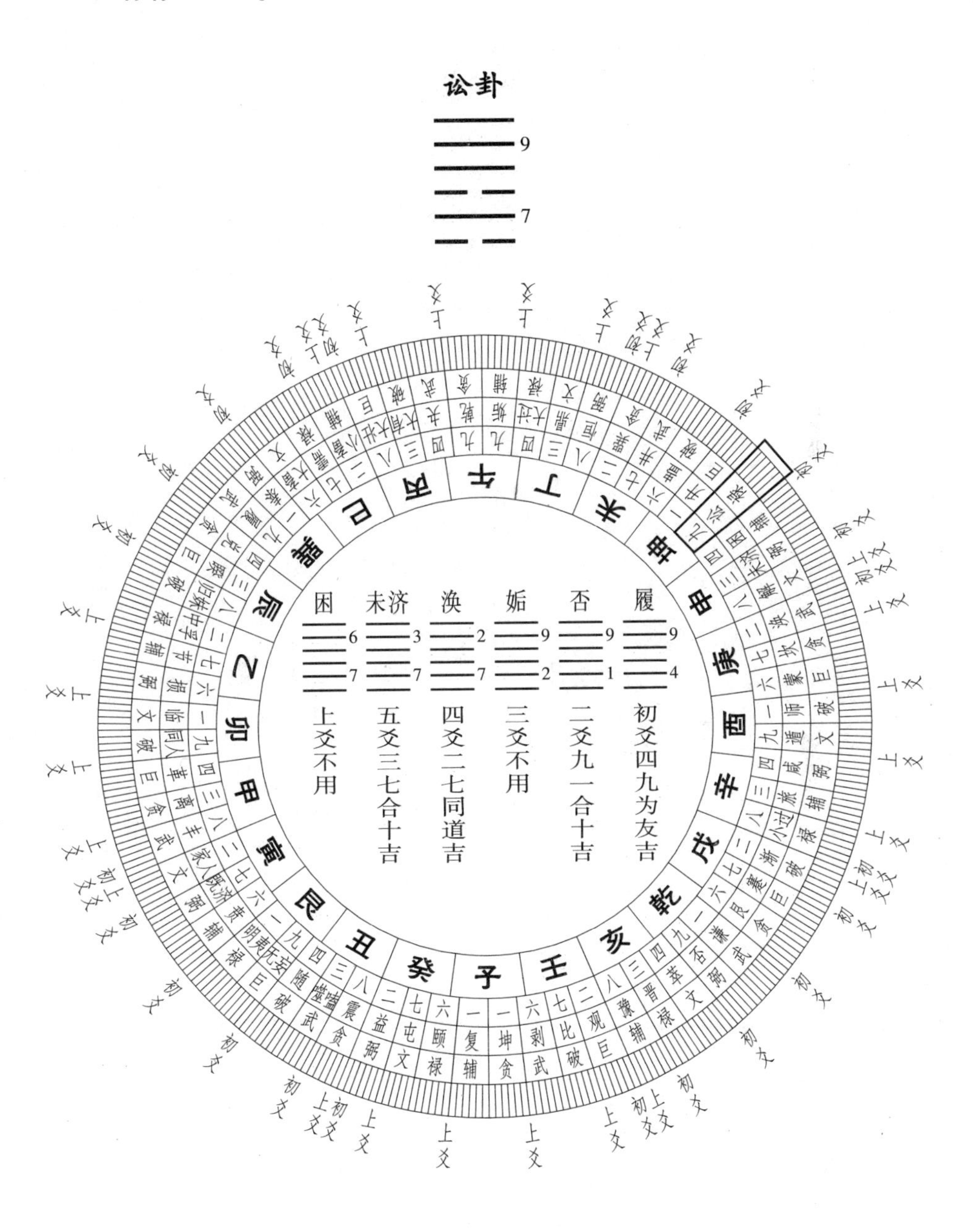
讼卦
9
7
困
6
7
上爻不用
未济
3
7
五爻三七合十吉
涣
2
7
四爻二七同道吉
姤
9
2
三爻不用
否
9
1
二爻九一合十吉
履
9
4
初爻四九为友吉

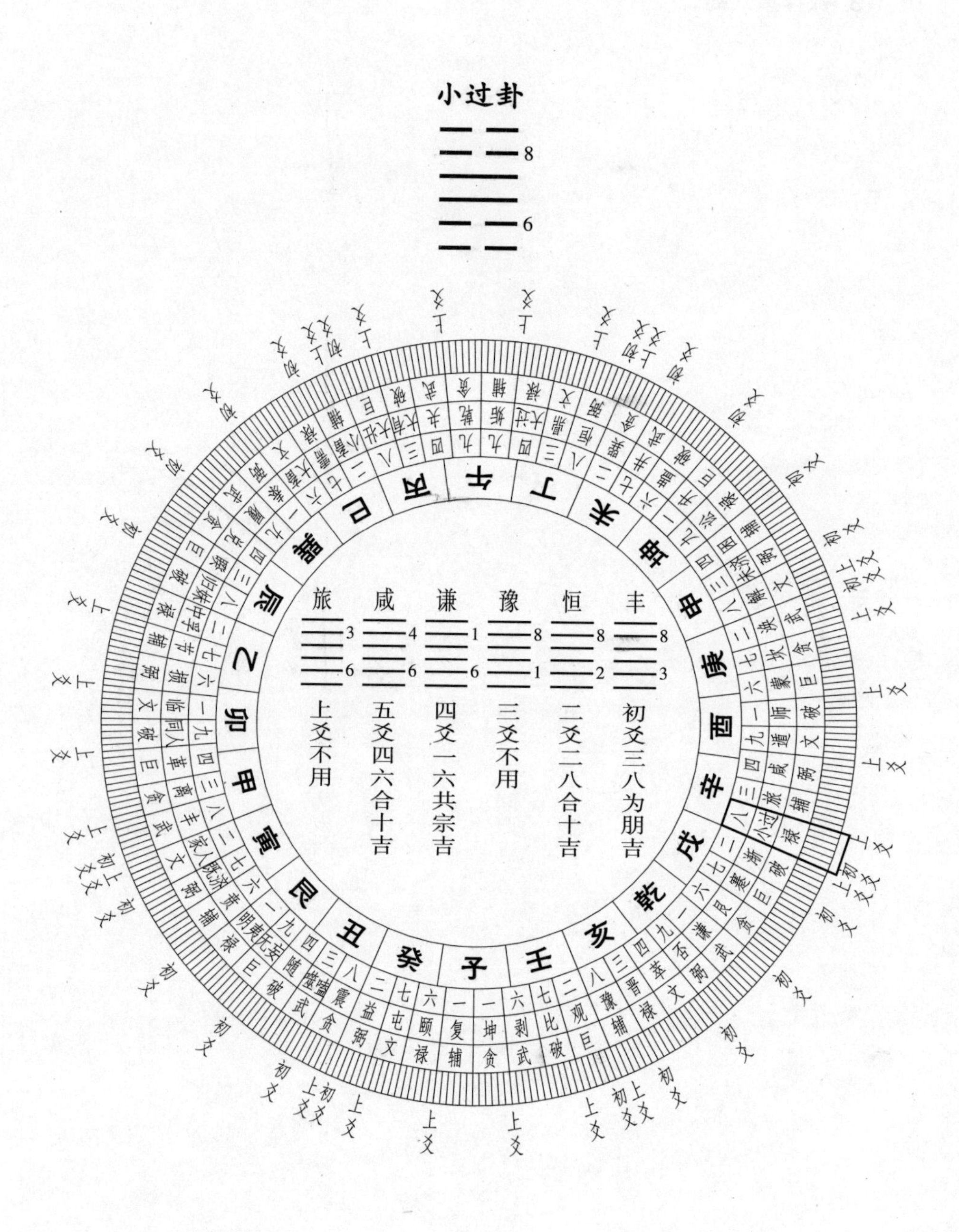
小过卦
8
6
丰
恒
豫
谦
咸
旅
初爻三八为朋吉
二爻二八合十吉
三爻不用
四爻一六共宗吉
五爻四六合十吉
上爻不用
壬 子 癸 丑 艮 寅 甲 卯 乙 辰 巽 巳 丙 午 丁 未 坤 申 庚 酉 辛 戌 乾 亥

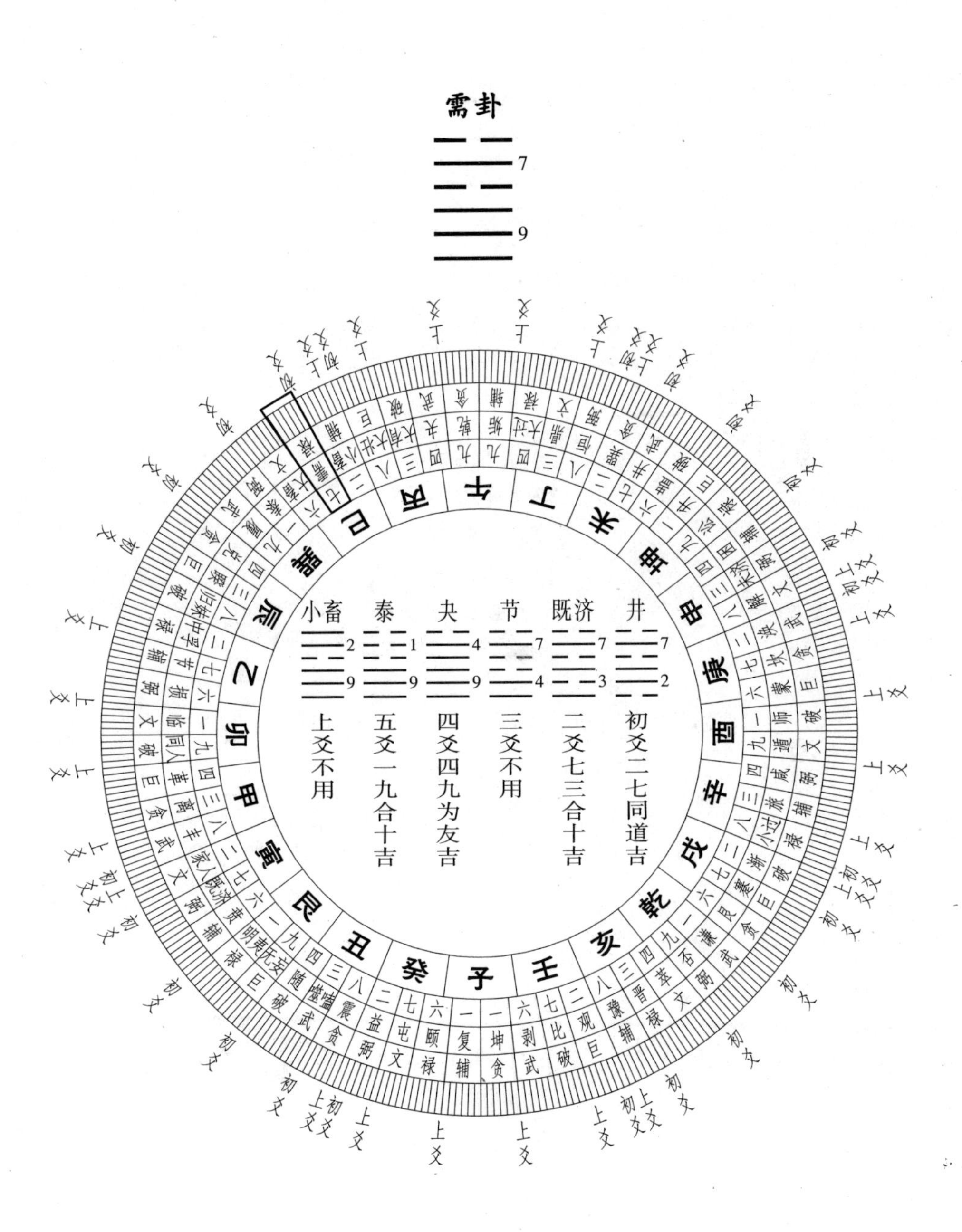
需卦
小畜
泰
夬
节
既济
井
上爻不用
五爻一九合十吉
四爻四九为友吉
三爻不用
二爻七三合十吉
初爻二七同道吉

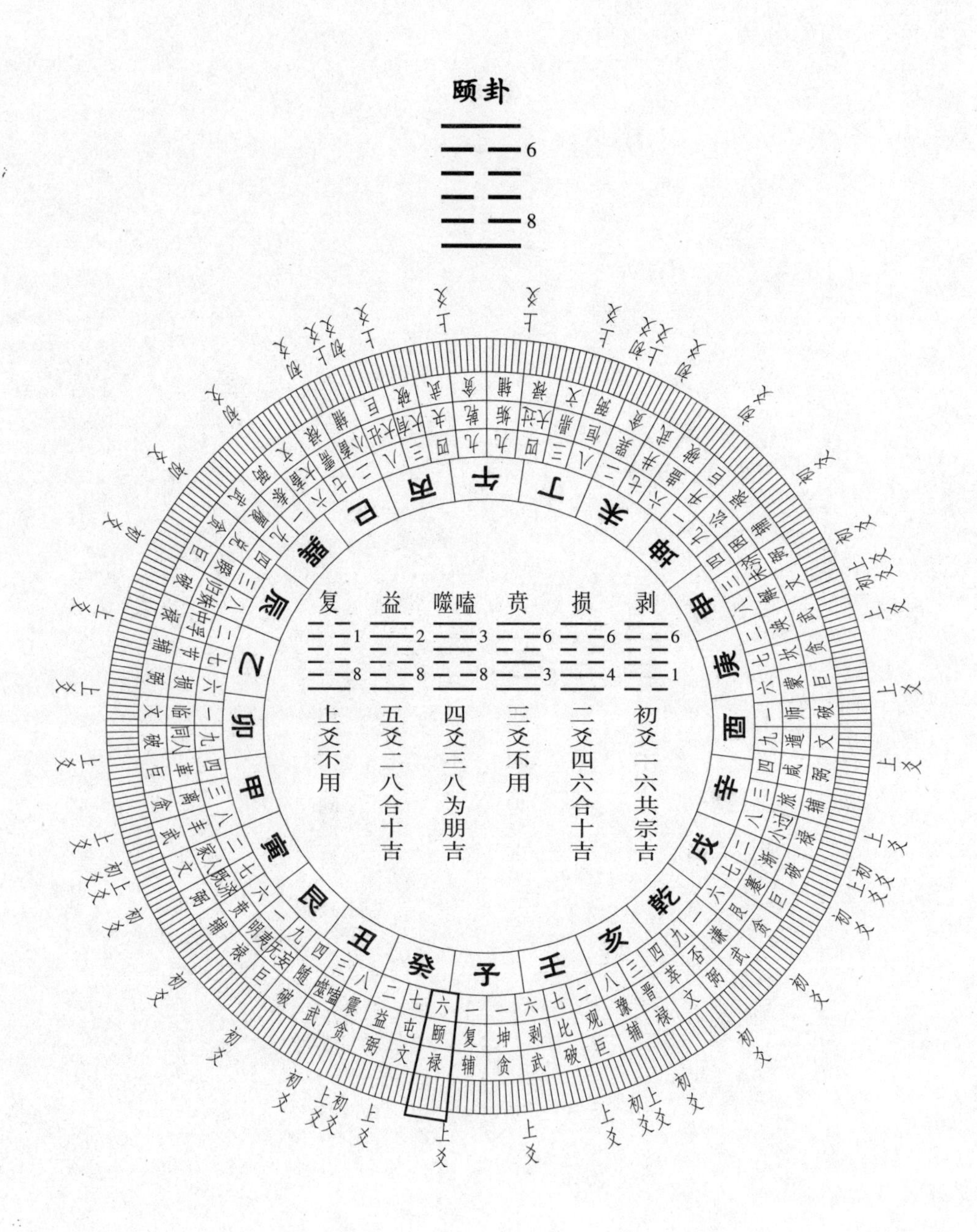
颐卦
剥
损
贲
噬嗑
益
复
初爻一六共宗吉
二爻四六合十吉
三爻不用
四爻三八为朋吉
五爻二八合十吉
上爻不用

大过卦

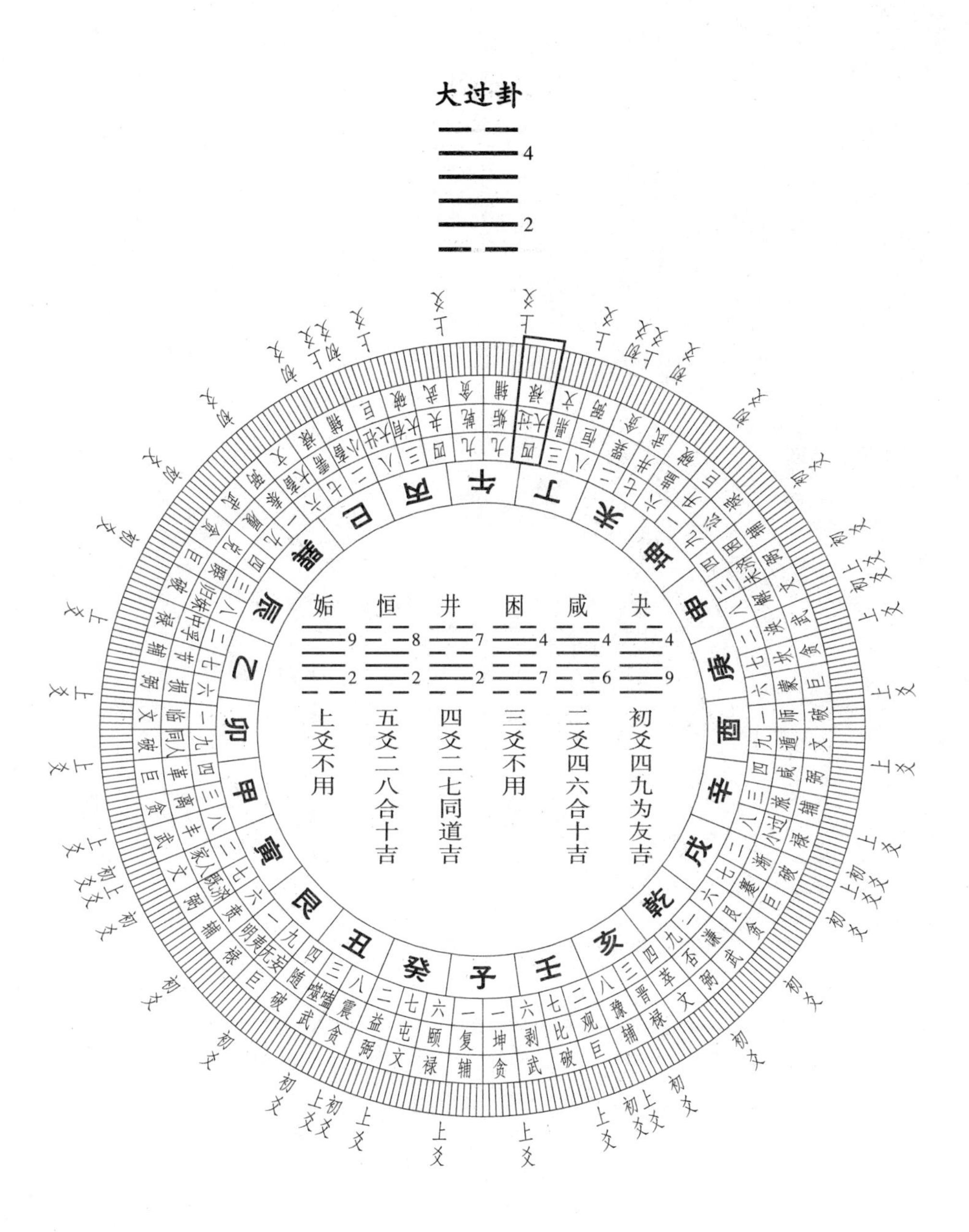

4
2
夬 4 9
咸 4 6
困 4 7
井 7 2
恒 8 2
姤 9 2
初爻四九为友吉
二爻四六合十吉
三爻不用
四爻二七同道吉
五爻二八合十吉
上爻不用

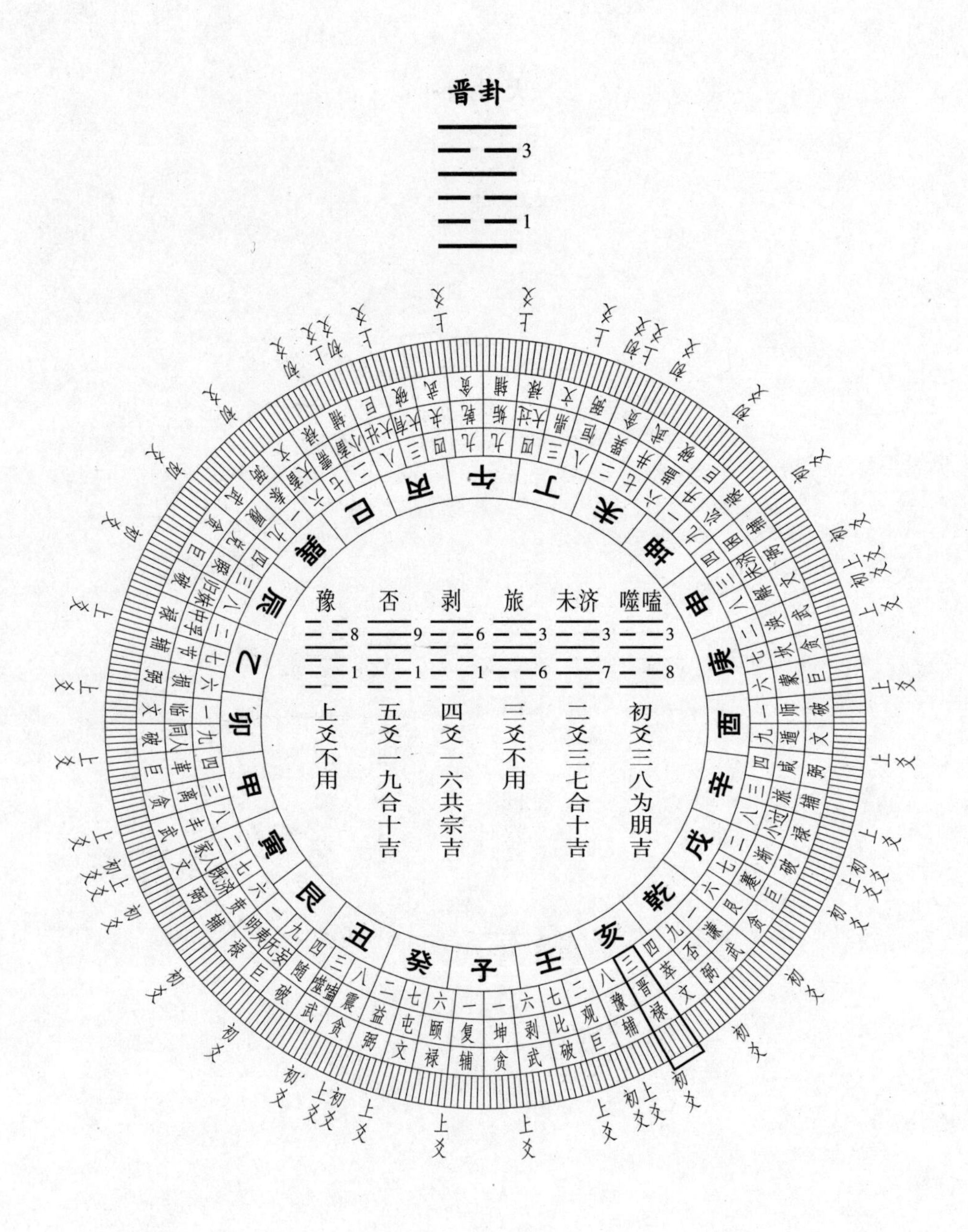
晋卦
3
1
噬嗑
未济
旅
剥
否
豫
初爻三八为朋吉
二爻三七合十吉
三爻不用
四爻一六共宗吉
五爻一九合十吉
上爻不用

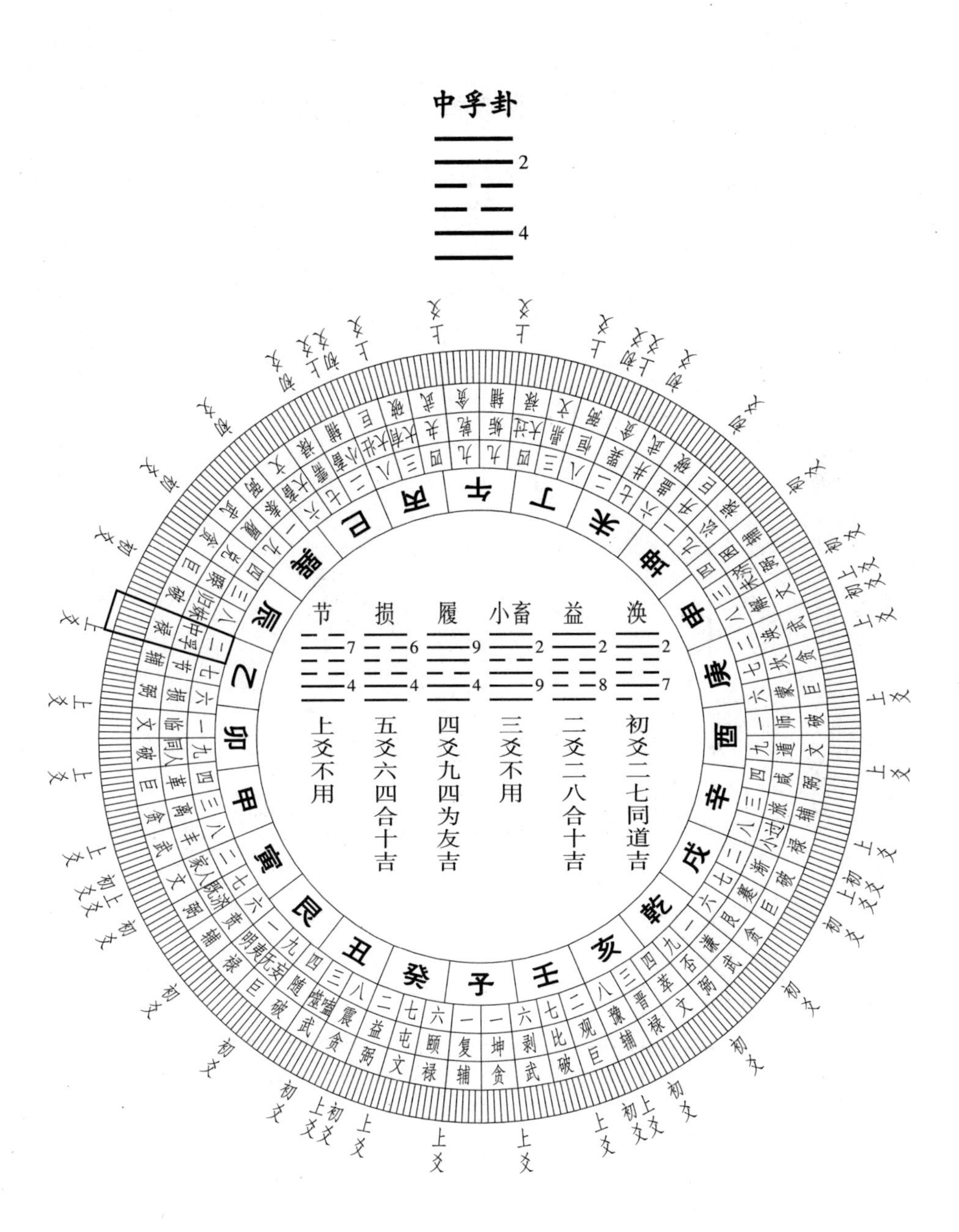
中孚卦
节
损
履
小畜
益
涣
上爻不用
五爻六四合十吉
四爻九四为友吉
三爻不用
二爻二八合十吉
初爻二七同道吉

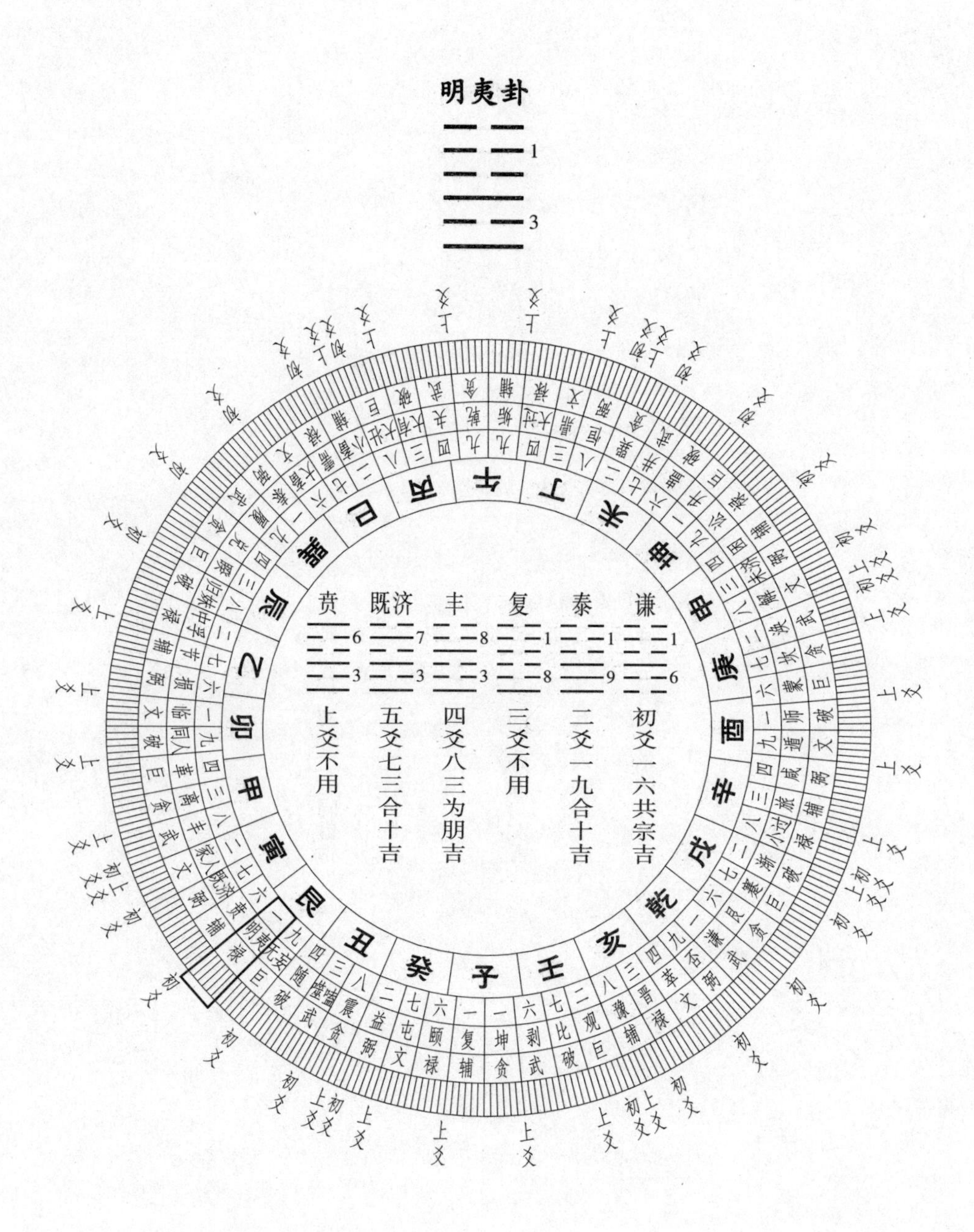
明夷卦
1
3
贲
既济
丰
复
泰
谦
上爻不用
五爻七三合十吉
四爻八三为朋吉
三爻不用
二爻一九合十吉
初爻一六共宗吉

4. 文曲星星八局。

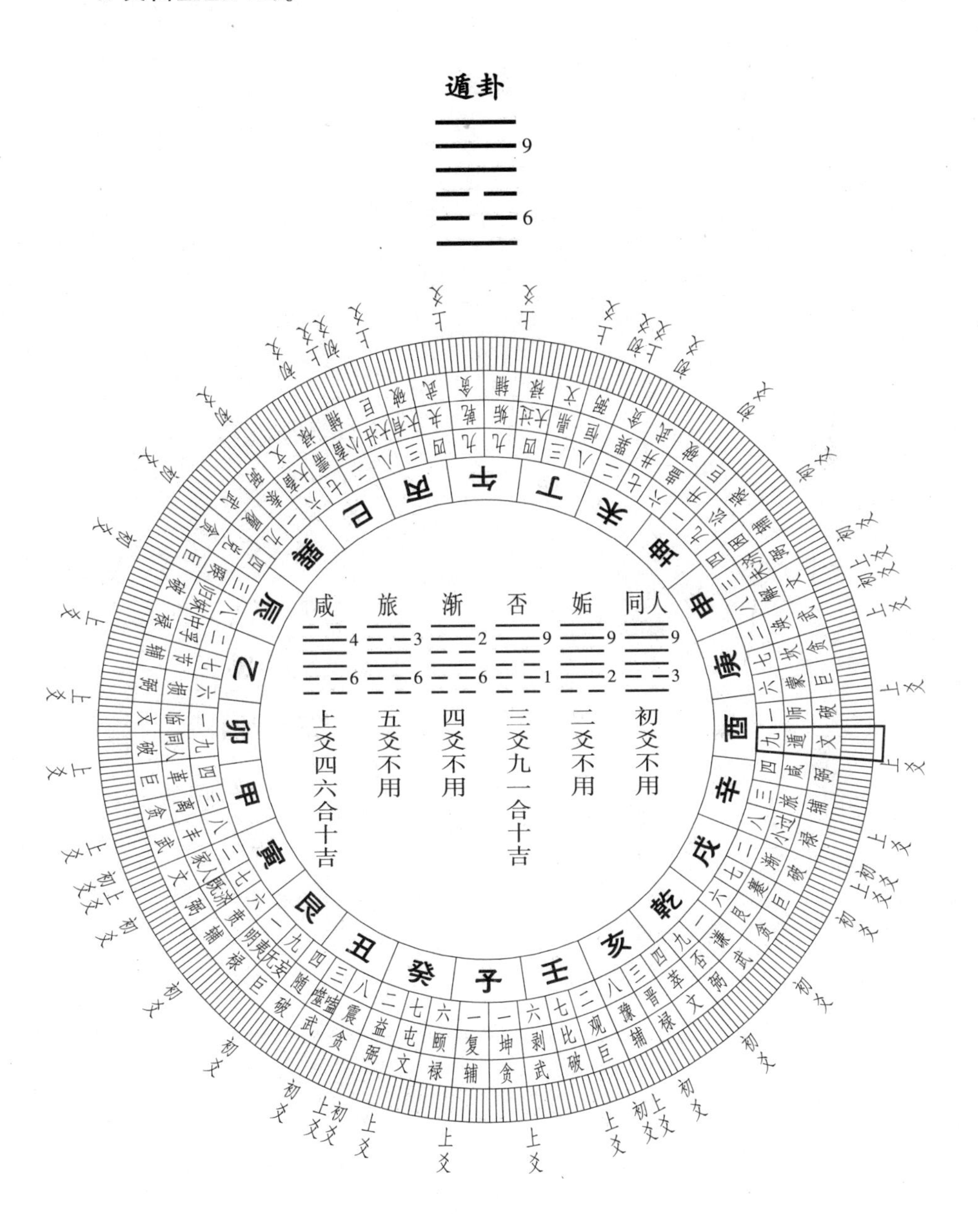

遁卦
9
6
咸
4
6
上爻四六合十吉
旅
3
6
五爻不用
渐
2
6
四爻不用
否
9
1
三爻九一合十吉
姤
9
2
二爻不用
同人
9
3
初爻不用
午 丁 未 坤 申 庚 酉 辛 戌 乾 亥 壬 子 癸 丑 艮 寅 甲 卯 乙 辰 巽 巳 丙

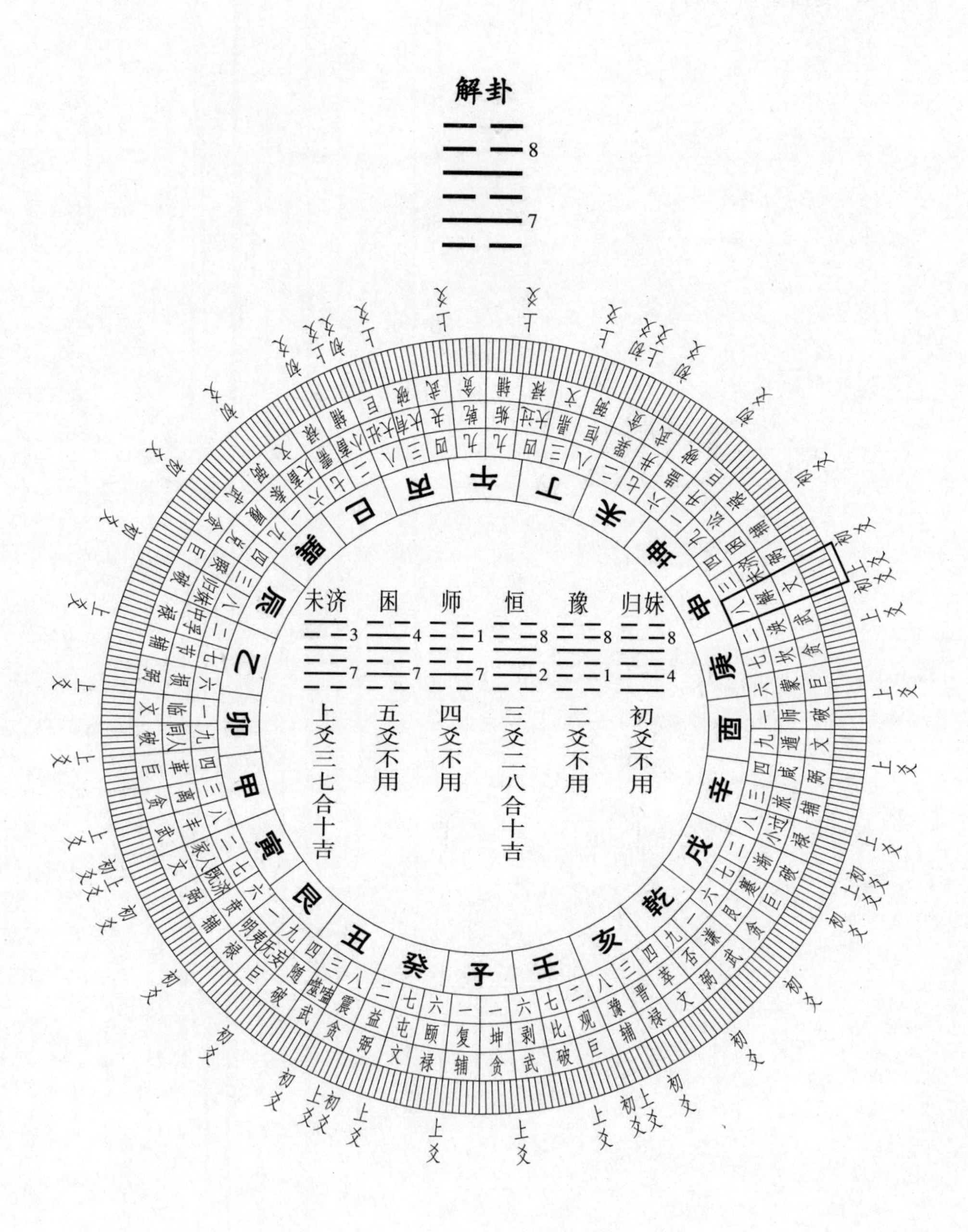
解卦
8
7
未济
困
师
恒
豫
归妹
上爻三七合十吉
五爻不用
四爻不用
三爻二八合十吉
二爻不用
初爻不用

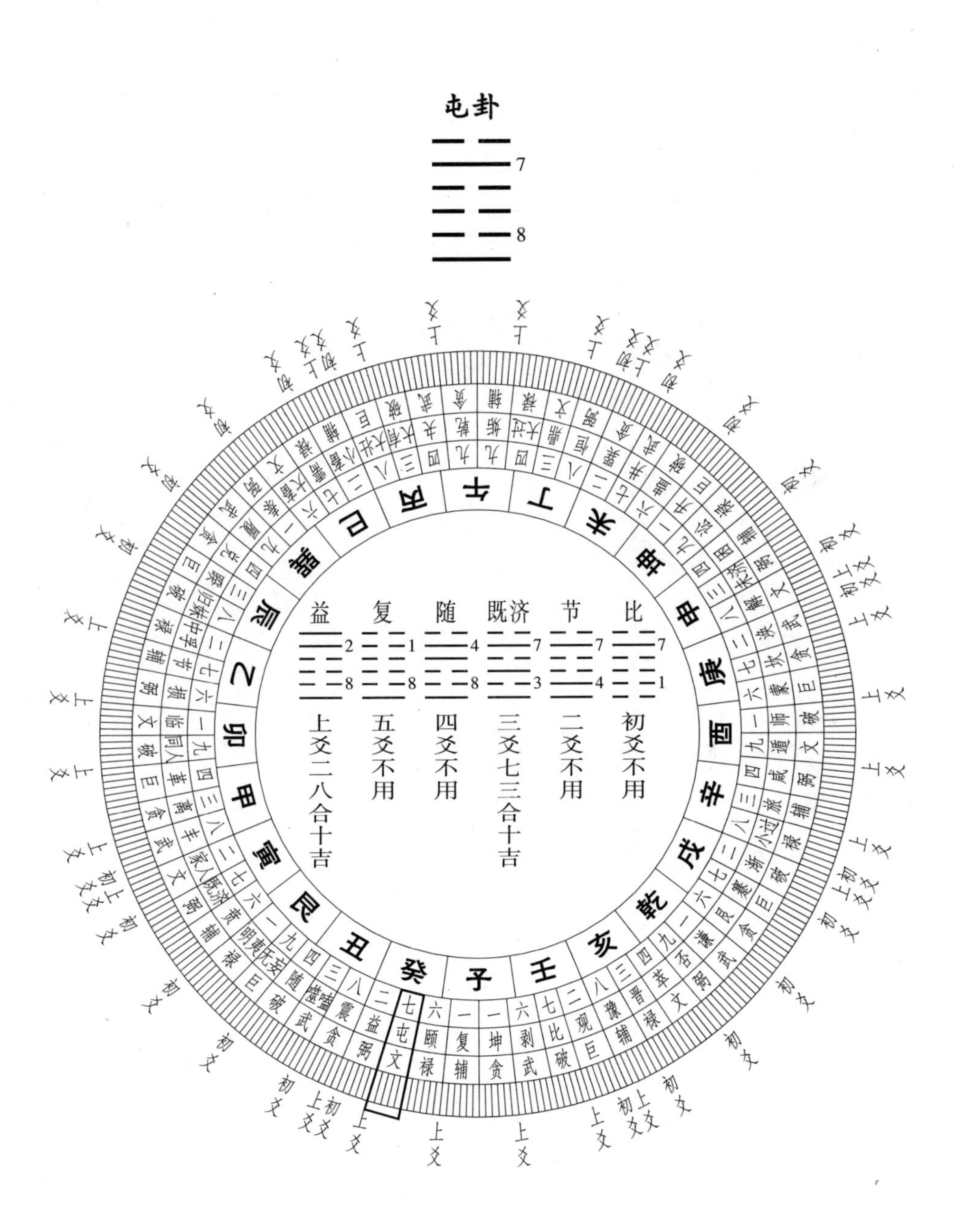
屯卦
7
8
益
复
随
既济
节
比
上爻二八合十吉
五爻不用
四爻不用
三爻七三合十吉
二爻不用
初爻不用
子
癸
丑
艮
寅
甲
卯
乙
辰
巽
巳
丙
午
丁
未
坤
申
庚
酉
辛
戌
乾
亥
壬

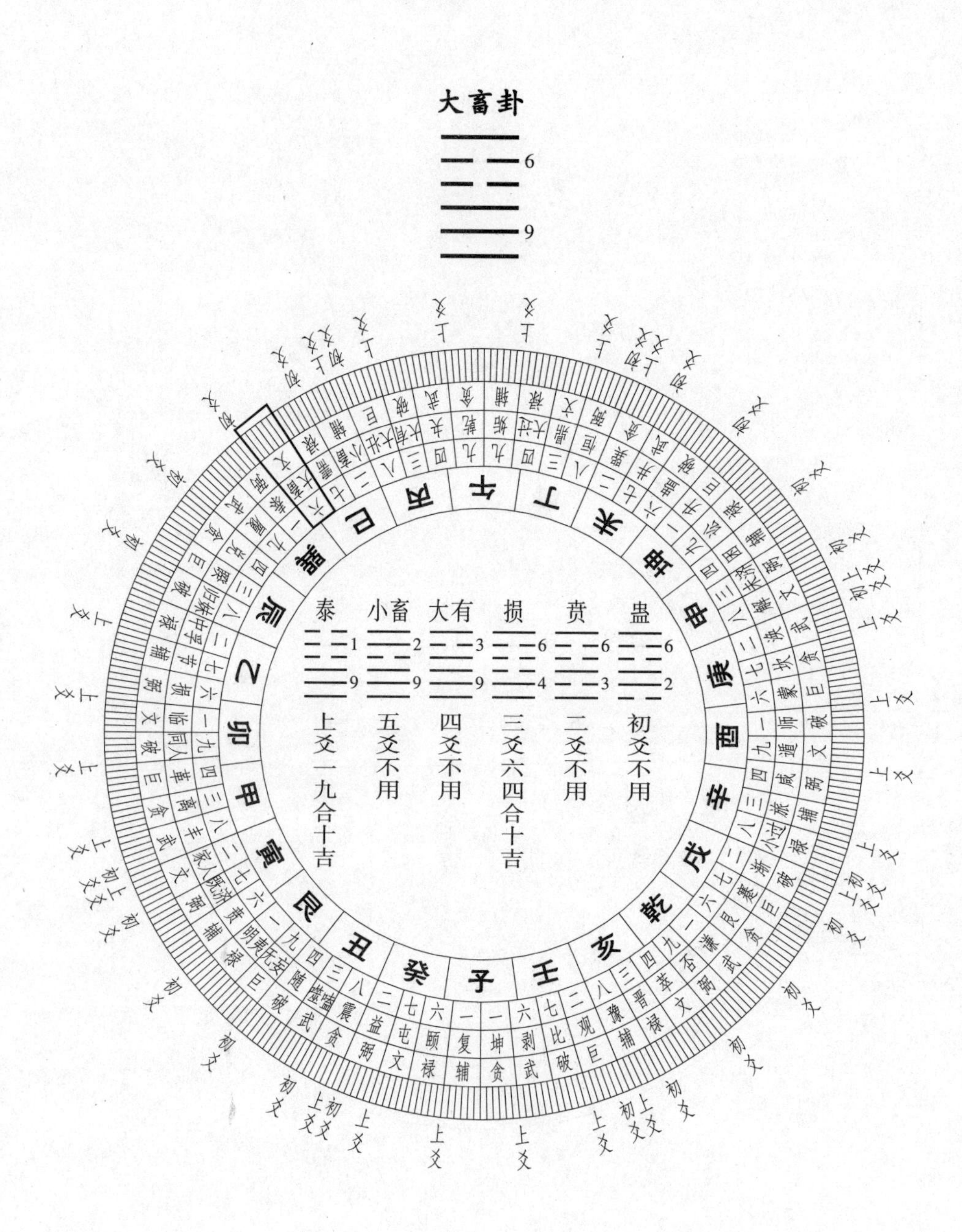
大畜卦
6
9
泰
小畜
大有
损
贲
蛊
上爻一九合十吉
五爻不用
四爻不用
三爻六四合十吉
二爻不用
初爻不用
子
癸
丑
艮
寅
甲
卯
乙
辰
巽
巳
丙
午
丁
未
坤
申
庚
酉
辛
戌
乾
亥
壬

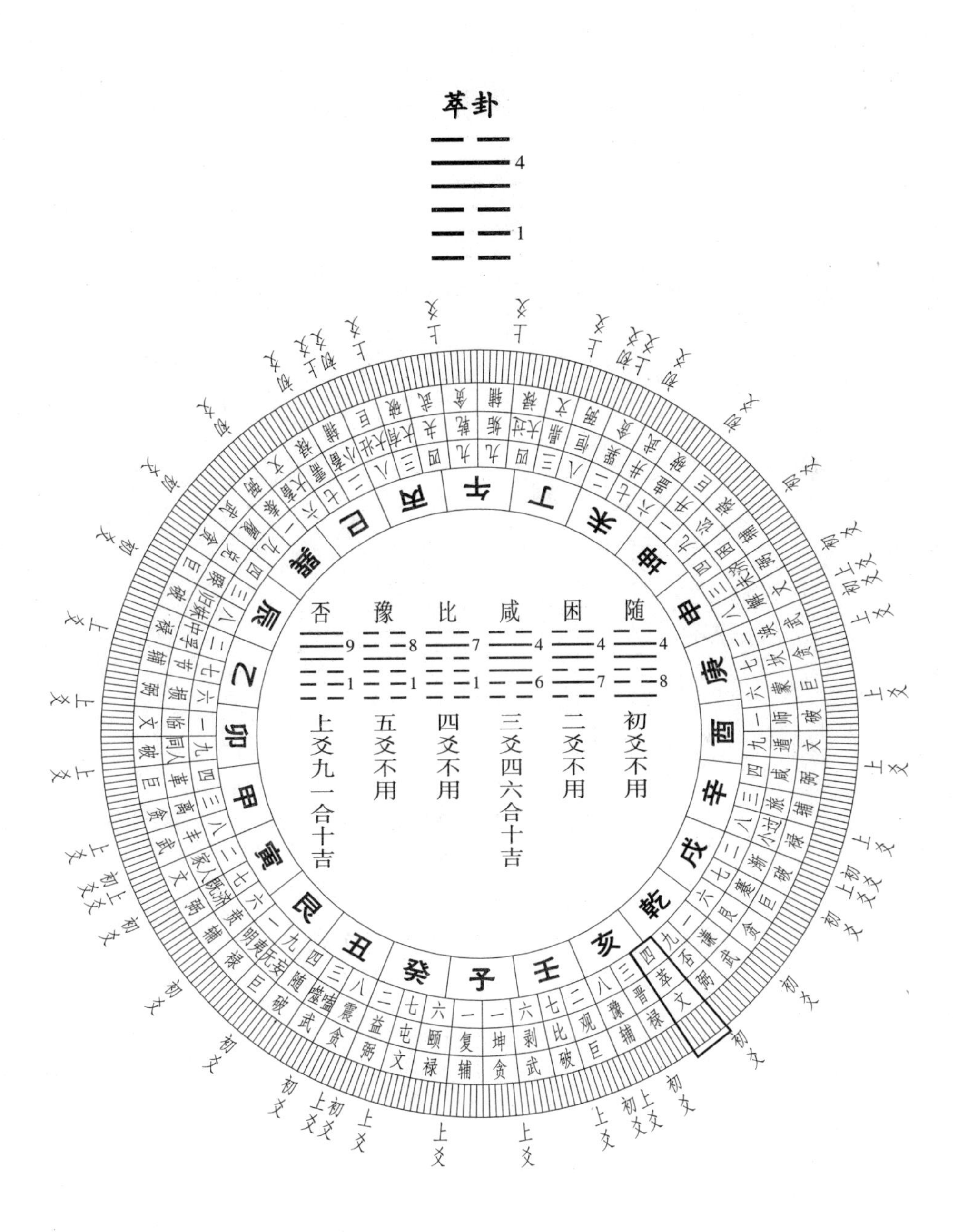
萃卦
4
1
否
9
1
上爻九一合十吉
豫
8
1
五爻不用
比
7
1
四爻不用
咸
4
6
三爻四六合十吉
困
4
7
二爻不用
随
4
8
初爻不用

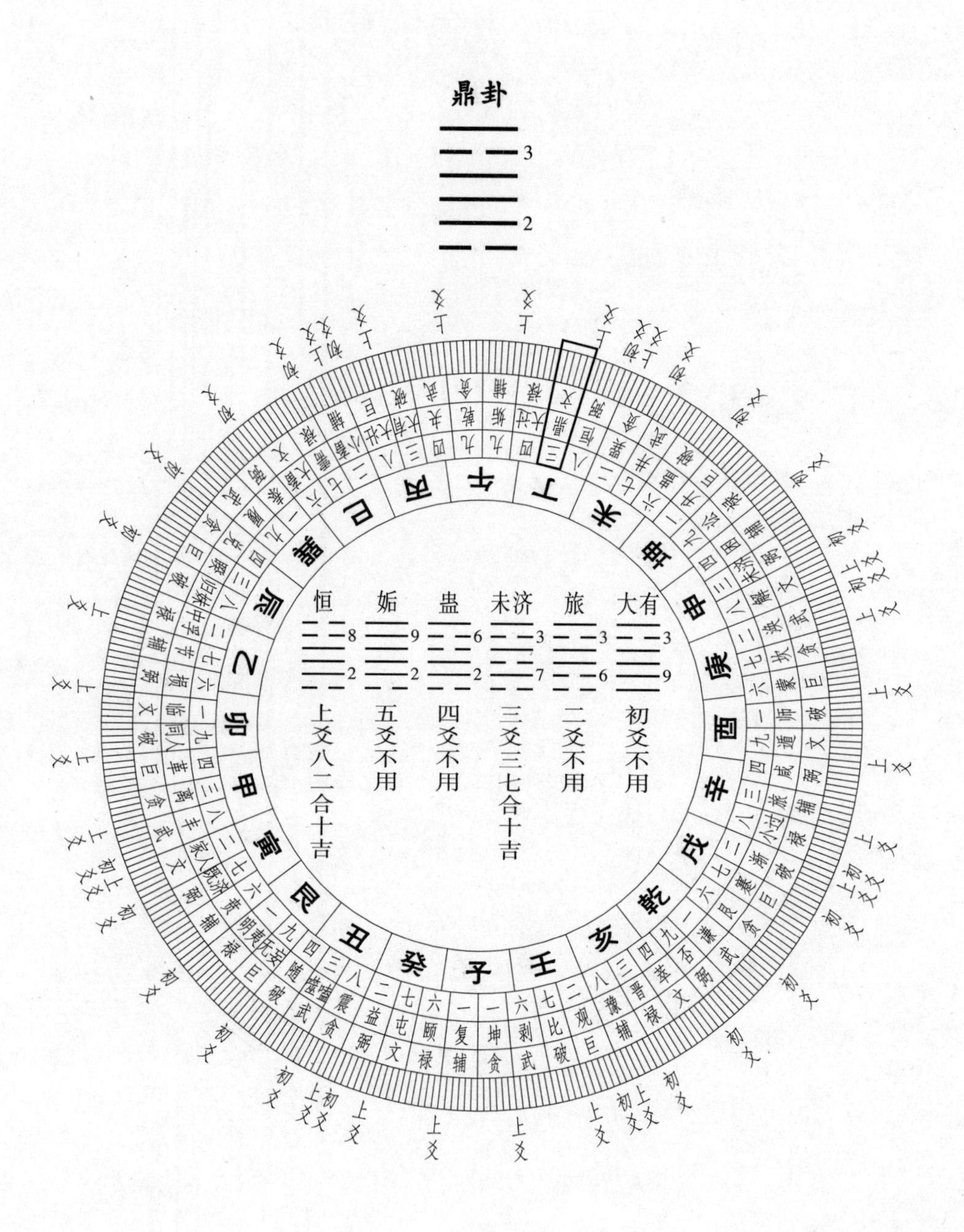

鼎卦
3
2
恒
姤
蛊
未济
旅
大有
上爻八二合十吉
五爻不用
四爻不用
三爻三七合十吉
二爻不用
初爻不用
午 丁 未 坤 申 庚 酉 辛 戌 乾 亥 壬 子 癸 丑 艮 寅 甲 卯 乙 辰 巽 巳 丙

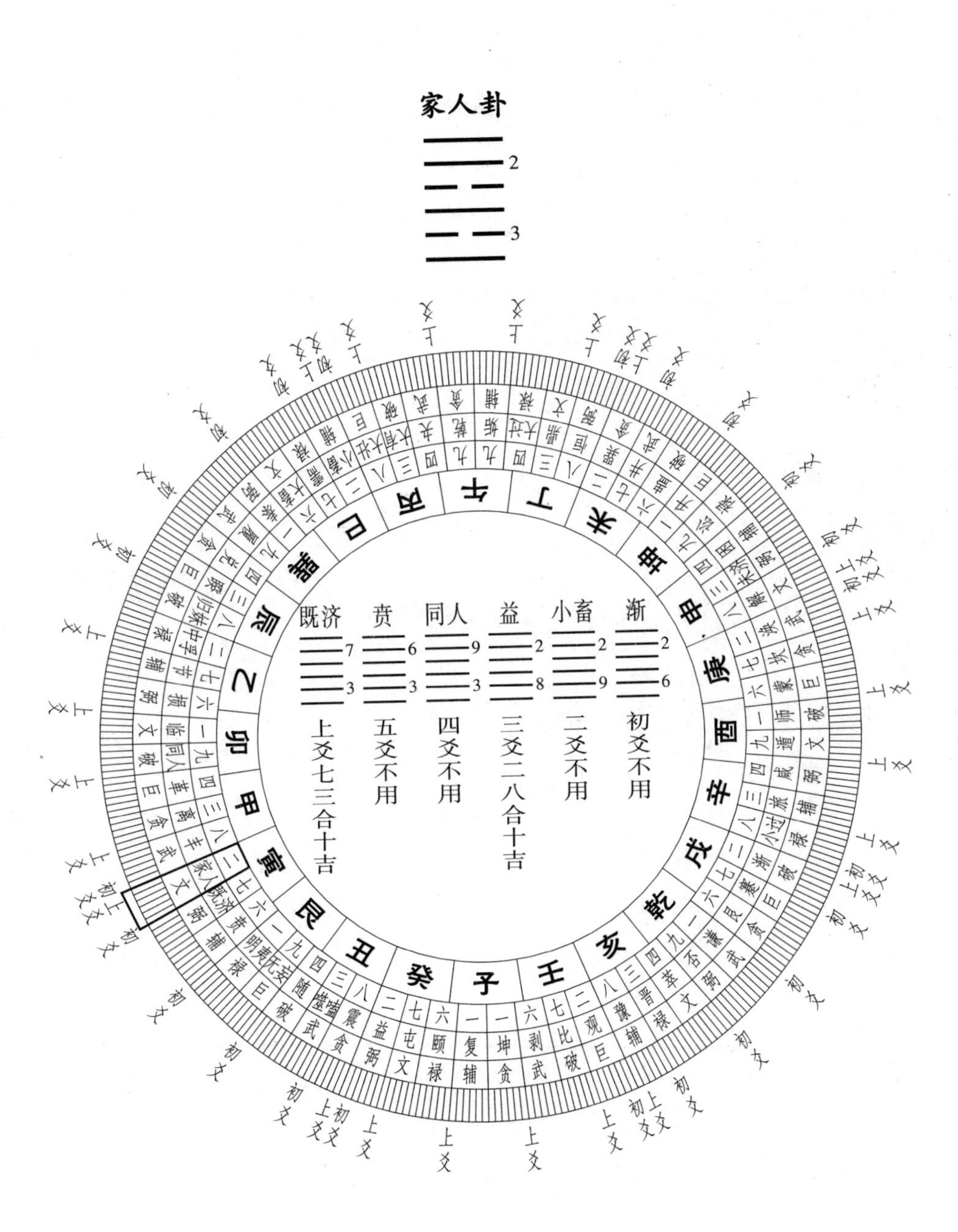
家人卦
既济
贲
同人
益
小畜
渐
上爻七三合十吉
五爻不用
四爻不用
三爻二八合十吉
二爻不用
初爻不用

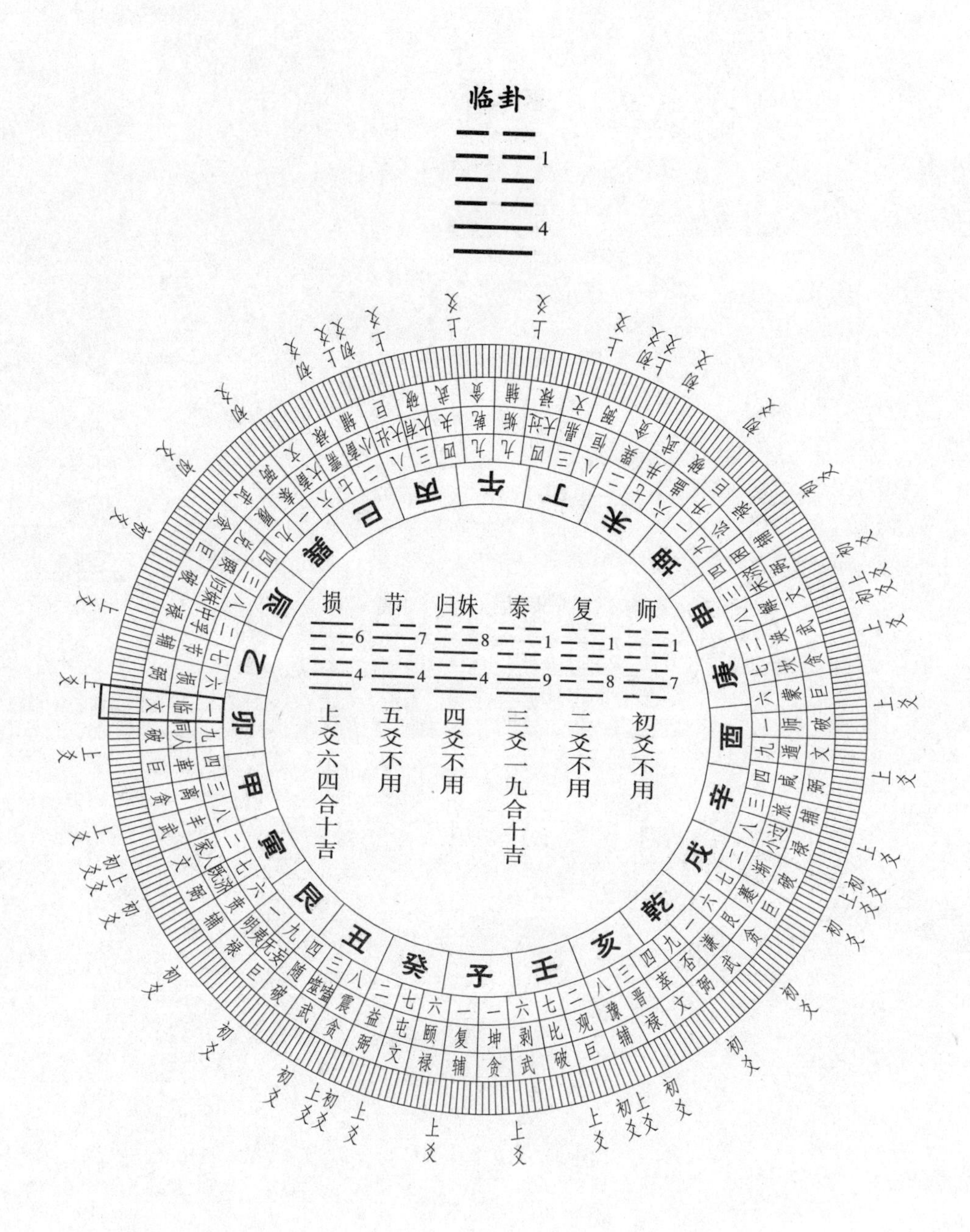
临卦
损
节
归妹
泰
复
师
上爻六四合十吉
五爻不用
四爻不用
三爻一九合十吉
二爻不用
初爻不用

5. 武曲星八局。

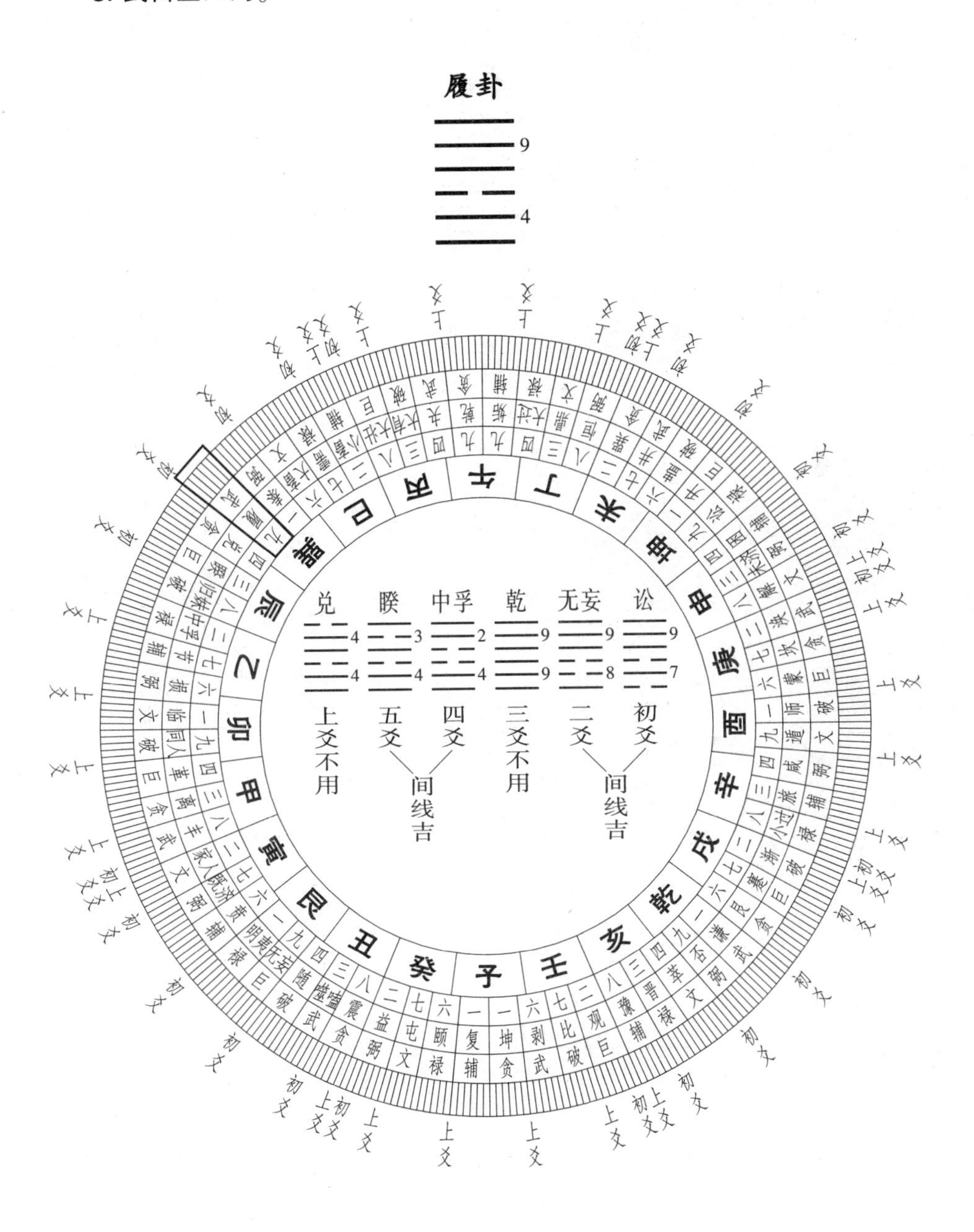

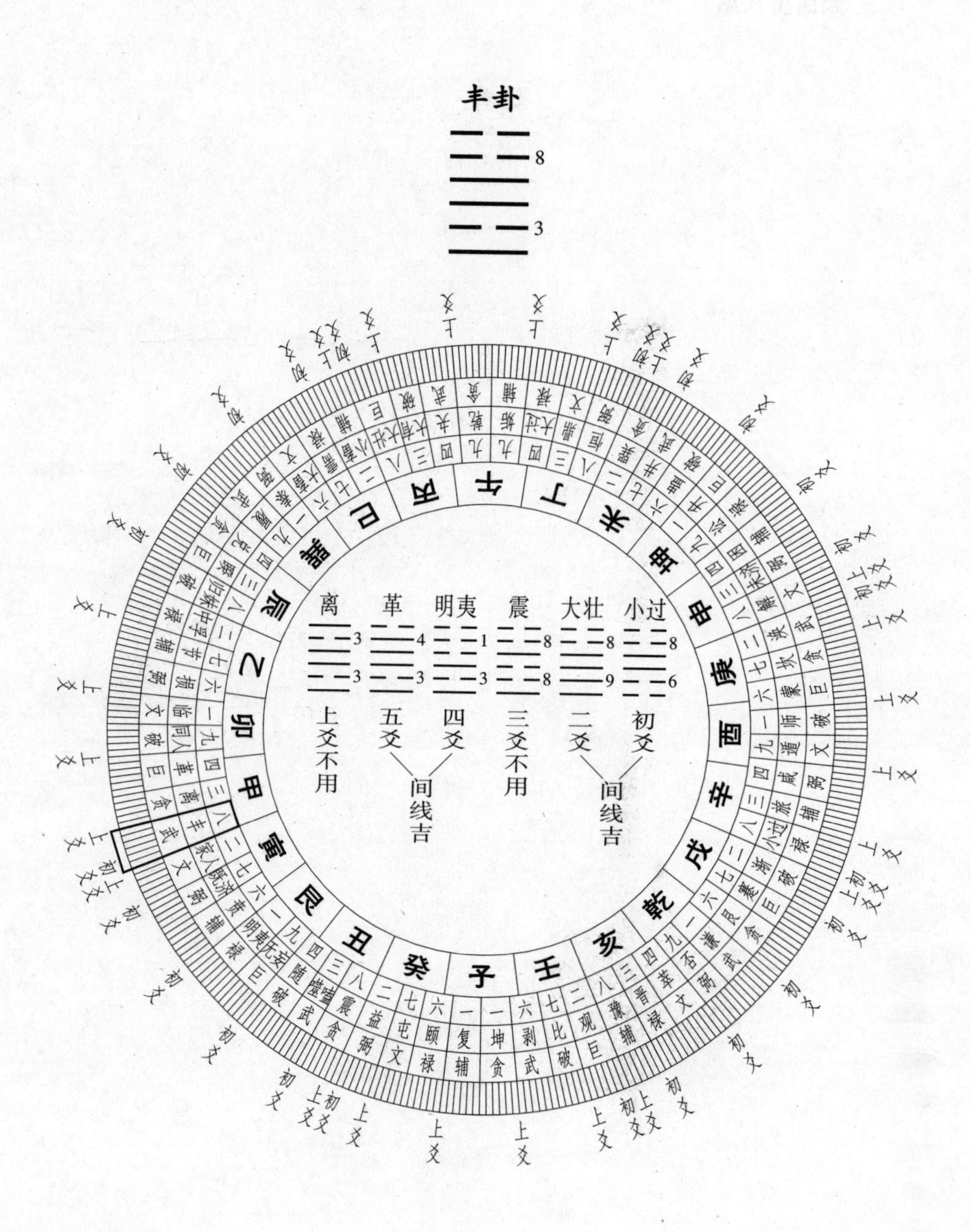
丰卦
8
3
离
革
明夷
震
大壮
小过
上爻不用
五爻
四爻
间线吉
三爻不用
二爻
初爻
间线吉
午
丁
未
坤
申
庚
酉
辛
戌
乾
亥
壬
子
癸
丑
艮
寅
甲
卯
乙
辰
巽
巳
丙

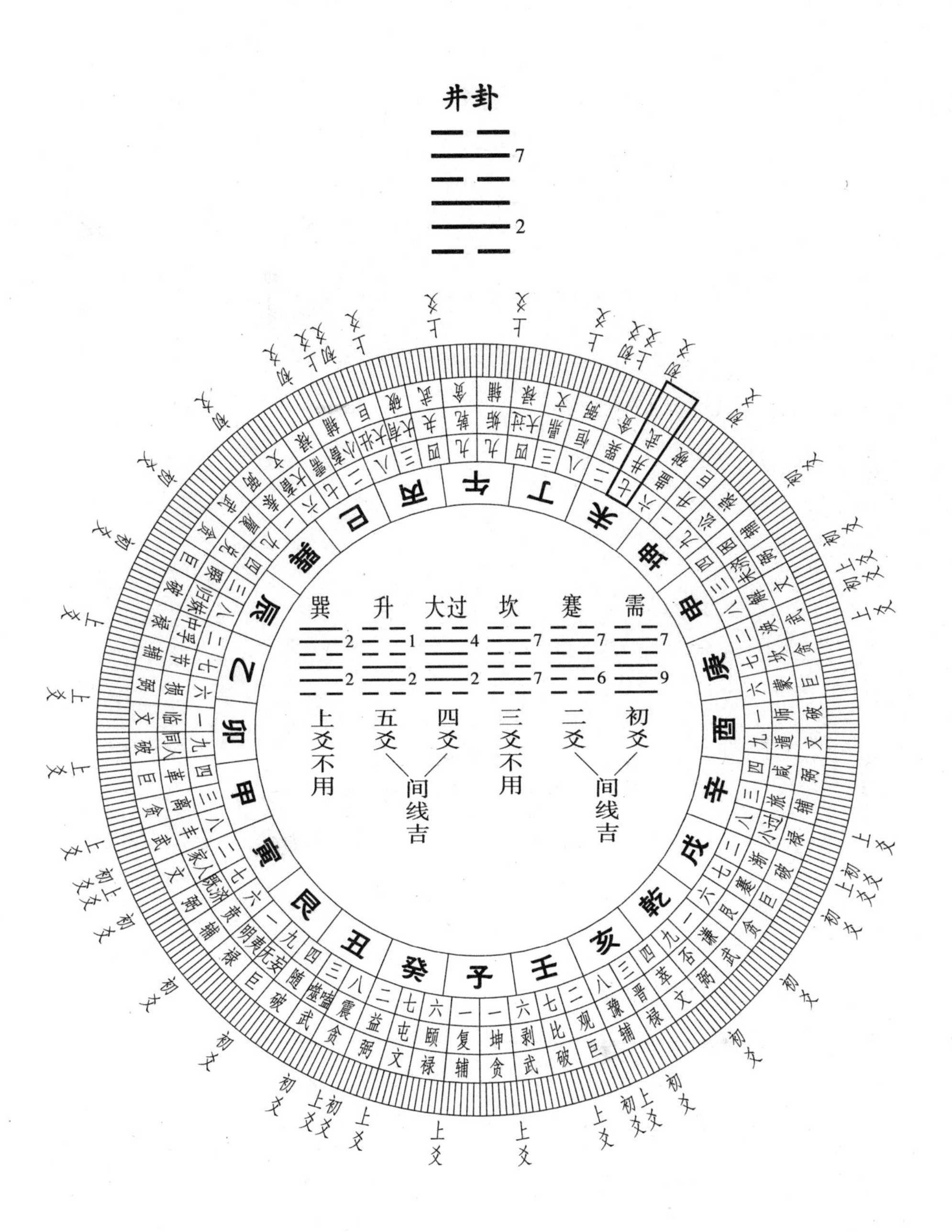
井卦
7
2
巽
升
大过
坎
蹇
需
上爻不用
五爻
四爻
间线吉
三爻不用
二爻
初爻
间线吉

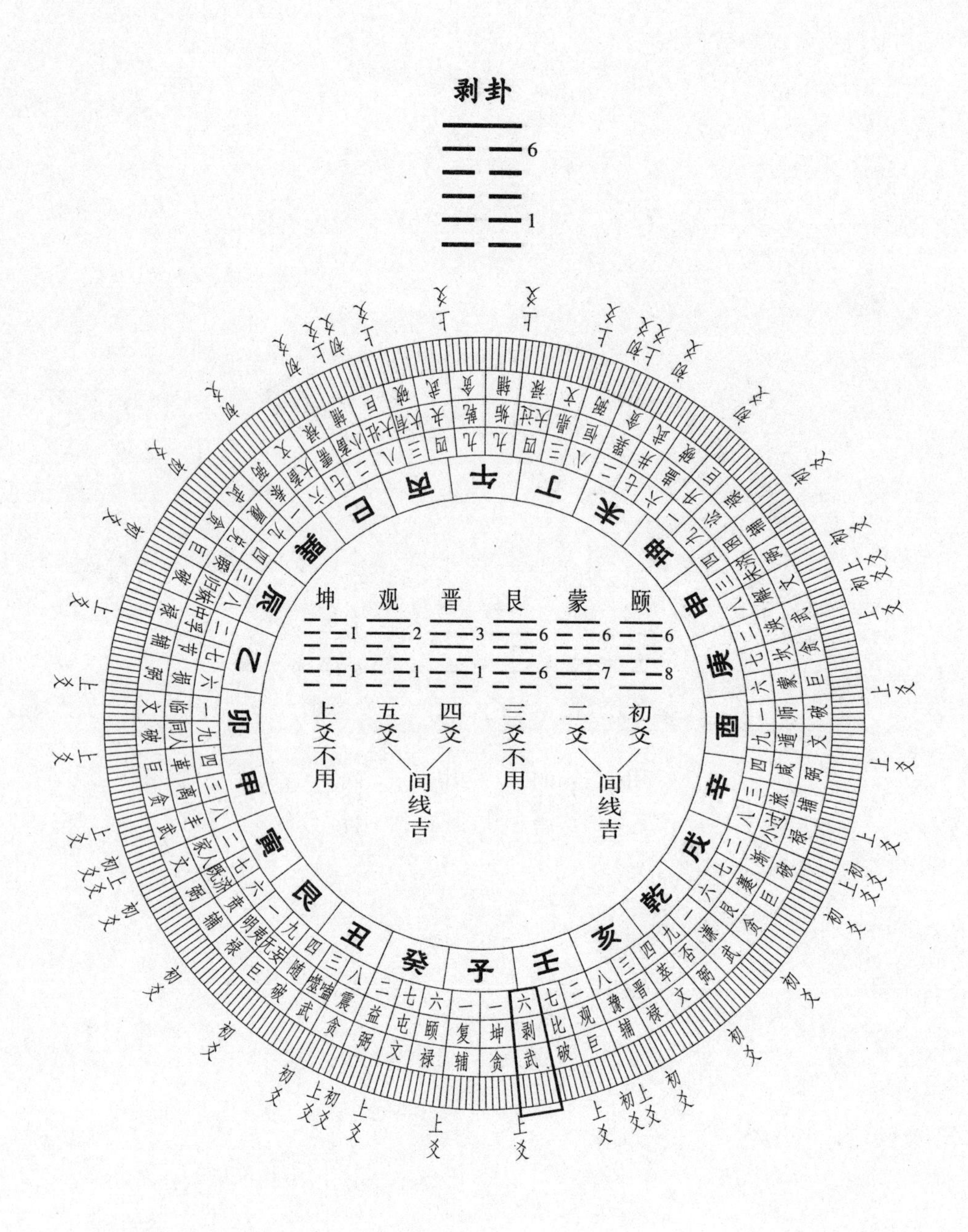
剥卦
坤
观
晋
艮
蒙
颐
上爻不用
五爻
四爻
间线吉
三爻不用
二爻
初爻
间线吉

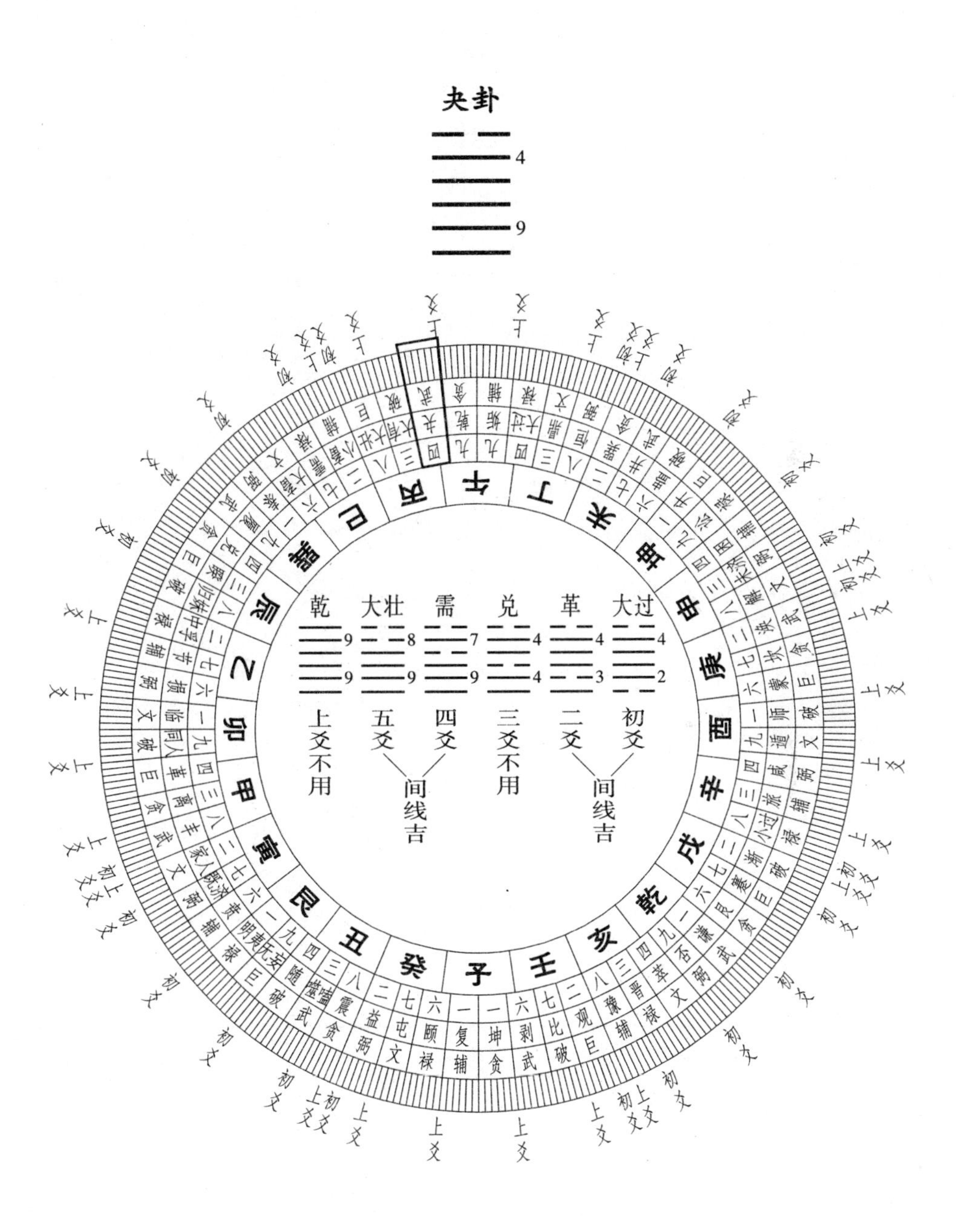
夬卦
4
9
乾
大壮
需
兑
革
大过
上爻不用
五爻
四爻
间线吉
三爻不用
二爻
初爻
间线吉
午
丁
未
坤
申
庚
酉
辛
戌
乾
亥
壬
子
癸
丑
艮
寅
甲
卯
乙
辰
巽
巳
丙

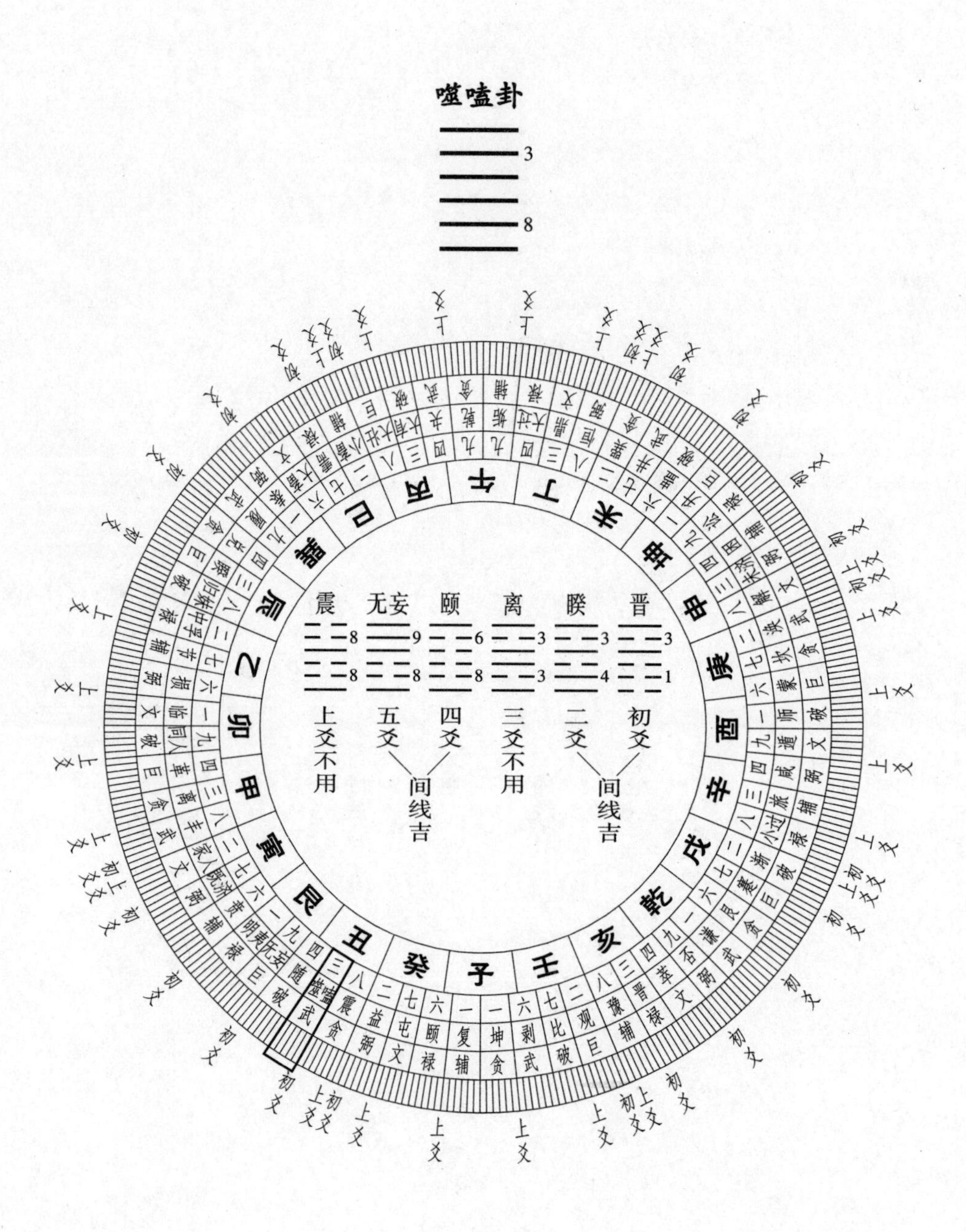
噬嗑卦
3
8
震
无妄
颐
离
睽
晋
上爻不用
五爻
四爻
间线吉
三爻不用
二爻
初爻
间线吉

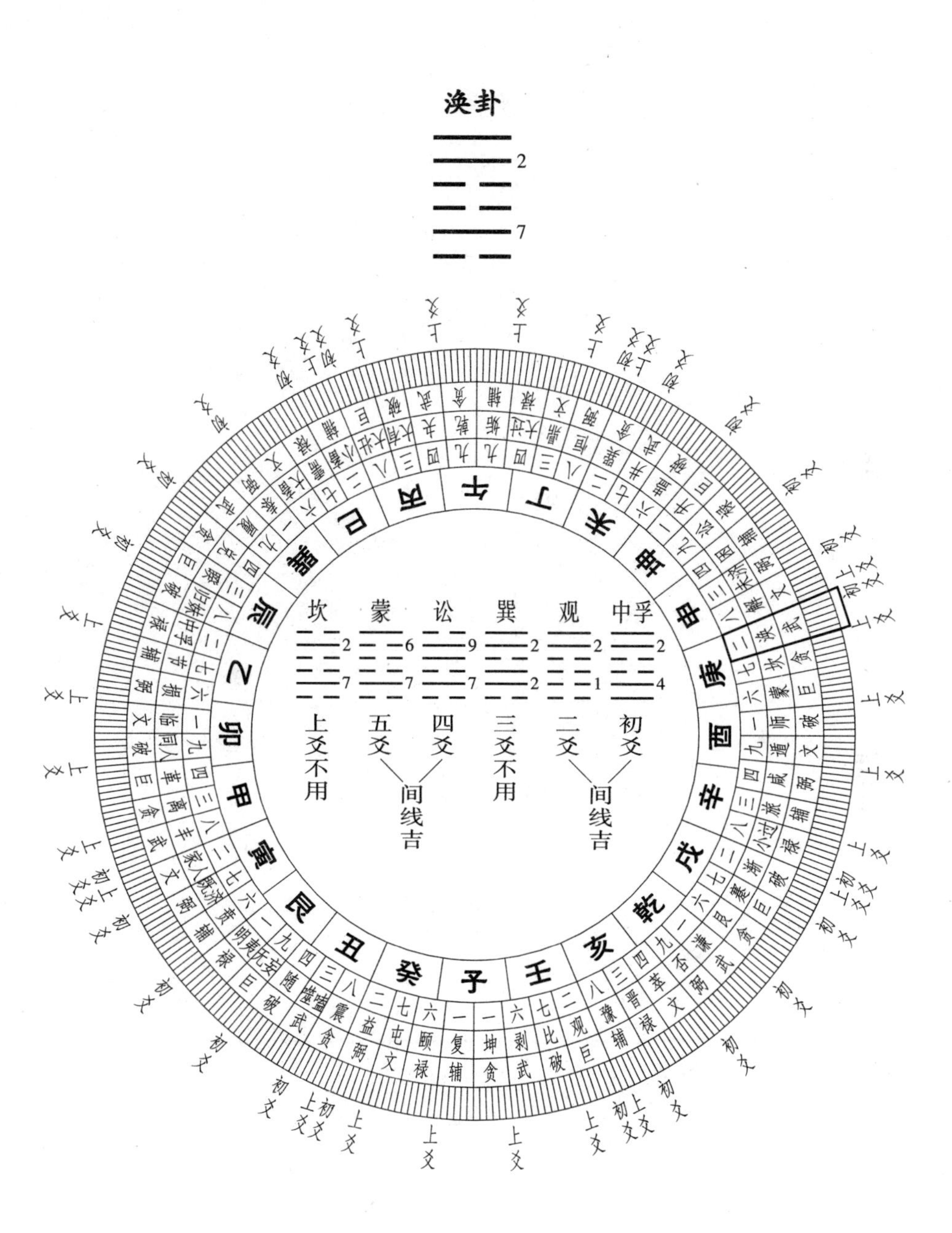
涣卦
2
7
坎
蒙
讼
巽
观
中孚
上爻不用
五爻
四爻
间线吉
三爻不用
二爻
初爻
间线吉

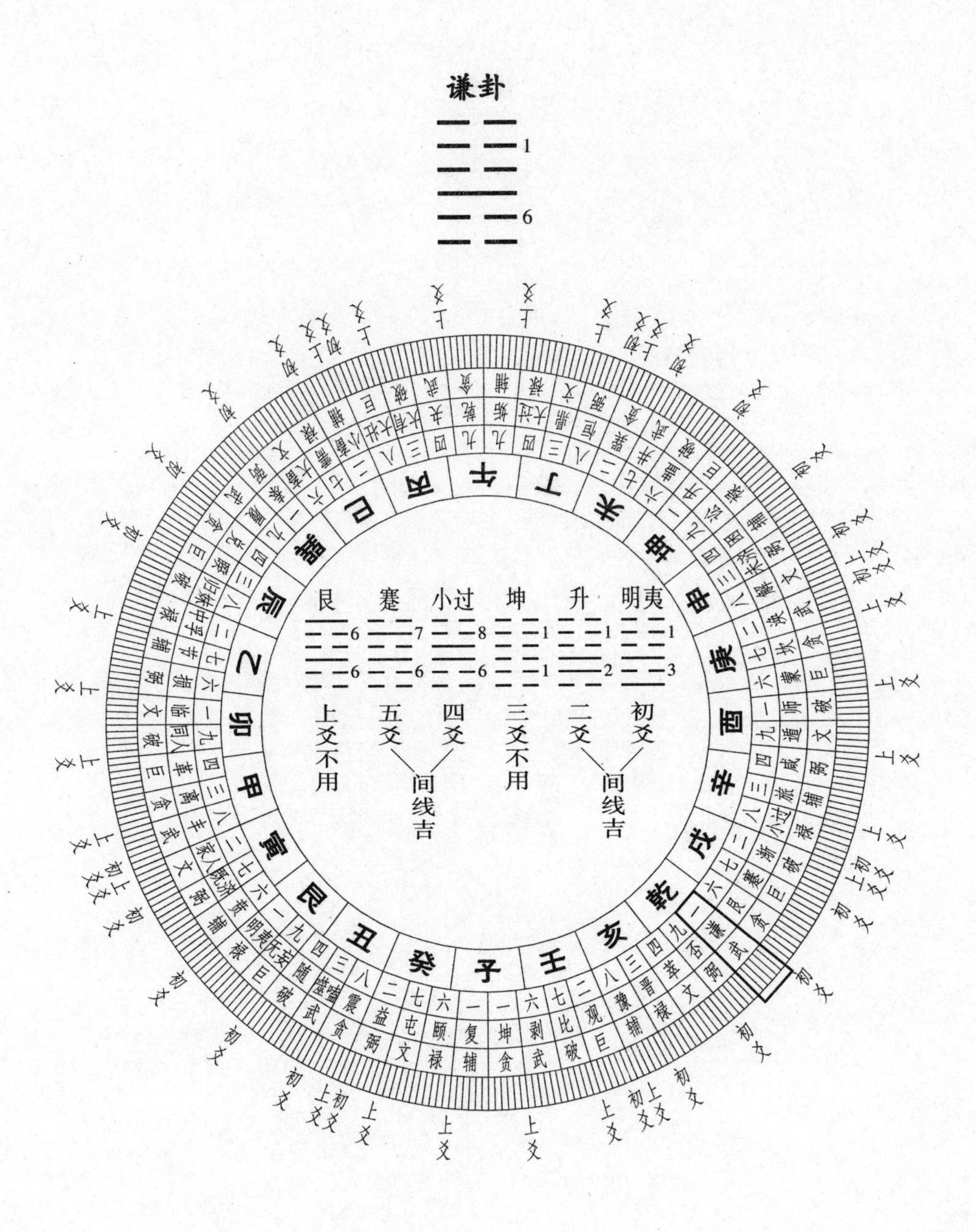
谦卦
艮
蹇
小过
坤
升
明夷
上爻不用
五爻
四爻
间线吉
三爻不用
二爻
初爻
间线吉

6. 破军星八局。

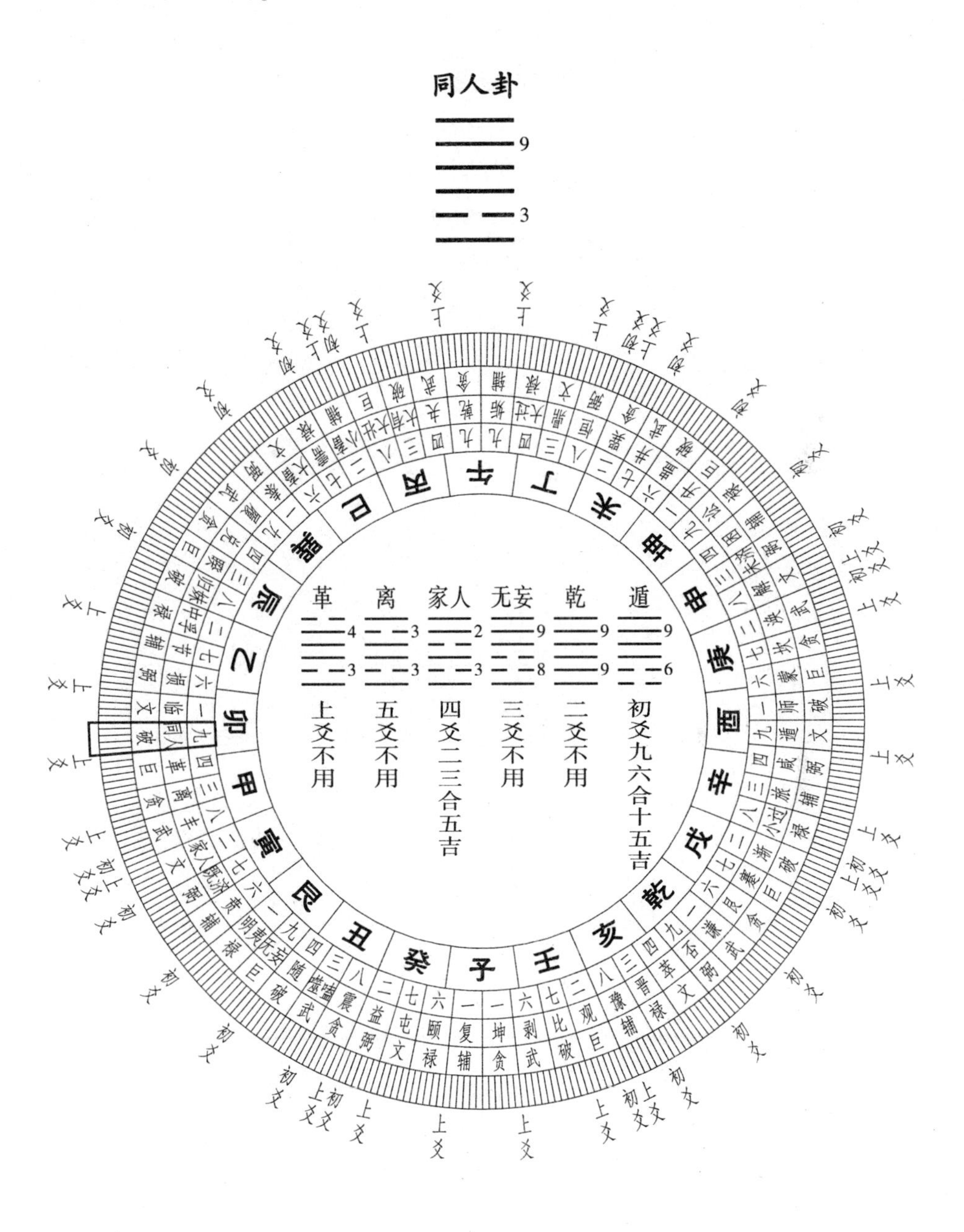
同人卦
9
3
革
4
3
上爻不用
离
3
3
五爻不用
家人
2
3
四爻二三合五吉
无妄
9
8
三爻不用
乾
9
9
二爻不用
遁
9
6
初爻九六合十五吉

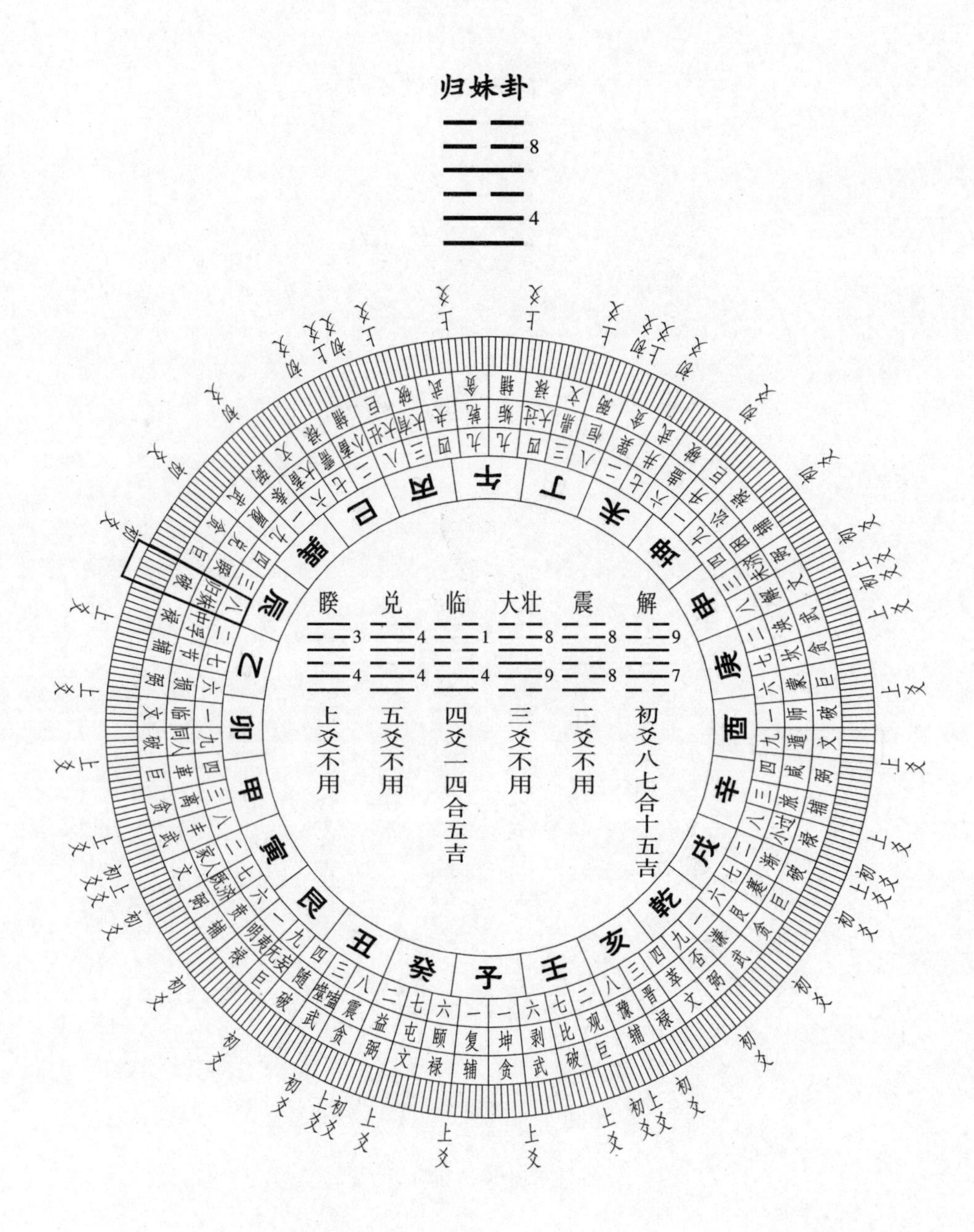
归妹卦
8
4
解
震
大壮
临
兑
睽
初爻八七合十五吉
二爻不用
三爻不用
四爻一四合五吉
五爻不用
上爻不用
壬
子
癸
丑
艮
寅
甲
卯
乙
辰
巽
巳
丙
午
丁
未
坤
申
庚
酉
辛
戌
乾
亥

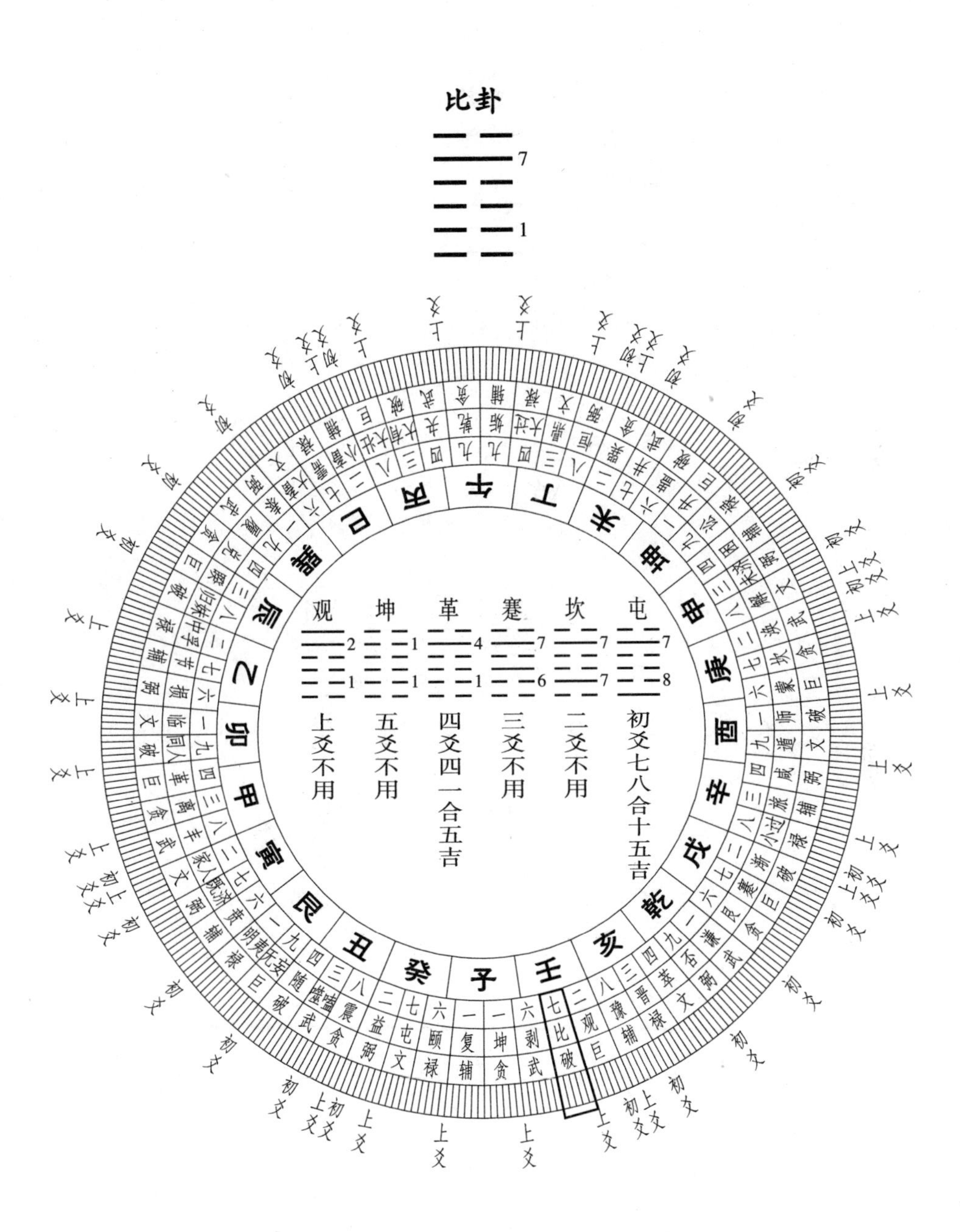
比卦
观
坤
革
蹇
坎
屯
初爻七八合十五吉
二爻不用
三爻不用
四爻四一合五吉
五爻不用
上爻不用

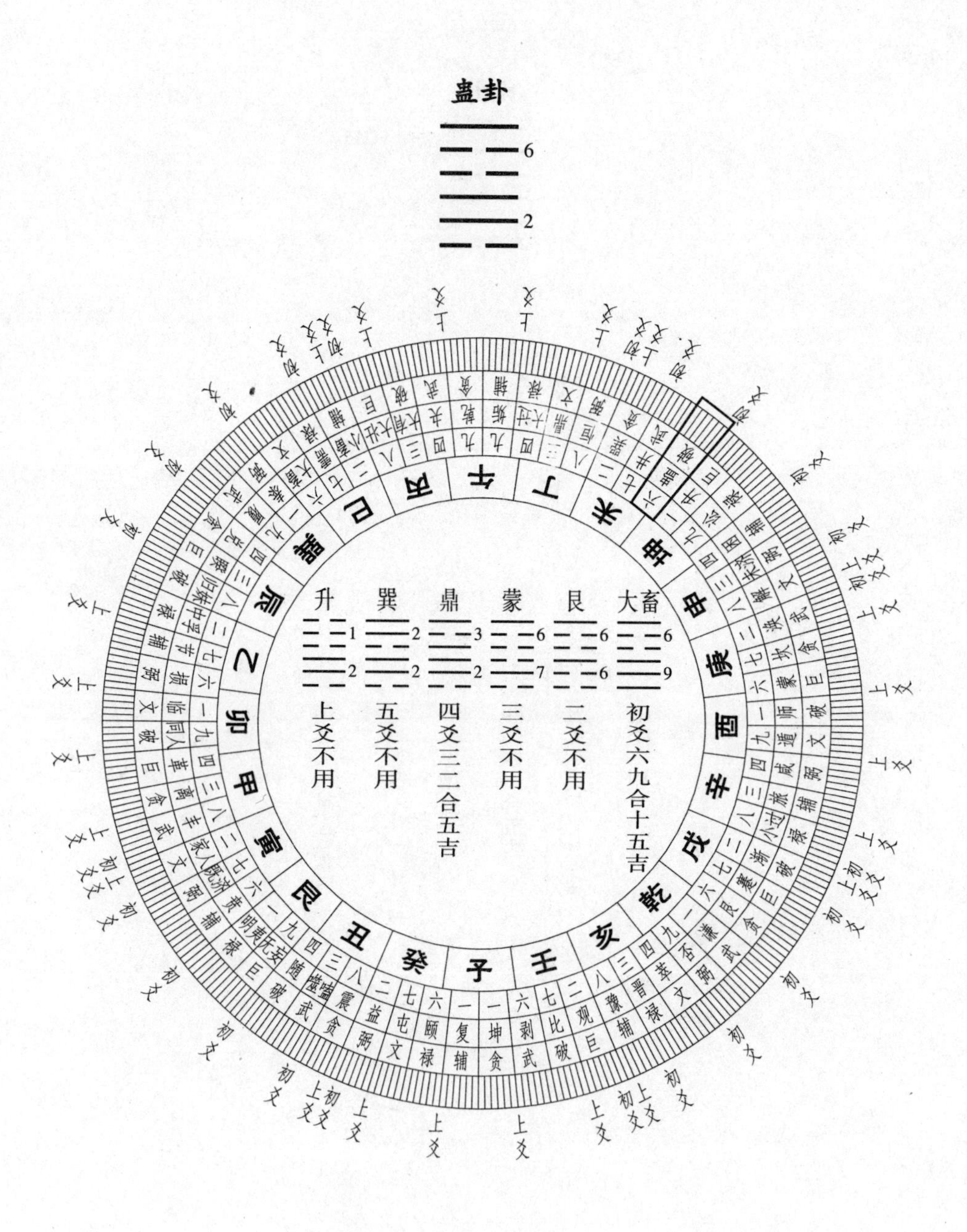
蛊卦
6
2
升
巽
鼎
蒙
艮
大畜
上爻不用
五爻不用
四爻三二合五吉
三爻不用
二爻不用
初爻六九合十五吉
午
丁
未
坤
申
庚
酉
辛
戌
乾
亥
壬
子
癸
丑
艮
寅
甲
卯
乙
辰
巽
巳
丙

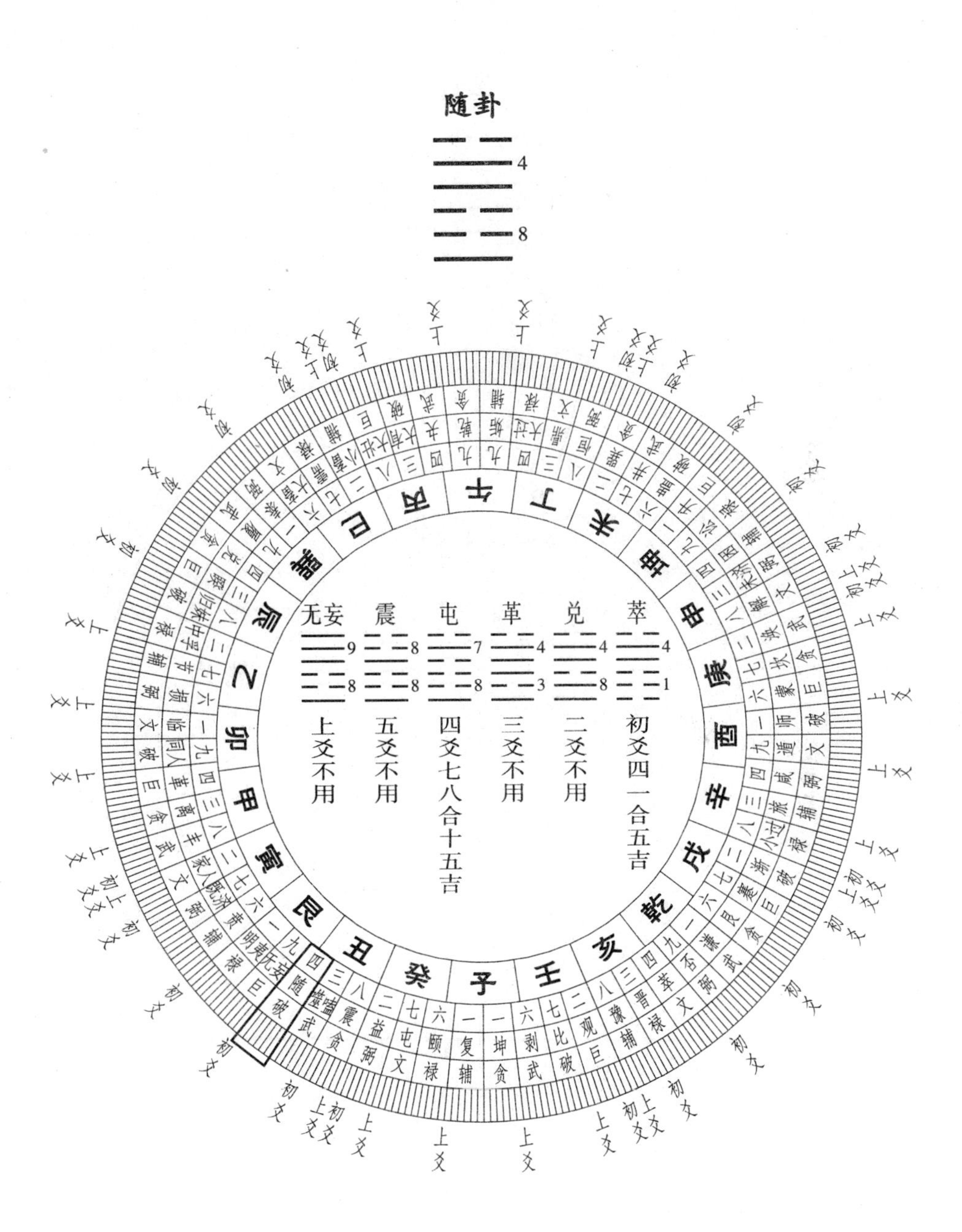
随卦
4
8
无妄
震
屯
革
兑
萃
上爻不用
五爻不用
四爻七八合十五吉
三爻不用
二爻不用
初爻四一合五吉

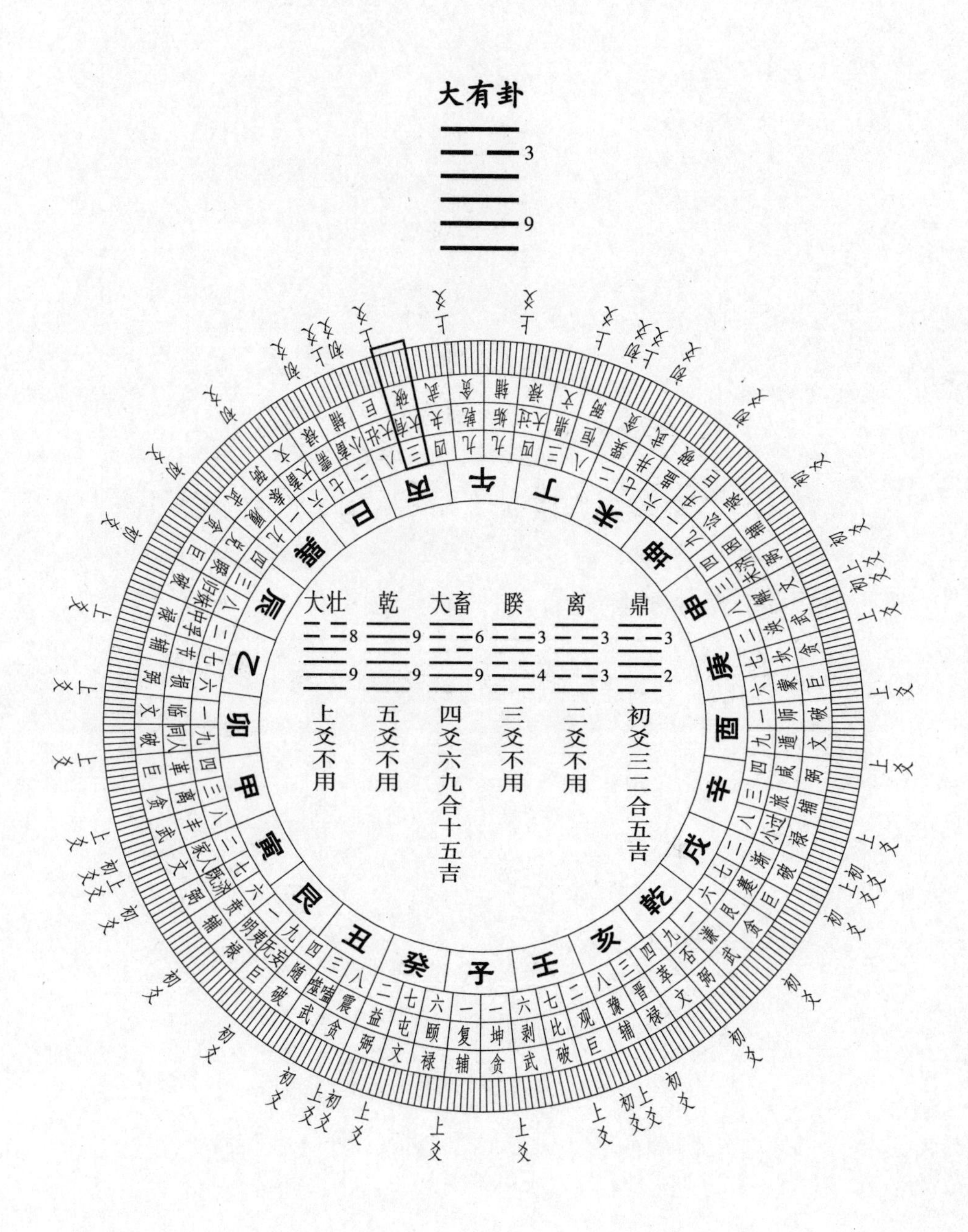
大有卦
3
9
大壮
8
9
上爻不用
乾
9
9
五爻不用
大畜
6
9
四爻六九合十五吉
睽
3
4
三爻不用
离
3
3
二爻不用
鼎
3
2
初爻三二合五吉
丙 午 丁 未 坤 申 庚 酉 辛 戌 乾 亥 壬 子 癸 丑 艮 寅 甲 卯 乙 辰 巽 巳

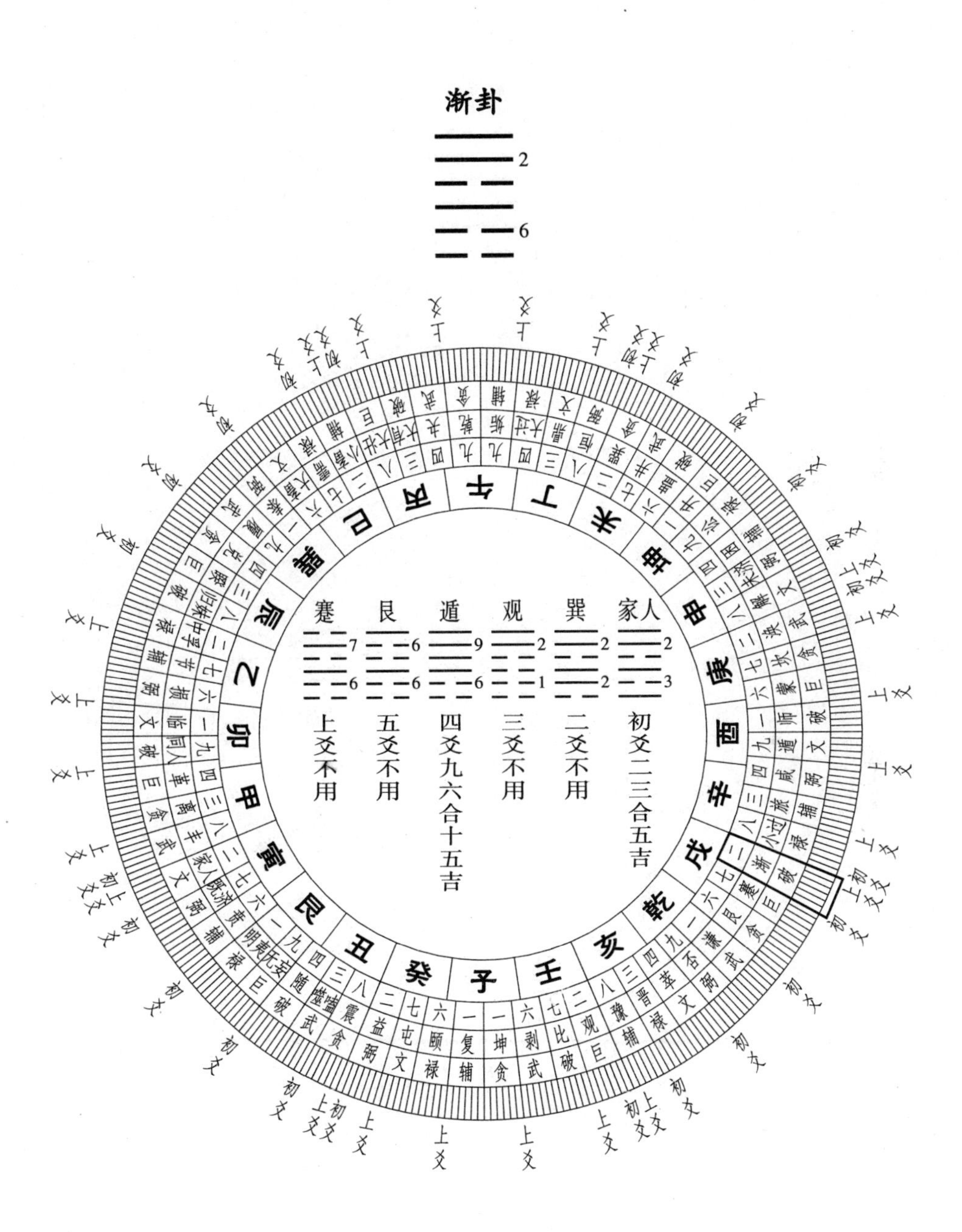
渐卦
蹇
艮
遁
观
巽
家人
上爻不用
五爻不用
四爻九六合十五吉
三爻不用
二爻不用
初爻二三合五吉

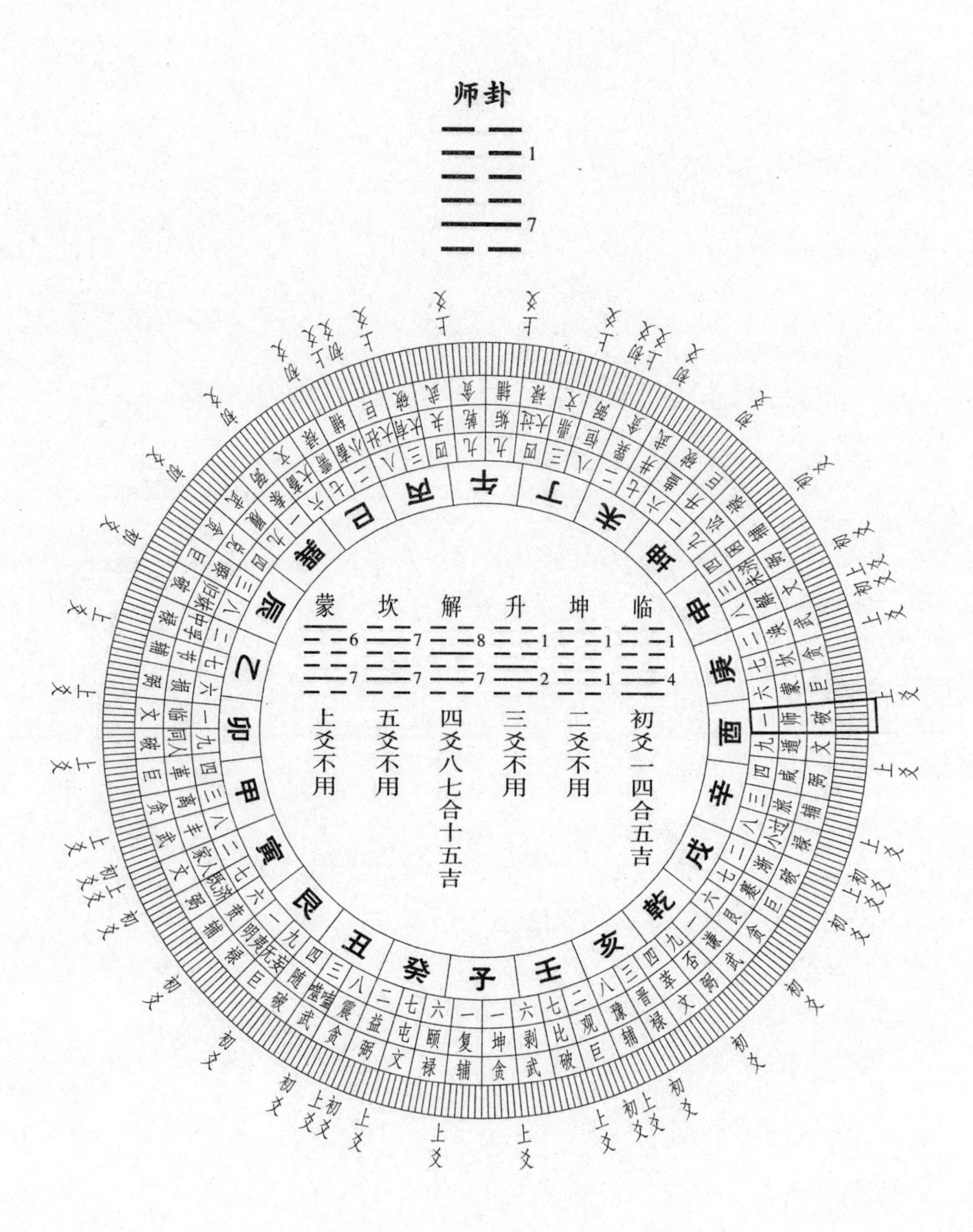
师卦
临
坤
升
解
坎
蒙
初爻一四合五吉
二爻不用
三爻不用
四爻八七合十五吉
五爻不用
上爻不用
酉
辛
戌
乾
亥
壬
子
癸
丑
艮
寅
甲
卯
乙
辰
巽
巳
丙
午
丁
未
坤
申
庚

7. 左辅星八局。

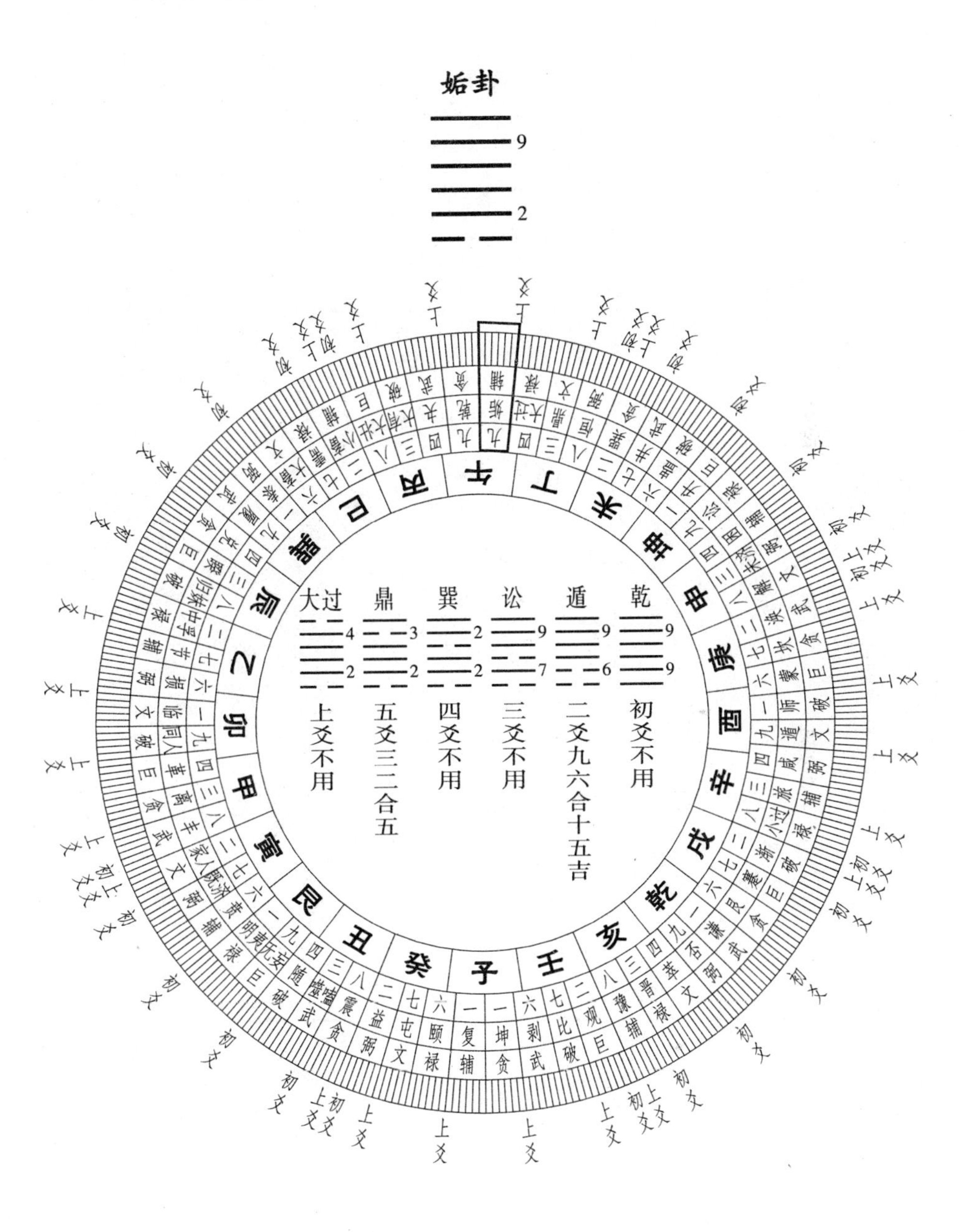
姤卦
9
2
大过
鼎
巽
讼
遁
乾
上爻不用
五爻三二合五
四爻不用
三爻不用
二爻九六合十五吉
初爻不用
午
丁
未
坤
申
庚
酉
辛
戌
乾
亥
壬
子
癸
丑
艮
寅
甲
卯
乙
辰
巽
巳
丙

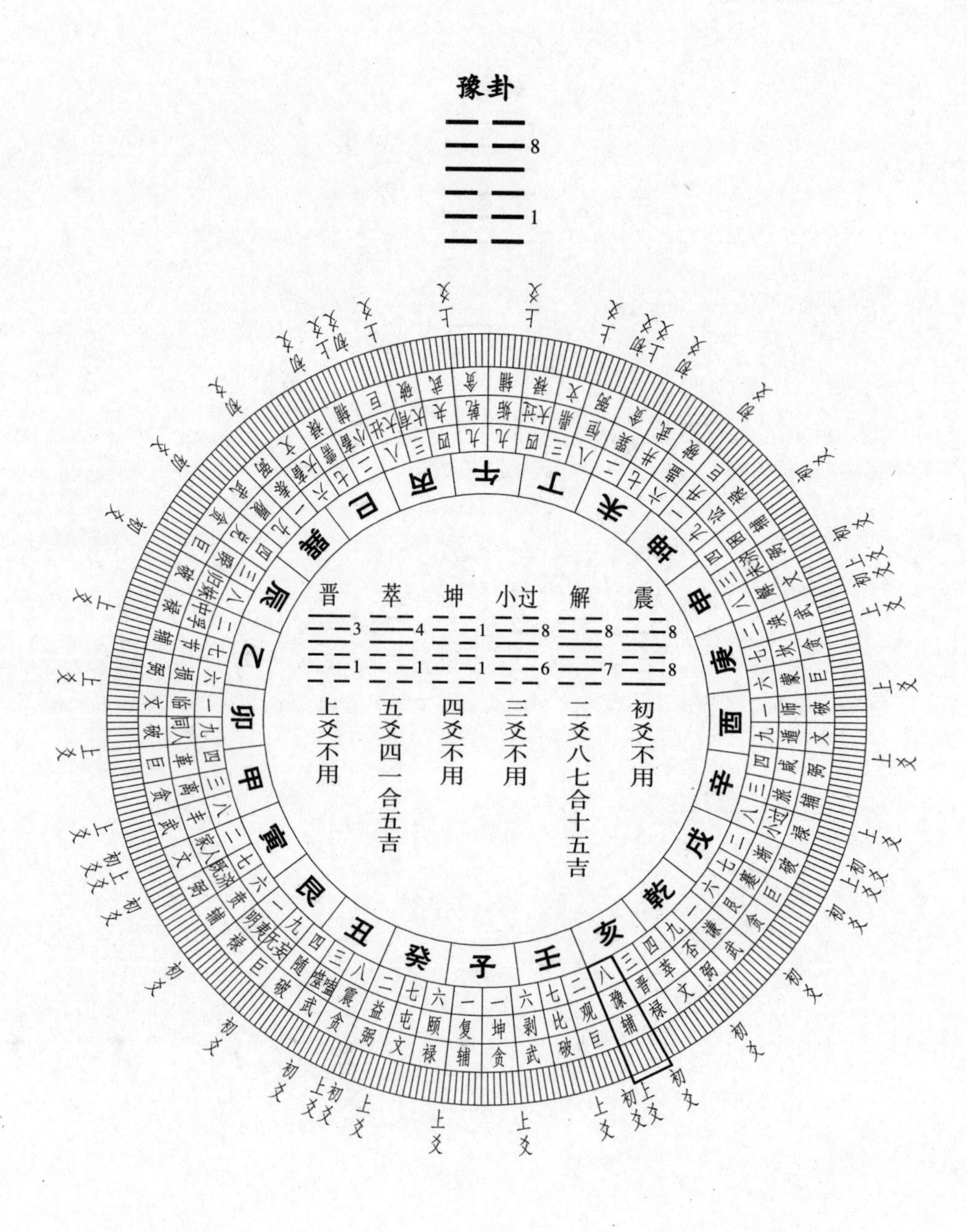
豫卦
晋
萃
坤
小过
解
震
上爻不用
五爻四一合五吉
四爻不用
三爻不用
二爻八七合十五吉
初爻不用

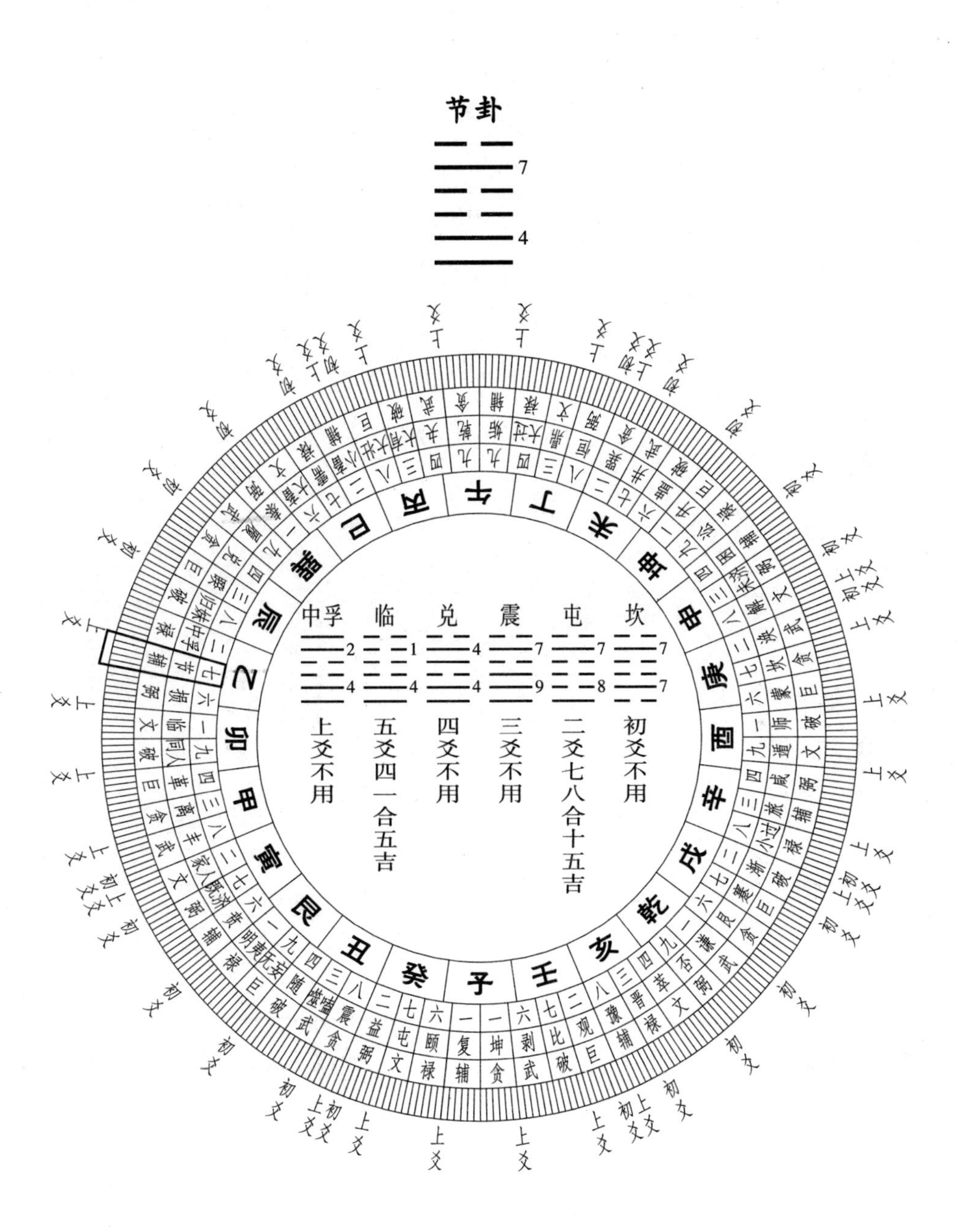

节卦
7
4
中孚
2
4
上爻不用
临
1
4
五爻四一合五吉
兑
4
4
四爻不用
震
7
9
三爻不用
屯
7
8
二爻七八合十五吉
坎
7
7
初爻不用
子
癸
丑
艮
寅
甲
卯
乙
辰
巽
巳
丙
午
丁
未
坤
申
庚
酉
辛
戌
乾
亥
壬

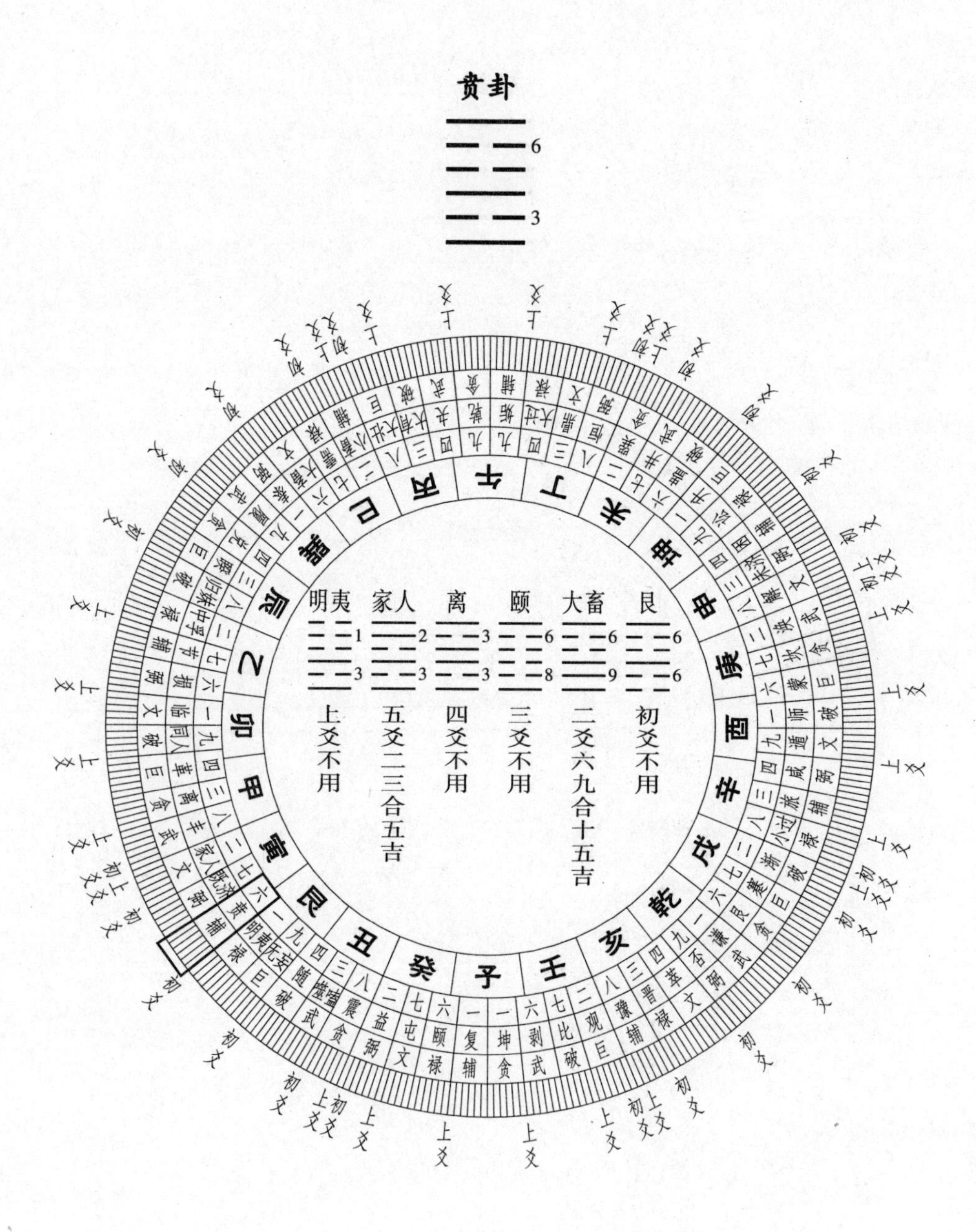
贲卦
明夷
家人
离
颐
大畜
艮
上爻不用
五爻二三合五吉
四爻不用
三爻不用
二爻六九合十五吉
初爻不用

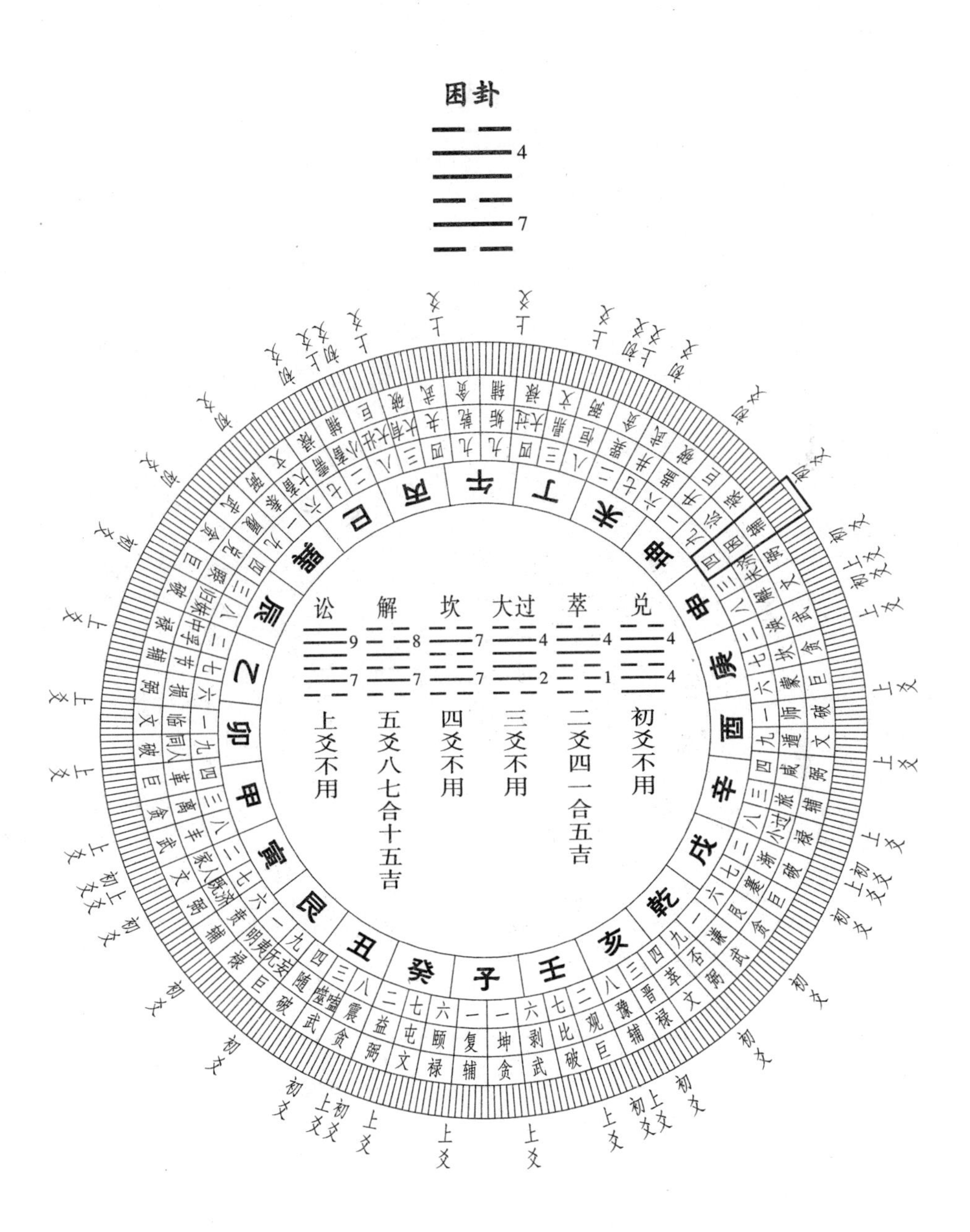
困卦
4
7
讼
9
7
上爻不用
解
8
7
五爻八七合十五吉
坎
7
7
四爻不用
大过
4
2
三爻不用
萃
4
1
二爻四一合五吉
兑
4
4
初爻不用

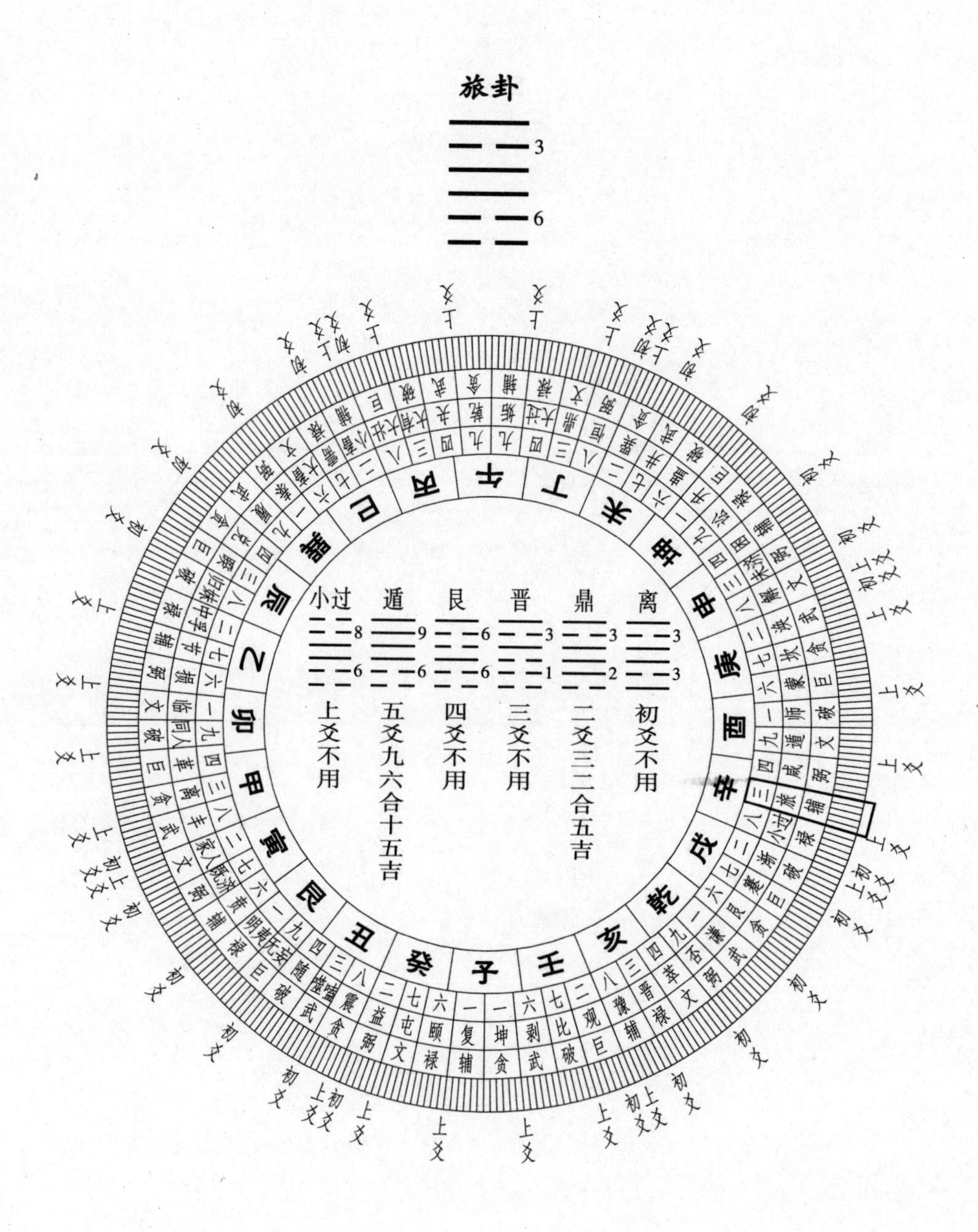

旅卦
3
6
小过
8
6
上爻不用
遁
9
6
五爻九六合十五吉
艮
6
6
四爻不用
晋
3
1
三爻不用
鼎
3
2
二爻三二合五吉
离
3
3
初爻不用
午 丁 未 坤 申 庚 酉 辛 戌 乾 亥 壬 子 癸 丑 艮 寅 甲 卯 乙 辰 巽 巳 丙

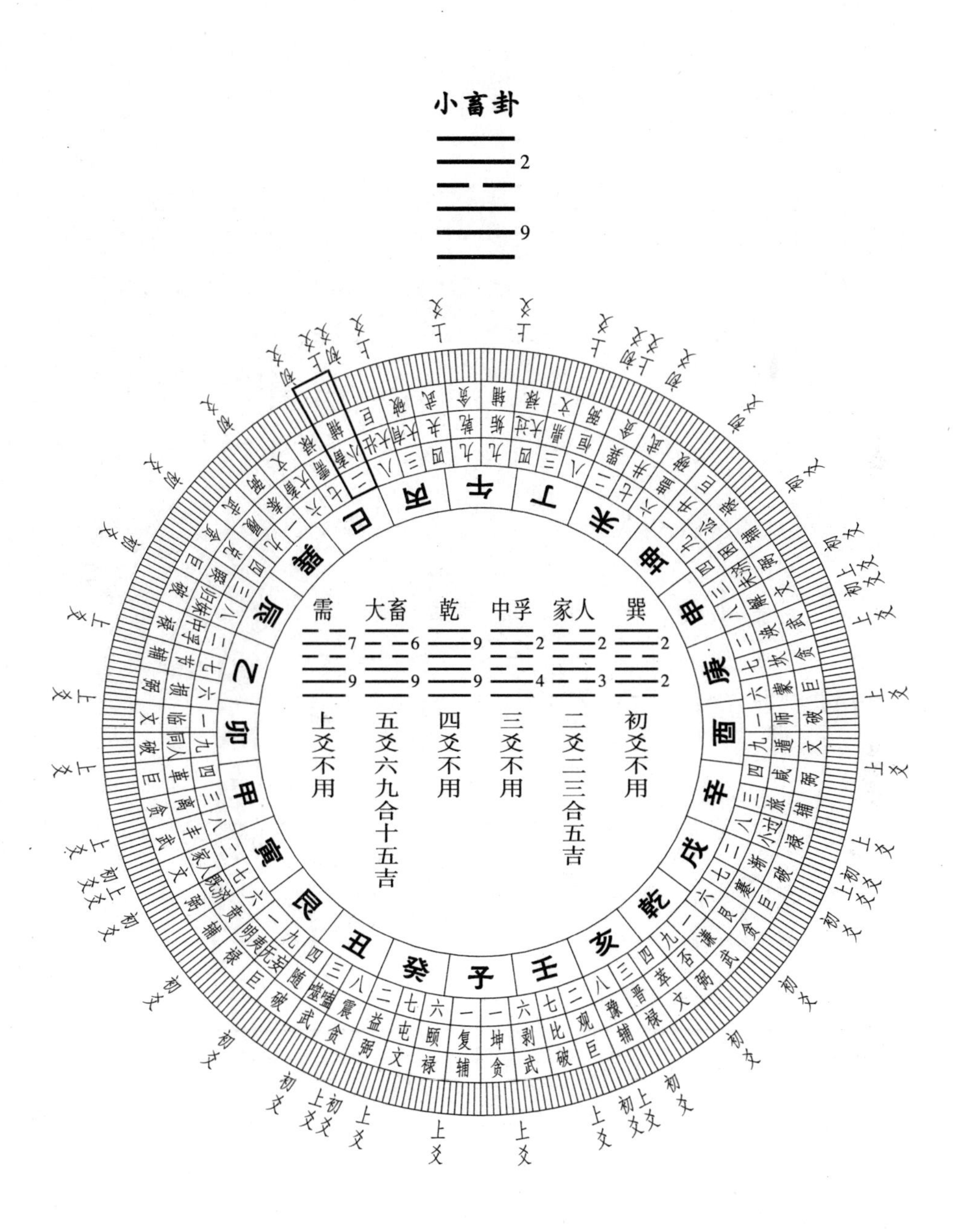
小畜卦
巽 初爻不用
家人 二爻二三合五吉
中孚 三爻不用
乾 四爻不用
大畜 五爻六九合十五吉
需 上爻不用

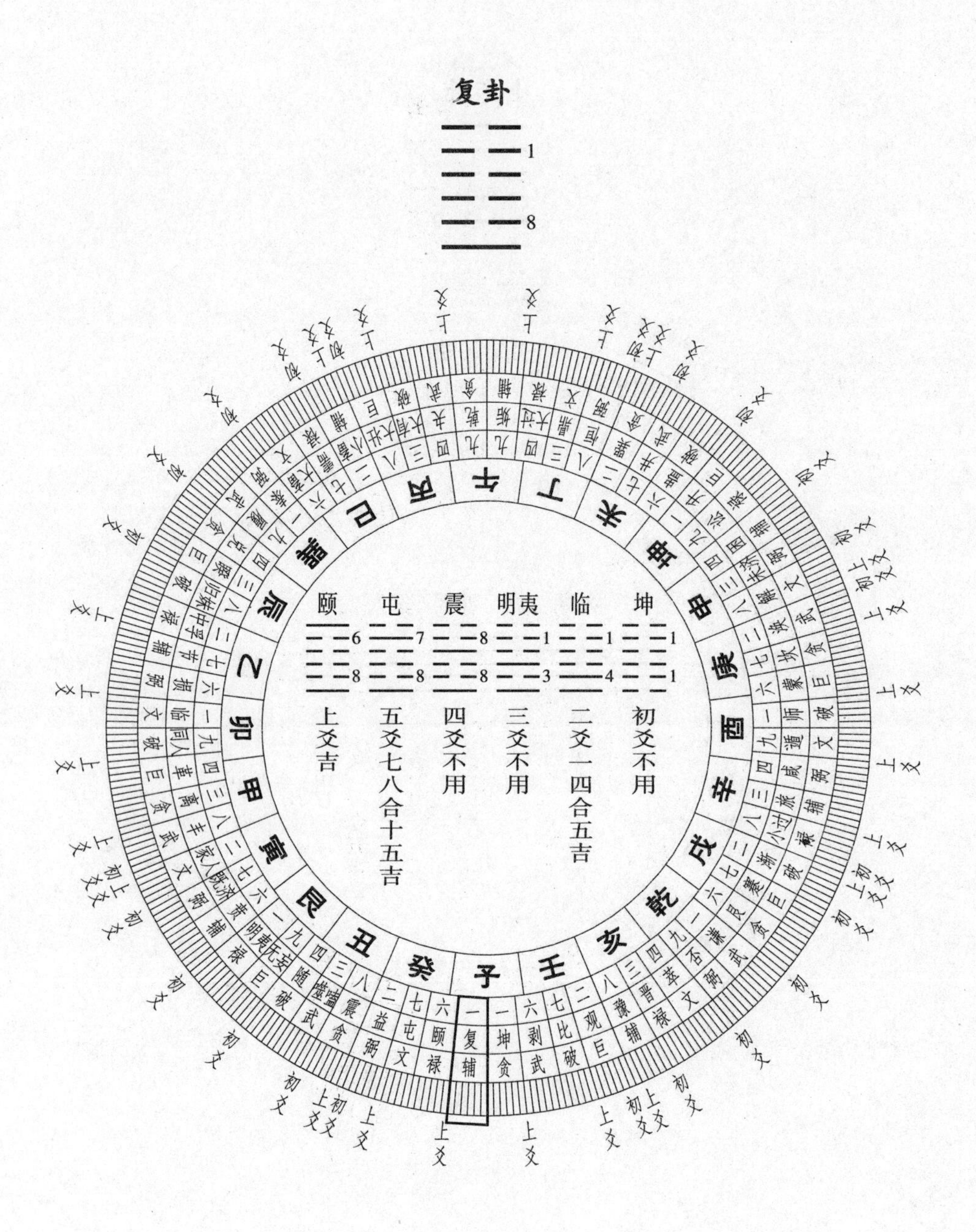
复卦
1
8
坤
临
明夷
震
屯
颐
初爻不用
二爻一四合五吉
三爻不用
四爻不用
五爻七八合十五吉
上爻吉
子
壬
亥
乾
戌
辛
酉
庚
申
坤
未
丁
午
丙
巳
巽
辰
乙
卯
甲
寅
艮
丑
癸

8. 右弼星八局。

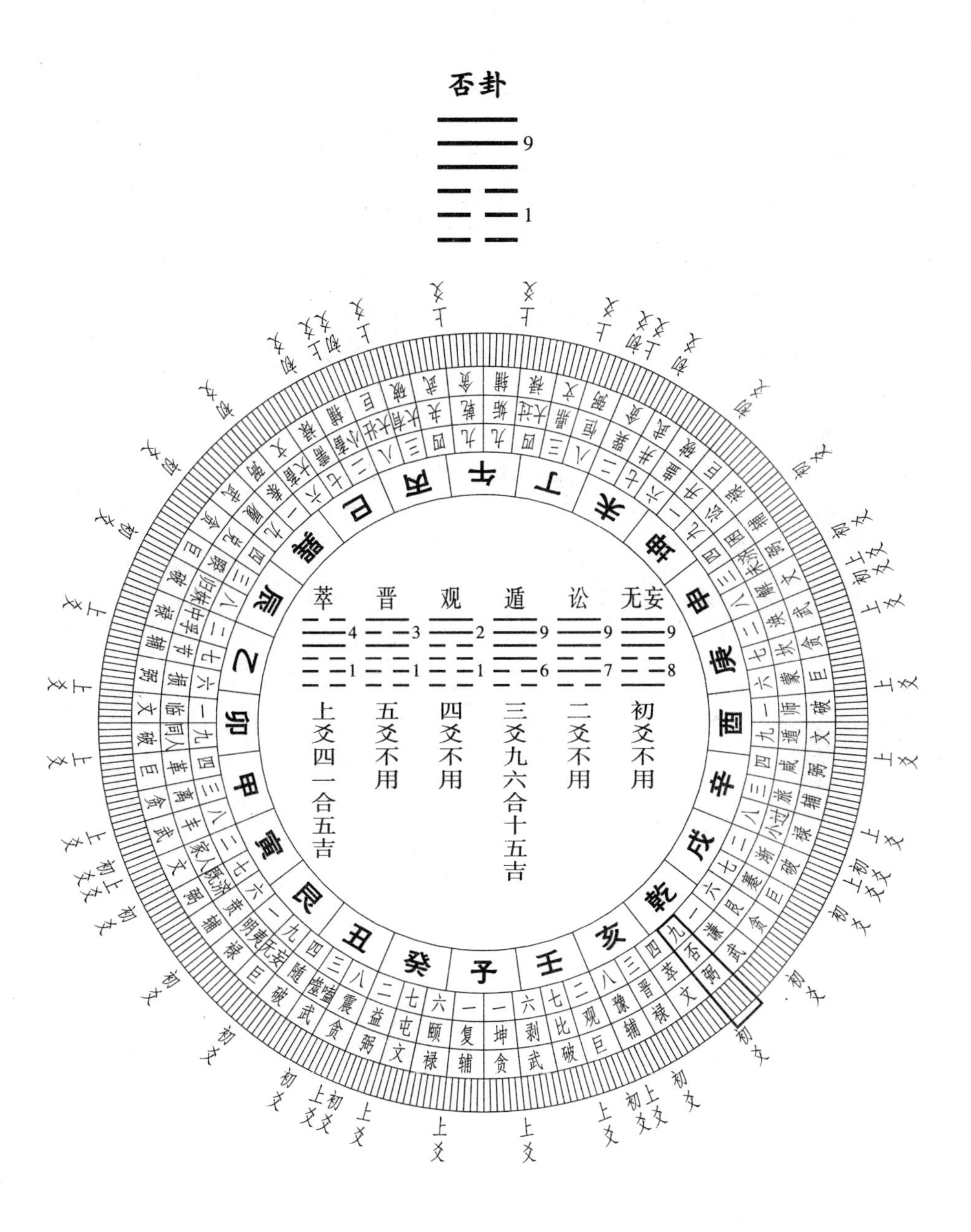
否卦
9
1
无妄
9
8
初爻不用
讼
9
7
二爻不用
遁
9
6
三爻九六合十五吉
观
2
1
四爻不用
晋
3
1
五爻不用
萃
4
1
上爻四一合五吉
午
丁
未
坤
申
庚
酉
辛
戌
乾
亥
壬
子
癸
丑
艮
寅
甲
卯
乙
辰
巽
巳
丙

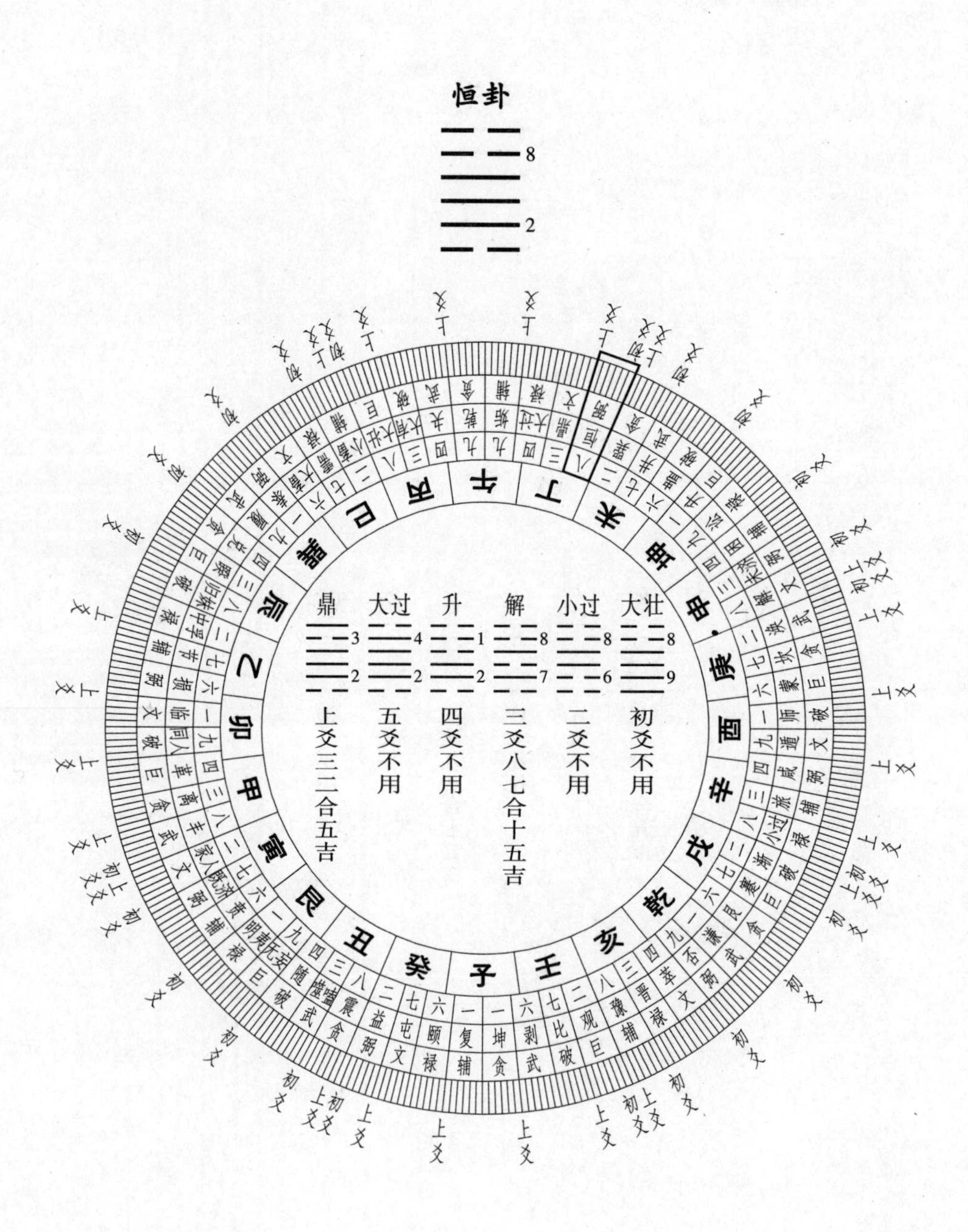

恒卦
8
2
鼎
大过
升
解
小过
大壮
上爻三二合五吉
五爻不用
四爻不用
三爻八七合十五吉
二爻不用
初爻不用

既济卦

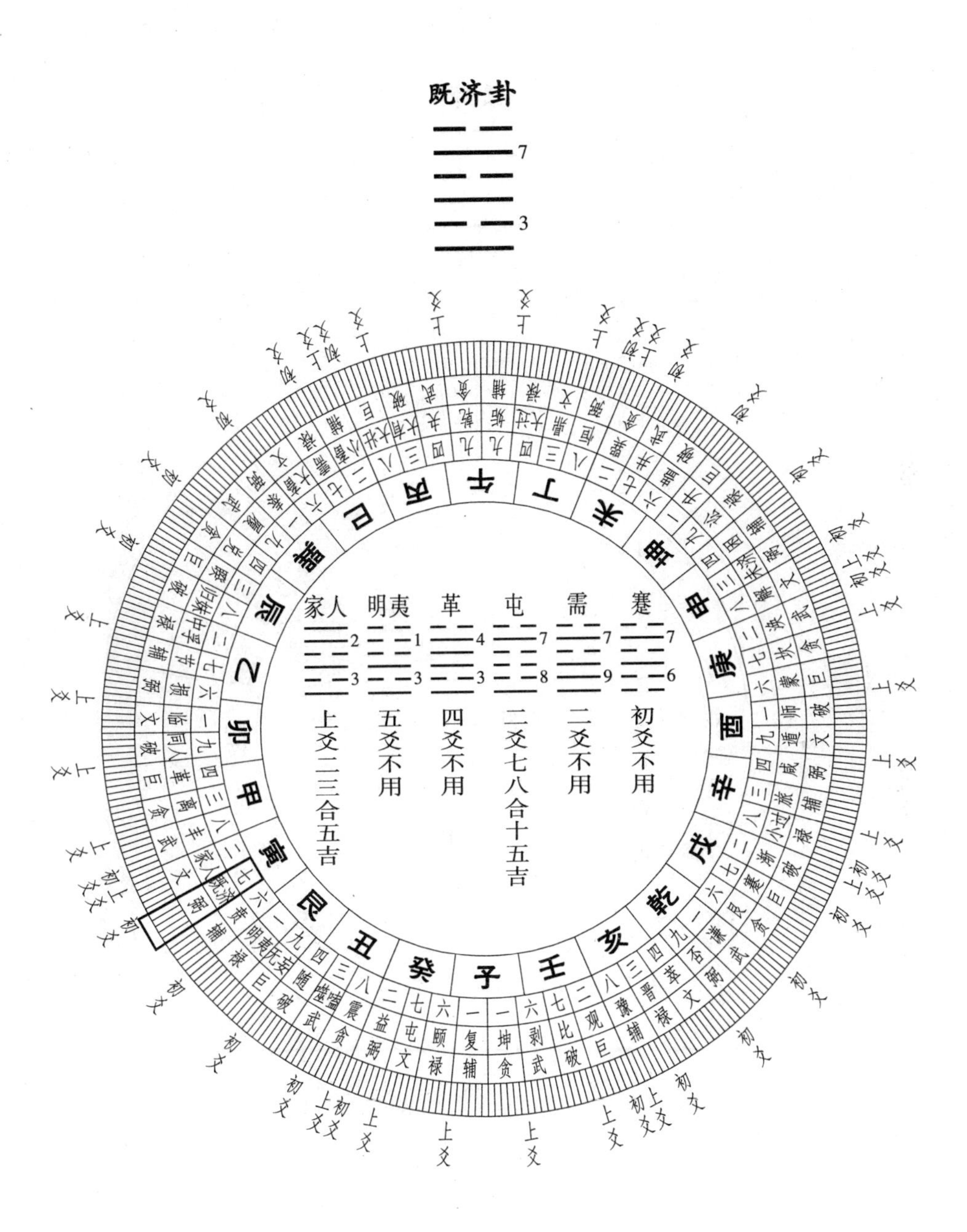
7
3
家人
2
3
上爻二三合五吉
明夷
1
3
五爻不用
革
4
3
四爻不用
屯
7
8
二爻七八合十五吉
需
7
9
二爻不用
蹇
7
6
初爻不用

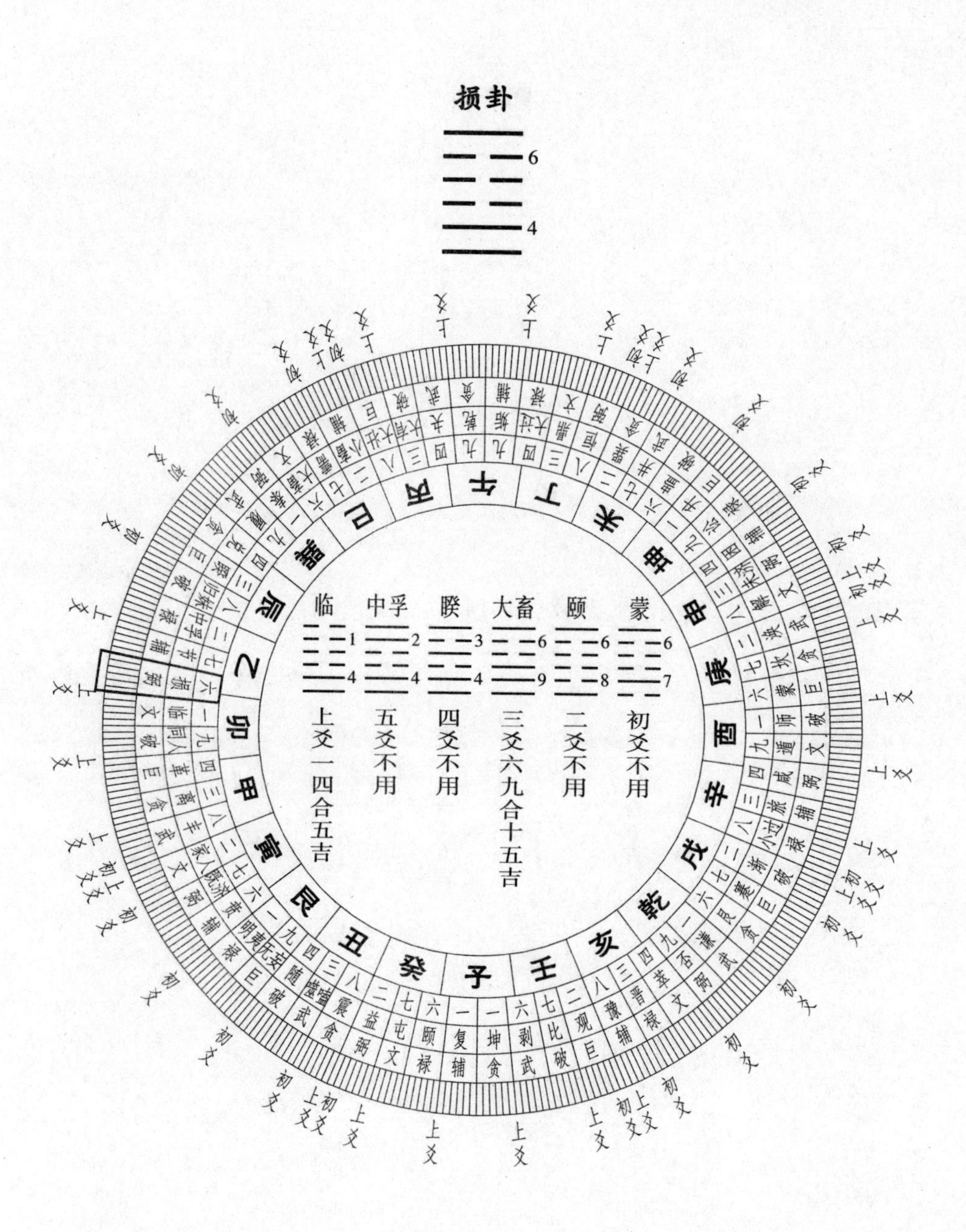
损卦
临
中孚
睽
大畜
颐
蒙
上爻一四合五吉
五爻不用
四爻不用
三爻六九合十五吉
二爻不用
初爻不用
午 丁 未 坤 申 庚 酉 辛 戌 乾 亥 壬 子 癸 丑 艮 寅 甲 卯 乙 辰 巽 巳 丙

咸卦

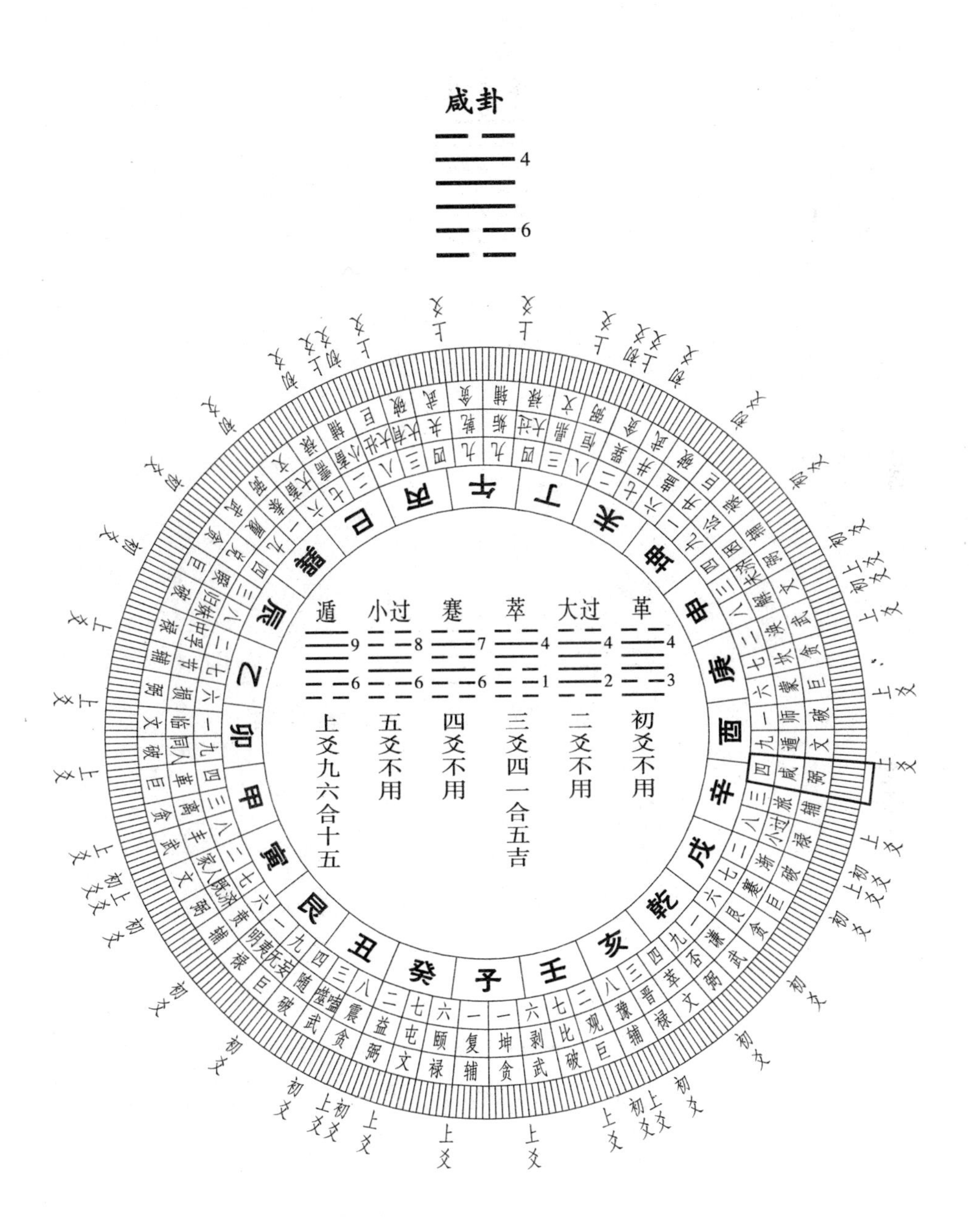

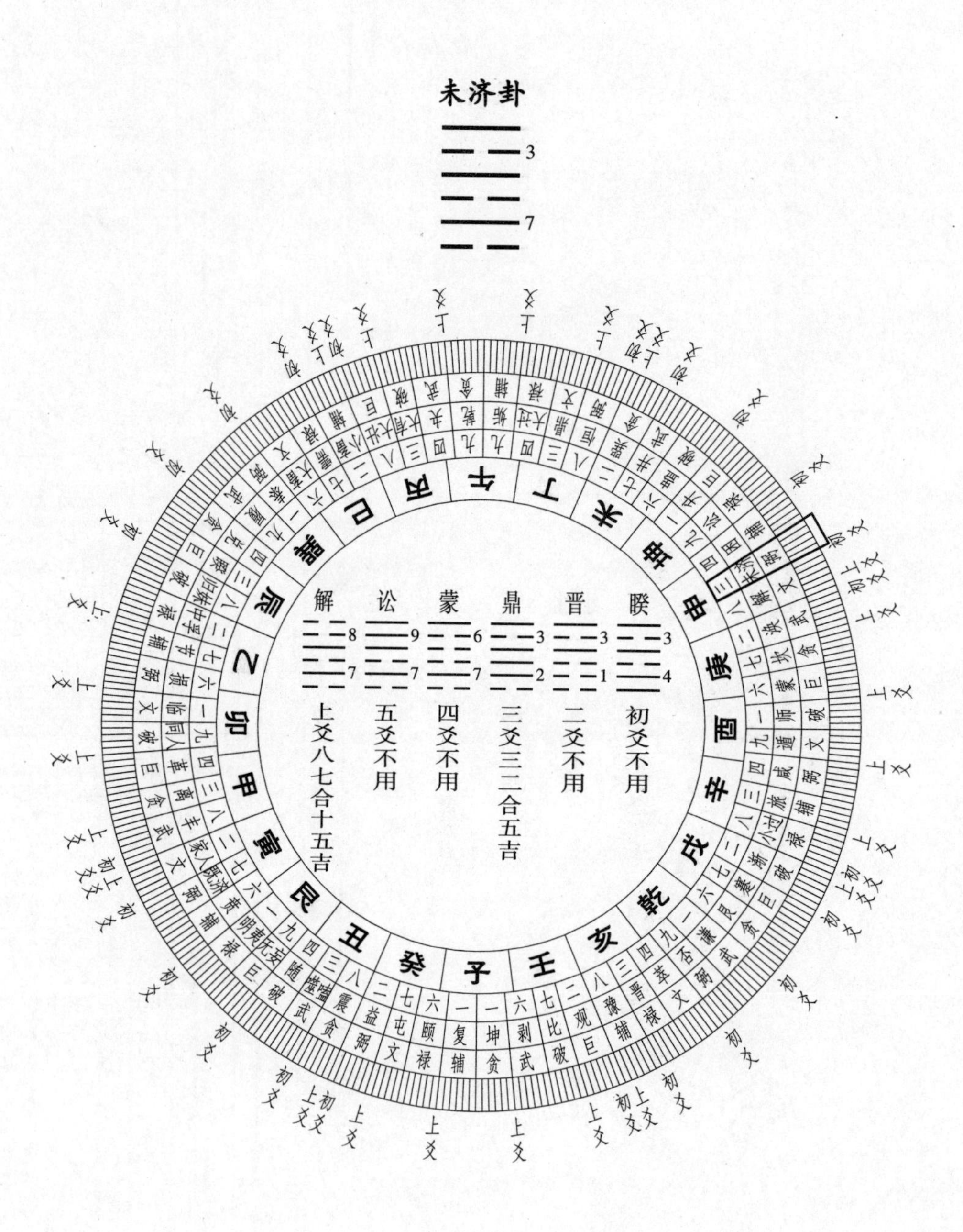
未济卦
3
7
解
讼
蒙
鼎
晋
睽
上爻八七合十五吉
五爻不用
四爻不用
三爻三二合五吉
二爻不用
初爻不用

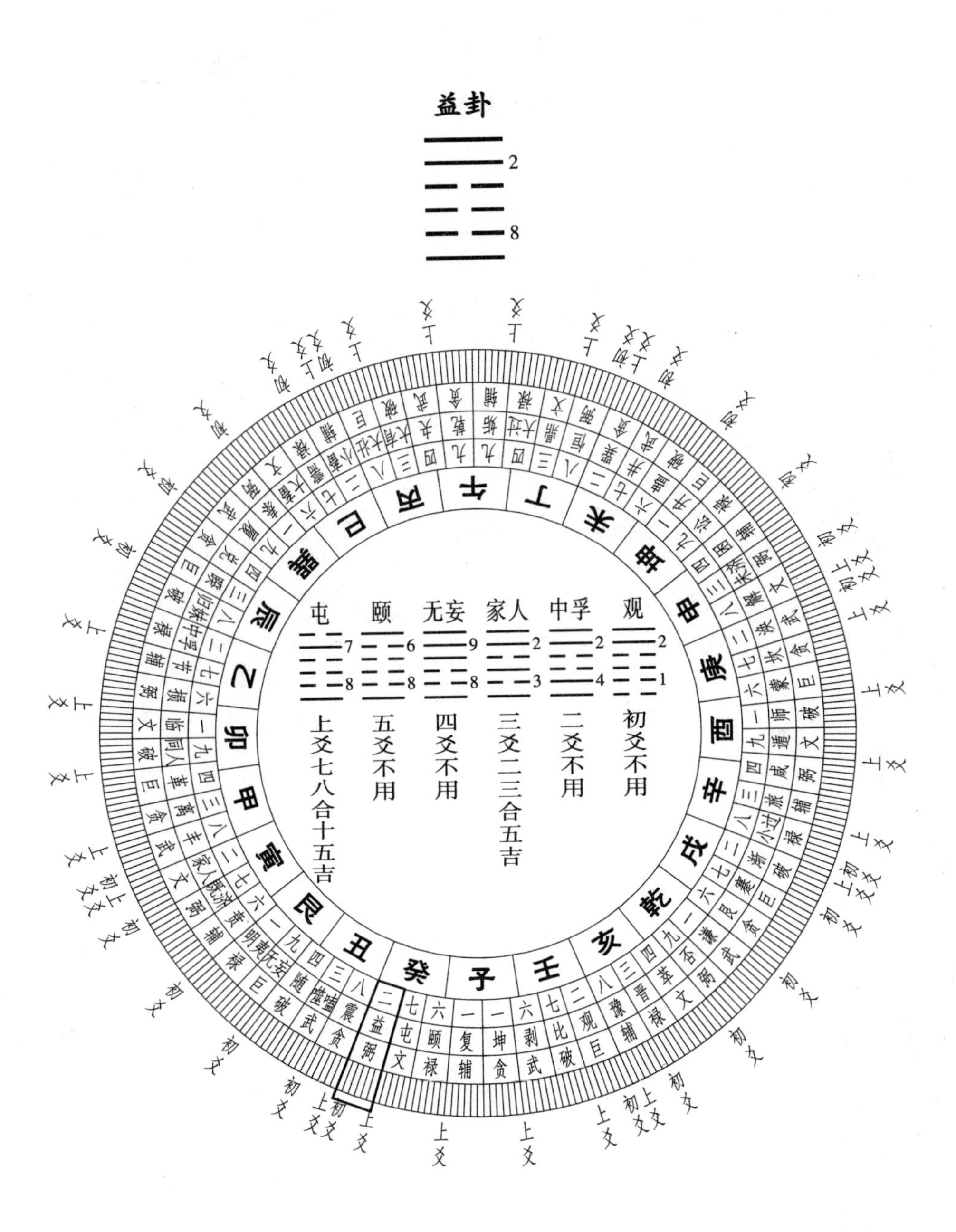
益卦
2
8
屯
颐
无妄
家人
中孚
观
上爻七八合十五吉
五爻不用
四爻不用
三爻二三合五吉
二爻不用
初爻不用

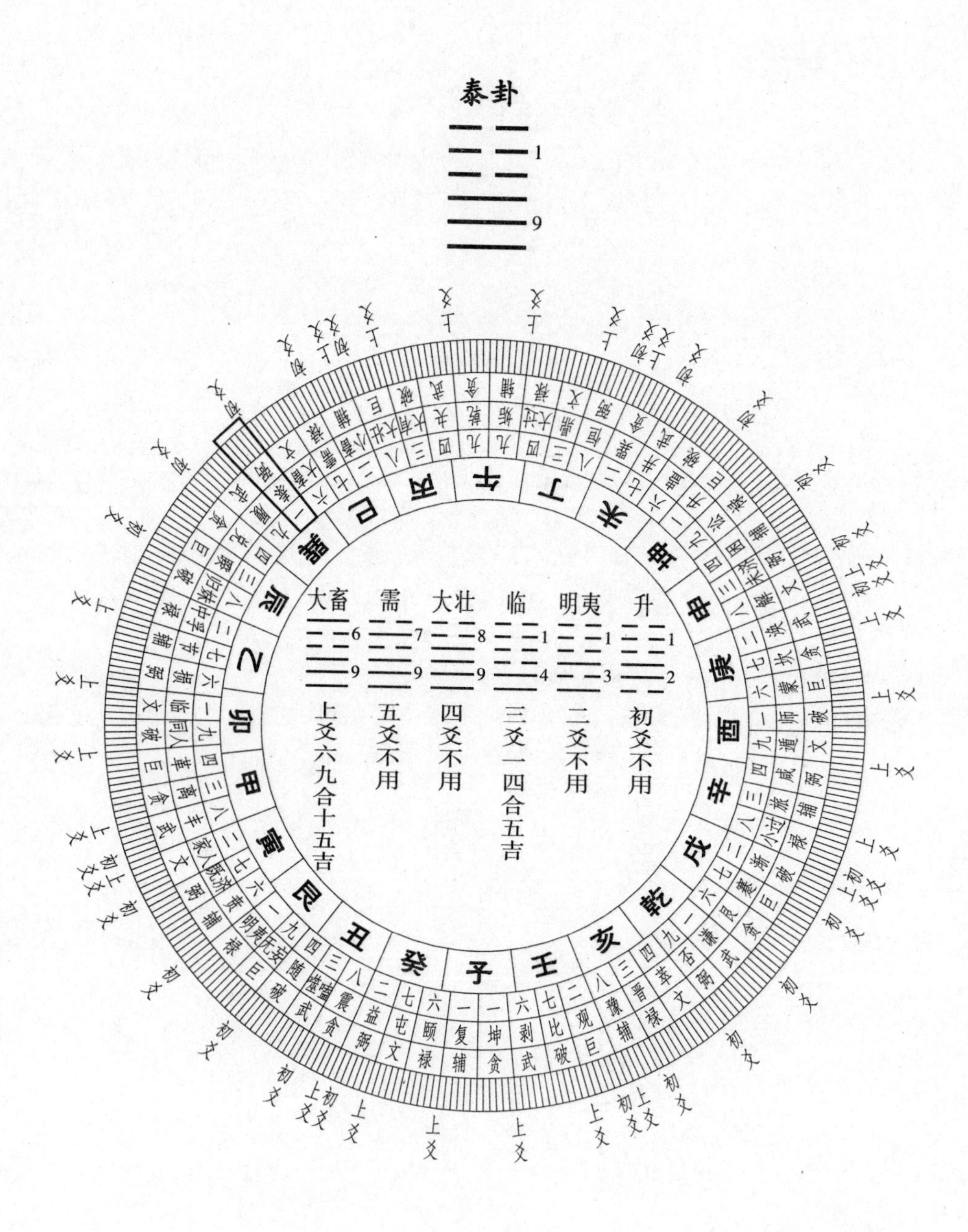
泰卦
1
9
大畜
6
9
上爻六九合十五吉
需
7
9
五爻不用
大壮
8
9
四爻不用
临
1
4
三爻一四合五吉
明夷
1
3
二爻不用
升
1
2
初爻不用
壬
子
癸
丑
艮
寅
甲
卯
乙
辰
巽
巳
丙
午
丁
未
坤
申
庚
酉
辛
戌
乾
亥

下篇　综合应用篇

第一章　应用实例

第一节　三元玄空大卦综合应用

三元玄空大卦风水学，指小卦六十四卦内，洛数一、二、三、四为上元之正神收龙向，洛数六、七、八、九为上元之零神收坐山、水。反之，洛数六、七、八、九为下元之正神，收龙向，洛数一、二、三、四为下元之零神收坐山与水。

坐山、出向、分金、爻度六十四卦断法例：

乾为天（䷀）外卦乾九属金，内卦乾九属金，二金比和。因产兴发，家富殷实。但二公同室，纯阳无阴，伤妻克子，妻亡重娶，长房子孙不和。

泽天夬（䷪）外卦之兑四属金，内卦之乾九属金，二金比和，四九又合生成数。主家道和悦，人财两发，富贵双全，必出文人秀士，定生四子，但主宠妾当家，偏爱少妇。次吉。

火天大有（䷍）外卦之离三属火，内卦之乾九属金，三九之数不合，且火克金。主先伤老公，次损中女，主虚劳喘嗽，黄瘦尫羸，吐血瘫痪，自缢投井，火盗官非，邪魔作怪，眼疾恶疮，败财乏嗣。

雷天大壮（䷡）外卦震八属木，内卦乾九属金，八与九数不合。金来克木，定伤长子长孙，及老公长妇，气块膨心，咽喉阻塞，哽噎咳嗽，筋骨疼痛，自缢刃伤，杀命凶死，火盗官灾，祸患连连。凶。

风天小畜（䷈）外卦之巽二属木，内卦之乾九属金，二九之数不合，且木被金克，主伤长妇女。人财两败，瘫痪杂疾，筋骨疼痛，气壅产亡，官司贼盗、口眼歪斜……其他略，熟玩六十四卦卦象即明白。

下将龙、山、水、向综合应用举例如下：

1. 下元七运：坐丙向壬，小卦坐山大有向比卦用初爻或四爻分金；来龙七运卦归妹（八），坐山七运卦大有（三），出向七运卦比卦（七），来水七运卦渐卦（二），龙山八三为朋，龙向八七合十五，龙水八二合十，山向三七合十，山水三二合五，向水二七同道。龙山向水是一卦纯清之局，用初爻分金，大有（䷍）初爻变鼎（䷱），外卦数三，内卦数二合为五，用四爻分金，大有（䷍）变山天大畜（䷙），外卦数6内卦数9合为十五，为吉。如图：

丙山壬向坐大有向比，来龙归妹卦，水口渐卦。

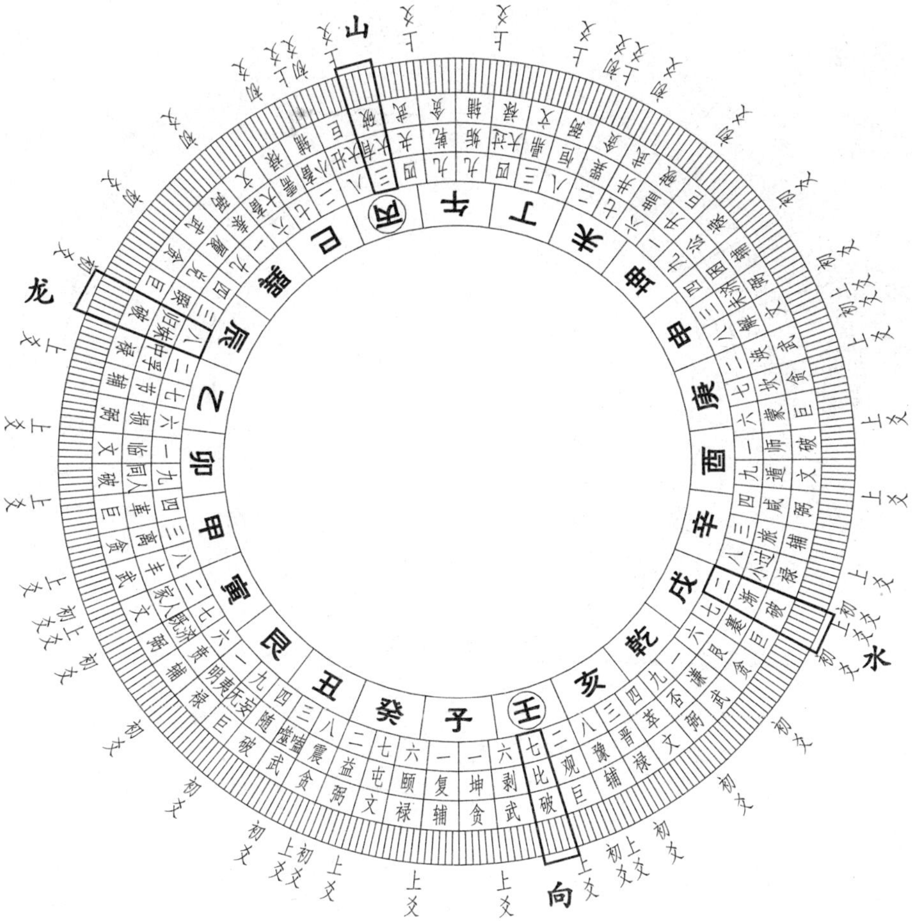

2. **下元七运**：坐辛山乙向，小卦坐旅卦向节卦，用二爻或五爻分金，来龙二运卦蹇卦（七），坐山八运卦旅卦（三），出向八运卦节（七），来水二运卦睽（三）。龙山七三合十，龙水七三合十，山向七三合十，向水七三合十。是龙山向水俱合十之局，用二爻分金，旅卦（䷷）二爻变鼎（䷱）外卦数（三），内卦数（二），合为五，用五爻分金，旅卦（䷷）五爻变遁（䷠），外卦数九，内卦数六，合为十五，为吉。如图：

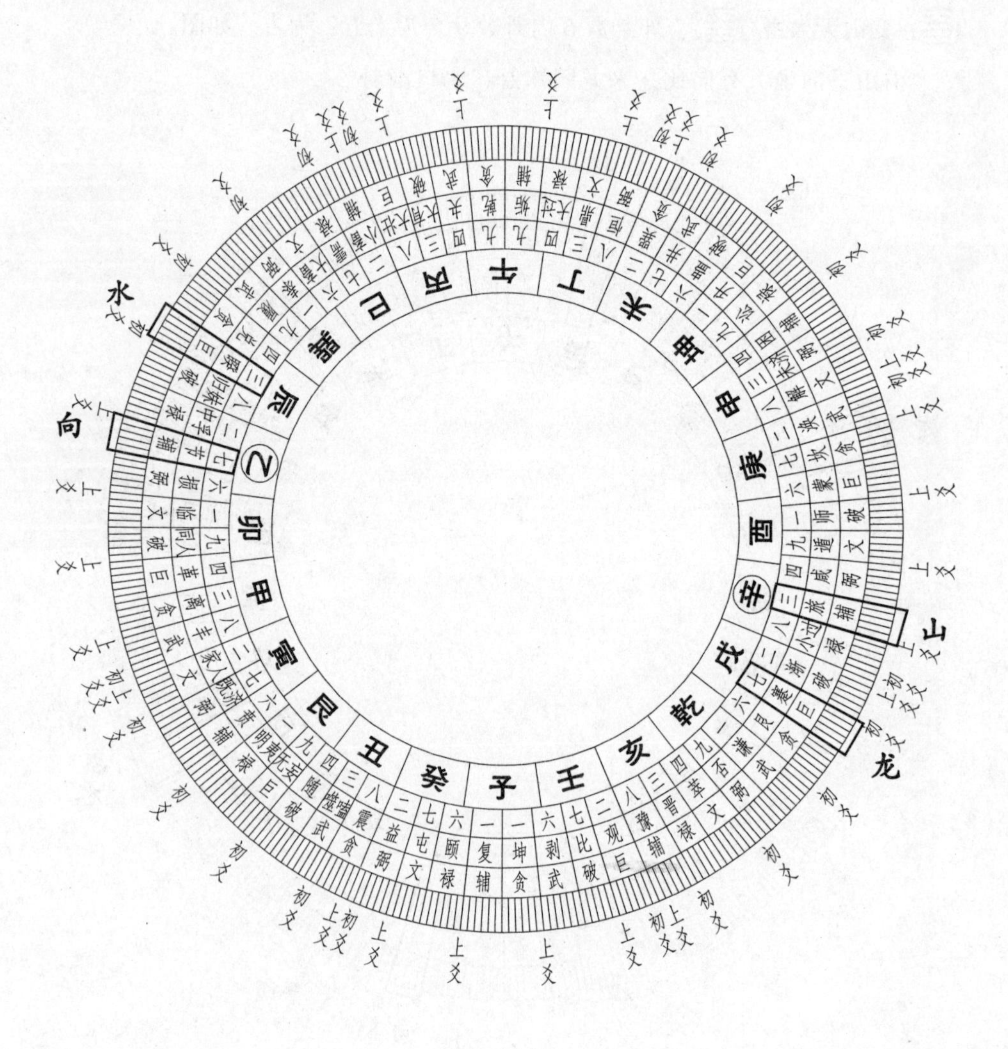

3. 下元七运：坐亥山巳向，小卦坐晋向需，用初爻、二爻、四爻或五爻分金，来龙八运卦豫（八），坐山三运卦晋（三），出向三运卦需（七），来水八运卦小畜（二）。龙山八三为朋，龙向八七合十五，龙水八二合十，山向三七合十，山水二三合五，向水七二同道，是龙山向水合生成之局。用初爻分金，晋（䷢）初爻变噬嗑（䷔）外卦数三，内卦数八，三八为朋。用二爻分金，晋卦（䷢）二爻变未济卦（䷿），外卦三，内卦七，三七合十。用四爻分金，晋（䷢）四爻变山地剥卦外卦6，内卦1，一六共宗。用五爻分金晋卦（䷢）五爻变否（䷋），外卦数九，内卦数一，九一合为十吉。如图：

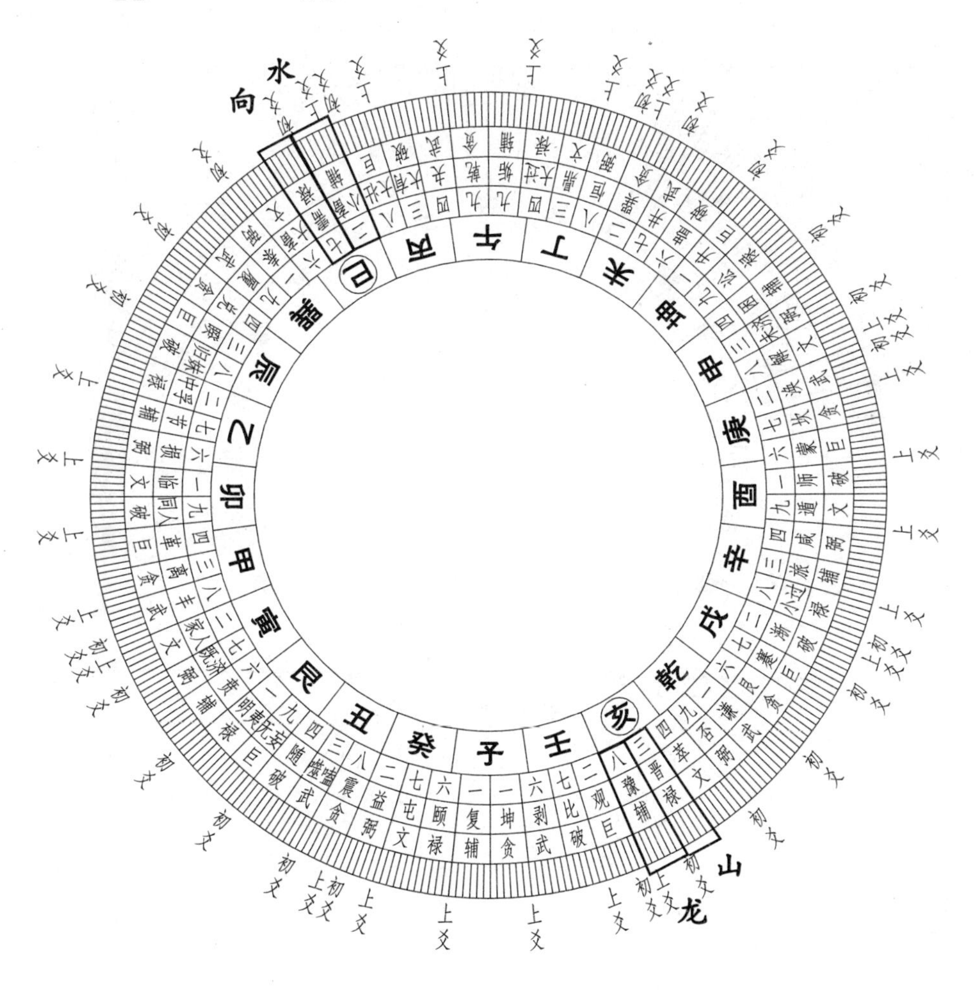

4. **下元八运**：坐辛山乙向，小卦坐旅（䷷）向节（䷻），用二爻或五爻分金，来龙入首八运豫卦（䷏）（八），坐山八运旅（䷷）（三），出向八运节卦（䷻）（七），来水八运小畜（䷈）（二）。龙山八三为朋，龙向八七合十五，龙水八二合十，山向三七合十，山水三二合五，向水七二同道。是龙山向水一卦纯清之局，用二爻分金，旅（䷷）二爻变鼎（䷱），外卦数三，内卦数二，合为五。用五爻分金，旅（䷷）五爻变遁卦（䷠），外卦数九，内卦数六，合为十五为吉。如图：

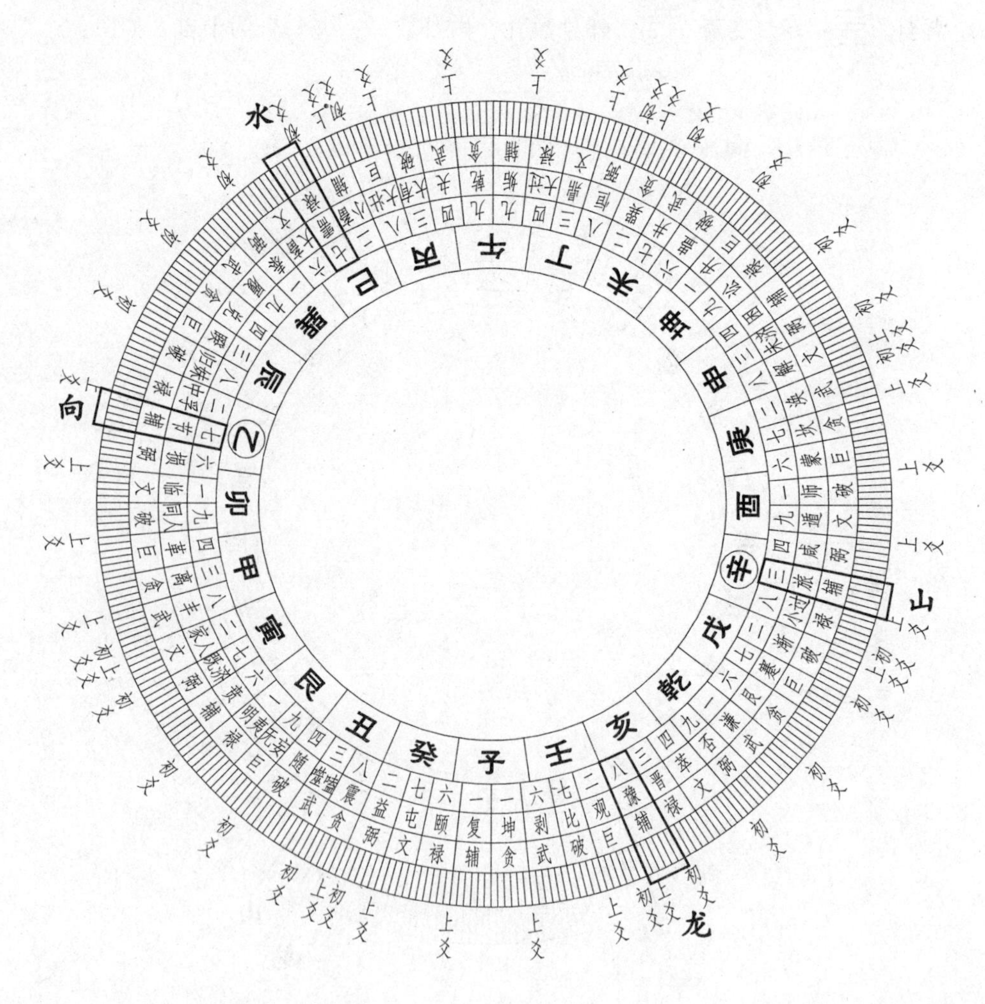

5. 下元八运：坐庚山甲向，小卦坐涣向丰，用初二爻间线分金，来龙四运卦解（䷧）（八），坐山六运卦涣（䷺）（二），出向六运卦丰（䷶）（八），来水四运卦家人（䷤）（二），龙山八二合十，龙水八二合十，山向二八合十，向水八二合十，是龙山向水合十之局。用初二爻间线分金，涣（䷺）初二爻间线变益（䷩），外卦二，内卦数八，二八合十，吉。如图：

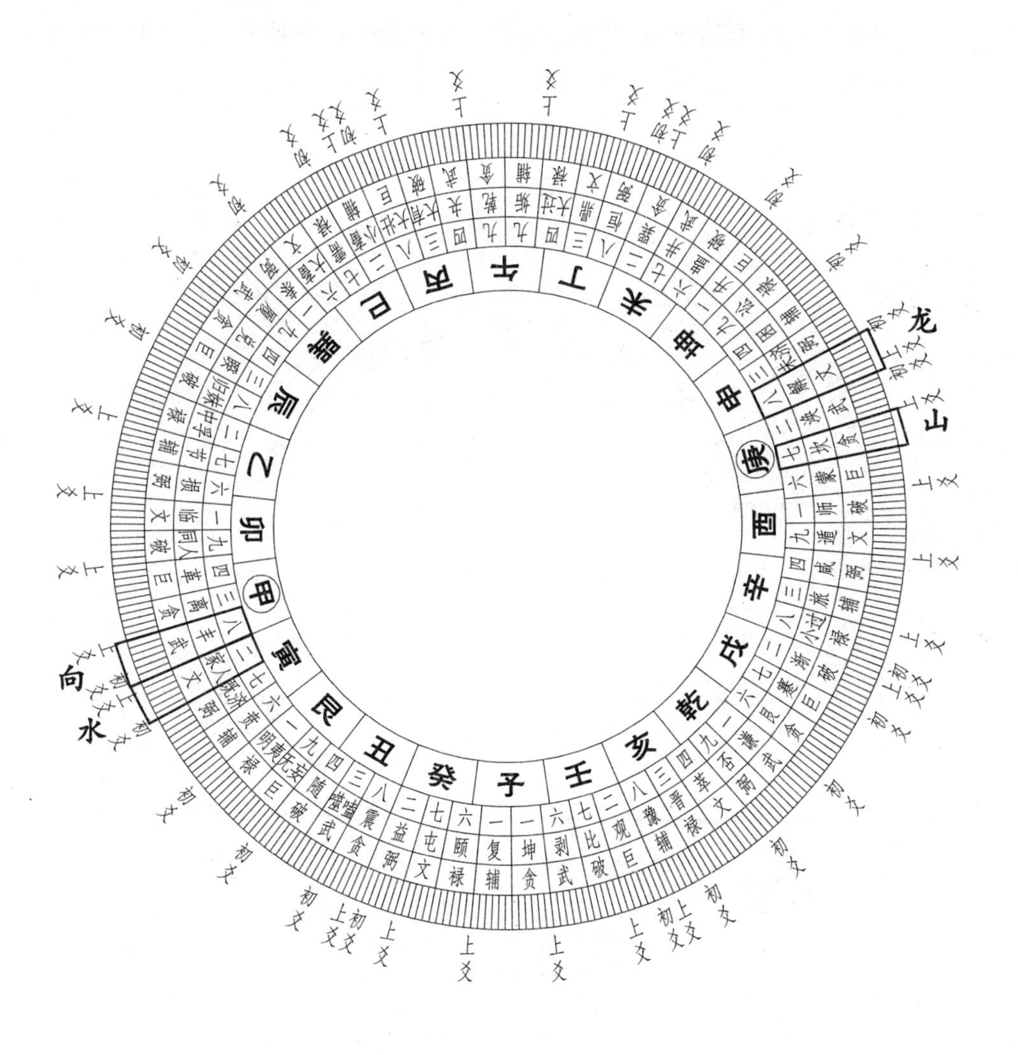

6. 下元八运：坐丑山未向，小卦坐随，向蛊，用初爻或四爻分金，来龙二运卦无妄（䷘）（九），坐山七运卦随（䷐）（四），出向七运卦蛊（䷑）（六），来水二运卦升（䷭）（一），龙山九四为友，龙向九六合十五，龙水九一合十，山向四六合十，山水四一合五，向水六一共宗。是龙山向水合生成数之局。用初爻分金，随（䷐）初爻变萃（䷬），外卦四，内卦一，合为五，用四爻分金，随（䷐）四爻变屯卦（䷂），外卦数七，内卦数八，合为十五为吉。如图：

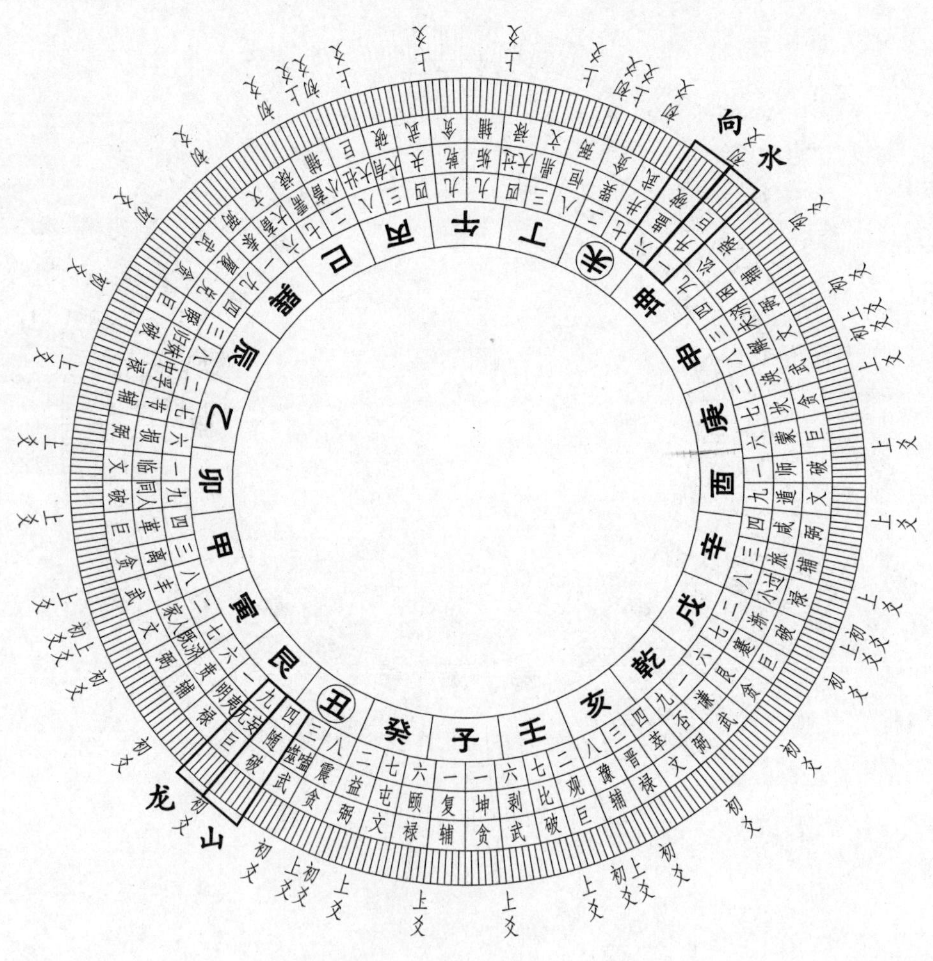

7. 下元九运：坐辛山乙向，小卦坐咸向损，用三爻或上爻分金，来龙九运卦否（䷋）（九），坐山九运卦咸卦（䷞）（四），出向九运卦损（䷨）（六）来水九运卦泰（䷊）（一），龙山九四为友，龙向九六合十五，龙水九一合十，山向四六合十，山水四一合五，向水六一共宗。是龙山向水一卦纯清之局。用三爻分金，咸卦（䷞）三爻变萃（䷬），外卦四，内卦一，合五。用上爻分金咸卦（䷞）上爻变遁（䷠），外卦九，内卦六，九六合十五为吉，如图：

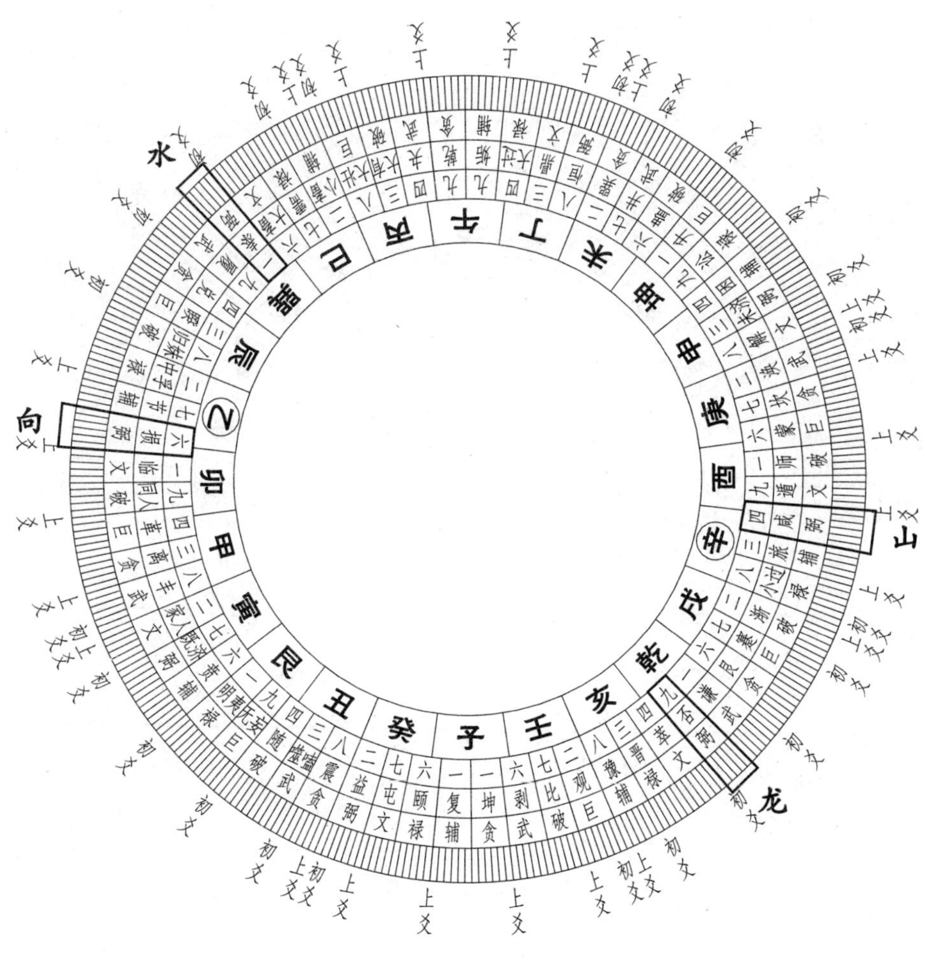

8. 下元九运：坐酉山卯向，小卦坐师（䷆），向同人（䷌），用初爻或四爻分金，来龙三运讼卦（䷅）（九），坐山七运卦师（䷆）（一），出向七运卦同人（䷌）（九），来水三运卦明夷（䷣）（一），龙山九一合十，龙水九一合十，山向一九合十，向水九一合十，是龙山向水合十之局。用初爻分金，师（䷆）初爻变地泽临（䷒），外卦数一，内卦数四，合五。用四爻分金，师卦（䷆）四爻变解（䷧），外卦八，内卦七，合十五，吉。如图：

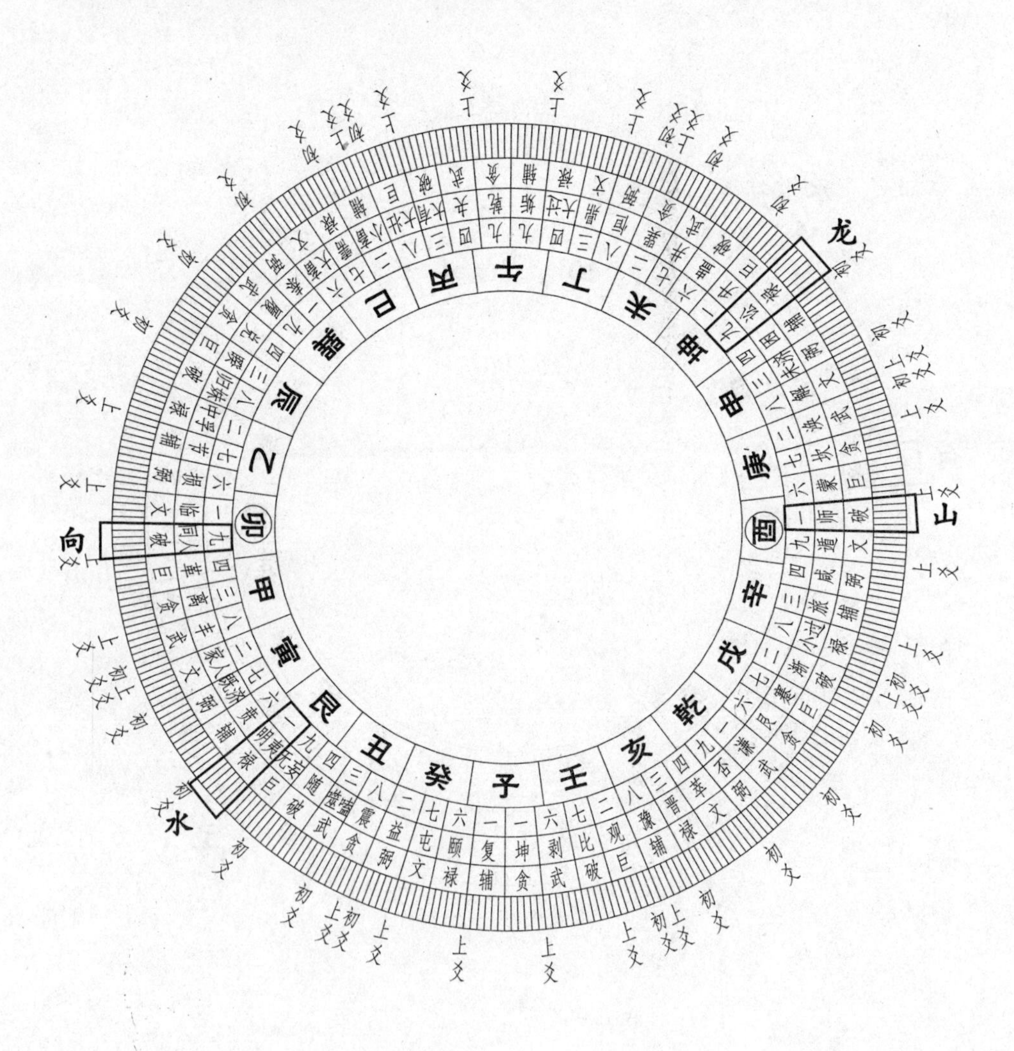

9. 下元九运：会艮山坤向，小卦坐明夷向讼，用初爻，二爻，四爻或五爻分金我，来龙八运卦贲 (六)，坐山三运卦明夷 (一)，出向三运卦讼 (九)，来水八运卦困 (四)。龙山六一共宗，龙向六九合十五，龙水六四合十，山向一九合十，山水一四合五，向水九四为友。是合生成之局。用初爻分金，明夷 初爻变谦卦 ，外卦一，内卦六，为一六共宗。用二爻分金，明夷 二爻变泰 ，外卦一，内卦九，一九合十。用四爻分金，明夷 四爻变丰卦 ，外卦八，内卦三，为八三为朋。用五爻分金，明夷 五爻变既济 ，外卦七，内卦三，合为十，吉。如图：

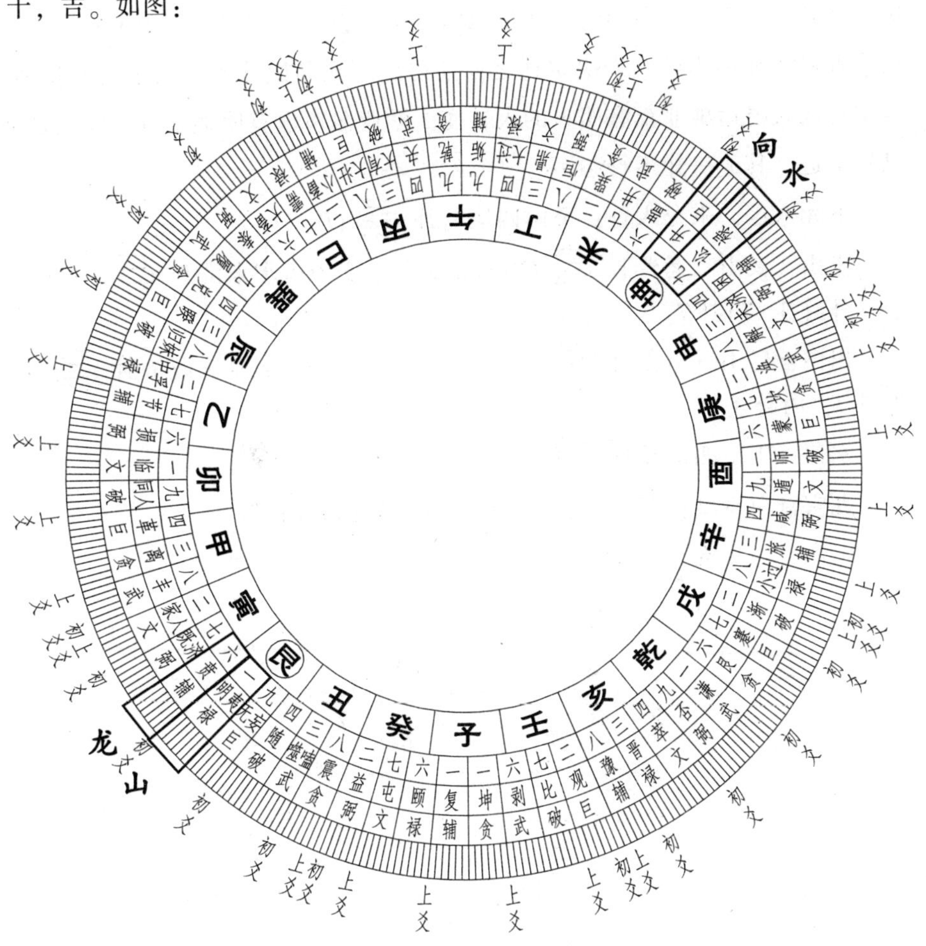

第二节 实例

例一：

2008 年贵州省金沙县马某由平坝乡迁父坟于岩孔镇白运山下，之前整个家族凶灾凶祸不断——问题出在祖母坟上，峦头上是割脚水，水反砂飞，向山太高，太近，奴欺主。又理气上是阴阳差错两宫杂乱，损丁败财，官非不断杀伤之事连连。只因家族关系不和，意见不一，没法迁动，本人只好考虑迁移其父亲之坟，在当时其父坟风水处于无吉无凶的状态。为了弥补祖母坟之败局，兄弟姐妹六人决定迁之，迁后此房兄弟姐妹家家较于平安顺利。其中有四人财运事业都有明显的大转变。学业名声也有明显之分。应该是癸巳年上运，其他房却不行……

下元八运，来龙入首：癸山四运屯卦 (䷂) (7)。

坐山：亥山三运晋卦 (䷢) (3) 六二爻分金变为火水未济卦 (䷿)，星运九运，外卦 3，内卦 7。

出向：巳山三运需卦 (䷄) (7) 九二爻分金变为九运水火既济卦 (䷾) (7)，外卦 7，内卦 3。

水口：丁山四运鼎卦 (䷱) (3)。

九宫紫白飞星：下元八运、亥山巳向，旺山旺向局：

向↖ 水

1 8 七 蒙	5 3 三 小过	3 1 五 屯
2 9 六 晋	9 7 八 革	7 5 一 损
6 4 二 小畜	4 2 四 升	8 6 九 遁

龙 山

龙山向水俱合十合生成，分金也合颠倒挨星和合十合生成。峦头形式配合得也较好，是下坝龙之尽头穴。只是内堂水口受后天开发有稍宽之不足。阴宅有云：“内堂狭窄外堂宽，定有富贵在其间。”不过以后后天照样可以再行改变，在立碑向时可以在讼卦、明夷卦方布七星打劫。

以飞星派论，亥山巳向属旺山旺向之局，并且龙山癸，坐山亥，巳向，丁水俱属飞星派所说二十四山之人元龙，乃属飞星之二十四山人元龙之一卦纯清，龙山坎宫为一白，坐山乾宫六白，龙山合一六共宗，向在巽宫四绿，水口在离宫九紫，向水合四九为友皆合法。

但是每山有三卦，每卦有六爻，三六十八爻分金，这空间过大，如果亥山八运豫卦（䷏）(8)，向是八运小畜卦（䷈）(2)，龙是四运屯卦（䷂）(7) 龙山星运不合，水口四运鼎卦（䷱）(3)，向水星运不合，如果立亥山兼乾就变成了坐山是四运萃卦（䷬）(4)，向是四运大畜卦（䷙）(6)，龙山变为克出，因坐山萃卦卦运 4 属金，龙首屯卦（䷂）(7) 属火，龙火克山金为克出为退败。向变成大畜卦（䷙）(6)，卦运 6 属水，水口火风鼎卦（䷱）(3) 卦运属木，向 6 水生水口 3 木为生出为衰。如分金上再稍大意一点。那岂不是差之毫厘失之千里也！

九运里可做亥兼乾也就是立萃卦坐山，大畜出向以之成为龙山向水全是四运一卦清纯之局，下元九运可做萃卦是四九为友之故，而现在八运则不可也。但不过必须要懂得抽爻换象，懂得布七星打劫方可这样做，否则会出现生出克出、零正颠倒之忧！

例二：

贵州省毕节地区金沙大水迁王母坟，这是一棺大富且贵之堂局（下元八运）：

入首龙：亥山八运豫卦（䷏）(8) 坐山：子山八运复卦（䷗）(1) 用二爻分金，也可考虑用三四爻。

出向：午向八运姤卦（䷫）(9)。

水口：巳山八运小畜卦 (2)。

龙山向水星运俱八运合当元八运之一卦纯清局，卦运龙山合生入（山 1 水生龙 8 木），向水合克入（水口 2 火克向 9 金）。

子山午向，子中含有坤卦、复卦，还有剥颐各半卦，如不立复卦而立坤卦或兼其他卦，那整个局势将大变而可惜也！如用玄空飞星来做分金稍不慎就会立在坤卦上，而出现破坏天地自然生成之龙真穴正之局。

九宫飞星如下：

下元八运，子山午向，此为双星到向之局，八宫合一，六、四、九生成数，龙山革卦与临卦星运二四通合巅倒换星，向水益卦，艮卦星运一九合十。目前此家已是当地人丁最旺最富之家。但真正上运应是壬辰年。

如图：

向 水

3 4 益 七（九）	8 8 艮 三（一）	1 6 讼 五
2 5 剥 六	4 3 恒 八	6 1 需 一
7 9 睽 二	9 7 革 四（二）	5 2 谦 九（四）

龙 山

例三：

迁周夫人之坟：下元八运。

入首龙：一运震卦 (8)。

坐山：亥山三运晋卦 (3) 用二爻分金。

出向：巳山三运需卦 (7)。

一步水口：七运大有卦 (3)。

二步水口：四运鼎卦 (䷱) (3)。

龙山星运挨星一与三通，卦运八三为朋合生成。

向水星运三七合十，卦运七三合十。

龙向星运一与三通，卦运八七合十五。

龙水卦运八三为朋合生成。

九宫飞星如下：(与第一例相同，属旺山旺向之局，但如立亥山巳向之萃卦或豫卦，情况就变了。而飞星却不变。)

向↖　　　水

1 8 七 蒙	5 3 三 小过	3 1 五 屯
2 9 六 晋	9 7 八 革	7 5 一 损
6 4 二 小畜	4 2 四 升	8 6 九 遁

龙　　　↘亥

例四：

遵义李某之父坟，下元八运迁葬。

入首龙山：1. 辰山：二运睽卦 (䷥) (3)。

2. 午山：一运乾卦 (䷀) (9)。

坐山：巽山：九运泰卦 (䷊) (1)。

出向：乾山：九运否卦 (䷋) (9)。

来水：子山：八运复卦 (䷗) (1)。

水口：乾亥山：四运萃卦 (䷬) (4)。

龙山合生入合十，向水合十，合生成之局

如立巽山、乾向，巽山有泰卦、履卦，如立六运履卦(䷉) (9) 坐山，出向六运谦卦 (䷎) (1) 情况就大不同了。

九宫飞星是：下元八运，巽山乾向，属旺山旺向之局。

巽山↖　　①龙　　②龙

1　8　蹇 七	3　5　颐 三	1　3　解 五
9　2　明夷 六	7　9　暌 八	5　7　咸 一
6　4　姤 二	2　4　观 四	6　8　大畜 九

水　　↘亥

例五：

贵州省遵义市喜马滩原云南讲武堂主办人，校长唐敬尧之老祖“长奶夫人”墓，几百年来其家族是做官最多最富有之家，而且是最长久的。就县知府以及地厅、省级以上之官就有百人之多，当时整个遵义地区教育事业基本上被其家族统管。

康熙庚申岁十月庚午日安坟。

入首龙：乙山三运中孚卦 (䷼) (2)。

一步水口：辛山八运旅卦 (䷷) (3)。

二步水口：是申山四运解卦 (䷧)(8)。

坐山：乙山八运节卦 (䷻) (7)。

出向：辛山八运旅卦 (䷷) (3)。

龙山向水俱合生成之数。

例六（古例）：

商姓飞星之上山下水照样丁财贵官皆大发。

二运艮山坤向用坐山天雷无妄卦（䷘）(9) 星运二。

山向：地风升卦（䷭）星运二、卦运 1。

二运艮山坤向用地火明夷卦（䷣）星运三，卦运为一为坐山，天水讼卦（䷅）星运三，卦运九为出向。而同在二运艮山坤向，如用无妄卦和升卦，卦气旺盛，正神正位，零神入零堂，而且又能与龙水配合成生入克入之吉局，定然丁财贵三发。假设同在二运艮山坤向用明夷卦和讼卦，则不然，卦气未旺，零正巅倒，则必遭至败财损丁。

飞星图例：二运艮山坤向(上山下水例)

龙　　　坤向↗

4　7 一	大过	9　3 六	丰	2　5 八	坤
3　6 九	无妄	5　8 二	剥	7　1 四	节
8　2 五	谦	1　4 七	涣	6　9 三	大有

艮山　　　水

例七：

有经营之神之称号的台湾巨富王永庆先祖王世来之墓（王永庆、王水源来台祖宗）一九五八年（戊戌）由曾子南重修，立庚山甲向正卦，山向飞星皆阳顺飞入八宫，山之令星下水，向之令星上山。

依飞星理论，如此格局应断王家退财败丁，可是修坟换运之后，王家事业日益兴旺，王永庆终于成为台湾首屈一指的巨富，其大名在两岸三地华人世界几乎无人不晓。由此再次证明只要懂玄空大卦，上山下水并不可怕。

例八：

房开煤矿老板阳宅基地：2006 年 (乙酉) 居住。

入首龙：丑山六运噬嗑 (䷔) (3)。

水口：未山六运井卦 (䷯) (7)。

坐山：甲山六运丰卦 (䷶) (8) 用初二爻分金，变为九运雷风恒卦 (䷟) (8)，外卦八，内卦二，二八合十。

出向：庚山六运涣卦 (䷺) (2)。

未坤申有三叉水交汇，在乙山八运节卦 (䷻) (7) 方开门窗，又在未山六运井卦 (䷯) (7)开水池和小门，也可考虑在旅卦、贲卦方开门窗水池！向上开大门。龙山水向俱合一卦纯清。卦运合十合生成之数，搬进居住后事业如日中天，财丁两发。

飞星图例如下：（双星到坐之局）

水

	7 9 睽 七	2 5 剥 三	9 7 革 五
甲山|→	8 8 艮 六	6 1 需 八	4 3 恒 一 → **庚向**
龙	3 4 益 二	1 6 讼 四	5 2 谦 九

例九：何母张氏墓（下元八运）。

一节入首龙：酉山师卦 (䷆) 星运七，卦运 1。

二节入首龙：亥乾山萃卦 (䷬) 星运四，卦运 4。

坐山：寅山贲卦 (䷕) 星运八，卦运 6。

出向：申山困卦 (䷮) 星运八，卦运 4。

水口：坤山讼卦（䷅）星运三，卦运9。

一二节龙卦运合一四合五吉格。

一二节龙与坐山合卦运一六共宗，四六合十吉格。

向与水合星运三八，卦运四九吉格。日课有玄空大卦，奇门，六壬法，庚寅年，己丑月，甲子日丁卯时下葬。

飞星图例如下：

申向↗

1　4 七	6　9 三	8　2 五
9　3 六	2　5 八	4　7 一
5　8 二	7　1 四	3　6 九

寅山

例十：

北京市喜多影楼公司及黄金、钻石手饰老总胡某之别墅：

居住之前仅开了一间小影楼，居住后不到两年時间就发展开起了四间大影楼公司和黄白金钻石手饰店。目前又发展其他产业……

下元八运：

酉山卯向：

坐山：山水蒙卦。

出向：泽火革卦。

风水调整：主要用杨公玄空大卦之七星打劫法。

财门（朝门）：改成水雷屯卦抽3爻。

入户门改成：天火同人卦抽4爻。

后门及水池改成：雷水解卦抽3爻。

飞星图为双星到坐之局。

下元八运酉山卯向：

水

2 5 剥 七	6 1 需 三	4 3 恒 五
3 4 益 六	1 6 讼 八	8 8 艮 一
7 9 睽 二	5 2 谦 四	9 7 革 九

卯向 ←　　　　┤ 酉山

龙

宅图如下：

第三节 生基之操作程序及实例

生基是对命主本身见效最快，最应验的最佳风水改命方法，前提是择地必须要龙真穴正，做法与阴阳二宅相同。其不同点是：

1. 要有放生物，最好是乌龟，择日焚香在其身上写字。

2. 点七星灯……加符咒。

3. 穴中先放上画像，在像片上放其人的发、甲和使用过的衣、冠之物。

4. 掩土立碑，放生物，焚香烧纸加符咒，呼龙求福应同时一气呵成。碑文：“某某福寿富贵生基或寿城。”

例如作者本人之生基：

入首：壬山二运观卦 (䷓) (2)。

水口：三运需卦 (䷄) (7)。

坐山：亥山八运豫卦 (䷏) (8)。

出向：八运小畜卦 (䷈) (2) 用六二爻分金，龙山向水星运，卦运俱合生成，合十之局，飞星八运亥山巳向属旺山旺向之局。择日用的是玄空大卦、些子法、参考河洛理数、大六壬，奇门结合本人四柱之法（此例遗憾的是日课时辰因工人工具的原因没能准时安造）。

又例：（下元八运）

碑文：王公某某福寿生基

龙：寅山益卦 (䷩) 星运九，卦运 2。

山：甲山既济卦 (䷾) 星运九，卦运 7。

向：庚山未济卦 (䷿) 星运九，卦运 3。

水：恒卦 (䷟) 星运九，卦运 8。

龙山向水俱合一卦纯清之二七，三八，生入之大吉格……日课主要用玄空大卦择日法：辛卯年、辛卯月、辛未日、辛卯時。

再例：（下元八运）

碑文：日月同辉，王公某某福寿佳城

龙：比卦（䷇）星运七，卦运 7。

山：壬山观卦（䷓）星运二，卦运 2。

向：丙山大壮卦（䷡）星运二，卦运 8。

水：乾卦（䷀）星运一，卦运 9。

龙与山星运二七同道，卦运合二七同道

龙与向星运合二七，向之卦运 8 木生龙之卦运 7 火属生入吉格。

向与水：水之卦运 9 金克向之卦运 8 木，属克入进旺吉格。

日课用玄空大卦择日法，结合奇门六壬。庚寅年戊子月，庚申日，申时放生物，酉时立碑。

第二章
三元玄空大卦些子法择日要点

一、天心择日：

飞星派认为入中二字为天心。一运，一白贪狼为天心，二运二黑巨门为天心正运，三运三碧禄存为天心正运，四运四绿文曲为天心正运，六运六白武曲为天心正运，七运七赤破军为天心正运，八运八白左辅为天心正运，九运九紫右弼为天心正运，五运时五入中说其为入囚。以上之说不能说错，只能说他不周密，不完善。因八宫每宫 45 度，面太宽了，故若偏到一定度就不灵了。真正的天心正运是指北斗星斗柄所指的位置 (卦位)，随着地球自转，斗柄每年转一周，故云：“斗柄指寅，天下皆春，斗柄指巳，天下皆夏，指申皆秋，指亥皆冬。”随着太阳系的旋转，每一百八十年北斗星斗柄就旋转一周，故玄空大卦分之为三元九运，周而复始，一运斗柄指正北坤为坤卦，故坤卦主运；二运，斗柄指二百二十六度，故地风升卦主运，余此照推……既知主运之卦就可依玄空大卦的法则收纳乘旺之龙水，以期福禄。诀：“月月常加戌，时时延破军，破军前一位，永世不轻传。”由于受地球自转的影响，北斗星斗柄在不同的季节，不同的时间所指的位置不　。

具体位置如下：

雨水惊蛰——子时斗柄指辰

春分清明——子时斗柄指巳

谷雨立夏——子时斗柄指午

小满茫种——子时斗柄指未

夏至小暑——子时斗柄指申

大暑立秋——子时斗柄指酉

处暑白露——子时斗柄指戌

秋分寒露——子时斗柄指亥

霜降立冬——子时斗柄指子

小雪大雪——子时斗柄指丑

冬至小寒——子时斗柄指寅

大寒立春——子时斗柄指卯

二、玄空大卦择日（些子法择日）

日课应为山家，主命服务，才是不变之真理！条件是：

1. 先天要合天地定位，山泽通气，雷风相薄，水火不相射，后天要合坎离交媾，日柱与山家，主命要合夫妇正配。要合十，合生成之数，合一卦纯清，血脉相连，即天地父母三般卦。

2. 讲究生入克入为进为吉，生出克出为退，为凶。(以日主主命，山家为主论之) 即先天为体，后天为用，日课与山家合天地定位，山泽通气，雷风相薄，水火不相射，课格先后天夫妇交媾，父母见子息，父子公孙，一家骨肉相亲，不怕刑冲克害，不忌五黄、三煞、岁破，二五交加，六七交剑，九七合辙，二三斗牛上山下水等神煞。用此日课必须先从坐山卦位起动工，方能有效，切记！

3. 用此日课必须要会玄空大卦，会看卦盘，不以中针为主，不用罗盘(卦盘) 就为别人开山立向都忌用此法。以先天之数，一六共宗为水，二七同道为火，三八为朋为木，四九为友为金论生克，断吉凶，以后天之数断疾病，辨男女，明老少，以九星之数知旺衰，识卦运，以数通天地人之玄关，纳阴阳交媾循环之气，收上下两元互补之运，聚父母子息，一家骨肉之情，合乾坤定位，山泽通气之法，才是本风水学之大道！后天五行：一水，二八土，三四木，六七金，九为火。曰：“日与年月时之定律”。

日与年月时之定律：

年月时克日之课，合克入进旺吉格。

年月时生日之课，合生入进气吉格。

日克年月时之课，合克出退气凶格。

日生年月时之课，合生出退气凶格。

山家与课格之定律：

课格克山家之课，为克入进旺吉格。

课格生山家之课，为生入进气吉格。

山家克课格之课，为克出退气凶格。

山家生课格之课，为生出退气凶格。

山家与课格先后天卦之定律（一）：

课格四柱乾坤卦者，合天地定位吉格。

课格四柱震巽卦者，合雷风相薄吉格。

课格四柱艮兑卦者，合山泽通气吉格。

课格四柱坎离卦者，合水火不相射吉格。

山家与课格先后天卦之定律（二）：

课中四柱全乾卦者，合克妻破财凶格。

（但如合乾山乾向水流乾，或合坤山坤向坤水流者大吉）

课中四柱全震卦者，合克妻破财凶格。

（但如合卯山卯向卯源水或合巽山巽向水流巽者大吉）

课中四柱全坎卦者，合克妻破财凶格。

（但如合子山子向子水来或合午山午向午方水者大吉）

课中四柱全艮者，合克妻破财凶格。

（但如合艮山艮向艮水来或合酉山酉向酉水朝者大吉）

课中四柱全坤者，合克夫损丁凶格。

（但如合坤山坤向坤水流或合乾山乾向水流乾者大吉）

课中四柱全离卦者，合克夫损丁凶格。

（但如合午山午向午方水或合子山子向子水来者大吉）

课中四柱全巽卦者，合克夫损丁凶格。

（但如合巽山巽向水流巽或合卯山卯向卯源水者大吉）

课中四柱全兑卦者，合克夫损丁凶格。

（但如合酉山酉向酉水朝或合艮山艮向艮水来者大吉）

玄空五行克入进旺吉格表：

3	8	4	9	2	7	1	6
未济	解	困	讼	涣	蹇	师	蒙
旅	小过	咸	遁	渐	屯	谦	颐
噬嗑	恒	夬	无妄	益	井	复	蛊
鼎	丰	萃	姤	家人	既济	升	剥
晋	豫	随	同人	观	比	夷	损
睽	归妹	大过	否	中孚	节	临	大畜
大有	大壮	革	履	小畜	需	泰	贲
离	震	兑	乾	巽	坎	坤	艮
木 ←——		金 ←——		火 ←——		水 ←——	

三元玄空大卦，些子法可改门换向。讲究坐山与向卦要合天地定位，坎离交媾，夫妇正配，每个坐山均有20多个卦位可开门。八宅派只能开生延天之门，飞星派也只能开当元当旺、近旺，而且向坐山卦多不合夫妇正配，阴阳交媾，断其旺而反灾，断其灾而反旺，祸福不准。玄空大卦抽爻换象些子法是活泼的，“三十六宫皆是春，只要龙水配合得当，卦卦可立，山山可做。不怕入替，不忌上山下山，关键在于选准父子公孙，一家骨肉，夫妇交媾，方能发福有准”。

三元玄空大卦六十甲子五行，卦运抗星表如下：

玄空大卦择日必须要注意以下几点：

1. 一定要用卦盘，而且要精确。

2. 阳宅一定要将坐山与门向区分开，下盘要准确。

3. 阴宅要结合龙山向水的关系。

蒋子云：“初年祸福由天定，日久方知地有权。”即峦头与择日的作用。

六十甲子	甲子	乙丑	丙寅	丁卯	戊辰	己巳	庚午	辛未	壬申	癸酉
玄空五行	水 1	木 3	火 2	水 6	金 9	木 8	木 8	金 9	水 1	火 2
六十四卦	䷁	䷔	䷤	䷨	䷉	䷡	䷟	䷅	䷆	䷴
挨明卦运	一	六	四	九	六	二	九	三	七	七
卦名	坤为地	火雷噬嗑	风火家人	山泽损	天泽履	雷天大壮	雷风恒	天水讼	地水师	风山渐

六十甲子	甲戌	乙亥	丙子	丁丑	戊寅	己卯	庚辰	辛巳	壬午	癸未
玄空五行	火 7	木 3	水 6	金 4	木 8	火 7	水 1	木 3	火 2	金 4
六十四卦	䷦	䷢	䷚	䷐	䷶	䷻	䷊	䷍	䷸	䷮
挨明卦运	二	三	三	七	六	八	九	七	一	八
卦名	水山蹇	火地晋	山雷颐	泽雷随	雷火丰	水泽节	地天泰	火天大有	巽为风	泽水困

六十甲子	玄空五行	六十四卦	挨明卦运	卦名
甲申	木 3	䷿	九	火水未济
乙酉	金 9	䷠	四	天山遁
丙戌	水 6	䷳	一	艮为山
丁亥	木 8	䷏	八	雷地豫
戊子	火 7	䷂	四	水雷屯
己丑	金 9	䷘	二	天雷无妄
庚寅	木 3	䷝	一	离为天
辛卯	火 2	䷼	三	风泽中孚
壬辰	水 6	䷙	四	山天大畜
癸巳	金 4	䷪	六	泽天夬

六十甲子	玄空五行	六十四卦	挨明卦运	卦名
甲午	金 9	䷀	一	乾为天
乙未	火 7	䷯	六	水风井
丙申	木 8	䷧	四	雷水解
丁酉	金 4	䷞	九	泽山咸
戊戌	水 1	䷎	六	地山谦
己亥	火 2	䷓	二	风地观
庚子	火 2	䷩	九	风雷益
辛丑	水 1	䷣	三	地火明夷
壬寅	金 9	䷌	七	天火同人
癸卯	木 8	䷵	七	雷泽归妹

癸丑	壬子	辛亥	庚戌	己酉	戊申	丁未	丙午	乙巳	甲辰	六十甲子
水 6	木 8	火 7	金 9	木 3	火 2	水 6	金 4	火 7	木 3	玄空五行
䷕	䷲	䷇	䷋	䷷	䷺	䷑	䷛	䷄	䷥	六十四卦
八	一	七	九	八	六	七	三	三	二	挨明卦运
山火贲	震为雷	水地比	天地否	火山旅	风水涣	山风蛊	泽风大过	水天需	火泽睽	卦名

癸亥	壬戌	辛酉	庚申	己未	戊午	丁巳	丙辰	乙卯	甲戌	六十甲子
水 6	金 4	木 8	火 7	水 1	木 3	火 2	金 4	水 1	火 7	玄空五行
䷖	䷬	䷽	䷜	䷭	䷱	䷈	䷹	䷒	䷾	六十四卦
六	四	三	一	二	四	八	一	四	九	挨明卦运
山地剥	泽地萃	雷山小过	坎为水	地风升	火风鼎	风天小畜	兑为泽	地泽临	水火既济	卦名

三、二十四坐山分金坐卦换星择日

1. 坐壬山	乙亥分金	二	风地观	二	己亥○
	丁亥分金	二	风地观	二	己亥○
	巳亥分金	七	水地此	七	辛亥○
	辛亥分金	七	水地比	七	辛亥○
	癸亥分金	六	山地剥	六	癸亥○
2. 坐子山	甲子分金	六	山地剥	六	癸亥○
	丙子分金	一	坤为地	一	甲子○
	戊子分金	一	坤为地	一	甲子△
	戊子分金	一	地雷复	八	甲子△
	庚子分金	一	地雷复	八	甲子○
	壬子分金	一	地雷复	八	甲子△
3. 坐癸山	壬子分金	六	山雷颐	三	丙子△
	甲子分金	六	山雷颐	三	丙子○
	丙子分金	六	山雷颐	三	丙子×
	丙子分金	七	水雷屯	四	戊子△
	戊子分金	七	水雷屯	四	戊子○
	庚子分金	二	风雷益	九	庚子○
	壬子分金	二	风雷益	九	庚子○
4. 坐丑山	乙丑分金	八	震为雷	一	壬子○
	丁丑分金	八	震为雷	一	壬子○
	已丑分金	三	噬嗑	六	乙丑○
	辛丑分金	三	噬嗑	六	乙丑△
	辛丑分金	四	泽雷随	七	丁丑×
	癸丑分金	四	泽雷随	七	丁丑○

5. 坐艮山

分金	卦运	卦	数	结果
乙丑分金	四	泽雷随	七	丁丑△
乙丑分金	九	天雷无妄	二	已丑×
丁丑分金	九	天雷无妄	二	已丑○
己丑分金	九	天雷无妄	二	已丑△
己丑分金	一	地火明夷	三	辛丑△
辛丑分金	一	地火明夷	三	辛丑○
癸丑分金	一	地火明夷	三	辛丑×
癸丑分金	六	山火贲	八	癸丑△

6. 坐寅山

分金	卦运	卦	数	结果
甲寅分金	六	山火贲	八	癸丑○
丙寅分金	六	山火贲	八	癸丑×
丙寅分金	七	水火既济	九	甲寅△
戊寅分金	七	水火既济	九	甲寅○
庚寅分金	七	水火既济	九	甲寅×
庚寅分金	二	风火家人	四	丙寅△
壬寅分金	二	风火家人	四	丙寅○

7. 坐甲山

分金	卦运	卦	数	结果
甲寅分金	八	雷火丰	六	戊寅○
丙寅分金	八	雷火丰	六	戊寅○
戊寅分金	三	离为火	一	庚寅○
庚寅分金	三	离为火	一	庚寅△
庚寅分金	四	泽火革	二	庚寅×
壬寅分金	四	泽火革	二	庚寅○

8. 坐卯山	乙卯分金	四	泽火革	二	庚寅△
	乙卯分金	九	天火同人	七	壬寅×
	丁卯分金	九	天火同人	七	壬寅○
	巳卯分金	九	天火同人	七	壬寅△
	巳卯分金	一	地泽临	四	乙卯△
	辛卯分金	一	地泽临	四	乙卯○
	癸卯分金	一	地泽临	四	乙卯×
	癸卯分金	六	山泽损	九	丁卯△

9. 坐乙山	乙卯分金	六	山泽损	九	丁卯○
	丁卯分金	六	山泽损	九	丁卯×
	丁卯分金	七	水泽节	八	巳卯△
	巳卯分金	七	水泽节	八	巳卯○
	辛卯分金	七	水泽节	八	巳卯×
	辛卯分金	二	风泽中孚	三	辛卯△
	癸卯分金	二	风泽中孚	三	辛卯○

10. 坐辰山	丙辰分金	八	归妹	七	丁卯△
	丙辰分金	三	火泽睽	二	巳辰×
	戊辰分金	三	火泽睽	二	巳辰○
	庚辰分金	三	火泽睽	二	巳辰△
	庚辰分金	四	兑为泽	一	辛辰×
	壬辰分金	四	兑为泽	一	辛辰○

11. 坐巽山

甲辰分金	四	兑为泽	一	丙辰△
甲辰分金	九	天泽履	六	戊辰×
丙辰分金	九	天泽履	六	戊辰○
戊辰分金	九	天泽履	六	戊辰△
戊辰分金	一	地天泰	九	庚辰△
庚辰分金	一	地天泰	九	庚辰○
壬辰分金	一	地天泰	九	庚辰×
壬辰分金	六	山天大畜	四	壬辰△

12. 坐巳山

乙巳分金	六	山天大畜	四	壬辰○
丁巳分金	六	山天大畜	四	壬辰×
丁巳分金	七	水天需	三	乙巳△
己巳分金	七	水天需	三	乙巳○
辛巳分金	七	水天需	三	乙巳×
辛巳分金	二	风天小畜	八	丁巳△
癸巳分金	二	风天小畜	八	丁巳○

13. 坐丙山

乙巳分金	八	雷天大壮	二	己巳○
丁巳分金	八	雷天大壮	二	己巳△
丁巳分金	三	火天大有	七	辛巳×
己巳分金	三	火天大有	七	辛巳○
辛巳分金	三	火天大有	七	辛巳△
辛巳分金	四	泽天夬	六	癸巳×
癸巳分金	四	泽天夬	六	癸巳○

14. 坐午山				
甲午分金	四	泽天夬	六	癸巳△
甲午分金	九	乾为天	一	甲午×
丙午分金	九	乾为天	一	甲午○
戊午分金	九	乾为天	一	甲午△
戊午分金	九	天风姤	八	甲午△
庚午分金	九	天风姤	八	甲午○
壬午分金	九	天风姤	八	甲午×
壬午分金	四	泽天大过	三	丙午△

15. 坐丁山				
甲午分金	四	泽风大过	三	丙午○
丙午分金	四	泽风大过	三	丙午×
丙午分金	三	火风鼎	四	戊午△
戊午分金	三	火风鼎	四	戊午○
庚午分金	三	火风鼎	四	戊午×
庚午分金	八	雷风恒	九	庚午△
壬午分金	八	雷风恒	九	庚午○

16. 坐未山				
乙未分金	二	巽为风	一	壬午○
丁未分金	二	巽为风	一	壬午○
己未分金	七	水风井	六	乙未○
辛未分金	七	水风井	六	乙未△
辛未分金	六	山风蛊	七	丁未×
癸未分金	六	山风蛊	七	丁未○

17. 坐坤山

分金	运	卦	数	日
乙未分金	六	山风蛊	七	丁未△
乙未分金	一	地风升	二	己未×
丁未分金	一	地风升	二	己未○
己未分金	一	地风升	二	己未△
己未分金	九	天水讼	三	辛未△
辛未分金	九	天水讼	三	辛未○
癸未分金	九	天水讼	三	辛未×
癸未分金	四	地泽困	八	癸未△

18. 坐申山

分金	运	卦	数	日
甲申分金	四	泽水困	八	癸未○
丙申分金	四	泽水困	八	癸未×
丙申分金	三	火水未济	九	甲申△
戊申分金	三	火水未济	九	甲申○
庚申分金	三	火水未济	九	甲申×
庚申分金	八	雷水解	四	丙申△
壬申分金	八	雷水解	四	丙申○

19. 坐庚山

分金	运	卦	数	日
甲申分金	二	风水涣	六	戊申○
丙申分金	二	风水涣	六	戊申△
丙申分金	七	坎为水	一	庚申×
戊申分金	七	坎为水	一	庚申○
庚申分金	七	坎为水	一	庚申△
庚申分金	六	山风蒙	二	庚申×
壬申分金	六	山风蒙	二	庚申○

20. 坐酉山

分金		卦		
乙酉分金	六	山水蒙	二	庚申△
乙酉分金	一	地水师	七	壬申×
丁酉分金	一	地水师	七	壬申○
己酉分金	一	地水师	七	壬申△
己酉分金	天	山遁	四	乙酉△
辛酉分金	九	天山遁	四	乙酉○
癸酉分金	九	天山遁	四	乙酉×
癸酉分金	四	泽山咸	九	丁酉△

21. 坐辛山

分金		卦		
乙酉分金	四	泽山咸	九	丁酉○
丁酉分金	四	泽山咸	九	丁酉×
丁酉分金	三	火山旅	八	己酉△
己酉分金	三	火山旅	八	己酉○
辛酉分金	八	雷山小过	三	辛酉○
癸酉分金	八	雷山小过	三	辛酉○

22. 坐戌山

分金		卦		
甲戌分金	二	风山渐	七	癸酉○
丙戌分金	二	风山渐	七	癸酉○
戊戌分金	七	水山蹇	二	甲戌○
庚戌分金	七	水山蹇	二	甲戌△
庚戌分金	六	艮为山	一	丙戌×
壬戌分金	六	艮为山	一	丙戌○

23. 坐乾山	甲戌分金	六	艮为山	一	丙戌△
	甲戌分金	一	地山谦	六	戊戌×
	丙戌分金	一	地山谦	六	戊戌○
	戊戌分金	一	地山谦	六	戊戌△
	戊戌分金	九	天地否	九	庚戌△
	庚戌分金	九	天地否	九	庚戌○
	壬戌分金	九	天地否	九	庚戌×
	壬戌分金	四	泽地萃	四	壬戌△

24. 坐亥山	乙亥分金	四	泽地萃	四	壬戌○
	丁亥分金	四	泽山萃	四	壬戌×
	丁亥分金	三	火地晋	三	乙亥△
	己亥分金	三	火地晋	三	乙亥○
	辛亥分金	三	火地晋	三	乙亥×
	辛亥分金	八	雷地豫	八	丁亥△
	癸亥分金	八	雷豫地	八	丁亥○

合生成数吉格：

四柱合一六共宗 (坤、艮) 合生成吉格。

四柱合二七同道 (巽、坎) 合生成吉格。

四柱合三八为朋 (离、震) 合生成吉格。

四柱合四九为友 (兑、乾) 合生成吉格。

合卦气相通 (合五、合十五) 吉格：

四柱乾卦、艮卦 (合十五) 吉格。

四柱坤卦、兑卦 (合五) 吉格。

四柱巽卦、离卦 (合五) 吉格。

四柱坎卦、震卦 (合十五) 吉格。

合一卦纯清（卦不出位）吉格：

凡四柱星运全在一个运内者为一卦纯清吉格

合巅倒挨星（一家骨肉）吉格：

凡四柱挨星为一运三运，二运四运，六运八运，七运九运者为合巅倒挨星吉格。

合对待（合十）挨星吉格：

凡四柱挨星为一运九运者，合挨星贪狼吉格。

凡四柱挨星为二运八运者，合挨星巨门吉格。

凡四柱挨星为三运七运者，合挨星禄存吉格。

凡四柱挨星为四运六运者，合挨星文曲吉格。

凡四柱挨星为六运四运者，合挨星武曲吉格。

凡四柱挨星为七运三运者，合挨星破军吉格。

凡四柱挨星为八运二运者，合挨星左辅吉格。

凡四柱挨星为九运一运者，合挨星右弼吉格。

后 记

《人居环境学——杨公风水应用揭秘》终于在历時八个月，不分白天黑夜的才写作成书。由于本人文笔有限，所以书中之疏漏难免，还望天下同仁、广大读者多多指教并提出宝贵意见，以便今后之完善。

笔者从20世纪90年代初开始学易，重点在命理、梅花易数、六爻、铁板神数、邵子神数、皇极十三千、奇门遁甲、大六壬等学术方面。并一直以此为职业，所以才有拙著《释易精解——外应八卦奇门六壬实例剖析》一书的问世。进入2000年后又从事于风水学之研究，并与从事了几十年易学风水研究的师兄宝气道人一起从职实践，曾经对各家各派之风水学详加研习及实践考证，走访了许多名师益友，跋涉了不少名川、名墓、名宅，加以实践应证，师兄两人才决定写作此书公之于世，望能服务于社会为慰。

虽然拙著深入浅出，晓畅易懂，但由于广大读者易学基础知识参差不齐，自学起来仍有很多困难和疑惑之处。拙著《人居环境学——杨公地理学应用揭秘》必须是理论结合实践，特别要从峦头实践方面下功夫。至于书中模糊之词及隐含之处，实在抱歉，只因祖师有训：不可轻泄，有缘者定当告之。在此特别感谢梁奕明、罗旭、尹廉开、董友甫益友的大力支持！

在此，热诚欢迎易界明师高人和广大读者对本书提出批评指导，并将错漏之处告之笔者，吾将真诚致谢！

联系地址：贵州省遵义县南北华诚都汇4栋1-1房；邮编：563100。电话：15902529281、15519625729；网址：http://www.mmyxfs.com。

马 明

2011年5月于贵州遵义